启笛

U0140440

山东省儒学大家工程专项经费资助项目

山东省社科理论重点研究基地
孔子研究院中外文明交流互鉴研究基地成果

"孔子研究院翻译中国"系列

HUMAN BECOMINGS

Roger T. Ames

THEORIZING "PERSONS" FOR CONFUCIAN ROLE ETHICS

成人之道

儒家角色伦理学论"人"

〔美〕安乐哲 著
欧阳霄 译

北京大学出版社
PEKING UNIVERSITY PRESS

总　序

　　中西文化之间存在着旷日持久而且贻害无穷的不对称关系。今天,如果走进中国的一家书店或图书馆,我们可以发现,从西方引进的很多图书,老的、新的,都能被找到,翻译质量大多很高。求知若渴的中国读者是推动这种图书出版的持续动力。然而,走进西方的一家书店或图书馆时,我们却发现,中国最杰出的思想家的书,无论是什么时代的,都很难找到。

　　为什么? 情况怎么会这样? 最初,中国经典文本的英文翻译是由传教士们做的;通过他们的眼光,这些经典文本被转化为一种具有基督教祷告文性质的东西。走进西方的书店和图书馆可以发现,《易经》《论语》《道德经》《庄子》等中国哲学文化经典著作,被摆放在猎奇的"东方宗教"类书架上,而不是在令人肃然起敬的"哲学"类书架上。

　　走进西方国家的高等院校可以看到,中国哲学一般不是归属在"宗教学"就是归属在"亚洲学";哲学系一般是不教中国哲学的。如果用盛酒器具"觚"来比喻中国哲学和文化的这种情况,那么正如《论语》所说:"觚不觚,觚哉! 觚哉!"

　　另外,19世纪中期之后,欧美的教育体制——大学、学院及其课程,都被一股脑儿地引进到中国、日本、韩国和东南亚等东亚文化中;"现代性"语言被移植到白话文中,促进亚洲文化对自己的传统实行"理论化",贯穿这些理论的基本是西方的概念结构。随之而来的是西方和东亚文化都出现的一种情形,即"现代化"被简单地等同于"西方化",而儒家文化则以"陈旧保守""僵化教条"为理由,被关在门外。欧美的教育体制被引入东亚文化的结果,是人们对"儒家"这个词的价值认识的改变。人们认为,儒家的价值无非是亘古不变的经句,是通过背诵而学的、族长制的、等级制的,是一种仅属于过去的传统罢了。西方的过程哲学家怀特海称孔子为"使中国停滞不前的人";在中国环境里,"儒学"在年轻人之中也不是那么受关注的词。

　　这是我们今天所处的历史节点,是我们必须将其作为行动起点的地方,可是只经过了一代人的发展,亚洲国家尤其是中国已崛起,世界的政治和经济正在发生空前的格局性变化。随之而来的是不是也将有变动的世界文化秩序?儒家哲学的内涵价值及教育制度,对新世界文化秩序来说堪称重大利好,可我们怎样才能改变今天人们对"儒学"的误解?我们该怎样去对中国人和西方公众讲述儒学经典的重要意义?我们该怎样应对把儒家文化全盘地弃、把"现代化"等同于"西方化"的挑战?

　　中国当代哲人赵汀阳敏感地意识到了不对称的中西文化比较研究的不良影响。这种影响一直存在,并在潜移默化中影响了人们的思想。赵汀阳劝诫中国与外国学者,要"重思中国"[1]。在这

---

[1]　赵汀阳:《天下体系:世界制度哲学导论》,中国人民大学出版社,2011,第1页。

方面,由山东省儒学大家工程和孔子研究院支持的"翻译中国"立项后,我们双管齐下,启动了两个项目,旨在应对中西文化不对称现象的不良影响。

第一个翻译项目("翻译中国Ⅰ")是将当代极为杰出的中国学者的著作翻译为英文后出版,把这些学者的思想介绍给西方学术界。我们组织了与我们志同道合的翻译团队参与到这项共同事业中来。在向西方学术界介绍当代中国杰出思想家的宏伟事业中,我们开始做出自己的贡献。我们已多次举办以选择杰出思想家学术著作和探讨有关出版事宜为议题的会议,并开始进行这些著作的中译英工作。

我们的译者队伍具有外语能力和哲学素养,能够胜任高标准的英译出版工作。我们向纽约州立大学出版社推荐,由我和华东师范大学德安博牵头,制订了出版一套"翻译中国Ⅰ"丛书的计划。到目前为止,我们从众多优秀学者中选出有待翻译(或者已经决定翻译)其著作或有关其思想的作品的学者,包括李泽厚、徐复观、陈来、张祥龙、赵汀阳等。

第二个翻译项目("翻译中国Ⅱ")是将过去已有中译本的我和罗思文的中西比较哲学与儒学著作重新翻译并出版(这些过去的译本的质量可能不够理想),当然也包括对我们的新作进行翻译出版,同时选择其他一些西方比较哲学家的著作,进行翻译出版。

我和罗思文一直致力于中西比较哲学阐释学研究。我们以比较哲学阐释方法,开辟新视野,纠正百年来以西方哲学文化为尊的对中国思想文化的不对称解读,消除误解,消除隔阂,增进相互理解。我们的大部分著作已被译为中文并出版。遗憾的是,现有中文译本出于欠缺比较哲学专业视角等原因,存在错讹过多与晦涩难懂的问题,给中文读者带来了阅读困难。此次重新翻译出版我和罗思文的比较哲学与儒学著作以及其他西方哲学家的著作,目的正在于着力提高中文译本的可读性,便于中文读者理解我和罗思文等人的中西比较哲学阐释方法,把握中国思想传统在中西比较哲学阐释视域中更为恰当的形象。

被遴选为"翻译中国Ⅱ"项目作者的其他西方比较哲学家,同样具有相当深刻的思考。他们认为,中西文化的不对称状况及其发生的根源,是以西方现代性理念解读中国并将其理论化、概念化的传统做法。这些学者已然投身到消除误读儒家哲学的不良影响的事业中,他们要让这古老哲学文化传统讲述自己的思想,发出自己的声音。为了提高"翻译中国Ⅱ"译作的质量,我们邀请、组织了具有中西比较哲学背景、英语能力较强的学者翻译团队,通过互鉴比照翻译与阐释结合的途径,向中国读者介绍中西比较哲学家视野中的中国思想与文化。

"翻译中国"是一项宏大的工程,我们正在起步。

安乐哲

田辰山　译

目　录

序　言

　　斯著从何而来？十数载之前,得益于挚友同仁罗思文的激励和影响,我欣然接受了以自成一格(sui generis)的角色伦理学作为理解早期儒家经典中道德探讨的最佳方法。经年以来,罗思文和我勠力协作亦遥相呼应,不遗余力阐述我们所认知的儒家角色伦理学。鉴证这一合作进程及思想发展的多篇论文收录于《儒家角色伦理学:21 世纪之道德愿景?》[1]一书中。我则在 2011 年出版了专著《儒家角色伦理学:一套特色伦理学词汇》[2],该书缘起于 2008 年我在香港中文大学所作的"钱穆系列讲座"。从副标题可见,此书诉诸儒家传统本身的概念词汇,力求使儒家角色伦理学真正地"以自有术语来讲述"。我在书中立论指出,理解儒家角色伦

〔1〕　Henry Rosemont, Jr. and Roger T. Ames, *Confucian Role Ethics：A Moral Vision for the 21ˢᵗ Century*, Taipei：Taiwan University Press and V&R Unipress, 2016.

〔2〕　Roger T. Ames, *Confucian Role Ethics：A Vocabulary*, Hong Kong：The Chinese University Press/Honolulu：University of Hawai'i Press, 2011. 中文译本：《儒家角色伦理学:一套特色伦理学词汇》,孟巍隆译,田辰山等校译,山东人民出版社,2017。

理学的自有词汇迫在眉睫,仅当这一要务完成而令儒家传统得以自为发声之时,其参与并对话当代伦理学探讨方能实现。换言之,鉴于儒家伦理的悠久历史,我意在抵制比比皆然的将此传统削足适履式纳入我们熟知的西方伦理学范畴的现象。这类做法建立在未经检验的假设上,即视儒家伦理与西方道德哲学理论的遭际乃前者之重大契机。

　　料想以其自身视角认识儒家伦理学的论证已备,我乘兴起稿续论,拟名为"驳斥客观论:为儒家角色伦理学中的正义观念正名"。这部续著目的明确,旨在导引儒家角色伦理学进入与西方道德哲学理论的对话中,就"正义"观念这一重要议题促成跨文化交流。从罗尔斯(John Rawls)到苏珊·奥金(Susan Moller Okin),再到库普曼(Joel Kupperman)和所罗门(Robert Solomon),紧接着是阿马蒂亚·森(Amartya Sen)同杜威(John Dewey),这部现如今束之高阁的书稿出入当代西方哲学,最终返本儒家整体性的社会正义理念。该著之所以被搁置事出有因。其时我正伏案写作"正义之书",西方哲学界的贤达及汉语学术圈的高明对《儒家角色伦理学》的回应纷至沓来。我既欣慰于"角色伦理学"观念所激发的学术焦点,又感激于同仁们为助我澄清术语、改善论证所做出的批评指正。我从诸评议中获益良多,但也意识到罗思文和我在清楚地阐述儒家关系性构建的人之理念(relationally-constituted conception of persons)这一儒家哲学对当代伦理学探讨最为深远的贡献上,依然任重道远。事实上,我的专著《儒家角色伦理学》以及同罗思文合著的论文集均未能就儒家关系性构建的、叙事性的、焦点—场域型的(focus-field)人之观念给出足够明晰的论述,从而证明其为何能够超越基础主义的个人主义(foundational individualism)〔1〕这一当代西方伦理学近乎不证自明的前提,而为当代道德哲学的讨论另辟蹊径。

与此同时,出于同样的关切,罗思文于2015年出版了《驳斥个人主义:对道德、政治、家庭和宗教基础的儒家反思》(*Against Individualism*: *A Confucian Rethinking of the Foundations of Morality*, *Politics*, *Family*, *and Religion*)〔2〕。此书力证基础个人主义在历经多番衍说后,由曾经有所广益的启蒙学说蜕变为如今祸心暗藏的意识形态,不但涉嫌而且加剧了当代众多紧迫的伦理问题、社会危机以及政治乱象。罗思文和我俱以为,儒家关系性构建的、角色承担的人之观念足以挑战上述个人主义意识形态,为展望和构想社会、伦理与宗教等层面的人类经验而别开生面。〔3〕

罗思文的《驳斥个人主义》一书主旨明确。他指出,法人资本主义控制了工业化民主国家及多数世界其他地区,其利益主要依靠根源于基础个人主义的程序正义来保障。基础个人主义为少数人谋得福利的同时边缘化了大多数人的分配正义得以伸张的可能性。因此,当学术影响力与政治势力在鼓吹辩护根源于此种个人主义及程序正义的道德观上愈发得心应手之时,社会公义的伸张便愈发举步维艰。换言之,我等主张社会公义与分配正义优先者,务须面对这一事实,即少数特权精英享有其个体自由是以普罗大

---

〔1〕 译者注:下文简称为"基础个人主义"。
〔2〕 译者注:中译本参《反对个人主义:儒家对道德、政治、家庭和宗教基础的重新思考》,王珏、王晨光译,西北大学出版社,2021。
〔3〕 Henry Rosemont, Jr., *Against Individualism*: *A Confucian Rethinking of the Foundations of Morality*, *Politics*, *Family*, *and Religion*, Idaho Falls, ID: Lexington Books, 2015.

众的实质正义被鲸吞蚕食为代价的。

延续罗思文的建树,我认为,被暗许默认的个人主义所导致的根深蒂固的观念问题,令当前人类面临的困境日益恶化——下文中我或喻此困境为"极致风暴"(perfect storm)。事实上,基础个人主义被率先运用在对道德之人的定义上,然后它又被穿凿成该假定的"道德之人"何以正义行事的决定因素。在现当代西方道德哲学与政治哲学中,把"人"理想化预设为自由的、自主的、理性的、妥善自利之个体的学说,若非汗牛充栋,业已俯拾皆是。经过类比关联,这一预设更被运用到了主权国家和组织文化的层面。基础个人主义深根固柢于西方哲学叙述,通过从心理的、政治的以及伦理的层面上,与他人隔绝式地来描述、分析与评价所谓的"个体之人",从而稀释淡化了人的道德责任感。如此定义的"个体"为日趋自由主义的政治经济体制输送伦理的、政治的正当性论证,故而此种基础主义的假定个体从方方面面看都已非止于存在论上的虚构,它俨然变成了几微征兆。无可厚非地说,正是这套诉诸个体自由与自主来实现其自我辩护的自由主义经济体制,非但未能治愈当世顽疾,却令举世病入膏肓、每况愈下。

与罗思文殊途同归,我也认定具体而微地审视超越个人主义另觅坦途的儒家关系性构建的人之观念及其深刻启示,已经势在必行。为此,我决定暂且搁置"正义之书",与罗思文同向而行。当前这部专著力图尽可能清楚地阐述我们所体认的儒家哲学所贡献的整体的、相互依存的、叙事性的人之观念。罗思文在《驳斥个人主义》一书中致力于建立对基础个人主义经久有效的批判,而接续他的工作,我的任务则在于以儒家经典勾勒出我们称之为焦点—场域型的、叙事性的、关系性构建的人之观念。一言以蔽之,我力争以此著完成对超越基础个人主义的儒家角色伦理学中人之观念的理论化。

儒家的人之观念尚未成为当前伦理学探讨的重要组成部分并非平白无故。我有意将此研究项目描述成——为整体性的儒家传统"理论化"人。然而儒家自肇始即秉持理论与实践不隔，那种将理论与实践、正式与非正式区分开来的常见二元论思维，遭到作为诸多中国经典文本阐释语境的整体性、审美性的宇宙论所厌弃，已经是老生常谈。事实上，这些中国经典文本正是以对实践的尊崇，以及视理论为实践活动非分析性的固有属性，冲击了那种关于"理论化"的俗常见解。昔者，儒家传统的哲学家们"寓于其中"（in media res）地将理论性工具引入进来，是为了使实践活动在实践本身的语境中更有益于明辨笃行。

儒家哲学经典主张理论与实践不隔顺理成章的结果是，理解它的主要哲学术语的定义，在绝大程度上将取决于读者在追问中自然而然带入的自身生活经验及存在洞见（existential insights）。任何特定论述意欲取得令人信服的中肯度，亟需参详提供其叙事语境的具体情况及其中的内情曲折。即便我全然赞同理论与实践贯通一体、相互依存的主张，我也旋即意识到，在坚持此前提之下对"人之观念"钩沉索隐将多少牺牲理论和逻辑的明晰性，而这种程度的明晰性或许可令本书观点作为个人主义之外的新选项变得愈加广泛可取。与此同时，为了追求明晰性，我们不得不允许本书所理论化的儒家的人之观念至多也只能是对此观念"虽不能尽善尽美，必有所处"的论述，并且此论述也颇为损伤其自身的整体性及其决然的语境化前提。然而，正因儒家经典自身不耽于理论化人之观念如许，补续此遗策者谁？今故试论之。

引　论

一、重思中国：文化比较中的非对称性

出于对中西文化比较研究中普遍存在的非对称性这一沉疴痼疾的敏锐觉察,中国当代哲学家赵汀阳呼吁海内外学者均当"重思中国"。[1] "谁在阅读谁"是文化比较中非对称性的指示剂。今天,只要我们迈入一间中国书店,或者浏览一所优质中国大学的馆藏图书,众多品质日臻的译著触手可及——这些古往今来、包罗万象的著作,呈现出西方文化绝大多数的"化身"。它们几乎无所不包,就连我们许多同仁以比较哲学视角来研究中国哲学传统的著作,也出现在这雨后春笋般迅速增长的藏书之中。最为紧要的是,求知若渴的中国青年知识分子所组成的忠实读者群为这一出版热潮注入了持久动力。然而,当我们走进欧美书店或者高校图书馆,数世纪以来中国最杰出的思想家们的著作却几乎不见踪影。此种非

---

〔1〕　赵汀阳:《天下体系:世界制度哲学导论》,中国人民大学出版社,2011,第1页。

对称性最令人惶恐不安的地方在于,西方知识分子对是否应当检讨这一现象毫无压力。换句话说,我们西方社会对翻译中国现当代思想家们对自己文化与哲学的反思缺乏兴趣和热情。

对于这种文化非对称性如何塑造并持续建构着中西方哲学传统的对比研究方法,信广来(Kwong-loi Shun)进行过充分的探讨,他指出:

> 在比较研究中有这样一种趋势,即以西方哲学视角,借由西方哲学讨论中形成的理论框架、概念或者问题来探究中国思想。[1]

这种叫人困扰的非对称性预设有其历史渊源,洋师爷文化(Western teacher-culture)令中国学生文化(Chinese student-culture)黯淡无光。就西方而言,立志拯救中国灵魂的善意的基督教传教士们借由其普世主义信仰所具有的词汇,将这古老的东方世界介绍给西方学术界时,便赋予了儒家文化诸多亚伯拉罕宗教的特征。其时,中国传统哲学文本被使用基督教词汇的传教士们翻译成英语及其他欧洲语言,从而将这些经典文本打包似地纳入了次等基督教的礼拜仪式。

20世纪汉学先驱,苏格兰伟大的中国经典翻译家理雅各(James Legge 1815—1897)正是一位具有实践经历的传教士。当他为中文术语选取对译词汇,或者宽泛地阐释中国传统时,都自觉地求助于约瑟夫·巴特勒(Joseph Butler 1692—1752)的神学。他把

---

〔1〕 Kwong-loi Shun, "Studying Confucian and Comparative Ethics: Methodological Reflections," *Journal of Chinese Philosophy* 36, no. 3 (2009): 470.

天翻译成"Heaven"（天堂），道翻译成"the Way"（路），义翻译成"Righteousness"（正当），礼翻译成"ritual"（宗教仪式），仁翻译成"benevolence"（仁慈），如此种种，使得理氏介绍的儒家逐渐为基督教受众所熟知。具体来说，在他对孟子的翻译中，理氏一度公开质疑孟子为何不直接使用"上帝"（God）一词来取代含糊多义的"天"；他还总结道，孟子理解的人之仁性与反霍布斯主义的神学家约瑟夫·巴特勒在他的《关于人性的布道》（*Sermons on Human Nature*）中所阐述观点几乎如出一辙。[1]

正因如此，当我们走进欧美的书店或者大学图书馆，检索自理雅各以来的《论语》《孟子》《道德经》《庄子》等中国哲学经典文本的翻译时，我们会发现这些书名被编目并上架在"东方宗教"这一古怪的栏目下，而不是被纳入更受推重的"哲学"门类。当我们冒昧一窥西方国家的高等学府时，会发现即便有中国哲学被讲授，一般也是在从事宗教研究或者亚洲研究的系所，而非哲学学科这一"圣域"。"哲学"远非是中性的术语——它享有"尊荣"，是为着致敬人类思想结晶的极致而存在。钻研历史的学者往往自称"历史学家"，研究社会学的学者则自称"社会学家"，可我们这些"做哲学的"或"教哲学的"当中，仅仅非常有成就或者是自视甚高的人才敢有勇气宣称"我是个哲学家"。文化还原论（cultural reductionism）的后果是，儒家哲学竟在事实上被皈依了基督教，最后充其量不过是后者的影子，东施效颦罢了。从西方的视角来看，儒家一方面被

---

[1]　James Legge (trans.), *The Chinese Classics*, Vol. 2, Hong Kong: University of Hong Kong Press, 1960 rep, p. 448n1. 关于理雅各旅程的一份记述，亦参 Norman J. Giradot, *The Victorian Translation of China: James Legge's Oriental Pilgrimage*, Berkeley: University of California Press, 2002。

草草视为缺乏西方哲学的诚意(bona fides),另一方面又被当作宗教情节的衍生品,因此西方既有的框架能够游刃有余地将其概念化,不必担忧会导致任何重大损失。

在我们的时代,以学院派哲学(professional philosophy)即为排斥非西方诸哲学传统的欧美叙事的这种自我理解或许正在慢慢改变,但其实它在学院哲学体系中也持续遭受挑战。比较哲学届的同仁杰伊·加菲尔德(Jay Garfield)和万百安(Bryan Van Norden)在《纽约时报》(2016年5月11日)发表了振奋人心的檄文,指出我们西方的哲学院系固然可以继续忽视非西方诸哲学传统,甚至广义上的哲学多样性——这倒无可厚非。但为求广告宣传的真实性,两位比较哲学从业者(comparativisits)建议这些院系须礼貌得体地更名为欧美哲学院(系)。[1]在这篇题为《哲学若无多样性,只配称为欧美哲学》的社论对页版文章中,加菲尔德和万百安指出:

> 美国大多数哲学系只讲授源自欧洲和英语世界的哲学……鉴于非欧洲的诸传统在世界哲学史上及当代的重要性,鉴于欧美院校里来自非欧洲背景的学生数量与日俱增的事实,这种状况的确令人吃惊……我们很难从道德上、政治上以及认识论上为这种状况辩护,很难认定这样做是良好的教育和研究训练……因此,我们建议常规性只开设西方哲学课程的院系应该自我正名为"欧美哲学系"。这个简单的改变将让这些院系的研究领域和任务更加清晰,也将向学生和同事

---

[1] http://www. nytimes. com/2016/05/11/opinion/if-philosophy-wont-diversify-lets-call-it-what-it-really-is. html?

传递其真正的思想使命。[1]

约翰·德拉宾斯基(John E. Drabinski)迅疾发文呼应加菲尔德和万百安。他拥护加、万二人"正名"的动机,但他渴望进一步提炼二人的论证,并且引而申之。德拉宾斯基坚信这些哲学项目最好承认它们事实上是欧美白人哲学。在哲学类课程向日益多样的学生族群开设的今天,如果德拉宾斯基本人要以开始"黑人存在主义"课程来矫枉,那么单纯讲授"存在主义"的同事就必须承认他们的课程中含有某种恶性的不可见之"白"。德拉宾斯基认为,准确地讲,当代哲学经典是复制特定历史的特定经典,更令人惶惶不安的是,它传达着使冷漠忽视之暴行得以持存的特定思考与生活方式:

在那些经典文本中并不仅有对真理及其等价物的追求。它们同时也是重现或革新基本意识形态的文本,而这些基本意识形态正是重现某些类型的社会之关键。拿西方的白人社会来说,这意味着奴役、征服和镇压的社会。所以洛克、休谟、康德以及黑格尔等哲学家,均在种族、国家、人类区别的缘起(genesis of human difference)等主题上有所立论,还对各种奴隶制度、征伐和称霸进行辩护。[2]

学界对加菲尔德和万百安的呼吁云集响应,女性主义哲学建

---

[1]　译者注:该文章的中文翻译以吴万伟的翻译版本为基础(http://www.aisix-iang.com/data/99575.html),为统一文风而略作调整。

[2]　http://jdrabinski.com/2016/05/11/diversity-neutrality-philosophy/.

言并规劝当今哲学系自称"欧美白人男性哲学系",以进一步供认其另一项边缘化的行径(如果不是排外主义的话)。[1]

如果我们要继续改善学院派哲学,令其更加包容多元,那么我们首先必须承认其中既有的排他和扭曲。简单来说,问题在于,虽然当代西方和中国的哲学文献已经在引用中国哲学传统,但我们热衷于在西方哲学的预设下将其冷酷地理论化,并剪裁中国哲学概念来适应非其自有的范畴与概念体系。我们往往颇有哲学性地沉思着"墨家的实用主义是主体无涉(agent-neutral)还是主体攸关(agent-relative)的实证主义?"但从不见我们追问约翰·密尔(John Stuart Mill)是否是晚期墨家哲学家。同样的,我们在儒家美德伦理学是亚里士多德式的德性伦理还是休谟式的情感主义伦理这一问题上争论不休,但从不见我们追问会否亚里士多德和休谟的伦理学洞见本质上分别是古代和早期现代的欧洲儒家。

显然,依据非其自有的范畴和概念体系来理论化中国,并不单纯只是西方哲学学者的职业病(déformation professionnelle),这种现象也有本土历史。针对文化非对称性,信广来写道:

> 这种趋势不仅见于英语发表的著作,同样也见于中文著作。相反的,在当代文献中,我们极少看到引用中国哲学讨论中形成的框架、概念、问题来处理西方哲学思想的尝试。[2]

信广来指出,即便考察中文文献,我们在西方文献中看见的有关中

---

[1]　更多回应与反响参见 http://pages. vassar. edu/epistemologicallywise/2016/ 05/16/the-debate-over-the-garfield-van-norden-essay-in-the-stone/。

[2]　Shun, "Studying Confucian and Comparative Ethics," p. 470.

国哲学的文化非对称性也一样明显与极端，只不过来源不同罢了。

正如信广来所见，这种根深蒂固的非对称性在当代亚洲知识分子和西方同侪中毫无二致。虽然亚洲学者依然坚持用本土语言写作、讲述，但因为遭遇西方强势的现代性带来的概念体系，这些本土语言在很大程度上已经被改变。比较哲学界敏锐的同事们发现这一问题业已多时。例如，剑桥大学的修辞学家瑞恰慈（I. A. Richards）在思考论述中西传统互译的最基本问题时便注意到，以其自有术语来理解中国"既具有现实紧迫性，亦有理论意义"。早在 1932 年，瑞恰慈就曾忧心：

> 恐不多时，研究孟子的人中就再也不会有未被西方哲学和其他源于西方的观点与方法塑造其头脑的人了。西方观念稳健地渗透进中文，在不远的将来，中国的学者便不会比西方亚里士多德和康德的徒子徒孙们更贴近孟子了。[1]

试问此种非对称的情形何以发生？在 19 世纪中晚期，西方教育制度被整体移植来彻底改革亚洲教育。欧美教育机构——从各级公立学校系统到大学以及其学科划分和各类课程，被一揽子引进到日本、中国、韩国、越南等东亚文化的国家。自日本明治维新的改革者们开始，紧接着是中国、韩国、还有越南的知识分子，都旋即为西方现代性所倾倒、折服。他们借由中国经典文献资源创造出汉语等价物，以谋求恰当地表述引进的西方学术文化所特有的

---

[1] I. A. Richards, *Mencius on the Mind*: *Experiments in Multiple Definition*, London：Kegan Paul, Trench, Trubner & Co.；New York：Harcourt, Brace, 1932, p. 9.

概念性与理论性语言。这些现代性词汇与其所携带的自由启蒙思想被翻译成——事实上根本地被改变了——东亚的本土语言,并刺激这些亚洲文化借助绝大程度上属于西方的概念框架来理论化自身传统,此举今昔如一。

哥伦比亚大学教授刘禾曾巨细无遗地探讨过根据西方现代性词汇同步更新亚洲语言之进程背后的复杂性与政治因素,以及在这一进程中,中国经典文献所扮演的角色——充当创造新词汇的素材。为反思这一新兴的概念及术语体系在重构中国现代学术著述中的影响,刘禾考察了所谓的"关于中国现代的对话式建构"(discursive construct of the Chinese modern),她写道:

> 令我惊异的是……从现代汉语特别是书面语接触到英语、现代日语和其他外语以来所发生的事情……我的理论关切的真实对象是在中国文学中所讨论的"现代"和"西方"的合法化,以及在这些斡旋后的合法化进程里中国主体的矛盾……[1]

刘禾在准确地指向福柯所关注的权威与权力关系所扮演的决定性角色时,引述了阿萨德(Talal Asad),后者在恰如其分地批判不列颠帝国主义时,谈及在亚洲源头中持续不断的自我殖民化进程。这种亚洲对欧洲知识生产的依从,与此前谈及的伴随跨文化翻译的广泛而根深蒂固的非对称性直接相关:

---

[1] Lydia H. Liu, *Translingual Practice: Literature, National Culture, and Translated Modernity—China, 1900-1937*, Stanford: Stanford University Press, 1995, pp. xvi‑xviii.

　　粗略地说,由于"第三世界"社会(当然也包括社会人类学
者惯常研究的那些社会)的语言,相对于西方语言(在今天尤
其是英语)来说要"弱一些",它们最容易在翻译过程中遭受强
制性的转化,而不是倒过来。究其原因,首先是西方国家在与
第三世界国家的政治经济关系中,拥有更大的能力来控制对
方。其次在于,西方语言同第三世界国家语言相比,更容易制
造并传播"可欲求的"知识。[1]

对中国进行还原主义的理论化,起初透过基督教的有色眼镜,
其后借助西方现代性的概念体系,在举足轻重的哲学家黑格尔纡
尊降贵似的巧言中进一步加剧。对于黑格尔而言,历史上哲学的
产生必须具备得以保障人类意志追求普世之物的政治自由。然
而,众所周知的是,黑格尔以为,东方性情以及弥漫在自然与实体
中的被动精神仅勉强胜任对于特殊之物的思索。黑格尔在他的
《历史哲学》等著作中以极具攻击性的语言把中国描绘成全然缺乏
"精神"(Geist)的低等文化(primitive culture),并认为这种文化缺
乏产生内在变革或者识别普遍正确者的能力。如此孱弱的精神不
享有思想借以反思自身所必要的意识自由,故而在哲学的历史演
进中毫无角色可扮演,更无缘跻身哲学普世的、举世无双的体系之
中。[2]在黑格尔"冲击—回应"式的解释中所描绘的被动而惰性的
中国,自19世纪起,便主导了西方"最杰出"的阐释来源。由哈佛
大学卓越的历史学家费正清(John Fairbank)所引领,"冲击—回应"

────────────

[1]　Liu, *Translingual Practice*, p. 3.

[2]　Wu Xiao-ming, "Philosophy, Philosophia, and Zhe-xue," *Philosophy East and West* 48:3 (1998), pp. 406–452, especially 411–419.

这一讲法作为西方对中国历史正统而主流的阅读方式一直持续到
20 世纪 80 年代。[1]

　　这种文化比较中的非对称性是由外而内对中国哲学进行双重
抹煞的结果。首先,在西方学界,中国哲学被视为亚伯拉罕世界观
远房的、具有异国情调的翻版——所谓"东方宗教"是也,至少按黑
格尔的意思,它上升不到哲学的高度。其次,中国学界自身采纳西
方定义的哲学,在某种程度上形成"共谋",令中国"哲学"仅在符合
了西方所设定的哲学作为学院化学科的诸多标准的前提之下,才
得以合法化。这种境遇意味着,许多西方当代知识分子,无论少
长,在他们倾向于认定自己的宗教传统是故步自封的、教条主义
的、了无当代性的同时,也认为世俗化的西方是"师爷文化",而中
国在革新世界文化秩序的伟业中束手无策。经过自我殖民化的漫
长历史,当代东亚知识分子对于从自身文化传统钩沉索隐兴味索
然,却往往热衷于拥抱现代自由主义,及其源源不断供给的优良而
实用的知识。

　　文化还原主义历史导致的后果是,在西方,"Confucianism"(儒
家)一词所传达的价值如果竟能被理解的话,也只能使人们想到依
附于某种简陋贫瘠的意识形态的价值观念。这些价值寄生于一个

---

〔1〕　参见费正清的学生保罗·科恩对他的"冲击—回应"的批评, Paul A. Co-
hen, in *Discovering History in China: American Historical Writing on the Recent
Chinese Past*, New York: Columbia University Press, 1984。替费正清说句公
道话,他晚期的作品逐渐远离了此种黑格尔式阐释。对演进着的中国历史
解释的一份更为广博的论述,参见 David Martinez-Robles, "The Western
Representation of Modern China: Orientalism, Culturalism and Historiographical
Criticism," Carles PRADO-FONTS; "Orientalism" [online dossier], *Dig-
ithum*, no. 10. UOC, accessed August 22, 2017, http://www.uoc.edu/dig-
ithum/10/dt/eng/martinez.pdf。

抱残守缺的传统,在一成不变的经文、僵硬死板的学术、等级制度、裹脚习俗,以及其他各种类型的厌女症中苟延残喘。英美过程主义哲学家怀特海(A. N. Whitehead)本人虽然在克复(reinstatement)以变化为主要特征的存在论上颇有建树,但当他断言正是孔子招致了"一个万事裹足不前的时代",因此要为"中国静止的文明"负责之时,却做了上述消极情绪的代言人。[1]

同样的,在汉语世界中,"儒学"这个词在当代青年知识分子中也并未更受青睐。自五四改革派们"打倒孔家店"的高歌猛进起,中国内部对复古的批判已经持续了近一个世纪。其时许多革命造反派宣扬摒弃中国传统文化,拥抱全盘西化的进程。这种内部清洗运动在"文化大革命"对所谓的儒家封建残余进行根除和净化中得以延续。20世纪80年代纪录片《河殇》的悲怆影像依旧萦绕不去,黄河的淤泥栓塞了中国艰困地奔向西方制度与价值之自由蓝海的动脉。对于许多经历过这些时代,或者生活在其阴影之下的几代中国人而言,所有对于本土儒家思维及其生活方式之价值的信念,几乎消磨殆尽。近来,通过中国自有的政治与学术力量合作,出现了复兴儒家这一古老传统的公然尝试,然而因其强加给年

---

〔1〕 *Dialogues of Alfred North Whitehead* as recorded by Lucien Price, Boston: Little, Brown, and Company, 1954, pp. 176–177. 怀特海说,"如果你想理解孔子,就去读杜威。如果你想理解杜威,就去读孔子。"怀特海似乎对孔子与杜威双方的过程敏感浑然不觉,事实上,他明确地将二者斥为"实用主义者",认为二人致力于他所理解的朴素经验主义,仅剩下最为无趣的哲学之旅。在严厉批评了基督教神学用把真理公式化的方式驱逐了创新之后,怀特海又转而攻击孔子和杜威,指责他们放弃追问简单经验事实之下的"终极性"。此处,怀特海明确地批评孔子和杜威是流俗的实用主义者,他们将兴趣局限在简单直白的事实上,从而阻碍了当追问"蠢的"或者"多余的"问题(即形而上学问题)之时所能收获的更为丰富的成果以及在此基础上的创新。

轻人的保守主义手册而被广为诟病。对于当代许多人来说,作为
"Confucianism"的儒学不过是在自由民主的现代性所体现的新兴
解放价值之外,与我无关的一种压迫性的、仇外主义的选项。于是
乎,这样一种情形顺理成章地涌现——在不少东西方知识分子的
心目中,"现代化"的进步力量同"西化"的自由主义目标之间可以
简单画上等号,而儒家文化作为行将就木、食古不化、冥顽不灵的
保守意识形态应当被扫地出门。

　　在观察到儒家哲学与文化看似力不胜任的现象外,还有另一
种非对称性需要提及。在当今汉语学界,我们时常听到倾心于自
由主义价值的亚洲学者提倡人权、民主制度与原则在重构他们自
身文化传统时的重要性。诚然,大多数西方学者以及许多中国受
众一般无二地认为,这些具备解放价值的亚洲自由主义者们是能
够勇敢地引领多数受教育的进步同胞迈向 21 世纪的世界公民。

　　可是,不对称的另一方情况又如何呢? 难道说,当某些当代的
西方思想家们为寻求一套实践型的伦理,抛弃了那些看起来对真
实人生毫无关怀、却堂而皇之自诩为我们实现和表达道德能力之
应然说明的复杂抽象而又疏离的理论时,他们就离经叛道了吗?
当这些西方学者转向日常实践,格思如何通过持续关注日常角色
与关系间的意义生长,获得将平凡的生活日用升华为不凡的力量
之时,他们就是幼稚的经验主义者吗? 当某些对亚伯拉罕诸教陈
旧的超自然主义(supernaturalism)与禁欲戒律毫无同情的西方知识
分子,在反省中觉知,当他们将宗教体验寄托于家庭社群关系中的
人本主义而非上帝中心主义的宗教预设之上,竟然使得他们在某
种程度上与儒家价值同气连枝时,这仅仅是天方夜谭吗? 当这些
作为现代调和主义者的西方学者,在他们自己的世界中渴望文化

多元的最大化实现，发现他们致力于尊重与包容的使命竟然与儒家传统所秉持的至上而浑然（hybridic）的"和谐"理念遥相呼应，这种"和谐"允许那些仅只是不同于彼此的另类文化绽放其差异，并且为了彼此而充分实现差异，这难道就怪诞了吗？

二、现代化即为西化？

以上我们探究了这一问题——致使儒家文化在国内外被同时边缘化，此种视现代化与西化等价的路径，是人类最后的期望吗？是否有可能，在当前世界政治与经济秩序剧变的十字路口，盘点整理并善加利用东西方所拥有的文化资源才是阳关大道呢？

仅仅一代人的时间，亚洲崛起，尤其是中国的复兴，已经有目共睹地重构了全球政治与经济秩序。自 1989 年来不过四分之一个世纪，亚太经合组织（APEC）已经吸纳了 21 个亚太国家及地区，涵盖人口约占世界总人口的 40%，国内生产总值增长高达两倍，区域内外贸易额呈指数递增超过了 400%。其间，中国经济在最初的一二十年常维持两位数增长，继而超越日本成为世界第二大经济体。如果中国持续 7% 左右的高增长率，则有望在未来十年内成为世界第一大经济体。时至今日，这些政治经济的改变相对显而易见，但是撼动世界的地缘政治的转移，以及对人类经验变革性的文化影响却尚未一目了然。

我们或许会说，我们生活在最美好亦是最糟糕的时代。我们宣称这是最美好的时代，因为人类这个物种早已今非昔比。可以公允地说，世界性饥饿问题已非人类的困境。我们称为人的这一高等动物所取得的昌明科技，本可以发起全球行动在世界各个角落消灭饥饿。倘若已经拥有解决问题的手段,那就根本不该存在问题了。所以,我们当前的困境并非科技上的,而是伦理上的。虽然我们明显具备根除世界饥饿的科技,却缺乏施用它的道德决心(moral resolution)。

如此看来,这的确是最美好,但或许也是最糟糕的时代。当前地缘政治的重新定位很大程度上被席卷入一场"极致风暴"的纷纷扰扰:全球暖化,传染性疾病,粮食与水资源短缺,环境退化,大规模物种灭绝,国际恐怖主义,代理人战争,核武器扩散,等等,不胜枚举。我们前所未有的科技成就中掺杂了日益突出的环境、政治和社会问题。面临这样的"极致风暴",诸多深层因素或许会激发我们将当前的困局视为一种对转变的需求,即从优先考虑以技术来解决世界问题,转向首要关注从根本上来看实为一个进退维谷的伦理问题——坚持正义之举的使命之缺失。归根结底,问题与困局的根本区别在于,问题可以被解决(solve),而困局只能通过实现人类意图、价值和实践上的彻底改变而被消解(resolve)。人类这个物种需要面目一新地思考与生活。

我们当前的处境包含四个决定性的因素。第一,人类与其存在于世的方式共同造成了我们所面临的困局。我们在很大程度是上自作自受。第二,这一困局超越国籍、文化和社会的界限。诸如气候变化、传染性疾病等危机,其影响无远弗届,不分国籍和社会阶层地威胁着所有人。第三,这些紧迫挑战中有一种有机关系使得它们形成零和游戏——要么悉数解决,要么一筹莫展。简言之,这些挑战和问题不可能被散兵游勇般的个别玩家各个击破,而需要同舟共济的世界共同体来协同应对。最后一点,值得庆幸的是,人类作为一个整体具有充足的文化资源来改革人的意图、价值和实践,从而对当前困局做出及时有效的反应。

当代宗教史学者詹姆斯·卡斯(James P. Carse)所提供的"有限游戏"与"无限游戏"的区分或许有助于我们开始思考儒家价值如何在新兴的文化秩序中扭转乾坤。[1]卡斯用"做游戏"来比拟广义上构成人类经验的众多活动——即许多由人类来"做"的活动,如生意、运动、政治、军事安全、国际关系等等。"有限游戏"关注焦点是单一参与者的能动性,该参与者在限定时间内,根据一套保障输赢结局的有限规则来进行游戏。"有限游戏"因此具有特定起止时间,各能动的个体为求取胜利而参与。这种对游戏活动的理解似乎立刻令人联想到根据目的、手段来构想的人类竞赛性活动,这类活动导向成王败寇、非此即彼的结局。对人之所以为人的个人主义理解以及与之伴生的自由主义价值盛行,将有限游戏作为样板方式来理解所有层级的人类互动:无论人与人之间,企业与企业之间,还是国家与国家之间,视同一律。

无限游戏则具有不同的结构和不同的结果预期,亦无起止时间。其焦点在于强化和巩固实体间的协作型关系从而实现共赢,并非为个体求胜而从事竞争。更进一步说,无限游戏所依据的游戏规则,可以被参与者们为了服务于游戏得以持续进行的目的而调整更改。诚然,无限游戏无起点亦无明晰的终点,目标仅仅在于持续共享繁荣。家庭成员间的关系是无限游戏的典范。比方说,母亲毫无保留地疼爱子女,子女则报之以寸草之心,母子关系持续巩固加强,如此一来,他们能够一同面对和解决可能遭逢的即便是极其复杂的问题。在无穷游戏的模式下,角色关系的相互依存意

---

[1] James Carse, *Finite and Infinite Games*, New York:Ballantine, 1987. 译者注:中译本参《有限游戏与无限游戏》,马小悟、余倩译,电子工业出版社,2019。

味着母亲与子女要么同心同德、和衷共济,要么覆巢之下、一损俱损。无穷游戏从强化角色关系开始,总是导向要么双赢要么双输的方案。

为应对上述全球性及国家性困局的"极致风暴"寻找必要的文化资源时,可以预见发生在人的价值、意图以及实践上的转变已然势在必行。该转变将把我们带离自利的个体玩家从事的有穷游戏的优越感,借由强化个人、社群、团体以及国家等所有层级的关系,引向一种无穷游戏的新模式。面对并克服当代的共同挑战,我们需要从有穷游戏过渡到无穷游戏。优先性应当被给予这一类价值与实践,即主张并支持以游戏选手间的合作来取代令人熟知的个体玩家竞相逐利的模式,因为前者使得跨越国家、种族、宗教界线的人类协同繁荣更为可能。

本书的主旨在于论证儒家传统——尤其是儒家"人之成为"或简言之"成人"(human becoming)意义上的关系性构建的人之理念——在我们步履维艰地处理当前人类困局的努力中将做出重大贡献。汲取人类所有的文化资源建立更加包容多元的世界文化秩序刻不容缓,这一新秩序将革新我们的价值与实践,从而确保我们的子孙后代享有未来。

第一章　问题是提什么问题

1. 设定问题：儒家伦理学论述应该从何处开始？

在黑格尔逝世近两百年后，其作为一名哲学家的影响力依然未减。在《小逻辑》导论中，黑格尔就哲学从何处开始这一问题进行了较大篇幅的反思。追问应从何处开始呢？黑格尔总结道，由于哲学"没有其他科学意义上的发端"，那么就必然是，"发端仅与决定进行哲学思辨的主体有关"。[1] 对于黑格尔而言，哲学思辨的终极企划在于促成主体——有限精神或个体智慧，即哲学家本人，与作为纯粹思想之对象的上帝取得同一性。与儒家一致的是，在黑格尔看来，人并非一个既成事实，而是一种脱离了人类社群结构便无从实现的成就。在本书对儒家伦理学的探讨中，我首先认同黑格尔对"何处着手哲学探讨"这一问题重要性的关切，我也留意到，他勒令从思辨主体，即从人这里开始哲学探讨。与此同时，我

---

〔1〕　G. W. F. Hegel, *The Encyclopedia Logic*, Indianapolis/Cambridge：Hackett Publishing Company, 1991, p. 41.

亦受到杜威哲学解释学的启发。杜威本人在其漫长的学术生涯之初是一位黑格尔主义者,但他很早便放弃了黑格尔的目的论与唯心主义,转而拥抱过程论的、在很多方面是达尔文主义的实用主义。杜威在其自身哲学传统的叙事内,挑战了迫使人们认同割裂个体这一上位概念的实体预设(substance assumption),并引入他自己迥异的人之观念,即人是互渗的、不可化约的关系性的"习惯"(habitudes)。

转向儒家伦理学,我们应当能够想到,在不同哲学传统的伦理探讨中,关于人之观念是如何被概念化的,有着多种截然不同的预设。若我们听从黑格尔就思辨起点所做的忠告,或许一个良好的开端正在于辨别及开掘儒家关于人的特有预设。诚然,以人之观念为起点是尤其妥善的策略,因为从人之观念引出的宇宙论预设规定了古希腊与儒家各自哲学传统的经典文本的不同解释语境。我们需要将这种宇宙论预设理解为对宇宙秩序的思索与构成一般民众日常生活的制度机构、生命形式之间的一种关联。我们不妨想一想在《理想国》和《蒂迈欧》中,柏拉图找到的那种调理人类灵魂从而分别形成政治秩序之和谐以及宇宙秩序之和谐的关联。同样的预设在一些最为杰出的汉学家的阐释性研究中亦发挥作用,如席文(Nathan Sivin)在他的《公元前最后三个世纪的国家、宇宙与身体》(State, Cosmos, and Body in the Last Three Centuries B. C.)一文中探索了这些关联,又如戴梅可(Michael Nylan)以山水画为喻论述儒家道德地理(Confucian moral geography)中的软边界、多中心与

多视角。[1]王爱和在她的著作《中国古代宇宙观与政治文化》
(*Cosmology and Political Culture in Early China*)中对中国宇宙论的
共生性(symbiotic nature)提供了简洁陈述：

> 这样一个关联的宇宙论是宇宙现实中各式各样的领域彼
> 此呼应的有序系统,将人类世界的诸范畴(比如人体、行为、道
> 德、社会政治秩序和历史变化)关联到宇宙的诸范畴(如时间、
> 空间、天体、季节变化和自然现象)。[2]

可以概括地说,对于"成为人意味着什么"有多种可行的理解,
基于此,世界上多样的宇宙论本身便是不同文化理解人之处境的
一种反映。下文中,我将着重援引《周易大传》所构建的开放终点
式过程宇宙论,来充当我阅读和解释儒家经典文本的阐释语境。
我还将阐明,这一宇宙论自古以来就在一种与生成涌现的、特殊
的、持续变化的人类伦理、社会、政治文化所形成的对位关系(con-
trapuntal relationship)中演化发展。

就西方学界主流的伦理学探讨而言,我们已经来到一个振奋

---

[1] Nathan Sivin, "State, Cosmos, and Body in the Last Three Centuries B. C. ," *Harvard Journal of Asiatic Studies*, 55. 1 (1995): 5 – 37; Michael Nylan, "Boundaries of the Body and Body Politic in Early Confucian Thought," in *Boundaries and Justice*, eds. David Miller and Sohail Hashmi, Princeton: Princeton University Press, 2001, pp. 112 – 135, reprinted in *Confucian Political Ethics*, ed. Daniel A. Bell, Princeton: Princeton University Press, 2007.

[2] Wang Aihe, *Cosmology and Political Culture in Early China*, Cambridge: Cambridge University Press, 2000, p. 2. 译者注:中译本参《中国古代宇宙观与政治文化》,金蕾、徐峰译,上海古籍出版社,2001。本书引文部分为自译。

人心的关头,即儒家的各种视角不仅逐渐被承认,而且还在主流哲学家的讨论中被越来越多地征引。与许多主张将儒家资源纳入当代论辩的同侪一致,我也相信这一传统将会扮演重要角色并做出非凡贡献。我在本书中的观点正是,在基础个人主义已然成为当代伦理学论述的默认立场的当下,儒家哲学——特别是儒家的伦理学,其最大贡献在于其拥有对彼此割裂的自主个体这一观念的强有力的替代方案。

就对儒家伦理学自身的理解而言,究竟是该将此传统归类为特殊的中国版美德伦理,还是将其视为专属于儒家传统自身的、自成一格的角色伦理学,在当代研究这一领域的学者中依然存在争议。在这些可彼此替代的方案之间如何选择,很大程度上取决于如何发掘中国古典哲学的诠释语境中所预设的人之理念。倘若目标是回归儒家传统自身的讲述,并抵制主观文化傲慢带来的过度诠释,我们首先必须自觉地、批判性地将儒家的人之理念理论化,以此作为儒家伦理学的起点。

值得注意的是,在英语中表述"儒家角色伦理学"(Confucian role ethics),不得不使用了"角色"(role)一词,以便明确区分其所具有的与其他伦理传统不同的动名词性的人之观念。实际上,当我们转向汉语语境时,便会发现"角色"一词的冗余,因为"角色"已由"ethics"这一术语的中文译名"伦理学"预设了,"伦理"一词明确表明了"在人的角色及关系的样式中所实现的属性";再者,"伦"不仅仅描述性地表达"君""夫"等角色,还具有"廉、耻"或"敬爱、怠惰"等品质暗示。[1]有趣的是,"伦"一词同时也具有"范畴""等级"(class)的含义,这意味着在这一宇宙论中,诸如"范畴""分类"(classifications)等理论性区分的建构是事物间类比关联(analogical correlations)的一种功能发用。这一功能性的统筹和组织经验的方法与古希腊传统迥异。在古希腊传统中,"范畴"通过对具体的种、属中的成员所共有的某种假定本质或某一自同的、重复的、同一的特征——即理念(eidos)的安置而得到确立。[2]在儒家宇宙论中,不光事物,人也一样相互关联着,但人们是通过在彼此对应的多种角色中的所作所为,而非借由某种界定其为何物的存在论意涵而被关联的。

在本书引论中,我曾忧心于那种以持续借助西方范畴来理论化中国传统为标志的跨文化翻译中的非对称性问题。就我而言,将儒家伦理学削足适履地纳入美德伦理学正是这种倾向直接的示例。这至少算个有趣的巧合吧,早些时候在中文文献中,许多有影响力的学者都提倡对中国伦理学传统进行以原则为基础的康德主义的阐释,其中杰出的代表有牟宗三与李明辉。杜楷廷(David El-

---

[1]　有关"伦理"这一术语使用的汉代文献,参见 Liu, *Translingual Practices*,p. 316. 虽则伦理学作为"ethics"的译名是 19 世纪末为了方便将亚洲诸传统纳入西方现代性语言所新创的词,但伦理这个复合词本身可追溯到近两千年前的汉代记载。

[2]　后期维特根斯坦针对语言提出过类似看法,他主张语词并非由该词所有用法中呈现出的核心含义所定义的。相反,我们应当历史地、语境化地来研究语词,通过"一个相似的、重叠的以及纵横交错的复杂网络"来定位语词。Ludwig Wittgenstein, *Philosophical Investigations* (*PI*), eds. G. E. M. Anscombe and R. Rhees, trans. G. E. M. Anscombe, Oxford: Blackwell, 1953, Sec. 66. 当维特根斯坦在介绍"家族相似"和"语言游戏"这样的术语时——当他诉诸相似性、关联性而非严格的同一性以及语言中形式化的定义之时,他放弃了早前对确定性、准确性以及固定界限的执着。

stein）在他对儒家伦理学研究的调查中指出，这种对中国伦理思想做义务论式的阐释在中国学术中占有主导地位并产生深远影响。[1]然而似乎随着伊丽莎白·安斯康姆（Elizabeth Anscombe）1958年的《现代道德哲学》（Modern Moral Philosophy）一文的横空出世，不仅在西方伦理学讨论中掀起了一股为美德伦理学修正式的平反运动，而且西方文献中对中国伦理学的主流阐释也迅速跟进了这一理论演进。安斯康姆在文中指责以规则为导向的义务论（Deontology）和效益主义（Utilitarianism），称其是过于"先天贫血的"法条主义（anemically legalistic），缺乏对道德心理的关切。安斯康姆具有开创性的批判为阿拉斯代尔·麦金泰尔（Alasdair MacIntyre）的《追寻美德》（After Virtue），以及其后山鸣谷应、风起云涌的美德伦理学研究拉开了帷幕。[2]这种在西方伦理学的规范理论中为美德伦理平反的一致努力，虽由安斯康姆的挑战引发，却不仅成为伦理学探讨中的重要意见，同时也促成了西方文献中解读儒家伦理学的阐释转向。诚然，西方学界大多数研究儒家哲学的学者，以及他们很多研究西方伦理学的同事，都愈渐心安理得地采纳美德伦理学古典的与当代的发展来充当描述同理解儒家传统的最佳路径。[3]

---

[1]　David Elstein, "Contemporary Confucianism," in *The Routledge Companion to Virtue Ethics*, eds. Lorraine Besser-Jones and Michael Slote, New York: Routledge, 2015, p. 238.

[2]　G. E. M. Anscombe, "Modern Moral Philosophy," *Philosophy* 33 (1958).

[3]　从另一种角度来思考儒家伦理学经历的诠释转变，我们或许会想到在刘易斯·卡罗尔（Lewis Caroll）的《镜中世界》（*Through the Looking-Glass*）一书中，白皇后感慨道："只能往后追溯的记忆是一种糟糕的记忆。"我们将儒家伦理与西方伦理学理论的新近遭遇看作是其关键时刻，或许正是白皇后所言的那种更好的向前回忆的记忆的绝佳示范——亦即，现如今，我们在西方自身的伦理学讨论中复兴了美德伦理并使其成为一种强有力的立场，我们便清楚地"回想起来"，儒家伦理也是一种美德伦理。

与此同时,基于对泯除儒家"德"的观念(通常被翻译成"virtue"[美德])与古希腊"*arête*"概念之间的差异的质疑,众多致力于儒家伦理学研究的当代中国学者又抵制着任何对儒家伦理学与美德伦理学简单草率的相提并论。

亚里士多德将我们译作"美德"的 arête 一词定义为:

> 关于选择的一种状态,在于与主体有关的某种手段,由理性主宰,并通过具有实践智慧之人做决定的那种方式。[1]

这里的假设是,此等美德(如卓越、效率与能力)是某人的性格特征、稳定的倾向或心灵的状态。通过对比可以发现,中国早期的宇宙论中,"德"作为具体"焦点"或"显著特质",是通过它与作为具体"场域"的"道"之间全息立体的关系而被理解,其中,任何具体事物的规范性层面乃是这一具体的焦点在它所置身的场域中获得的"分寸感"或者"度"(coalescence)的一种发用。具体到"人"而言,"德"远远不能被还原成个体性格特征或心灵状态,它指向的是由人们在构成其生活故事的诸多活动之总和中所显现的那种关系性的臻熟(relational virtuosity)。不少中国的论述者或许会认可,在西方叙事中发展演进的"美德"伦理学,对理解儒家伦理学来说确实具有某些切题之处,然而,鉴于"德"这一观念的宇宙论底蕴,囫囵吞枣地谈两者的合拍,未免是不见全貌的一隅之说。

我将指出,此种包含了众多当代衍生与变形的广义上的美德

---

[1]　Aristotle, *The Complete Works of Aristotle*, *The Revised Oxford Translation*, ed. Jonathan Barnes, Princeton: Princeton University Press, 1984, 1106. 36 – 1107. 2.

伦理学,其语言在某种程度上依然依托于那些熟悉的词汇簇(vocabulary cluster),比如主体、行为、泛型化的美德(generic vritues)、性格特征、自主、动机、理性、选择、自由、原则、后果,等等,并且以某种形式的基础个人主义为原点引入区分。在我们的时代,深深根植在古希腊哲学叙事之中,并在义务论、效益主义以及美德伦理学的讨论所使用的词汇中被预设的个人主义,即便并非同一事物,却依然还是合乎常理的默认预设——如果不是一种意识形态的话。所谓"意识形态",我在这里指的是,当某种诉诸割裂个体的词汇簇的具体形态的个人主义,在没有任何颠覆它的严重挑战下,具备了对人们思想意识的垄断,那么就其作为某一个体、族群乃至文化的特征性思维而言,就可以被称作是一种意识形态。[1]

我将指出,儒家角色伦理学正是从至关重要的关系的首要地位以及由此而来的经验的整体性出发,与割裂个体有关的词汇簇形成对照。儒家角色伦理学是通过援引属于它自己的与众不同的一套焦点—场域式的术语与区分而形成的,比如"致力于在角色与

---

[1] 针对在西方哲学叙事中个人主义垄断着意识这一强判断,我们或许会举出反例,说事实上社会心理学家乔治·赫伯特·米德(George Herbert Mead)与他的同路人杜威在其自身所处的时代,就已发展出了一种关联性构成之人的革新理念,并视其为个人主义的实质性替代方案。然而,衡量这一反例,我们可能需要注意到怀特海的观点,怀特海坚信在哲学思辨中,这样的反例必须根据它们所造成的差别来进一步加以评估。换言之,这些介入对于改变既有假设来说有什么样的影响呢? 的确,如果我们承认米德—杜威式的关系性构成的人之理念对于有关人是什么的当代思想和常识性预设来说,直到最近都影响甚微,那么我们便会同意,这样的反例实际上反倒是很讽刺地证明了个人主义意识形态在西方叙述中尤为盛行。下文中我将指出,直到查尔斯·泰勒(Charles Taylor)、麦克尔·桑德尔(Michael Sandel)和马克·约翰逊(Mark Johnson)等当代学者厘清"内"主体的人之理念之时,近期学术研究才在一定程度上受惠于古典实用主义,并在一种修正方向上采纳了这一讨论。

关系中变得臻至[1]"（仁），"使角色与关系中的恰当性最优化"
（义），"求取关系性的臻熟"（德），"致力于实现角色与关系中的得
体性"（礼），"通过传统在角色与关系中的代际传递来将其具体
化"（体），"心之"（bodyheartminding）（心）[2]，"培养人的倾向"
（性），"在角色与关系中行事的果决与决心"（诚），"在关系的多样
性中追求最优化的和谐或共生"（和），等等。儒家角色伦理学从迥
异的假设出发，这些假设有关个人身份认同如何从人生叙事中涌
现，以及道德能力如何被表达为构成我们的角色与关系中的习惯
化的臻熟。如果不能将我称之为个体的、割裂的人之"存在"（human "beings"）与儒家关系性构成的"人之成为"（human becomings）区分开来，就意味着我们在调查研究尚未开始之前，就已经稀
里糊涂地将一种当代的、明显陌异的人之观念夹带进其中了。

2. 时代的挑战：理论化"内主体"的人

（intra-subjective persons）

黑格尔对哲学研究从何处开始这一问题的关切并未被杜威遗
忘。近一个世纪前，在他的《新旧个人主义》一书中，杜威目睹当时
崛起的一种反常态的个人主义，它与爱默生（Ralph Waldo Emer-

---

〔1〕 译者注：本书以"臻至"一词翻译英语的 consummate（源自 com + summus），
　　 用以传达臻备、完满与极致、至上的复合含义。下文中的"臻熟"则翻译 vir-
　　 tuosity。
〔2〕 译者注：作者不仅将英语中翻译"心"的方式综合起来，以突显"心"这一中
　　 国哲学术语超越西方身心二元论概念框架的丰富意涵，更以动名词的形式
　　 来强调心的能动性。中文翻译难以有效揭示作者炼词之深意，仅以"心
　　 之"来体现其动名词色彩。作者在第三章讨论孟子心性论时对"心"有更多
　　 论述。

son)许诺的那种不随波逐流、自力更生的美国精神背道而驰,这让杜威忧心忡忡。杜威尤为懊恼的是,作为"最具特色的自我活动"意义上的真正的"个体性"[1]——体现在爱默生式的蓝图中,即人人追求最高品质的个体独特性,已然蜕变为当时广泛奉行的自利为我、针锋相对的"个人主义"信条。在杜威看来,此种"新"个人主义与成王败寇的零和商业文化相去无几:

> 我们传统的精神性要素,诸如机会平等、交往与结社自由等被弱化、排挤。曾经预言般宣示的个性发展了无踪影,取而代之的是一种对理想个人主义的颠倒扭曲,用以迎合金钱文化的种种实践。这也成了为压制和不平等辩护的源泉。[2]

在其新术语"个体性"与当时已然颓败堕落的"个人主义"之间建立起区分后,杜威进一步倡议哲学家们在对大共同体的求索中,携手共对挑战,构思并阐述新的人之观念,以体现作为个人的、社会的、政治的理想以及终极的宗教理想的民主"理念"。诚然,对杜威来说,"我们的时代最深层次的问题正是如何建构一种与生活的客观条件和谐一致的新个体性的问题"[3]。

杜威认为,我们需要追求这样一种"个体性",令完满的自我实现与从充分实现的诸个体性中自然涌现出的最优化的群体繁荣,既同气连枝,又彼此成就。因为主张这种跨主体的"个体性",杜威

[1] John Dewey, *The Later Works of John Dewey*, *1925-1953*, ed. Jo Ann Boydston, Carbondale/Edwardsville: Southern Illinois University Press, 1985, vol. 7, p. 286.

[2] Dewey, *The Later Works of John Dewey*, vol. 5, p. 49.

[3] Ibid. , p. 56.

可以被视为查尔斯·泰勒（Charles Taylor）与迈克尔·桑德尔（Michael Sandel）等当代重要的哲学家以及他们对何以成人议题进行反思的先驱。[1]查尔斯·泰勒在其著作《自我的根源：现代认同的形成》（*Sources of the Self*）以及近作《语言动物》（*The Language Animal*）等书中，将两种观念进行结合，其一是从"对话网络"之中浮现的、非还原性展示"实现了的主体性"的社会性嵌入的人（socially-embedded persons）这一学说，其二是具有历史与文化自觉的交流通畅的社群主义。[2]在泰勒看来，不单单是我们在与他人的交流中发现了决定我们是谁的诸事物，更有甚者，我们是通过讲述共享的具体化的经验世界才得以成为人。泰勒关于人和能动性（agency）的著述致力于提供对他命名为"超凌诸善"（hypergoods）的复杂与多元的理解，"超凌诸善"是形成这些身份认同的道德框架。如果说泰勒就对话中的"自我的根源"所做出的令人信服的探讨依然有所局限的话，那就是他其实也自觉地意识到，这些客观实在的价值形成的环境局势，通过历史长河中族群的整合，塑造了一种对持续演进的独特西方文明连贯的身份认同，而非更广义地指向人类全体。

---

〔1〕 A. T. Nuyen, "Confucian Role Ethics," *Comparative and Continental Philosophy* 4.1 (2012): 141 - 150. 作者例举了一些参与建构关系性的、以角色为基础的人之理念的西方伦理学学者，比如 Charles Taylor, *Sources of the Self*: *The Making of the Modern Identity*, Cambridge MA: Harvard University Press, 1989; Dorothy Emmett, *Rules, Roles and Relations*, London: Macmillan, 1967; Marion Smiley, *Moral Responsibility and the Boundaries of Community*, Chicago: University of Chicago Press, 1992; Larry May, *Sharing Responsibility*, Chicago: University of Chicago Press, 1992。

〔2〕 Charles Taylor, *Sources of the Self*, and *The Language Animal*: *The Full Shape of the Human Linguistic Capacity*, Cambridge MA: Harvard University Press, 2016.

同样地,迈克尔·桑德尔早在他的《自由主义与正义的局限》
(*Liberalism and the Limits of Justice*)一书中就强烈地批评过被当作
康德—罗尔斯式义务论中个体理念之起点的那种抽离隔绝的自我
观念。桑德尔如此描述罗尔斯主义的人之理念:

> 通过回溯罗尔斯主义的自我,我们可以定位这种个人主
> 义,并且识别其所驱逐的诸善的理念。罗尔斯主义的自我不
> 仅仅是施行占有的主体,同时也是事先被个体化的、与其利益
> 永远保持某种距离的主体。这种距离的一个直接后果是将自
> 我悬置于经验所及之外,让它变得无坚不摧,从而一劳永逸地
> 确立它的身份认同。[1]

桑德尔明白,从这种"先天贫血"的、割裂孤立的个人认同出发,或
者在其之上进行建构,将招致种种可以想见的局限与后果;这种个
人认同不尊重上文中引用的黑格尔论断,即我们之所以成为我们,
源自于我们共享的诸社会性结构。桑德尔总结道:

> 如此彻底独立的自我排除了任何与"构成性意义上的占
> 有"紧密相关的善恶理念。它排除了任何依恋(或者沉溺于)
> 得以超越我们价值及情感来直面我们的自我认同本身的可
> 能。它排除了身份认同以及参与者的利害在其中会遭逢险境
> 的这种无论好坏的公共生活的可能。它排除了共同目的得以
> 或多或少影响人们广义的自我理解,从而在构成性意义上来

---

[1] Michael Sandel, *Liberalism and the Limits of Justice*, Cambridge: Cambridge University Press, 1982, p. 62.

定义族群的可能——族群描述的不仅仅是共同志向的诸目标,同时也是共同志向的主体。[1]

桑德尔在寻找更有趣的讨论新起点时转向了"跨主体的"(intersubjective),或者更准确地说,"内主体的"(intra-subjective)自我理念这一替代性概念。这个理念将基于罗尔斯主义立场的影射一扫而空。桑德尔将"内"(intra-)视为较"跨"(inter-)而言更为可取的前缀,此区分意义重大,它关涉到内部关联与外部关联的区别。"跨"这一前缀被用来指示一种联结的、外在的、开放的关系,这种关系将两者及以上分裂的但在某种意义上具有可比性的实体结合起来。比如说,我们将独立且匹配的电脑联结成所谓的"互联网"(internet)("跨"[inter]+"网络"[network])[2],从而与其他网民组成同一个网。与之不同,"内"(Intra-)作为"在内部""内在于"的意思讲,指涉给定实体自身所具有的内在的构成性的诸关系。桑德尔坚持内主体的人之理念:

> 允许基于某些目的,对道德主体所做的适当描述可以指向单一个体中的诸多自我,正如当我们通过诸竞争性认同感的相互牵制较量来说明内心思考,或者借助闭塞的自我知识来描述内省时刻,或者当我们放弃对某人在皈依前持有异教信仰问责之时。[3]

---

[1]　Sandel, *Liberalism and the Limits of Justice*, p. 62.

[2]　译者注:中译名"互联网"已经不是 internet 的直译。

[3]　Sandel, *Liberalism and the Limits of Justice*, p. 63.

如果我们要追究"内"这一前缀的宇宙论寓意，并且观察到它具有的重大的、有机的、生态的"无外之内"这一含义，我们或可将桑德尔的区分在他本人的意图之上进一步引申。在这样的世界里，我们每个人的焦点式认同是全息的，即整体被蕴含于每个独特的位点中。相较于"跨主体的"，"内主体的"之所以是更可取的，就在于它远非指向分裂的个体化主体间取得的诸外在关联，而是令人们在一个有机的、内在的诸关联所形成的系统之内成为焦点式的、立体式的（aspectual）的，这是一个绵延的"诸多自我的场域"，总而言之它构成了人人共享的、不可化约的社会性的、个人的诸身份认同。如此一来，在构成社会性内在互渗行为（intra-actions）之无限生态的诸联合体组成的系统之中，我们每个人均是一个特别的诸关联之组合。

即便桑德尔毫无疑问地认为，他自己对这种内主体的人之理念的理解，比起那种所谓"了无牵挂的"义务论的自我，潜在地来看更有成效，但他依然难以打消如下顾虑，即此种将人概念化的可选择的路径——尤其是当它被导向我在上文中提议的生态方向时，可能变得过度弥散，不太能被固定于关乎个体的整体性、同一性以及道德主体问题的某个牢不可破的意义之中。在桑德尔与德安博（Paul D'Ambrosio）合编的文集《遇见中国：迈克尔·桑德尔与中国哲学》（*Encountering China：Michael Sandel and Chinese Philosophy*）中，桑德尔特别论及儒家角色伦理学。虽然他认同我和罗思文，认为我们必须拒绝这一观点，即"在人的一生中，我们身份认同的连续性是由某个居于我们存在核心的'本质的'自我所给定的——这样的自我，其轮廓界线是一劳永逸地、彻底地被固定的，不经历岁月沧桑"。但是桑德尔依然想将自己的主张与我和罗思文的区别

开来,我和罗思文认为人并非"自我",而是其诸角色和关系之总和。桑德尔断言:

> 在我看来,这种纯粹集合性的写照缺失了讲述与反思(包括批判性反思)的角色。构成人的不单单是诸社会角色与关系,还有对这些角色与关系的阐释。然而,叙事与阐释就预设了讲述者和解释者——那些试图理解其自身的处境,并且对吸引他们的目标与信念进行评估的讲述故事的自我。此种阐释性活动,此种理解的尝试,便构成了道德主体。[1]

为了回应桑德尔提出的自主道德主体的含义需要被维系这一关切,我们或可从下文中进一步阐发的一个主张入手,即儒家"仁"之观念中的"二重性"(twoness)意涵,包含着对某种自我意识品质的培养,此种品质能为关系性构成之人提供审慎而又具批判性的视角,用以看待自我与他人行为。与此同时,我们可以借助拉里·梅(Larry May)的《共有责任》(*Sharing Responsibility*)一书的思想来验证桑德尔关于"个体"自主与能动性的观念。拉里·梅自己大体上默认接受当代伦理学探讨中赋予个体以中心地位这一趋势的影响。即便如此,他依然认识到,我们作为诸多如此这般的个体所组成的族群中的成员,为了更好地领会共有价值,我们必须反思既定的看待主体的方式,并从更加多元的、社群的角度对其进行重新构想。对于拉里·梅来说:

---

[1] Michael J. Sandel and Paul J. D'Ambrosio (eds.), *Encountering China: Michael Sandel and Chinese Philosophy*, Cambridge: Harvard University Press, 2018, p. 274.

　　构想主体时应当要考虑到这一类人的态度与倾向——这些人虽然不直接实施问责行为,但他们的态度与倾向创造了一种增加该问责行为出现之可能的氛围……我在这里指的是,主体不应当被如此这般个体主义地构想。一个人的诸态度与倾向构成了此人行事的语境,而一个社群里众多人的态度与倾向之集合则形成了个体行为发生的氛围。[1]

比如说,我们生活在一个的的确确充满着种族主义和性别歧视的世界。那些虽然没有公然实施歧视、但将之视以为常而在事实上助纣为虐的人,必须为今天的世界如其所是承担一份责任。事实上,拉里·梅甚至诉诸海德格尔与雅斯贝斯,认为我们的生存性的选择其实是由"历史、社会制约、个体有选择的行为"[2]共同构成的某种作为社会性建构的人来做出的。在此基础上,拉里·梅愿意回归"存在良心"(existential conscientiousness)这一理念:

　　它迫使我们选择那种不再是个体主义的、扩展了的心态,因为它驱使我们从受我们诸角色的行为影响的他人的视角来反观与审视我们的角色。[3]

　　同样地,桑德尔也想要采纳社群主义路径的人之观念。经年来,从一系列的哲学家——特别是从亚里士多德和黑格尔那里,而最近则从犹太传统那里,桑德尔撷取元素,试图建构一种有效的内

〔1〕　Larry May, *Sharing Responsibility*, p. 52.
〔2〕　Ibid., p. 3.
〔3〕　Ibid., p. 181.

主体的人之理念,使其一方面既能够导出社群主义的构成性身份认同,另一方面又得以维持足够强的个人整一与自主。与杜威和泰勒一样,桑德尔也致力于一种更加叙事性的、关系性的人之理解——即人是寓于其诸具体角色中的"叙述者与阐释者"。这些杰出但又典型的西方哲学家,以其对其他文化传统的开明包容,鼓励我们去认识那些在儒家、佛教、道家、南亚与伊斯兰等世界上其他的哲学与文化中结晶的价值理念,这些价值理念为这些人类社群提供了实现个人与文化身份认同的本土策略。

数十载以来,目睹着亚洲—太平洋地区陡然的崛起与开放并导致欧美的日渐孤立,我们猛然发现自己正处在重新调整的地缘政治秩序的跷跷板上。白云苍狗,宫移羽换,动摇着我们熟知的世界政治经济结构与动态的巨变已然发生了。我们的时代面临的问题是,随着地缘政治秩序重组,我们是否应该期待世界文化秩序也发生类似巨变,从而要求先前被忽略的亚洲资源发挥作用?

深受亚洲诸传统影响的当代哲学家乔尔·库普曼加入了关于伦理学的讨论,并对该探讨做出极为重要的贡献。库普曼的主要观点是,有关伦理的哲学思考应该围绕着性格发展来建构,而人的性格始于家庭关系,并在社群和文化传统中得到进一步塑造。在他早期的著作中,尤其是在他具有广泛影响的著作《性格》(*Character*)一书中,库普曼创立了"性格伦理学"学说,并视其为取代广为人知的美德伦理学的强劲替代方案。他认为儒家对个人修养的强调与他自己对性格发展的长期关注颇为类似。随着性格伦理学的成形,库普曼与主张美德伦理学的同行分道扬镳,并且准备进一步主张孔子同他一样也是位性格伦理学家。[1]我认为库普曼令人信服地论证了,他的"性格伦理学"较"美德伦理学"而言,能更好地解释儒家伦理学,因为当我们诉诸千差万别的善恶复合所形成的形形色色的性格时,我们才得以考虑到,在我们求助于盛行的类型化、单色调的美德特征时,往往会丢失人的多因子的特殊性。

通常,诸美德是被相互剥离地来分类与对待的,而库普曼诉诸性格发展则要求我们重视人的善恶诸品质的相互渗透,从而顾及它们的多价性和复杂性。当评价人们职业生涯中的行为时,我们最好融合地去考量他们的积极品质与消极品质。此外,对于库普曼来说,"自我是在人的一生中建构完成的,而非生而有之"[2]。从该主张出发,他企图重塑人之性格这一观念中的过程性与持续性维度,从而尊重善恶诸品质历史性的相互渗透,放弃任何对某人所为与所受进行的绝对划分。

库普曼关于性格发展的强势理念较之那种关于美德特征的学说更加具体化、个人化,它具备一种主动的、连贯的、具体化的功能,使生活在历经沧桑中统一且安稳。在发展性格的多元维度上,库普曼希望通过在相当程度上复原包括过程本质、恒常具体化的语境、特殊性以及增长性在内的道德行为的特征,从而在更有活力、更加全面的意义上来理解道德行为。虽然库普曼恢复了被美德伦理学所低估的人类行为的诸连续性从而把我们带往正确方向

---

[1] Joel J. Kupperman, *Character*, New York and Oxford: Oxford University Press, 1991, pp. 108 – 109.

[2] Kupperman, *Character*, p. 37.

是值得赞赏的,罗思文和我仍然认为他的工作意犹未尽、美中不足。[1]我们在库普曼的性格伦理学理论中发现了一些断裂与分歧,就像"国王所有的人马都不能把摔碎的矮胖子拼起来"[2],这些断裂与分歧阻止了库普曼复原我们实际道德经验的完整性与深广性。

　　首先,库普曼坚持将默认割裂的、孤立的、具体化的"自我"概念视为性格发展自然涌现出的产物。对他而言,"性格几近于自我本质",他类比道:"性格之于生活的主要问题,正如自我本质之于生活的全部。"[3]也就是说,对于库普曼而言,自我具有明确的、割裂的个体性,而这种个体性则是个人性格赖以发展的基础与位点,并在其更重要的任务中显明出来。[4]当我们追问:上述自我及其性格和行为三者间又是何种关系呢? 库普曼恐怕会在自我与它所产生的性格之间保留一个明晰的界限,然后认定自我的性格"流向"其诸行动。

　　再者,库普曼的"作为拼贴的自我"(self-as-collage)这一概念当然包含"来自外部的元素",这些外部元素兼具因果性与构成性

---

〔1〕　参见我们关于库普曼企划的扩展讨论:"From Kupperman's Character Ethics to Confucian Role Ethics: Putting Humpty Together Again," in *Moral Cultivation and Confucian Character: Engaging Joel J. Kupperman*, eds. Li Chenyang and Ni Peimin, Albany: State University of New York Press, 2014。

〔2〕　译者注:"国王所有的人马"是作者引用的源自英语童谣《矮胖子》(Humpty Dumpty)的典故,该童谣有如下歌词,"all the king's horses and all the king's men, couldn't put Humpty together again",本意指众人都无力复原已经碎裂的"矮胖子",有破镜难圆之意。作者借此典故指出,在预设基础个人主义的人之观念的基础上,库普曼同其他所有人一样,都只是重蹈覆辙而无法还原真实的道德经验。

〔3〕　Kupperman, *Character*, p. 47.

〔4〕　Ibid., p. 19.

地位,它们沉淀出"代表生命不同阶段吸收(有时是排斥)的各种影响的诸多层次,可以追溯到幼儿时期"[1]。尽管库普曼时常提及,并且似乎赞赏儒家强调的人之关系性本质,但他仍然一以贯之地坚信,一个人可以独立于他人而被准确地描述、分析与评价。基于这种个体的、割裂的自我的根本性假设,库普曼将人阐释为嵌置在家庭叙事之中的,这与角色伦理学所理解的关系性建构的人截然不同。

在本书中,我愿意加入库普曼、杜威、泰勒、桑德尔以及其他志同道合的同侪,为共同事业和衷共济。值此过渡时期,这一任务迫在眉睫,即如何充分利用世界上所有的文化资源,无论是亚洲的还是欧洲的,来构想出一个令人满意的内主体的人之理念,并将其纳入世界伦理学的探讨之中。具体来看,在对可行的内主体的人之观念的持续求索中,我希望孔子及他所强化的关系性建构的人之理念在这场讨论中获得一席之地。在儒家角色伦理学中,我们将认识到与主导当下规范伦理学探讨的诸多版本的"割裂的、排他性的、基础性的个人"这种人之观念不同的另一种方案。

3. 葛瑞汉:于儒家人之观念的理论化 中誓绝实体存在论

从西方近期的道德理论转向儒家伦理学的人之理念,何处着

---

[1] Kupperman, "Tradition and Community in the Formation of Character and Self," in *Confucian Ethics: A Comparative Study of Self, Autonomy, and Community*, eds. Kwong-loi Shun and David B. Wong, Cambridge: Cambridge University Press, 2004, p. 117.

手较为妥帖呢？似乎追问"在经典儒家哲学中，人为何物（what then is a person）？"这一问题是最显而易见、便于操作的，故而我们应当以此展开哲学研究。且慢，果真如此吗？葛瑞汉（Angus Graham）敏锐地意识到，我们设问的方式在某种意义上已经预设可能的答案，比如当我们问"在经典儒家哲学中，人为何物？"，这种对"何物"（what）的设问已经提示并且优先了某种用"名词"或者"物"作答的回应，从而遮蔽了其他可能性。葛瑞汉提议，假如我们退一步，审视我们提问时使用的语言，我们或许会觉察到不同文化传统中重要的概念差异（在这里甚至可能指向另一种人之理念）。

这样的概念差异不胜枚举，然而窥一斑而知全豹，正如赫伯特·芬格莱特（Herbert Fingarette）在谈到儒家的人之理念时或许会提议，我们最起码应该改为追问：在古典的儒家思想中，"人们"（persons）是什么？芬格莱特曾经有一个著名的见解，"对孔子而言，若非至少存在两人，便不可能有人"[1]。通过这一观察，芬格莱特试图表明，作为割裂个体的单数形式的"人"与儒家哲学中关系性的、不可化约的社会性的人之观念几乎毫无关联。人们要么同时存在，要么就不存在。的确，正因为我认可芬格莱特关于人是不可化约的社会性的这一主张，所以本书副标题"儒家角色伦理学论'人'"（Theorizing "Persons" for Confucian Role Ethics）中的"人"的英文词其实采用了复数形式。

葛瑞汉将独特的、不断演化的范畴与概念结构归因于不同的文化传统，并以此挑战索绪尔式的结构主义对"语言"（langue）和"言语"（parole）的区分——其中"语言"指普遍的、系统性的语言

---

〔1〕 Herbert Fingarette, "The Music of Humanity in the *Conversations of Confucius*," *Journal of Chinese Philosophy* 10 (1983): p. 217.

结构以及支配所有语言的规则,而"言语"指任何一种自然语言中多样性的、开放式的言语行为。[1]然而,如同许多人一样,葛瑞汉相信,不同人群在不断变化的文化环境中会认同不一样的概念、不一样的思维与生活方式。[2]但是对葛瑞汉来说,理解这些概念差异并非易事:

> 另一种文化的人会通过另外的范畴进行思考,这一观点耳熟能详、近乎陈词滥调,可是却难以被确立为话题以促成卓有成效的讨论。[3]

从尼采的"语法哲学"(philosophy of grammar)中似乎已经预见到了葛瑞汉的思想。尼采断言,一种独特的世界观久而久之沉淀在印欧语系的诸语言中,既塑造又限制了这些迥异但在某种程度上连

---

〔1〕 索绪尔以象棋作比,把"语言"比喻成支配游戏的规则,而"言语"则是构成任何具体游戏的不同玩家事实上的多变的走法。

〔2〕 比如说,致力于追求跨文化理解的张隆溪对我们这些人(谢和耐[Jacques Gernet]被当成一个典型代表)抱有强烈的批评态度,我们这些人不仅将基督教与中国传统之间的紧张视为不同思想传统之间的张力,还将其看作属于不同的精神范畴和思维模式。参见 Gernet, *China and the Christian Impact: A Conflict of Cultures*, trans. J. Lloyd, Cambridge: Cambridge University Press, 1985, p. 8. 面对"中西文化差异被表述为思维与语言方式的根本不同,以及表述抽象观念的能力之有无",张隆溪变得不安。张隆溪并未意识到,当他给予抽象化、理论化的观念以价值高地,他正成为某些西方哲学预设的拥趸,而这些西方哲学预设不仅在中国古典传统中是缺失的,同时也正在遭受着西方哲学自身方兴未艾的内在批评。参见张隆溪的文章 "Translating Cultures: China and the West," in *Chinese Thought in a Global Context: A Dialogue Between Chinese and Western Philosophical Approaches*, ed. Karl-Heinz Pohl, Leiden: Brill, 1999, p. 44。

〔3〕 A. C. Graham, *Studies in Chinese Philosophy and Philosophical Literature*, Albany: State University of New York Press, 1990, p. 360.

贯的诸文化的符号结构。这一共同历史致使具有文化殊性的印欧语言，在其不同表达模式中，都激发了哲学上的某些可能性，而同时又遮蔽其他可能性：

> 所有印度的、希腊的、德国的哲思之间奇特的家族相似便很容易理解了。只要存在语言之间的亲和性，那么基于共有的语法哲学——即基于相似语法功能无意识的支配与引导，就不能否认，一切从一开始就为着相似的哲学体系的发展和进程做了准备，正如同这条路上其他某些解释世界的可能性被摒除了一样。[1]

葛瑞汉同他之前的尼采一样，关注语言从语法上，进而从概念上能揭示些什么，以此来处理其他文化"通过另外的范畴进行思考"这一棘手问题。在试图找出得以区分中国文化和印欧文化的不同范畴与不同思维方式的过程中，葛瑞汉专注于设问不同问题如何有可能会招致不同的答案：

> 既然每个哲学的回答均由设问方式塑造，那么便可假设，我们赖以思考的诸范畴与设问语言中可用的基本词汇是一致的……我们可以利用疑问词来查探中西范畴的不同点吗？[2]

葛瑞汉坚持不懈地警告，当我们忽略了古希腊存在论使命与

---

〔1〕　Friedrich Nietzsche, *Beyond Good and Evil*, trans. W. Kaufmann, New York: Vintage, 1966, p. 20.

〔2〕　Graham, *Studies in Chinese Philosophy and Philosophical Literature*, p. 3.

建立在过程性、生成性的中国古典宇宙论之上的假设之间的区别时，就会出现严重的模棱两可。存在论赋予"存在本身"以及体现"本质"与"属性"二元性的实体语言以特权——这种二元性视实体为属性的承载者，而属性则是被承载的。与之不同，过程宇宙论则优先看待"成为"（becoming），以及"谈论"过程及其丰富内容所必要的、相互依存相互关联的诸范畴。

当目的论和唯心主义塑造了我们西方人的常识，将"性"解读为"nature"便暗示着人之"存在"（human 'beings'）具有"在任何时代、任何地方都恒常不改的、普遍的人之本质"，以及作为人们所谓的终极因的人之目的（telos）。事实上，正是这种本质主义如今已成为欧洲和亚洲的文献中对孟子的标准解读，葛瑞汉在其漫长的职业生涯中，最初将这一持续的目的论的误读奉为圭臬，继而不断回归、再三反思，最终与其毅然誓绝。[1]

与人之"存在"相比，儒家传统中关于人的"成为"（becomings）[2]的生成的、开放的理念本身就是一个需要完全不同设问方式的回答。人与其嵌套在叙事中的叙事被构想为一个重叠的进程，总是在其中（in media res），而无所谓始终。因此，与其问人是什么？我们必须追问那些不可化约的语境化的、生成性的问题，如从何而来（whence）与去往何处（whither）？我们需要探问，在不断展

---

[1]　关于这一修正式理解的历史，参见我的文章"Reconstructing A. C. Graham's Reading of *Mencius* on *xing* 性：A Coda to 'The Background of the Mencian Theory of Human Nature' (1967)," in *Having a Word with Angus Graham：At Twenty-five Years into His Immortality*, eds. Carine Defoort and Roger T. Ames, Albany：State University of New York Press, 2018。

[2]　译者注：下文中"人的'成为'"（human "becomings"）又写作"人之'成为'""'成'人"。

开的叙事语境中,演进中的人的身份认同是如何协同涌现的,以及
这些人生故事的轨迹将把它们引向何方。我们不能把人看作是抽
象的"物"或"对象",而应将其视为可概括的历史的"事件"。葛瑞
汉的洞见在于,在儒家的语境中:

> "性"是从向某个方向自发性发展的意义上,而非从它的
> 起源或目标的意义上来进行构思的……事物发展的"成"或
> "完成"(completion)——在人即他的"诚"或"整一"(integri-
> ty),是指相互依赖成为整体,而非实现某个目的。[1]

葛瑞汉的意思是,在我们自发性的发展中,我们"相互依赖的"语境
不断地成为我们"成为何人"的不可分割的一部分。因此,无论是
具体的人,还是作为物种的人类,都不能通过一个割裂的开端或某
种终极的结局来定义。在这里,葛瑞汉敏锐地意识到一种闭合与
开放之间的基本对照:即一方面是受目的论驱动的、实体性的人之
"存在"的潜能与实现,另一方面则是受演进中的文明之引力影响
着的叙事性编写的人之"成"的源源不绝的涌现。毕竟,儒家之人
是居于不断改变的、谱系性的过程中的诸多事件,在这一过程中,
他们的祖先既没有一个割裂的起源,也没有一个终极毁灭的罹患。
恰恰相反,家族的先辈们不仅在他们自己具体叙事的开端就从身
体上、社会上、文化上体现着他们的祖先,并且将继续"活在"他们
自己的子孙后代中,超越任何实质意义上的个人"终结"。

---

[1] A. C. Graham, "Replies," in *Chinese Texts and Philosophical Contexts*: *Essays Dedicated to Angus C. Graham*, ed. Henry Rosemont Jr., La Salle, IL: Open Court, 1991, p. 288.

4. 亚里士多德论对正确问题的追问

早在黑格尔之前,亚里士多德也曾关注哲学研究从何处开始。他以"什么是人?"作为他求索思辨开端的第一个问题。这体现在标准版的亚里士多德著作中,《范畴论》是其《工具论》的第一册。亚里士多德在《范畴论》中最初计划确定一套必须提出的问题,从而全面充分地说明一个主体的什么是可以被谓述的,他自己给出的具体例子是主体为"市场中的人"。他的著作中发现了关于范畴的数个不同版本,其中对"什么"的追问不仅是他的第一个问题,同时也是最首要的问题。它的首要之处在于,在亚里士多德对这个问题的回答中,他首先通过确立主体(古希腊语为 ousia,拉丁语为 substantia)的必要本质或者实体——什么"是"(is)人,接着再借由区分人的多种次要和偶然属性——什么存在于人"之中"(in),引入了一种存在论上的差异性。亚里士多德用如下术语阐释实体与属性之间存在论上的区别:

> 粗略地讲,实体的例子如人、马;数量的例子如四尺、五尺;性质的例子如白、合乎语法;关系的例子如两倍、一半;地点的例子如在吕克昂学园(Lyceum)、在市场;时间的例子如昨天、去年;表示姿态的例子:躺着、坐着;表示状态的例子:穿鞋的、穿盔甲的;表示动作的例子如切、烧;表示受影响的例子:被切、被烧。[1]

---

[1]　Aristotle, *The Complete Works of Aristotle*, 1a25-2b4.

对亚里士多德而言,追问"什么"具有首要性,因为它给我们提供了基本的主题:是什么确定了人之"是/存在"(is)的基本实质。其他由数量、质量、关系、地点、时间、姿态、状态、行动、被动影响等次级情况所生发的多种问题,则为我们提供了主体所"含有"(in)或"具有"(of)的其余所有属性,这些属性是偶然的或者条件性的谓语,除非附加在主体上就无法存在。用亚里士多德自己的话说:

> 其他一切事物,要么用来述说作为主体的第一实体,要么就在作为主体的第一实体之中……因此,如果第一实体不存在,那么其他任何事物也都不可能存在。[1]

有趣的是,同时也颇为重要的是在亚里士多德这套问题中,并不包括"如何"以及"为何"的设问,这是因为他的实体存在论的因果性与目的论蕴含实则已经回应了"如何"以及"为何"的问题。亚里士多德因而假定,一个完整的命题性描述不需要进一步的解释,但我们将发现这种假设在中国的过程宇宙论中就经不起推敲。

葛瑞汉思考的是,这种实体存在论通过将人的潜能收敛于自我,在何种程度上将人个体化与去语境化。在反思亚里士多德对一种完整描述所采取的策略及其对亚氏范畴所能做出的揭示之时,葛瑞汉指出:

> 亚里士多德的方法是将一物与他物分隔开来,甚至视及物动词(如"切""烧")为无对象的,把关系词(如"一半""更

---

[1] Aristotle, *The Complete Works*, 2a35-2b5-6.

大"）当作将一物指向另一物,而非关联着两者。[1]

对于这个市场中的人,我们可以说"他在烧"或"他在切",而这种谓语不需要规定动作之对象,我们也可以讲"他更大"作为他之于第二个人的一种特征,但无须描述他们二人的关系。他继续讲道:

> 亚里士多德的思想是名词中心的;从被确立为人的实体开始,在引入"是/存在"（to be）之外的任何动词之前,他就已经可以追问"他是何时在市场中?"以及"他昨天在哪里?",而不是问"从何而来?"或者"去往何处?"。[2]

亚里士多德的存在论允许单一的定位和割裂的个体性,语法上它青睐名词形式——如在市场中的"人",此人正是可以被赋予他的诸属性的基底。重要的是,人的形式本质之潜能,以及人之为人的终极目的让"从何而来、去往哪里"这样的解释性设问毫无意义。

戴维·韦斯曼（David Weissman）在他关于社会存在论的著作中认为,亚里士多德主张一种割裂的身份认同,这种割裂的身份认同使我们成为个体,并充当外部关联而非内部关联的基础。他讲道:

> 具有物质与形式的事物是独立无待的,比如第一实体。个个都是自给自足的……亚里士多德让我们相信,一物与他物的诸关联——包括空间关系、时间关系以及因果关系,对于

---

[1]　Graham, *Studies in Chinese Philosophy*, p. 380.

[2]　Ibid. , p. 391.

该物的认同而言不过是偶然的。由此他推论,认同是通过形式建立起来的,因此,一物与他物的许多关联充其量仅仅是支持它的,而且或多或少还遮蔽它,甚至威胁它。[1]

这种赋予孤立的、个体化的主体以特殊地位的亚里士多德实体存在论的必然推论之一是,世界经验是由割裂的事物或对象构成的,而这些事物或对象疏远且独立于我们,并与我们"对峙"。其另一必然推论在于它所预设的外在关系学说,该学说主张这些多种多样的独立对象,每一个凭借其自身本质的完整性而是第一性的、割裂的事物——这样的它们是真实的,然后任何可能令这些事物联结起来的关系仅仅是第二性的、偶然的、后天约定的。

5. 内在构成性关联学说

在葛瑞汉看来,这种对实体性分裂个体的存在论解读以及其外在关联学说,与中国古典过程宇宙论形成了鲜明的对比。过程宇宙论认为世界是由"事物"(更妥当地说是"事件")相互依赖、相互渗透构成的,这需要一种内在的、构成性的关联学说来描述。所谓的"事物"并不具有单纯定位意义上的"地点"(place),而是作为历史上的"事件"而"发生"(taking place),具有时间、空间层面的立体(aspectual)叙词。鉴于此点与亚里士多德哲学的对照,葛瑞汉认为在中国思想中:

---

[1] David Weissman, *A Social Ontology*, New Haven: Yale University Press, 2000, p. 95.

　　　　事物相互依赖地,而非彼此独立地出现……将事物彼此
　　　孤立出来进行设问并不比将它们关联起来的设问更加
　　　首要。[1]

葛瑞汉的意思是,在儒家的宇宙观中,某物"是"什么及其与周遭环境的关联,是属于同一现象的两个一级层面。换言之,一物所拥有的独一无二的个性,非但不排斥它的诸关系,反而恰恰是在其诸关系中实现的特性的一种功用;个人的身份认同和叙事之间的区别仅在于强调的是此焦点还是彼场域。

　　在葛瑞汉看来,儒家所认同的作为动态的、动名词式的"事件"的人,指向一个持续演化的过程,这一过程是自发性的,当它得到适当滋养、不被阻挠的时候就能实现其诸潜能。当然,在如何理解"潜能"这一概念上,我们务须小心谨慎。从葛瑞汉对早期儒家宇宙论的解读来看,某物"自身的潜能"远非实体性的,或仅仅内在于事物本身的,而是不可化约的关系性的、包含了构成这些关联的种种互动,并且随着时间的推移,相互依存的环境与事物本身"融为一体"。活着的人们与他们的生态,二者的边界是重合的。

　　在澄清与此种中国宇宙论相关联的"诸关联"之本质时,葛瑞汉用他自己的一对对照的术语——"具体模式"(concrete patterns)与第二级的抽象的"事物之间的诸关联",来介绍说明内部的、构成性的诸关联与外部的、偶然性的诸关联这一组区分:

　　　　就"诸关系"(relationships)来说,关联(relation)毫无疑问

---

[1]　Graham, *Studies in Chinese Philosophy*, p. 395.

是对中国思想阐述来说不可或缺的概念,通常使西方人印象深刻的是,中国思想较之事物的属性更关注事物之间的关联;当然这样的关心在于具体模式,而非从事物间抽象出的关联……[1]

如此一来,葛瑞汉区分了两种学说,一种关乎构成"事物"的内在关联,另一种则着眼于仅仅将分裂的、独立的事物联结起来的第二级的外在关联。因此,葛瑞汉理解的人的"自身潜能",远非内在于特定个体并且能够供其实现的那种预先置入的潜在特质或能力,而是已然包含着其演进发展的语境,是与语境的协作共生。故而这样的人之理念需要用涌现生成的、谱系性的"'成'人"这样的语言来捕捉,才更为准确。

针对内部的、构成性的关联意味着什么,以及它对我们解密经验内容有何影响,贺随德(Peter Hershock)给出了清晰且无可争议的说法,在此基础上他进一步澄清了葛瑞汉所暗示的内部关联与外部关联之间的区别。贺随德就我们的问题做出了诊断——这个问题至少可以追溯到亚里士多德的存在论。在西方,有一种文化上特有的、顽固不化的习惯,即把世界看作是由割裂的、可孤立的"事物"组成的,尔后这些"事物"彼此外在地联系起来。贺随德在挑战我们将这种"事物"尊为首要时讲道:

自主的主体和客体最后不过是借由抽象而产生的人造品……我们所谓的"事物"——诸如山、人,或者历史这样的复

---

[1]　Graham, "Replies," pp. 288 – 289.

杂现象,不过是建立了相对恒定的价值或关联的视野之后的经验结果("事物")。他们并非如常识所坚持的那样,是自然发生的现实或者[事物],事实上,我们以为独立于我们而存在的那种所谓的客体,在现实中不过是习惯性的关系模式的一种功能发用。[1]

贺随德在这里同样使用了上文中葛瑞汉使用的"关系模式"的语言,继续为我们提供了一种智性疗愈,针对我们对割裂"事物"的首要性做出默认假设这样一种文化性的自缚,他让我们看穿"关联乃是取决于前在诸行动者的次级现实"的虚妄。内在关联学说要求我们具备不一样的常识:

这相当于一次存在论上的格式塔转变,即从将独立或有待的诸行动者视为一级现实,并把他们之间的关联视为二级现实,转变成视关系性为一级(或者终极)现实,而视所有个体的行动者为在其基础上(约定俗成地)抽象或衍生出来的。[2]

葛瑞汉与贺随德都坚持,在儒家的宇宙论过程中,重要关联及其所构成的独特"事件"被赋予了一级的首要性。再则,"对象"作为割裂的、独立的、可分离的事物,只是这些关联次级的抽象。人们是"诸事件",而从这些事件中抽离出来的个体仅仅是一种

---

〔1〕　Peter Hershock, *Buddhism in the Public Sphere*: *Reorienting Global Interdependence*, New York: Routledge, 2006, p. 140.

〔2〕　Ibid. , p. 147.

抽象。

在当代的哲学著述中有一种趋势,关于人的讨论逐渐从对割裂个体的旧假设中抽身出来,转向认同关系性建构的存在(relationally-constituted entities),这种关系性建构的存在通过彼此的关联模式与"相关性视域"(horizons of relevance)发生互动。例如,南乐山(Robert Cummings Neville)借助他的"定向"(orientations)[1]理论来如此描述儒家之人:

> 那么自我便是一个连续体,它从内在的响应力中心,即定向的意向性(the intentionality of orientation)展开,在承担着身与心的定向(orientations in body and mind)上发挥着特别作用,首先面向最切身之物,然后朝向亲朋好友同事等直接接触的人与事,再面向社会处境、历史位置、自然、茫茫宇宙——万物

---

[1]　译者注:我将"orientation"翻译成"定向"而非"定位"。南乐山定义"orientation"为自我朝向某种层次或者维度的现实的行为举止或表态。("Orientation is how a self comports itself or takes up a stance toward some level or dimension of reality. All specific actions take place within the habits formed by our orientations." p. 158)他特别强调这个词的朝向性(orient toward)与蕴含的关联作用,如他强调自我概念没有固定边界,自我的连续性是朝向(toward)事物定向的过程中被设定的一种平衡。("In this conception of the self there is no fixed boundary of the self, as Western philosophy sometimes has supposed there must be. Rather, the boundaries are set in each instance by the nature of the things toward which a person is oriented…In the theory of orientations, the boundaries of the self are functions of differing orientations, and the continuity of the self has to do not with an underlying fixed essence or character but with the history of the person's poise efforts, with the ongoing shifting harmonization of the changing things to which the person must take up or correct orientations." p. 160)

都有其自身的节奏、**道**,以及可辨识的质感。[1]

南乐山的定向理论要求我们重新审议关于自我的传统假设,将其置于作为既变化又连续的目标模式的个人历史之中:

> 在定向理论中,自我的边界是不同定位的发用,自我的连续性并非取决于一种固定不变的本质或者性格,而是取决于此人所做的平衡努力(poise efforts),取决于面对变动不居的事物时刻推陈出新的燮和调理,此人所必须持有或更改的定向。[2]

此种摆脱基础个人主义的努力并非仅仅局限于汉学著作,在主流西方讨论中也日益彰显。约翰·亨利·克利平格(John Henry Clippinger)在他的著作《一群个人》(*A Crowd of One*)中,通过运用生物学的隐喻,将所谓的个体放置在关系性的联结之中。他指出:

> 个体与群体之间的界限变得模糊了,群众原则开始产生效用。无论是在细胞层面还是在文化层面,高度复杂的策略演化出来,用以传达、构建、巩固、检验和协调社会性的认同。在免疫系统的例子中变得十分明显的是,身份认同并不是一组不可剥夺的、不可还原的个体品质或属性,而是从与其他主

---

〔1〕　参见 Robert Cummings Neville, *Ritual and Deference: Extending Chinese Philosophy in a Comparative Context*, Albany: State University of New York Press, 2008, p. 159。

〔2〕　Ibid., p. 160.

体的互动与反应中产生的诸属性的复合。换言之，并不存在单一的、独特的、不可还原的"认同"，而是存在着许多从各种社会生态位中演化而来的不同的"认同"。[1]

道德哲学家多萝西·艾默特（Dorothy Emmet）试图在她的著作中把社会学和伦理学结合起来，她像大多数哲学家一样，承认人类经验中重要的社会维度：

> 我们注意到社会学和伦理学的共同的出发点在于，人们不仅为了生存，但凡他们要从事任何标志性的人类事业的话，都需要生活在关联彼此的社会关系中。[2]

然而，在艾默特调和伦理学和社会学的努力中，她看到了当代社会学学科遵循上述相同的"内部关联"逻辑，以及这种"内部关联"逻辑对个人身份认同所带来的各种影响：

> 一些理想主义哲学家们坚持"内部关联"学说，该学说认为世界是一个系统，在其中的所有一切彼此如此地关联着，以至于除非以整体情景为参照，没有任何东西可以被理解，而且此系统的每一部分都成就事物的如其所是，因此它不能被转移到另一个情景中后还得以保持不变成别的东西。似乎可以说，社会学是内在关联学说在当代的收容所。这当然在实践

---

〔1〕 John Henry Clippinger, *A Crowd of One: The Future of Individual Identity*, New York: Public Affairs, 2007, p. 156.

〔2〕 Emmett, *Rules, Roles and Relations*, p. 33.

中是胜任的……有些事情可能会带来很大的不同,有些则微不足道。[1]

艾默特并非嘲笑这种有机的、生态性的宇宙解读,而是担心这样一种全息的、焦点—场域式看待世界的模式可能会损害我们在其中有效运作的能力。她继续写道:

> 诚然,这可能是千真万确的;但假使我们要有效地进行对话和行动,我们不能只谈有这样一个由纵横交织的互惠关系所形成的巨大网络……即使我们承认相互关联,也没有必要仅仅把世界看成是一个在其中的一切都彼此关联的巨大系统。[2]

这种对世界的解释的确具有挑战性。角色与关系的相互渗透要求我们以一种完全不同的方式来思考身份认同及其建构。焦点—场域型的人之理念考虑到了在我们参与的活动中保持审慎所必需的那种个人决断和批判性自我意识,同时令我们对所做的事情的生态性影响有充分的敏感。诚然,克利平格认为,有着生态性

---

[1]　Emmet, *Rules, Roles and Relations*, p. 90。艾默特显然将内在关联学说与黑格尔哲学联系起来。然而,考虑到黑格尔的目的论思想及其线性的辩证法,其中的理论张力或许表明黑格尔并非最好的例子。至少在黑格尔思想的一种阐释中,黑格尔认可的作为先验概念的强有力的客观目的论原则,为规范我们的经验研究提供了所需的解释原则,将我们引向经验科学的领域之外。黑格尔明显神学气质的强目的论将自然与历史都设想为具有一种内在逻辑必然性,从而将逻辑与历史融合起来。然而,此种逻辑必然性损害了伴随着一种连贯一致的内在关联学的那些开放式的、涌现生成的、审美的假设。

[2]　Emmet, *Rules, Roles and Relations*, p. 139.

的思考身份认同的方式,可以澄清这种整体主义的思维:

> 我们需要一种开放又准确的新方式以界定人的身份认
> 同,一种不受"整体的蒙昧主义"(holistic obscurism)影响,但同
> 时又与我们的本性产生共鸣的方式。诺贝尔经济学奖得主弗
> 农·史密斯(Vernon Smith)主张,需要超越狭隘的自利观念,
> 拥抱一种新的理性,即他所称的"生态理性"(ecological ration-
> ality)……生态视角没有"外部性",它为了所有成员的利益去
> 引导"看不见的手"的力量去充分内化并降低实际的生态
> 成本。[1]

艾默特坚信,好的社会学能够在更广大的有机体中辨识不同
视野,并且将这种生态性的世界观梳理成有意义的关系模式,或者
说"重叠'场域'的模式,其中的一些可能会影响其他的,但其特殊
的内在属性是可被研究的"[2]。具体地就角色问题来看,艾默特
的观点在进一步启发我们如何理解角色观念的复杂性及其社会意
义方面大有裨益。首先,对艾默特而言:

> 角色观念指涉这样一种特殊关系……在任何一个特定的
> 社会里,都会有某些被认为得体的角色扮演方式(正如我们已
> 经看到的,角色的观念内在地包含一种对行为规范的指
> 涉)……其中,有一系列的角色,例如产生在家庭关系或职场
> 关系中的角色,它们并不一定是一致的;事实上,它们的义务

---

[1] Clippinger, *A Crowd of One*, p. 179.
[2] Emmet, *Rules, Roles and Relations*, p. 140.

倒可能发生冲突。[1]

艾默特清楚地认识到,角色并不固定,也并非最终的。旧的角色将被重新授权,而新的角色则会随着社会发展而涌现:

　　　　有时候环境的改变,有时候某些占据主导地位的个人发挥作用的方式革新,都会建立一种新模式,从而使得一种新角色类型的概念形成,或者令旧角色类型的内容更新成为必然。[2]

　　艾默特自己对于是否所有社会行为实际上都并不等同于某种角色的行为这一问题感到困惑不解。她认为这至少在一定程度上是一个术语问题,并且选择保留角色这个术语,用于那些被充分规定的并且可用统称来分类的诸关系。她引入"人物形象"(persona)和"人"(person)的区别,前者描述可以概括的角色,而后者对应"专有名称":

　　　　"人物形象"这一观念对应道德非个人的层面;它象征着从"专有名称"中的抽离,以及客观看待某种情况、权利、义务和工作需求的尝试。[3]

这种在人与外在的非个人的人物形象或角色之间所做的二元论的

---

〔1〕　Emmet, *Rules, Roles and Relations*, pp. 140, 146.

〔2〕　Ibid. , p. 148.

〔3〕　Ibid. , p. 171.

区分,诚然可以作为一种社会分析的工具使用,同时它的确也有工具价值,允许角色在一定程度上具有客观性,甚至从角色中超然抽离。为了化解我们诸角色之间相互冲突的需求,以及给我们有意识地培养个人风格或形象提供空间,此种疏离可能是需要的。尽管如此,鉴于生活攸关的事实与不可化约的社会性的人之定义,我认为艾默特的"人物形象—人"这一区分不过是术语上便利与否的问题。将其推进一步,把"个体"具象化为割裂的,因而在某种程度上与其诸联系相分离的,虽然有时可能有用,但仍然是一种错误思维,更有可能要付出昂贵的代价。

6. 重要区分:割裂的"个体"与
关系性构成的"个体性"

值得注意的是,为了明晰性,亦为了防范对于我们提出的"个体"乃是其诸关联之次级抽象这一观点常见的根本性误解,我们需要诉诸一个区分,即区别基础个人主义及其数量上割裂的"个体"与前文介绍的杜威论述的独一无二的"个体性"。平实地说,上述区别体现在此二者之间:作为分离割裂的"事物"或"对象"的"个体",以及作为关系性构成的独特"叙事"或"事件"的"个体性"。我们已经论述了儒家的人是由其诸关系构成的,或用葛瑞汉的话来说,他们是诸关系的诸种模式,当此种关系模式缺失,那么儒家之人就并不存在。我们的许多对话者针对上述主张会有一种常识性的直觉,它源自于此种假设,即根据定义,人必须具有自主的、统一的、独立的身份认同。在他们看来,儒家这种弥散的、关系性的人之观念,缺乏一个上位的、实质性的自我来支撑,威胁着人们对自己人格完整和独特性所具有且必须具有的重大承诺。而我们则认为恰恰相反，较之未经反思的、常识性的割裂个体观念，正是关系性构成的人之理念具有更强的整体性与独特性。

当实体存在论作用于我们饱满的直觉，自我同一的重复性本质或者说形式（eidos）界定着个体以及作为整体的物种，这意味着某个类别中的所有成员从根本上、本质上讲都是一样的，不同之处仅仅是偶然附带的。我们可能还记得，在亚里士多德的时代，此种分类性思维将种族与性别上的差异本质化、自然化，从而制造了一种持续到现代的歧视意识。虽然我们的常识可能还有着此种特定所指，但那种关于严格同一性的相同的存在论观念却以一种当代的、更加自由的包装继续存在着：例如，谈及所有的人在法庭上的法律地位，其惯例是，所有人无论其在性别、世代、种族、宗教、阶级等层面的偶然性，至少在法律面前都是人人平等的。在此基础上论述我们的许多不同之处充其量不过是基于共有的、本质的相同性之上的偶然属性，那么这将导致我们的独特身份认同和人格完整性大打折扣。

然而，关系性构成的人之模型断言我们每个人彻头彻尾都是不可被模仿的诸多重要而具体的关联之系统，并无任何假定的共有本质。在此基础上，它将进一步宣称，类别中的成员的共性依赖于重叠的关联与复杂的类比，而非任何严格的同一性观念，并以此提倡一种催生更强意义上的独特身份认同的人之理念。

因此，当我们在前文中声称"个体"是一种次级的抽象之时，我们需要排除存在于如下两者之间的可能的含混不清，即大多数版本的基础个人主义都预设的那种抽象、派生的割裂"个体"，与我们视为定义儒家之人的具体的、第一级的关系性构成的"个体性"。

这二者之间有重大的不同。前者是对割裂"个体"进行的次级的、形式上的抽象：比如被剥离情境的"罗思文"所具有的无关乎种族、性别或时代的形式上的法律地位，他作为又一个独立自主的个体，在此基础上与其他众多独立自主个体达成法律契约。后者是关系性构成的独特个人所拥有的第一级的"个体性"，比如有且仅有的唯一的罗思文，这个我们都深爱的绝无仅有的杰出卓越的人，他的复杂的爱默生式的身份认同通过他谱写的独特的典范性人生叙事被终其一生地塑造着。

　　宣扬角色内在联系与人际关系的学说并不意味着忽视特定具体个人的独特个性，相反，它主张个性非但不排除这些关联，实则是在这些构成人的焦点性身份认同的诸多关联中实现的品质的一种发用。罗思文之所以是罗思文，在于他活出的众多角色，在于他与每一个交往的人的互动关系中所实现的品质。在这些关联中我们成为他自我身份认同的不可分割的一部分，正如他是我们自我身份认同的一部分一样。这里我使用好友罗思文举例是因为，尽管他已经令我们惋惜地驾鹤仙去，但作为一位拥有不凡事业并对许多人产生过电照风行般影响的人物，他真真切切地与我们同在，持存于我们之如何继续展开自我的生命历程之中。换言之，罗思文这样的人是独一无二的焦点事件（focal events），在其继续生长的历史中被关系性地界定着，而不是被圈限成孑然独立的个体性实体。总而言之，为了表述"个体"的两种不同含义，我们需要区分作为第一级具体现实的儒家之人所具有的关系性构成的"个体性"，以及作为从现实中引申出来的次级抽象这种割裂的"个体"。

7. 问题齐观：重申从何来，去何方

有了对第一级个体性与次级割裂个体的区分，我们可回归葛瑞汉最初的洞见，即为了探索不同文化具有不同范畴和思维模式这一观点，我们或许应该从葛瑞汉的这一洞察入手，即不同文化所追问的问题已然影响并塑造了其答案。我们也可进一步厘清这种直觉，补充说，任何特定文化的宇宙论或世界观也会影响和塑造我们提问时已具有的对答案的某些预期。即是说，当我们针对以实体存在论来理解的世界提出"什么？"类型的问题时，我们会期望分析性地认识某一给定事物的本质——也就是说，承诺给我们的是知识（*episteme*）：关于世上之物的绝对真知。然而，针对过程性宇宙论所理解的世界提出看似相同的"什么？"之问，能得到的却微乎其微。从"什么？"类型的问题出发，我们仅仅能够切分和区隔连续的、有机的过程中的特定事件，而无法期望该答案得以提供最终的、确定的知识对象。事实上，我们可能会担心对"什么？"问题的回答，在干扰经验流动的同时，会通过孤立其诸元素，忽视它们彼此之间的渗透、连接和传递，从而扭曲我们对它的理解。

鉴于中国宇宙论的整体主义及其焦点—场域的、生态性的本质，即便追问"什么？"问题只能带来非常稀薄贫瘠的答案，我们也必须承认，为了公正地反映人类经验的复杂性，我们需要提出应有尽有的问题。我们须依靠每个问题来强调经验的某一方面，以期所有问题之全集将尽可能呈现最全面的信息，而其中并无任何问题能够独自引出某种终极真理。虽然每个问题可能强调并聚焦经验的不同方面，但是我们必须认识到，终极地来看，每个问题都与

其他所有问题有机地联系在一起,因此每一问题都牵涉所有问题。比如说,针对"事件"而非"东西(物)"提出的"什么"类型的问题,不会通过提供某物真正是什么的知识来结束追问,而仅仅是功能性地从连续过程的语境之中抽取出事件。为了求得最佳解释,"什么"类型的问题要求我们就何以、何来、何往等等问题继续发问,因而令阐明事件复杂性的最"全"(comprehensive)回答成了最佳答案。[1]

我们在众多儒家经典文本中发现的认识论批判(epistemic critique),并非严重依赖于从真实—表象、本质—属性之类的存在论的二元论所得出的语言之真假,儒家认识论批判往往坚持这一思路,即某人仅知道某一情况的某个方面,而对其他方面知之甚少。试举一例,《荀子·解蔽》一章开篇明示:"凡人之患,蔽于一曲而闇于大理。"荀子继而评议其同辈墨子、慎到、申不害、惠施等,指责诸人所学皆道之一隅而未观其全体,比如荀子视庄子"蔽于天而不知人"。诚然,下文我们会有机会评论,其实荀子自己也难逃指摘,虽然他通过自由地吸收、消化及改造被追封为先秦诸子百家的那些彼此竞争的思想流派的学说,建构了一个扩展增强版的儒家学说——一种更"全"的儒家学说。对于将在一个世纪后的西汉成为官方学说的儒家,荀子最大的贡献在于他传播了一种兼收并蓄的儒家思想——一种致力于集大成的儒家传统。可以合理地认为,千百年来,儒家学说的优势在于它持续的吸纳作用与随之而来的

---

[1] 有趣的是,被我们以"comprehensive"来翻译的"全"字,在早期词典中是从质的、审美的层面上,同时也是从量的层面上来定义的。比如《说文》释"全"为"完",而"完"又具完备、完满的含义。"全"也被定义为纯净无瑕之玉,即"纯玉曰全"。

综合性。它曾经具有并且依然具有接受与吸收其竞争学说的能力，如佛教是最早来自"西方"的交锋，以及一直到今天众多纷至沓来的"西"学。

现代汉语中有此家喻户晓的格言："不识庐山真面目，只缘身在此山中。"纵然此语尽人皆知，但我怀疑大多数人误解了它的含义。这一格言常常被解读为主张外部的、更客观的视角优于内部的视角。正如《庄子·寓言》一篇有言："亲父不为其子媒。亲父誉之，不若非其父者也。"或许我们可以从苏轼全诗而非单单最后两行入手，对这一格言的内部—外部理解提供有所助益的匡正。苏轼的这首名作《题西林壁》云：

横看成岭侧成峰，远近高低各不同。不识庐山真面目，只缘身在此山中。

此诗开门见山便宣称在体验庐山变化多端的景色中，有着不可计数的竞争性的视角。进一步来看，更富深意的是，并无一种"外在的"欣赏山色的视角，有的仅仅是这样或那样的内在视角。继而同理可证，囊括尽可能多视角的最周详的看，不仅是观赏庐山，也是考察人生经验中任何事物的最佳方式。这是就"全"的认识论的一种辩护，即到头来，我们所享有的最佳认识，并非真理或必然，而仅仅是一种给予我们对事物最全面观照的机智而富有启发的对话。

针对亚里士多德存在论"什么"问题之优先性，对儒家整体主义的替代方案的一种阐述可以从考察"安"这个疑问词在经典文本中的运用着手。在特定语境下解析，"安"一词在《诗经》中似乎表示"如何？"；在《左传》中似乎表示"何处？"和"什么？"；更有名的例

子是,当我们试图理解《庄子·秋水》论"鱼之乐"的故事时,安"则
表达"何来与何往?"(whence and whither)。然而,尽管疑问词"安"
的含义看似为语境所限定,实则总是随其自身共时地包含着所有
问题。这些问题中的每一项各指向同一现象的某个方面,而在生
成各种各样的问题之时,它们又一起为我们提供了经验的多义性
与复杂性的全景纵览。诚然,对其中任一问题最周详的回答便要
求对所有的问题进行回答。

在儒家的过程宇宙论语境中进一步思考诸设问间的优先性,
"什么"类型的问题将会谓述事件而非东西。在这种流变语境中,
"什么"类型的问题在某种程度上提供的是最不尽人意的答案。
"什么"类型的问题非但无法通过揭示存在论意义上的本质并且因
而是可知的事物,从而向我们提供真理,相反它甚至妨碍和局限了
时空上的焦点事件及其牵涉的先于和后于该事件的全部历史。在
过程宇宙论中,允许我们检验历时事件的"何来"与"何往"的这类
设问,成了被追问的主要问题。这种"何来"类型的问题延续到现
代汉语,在现代汉语中,作为惯常的提问方式的"你知道吗?",从字
面上意味着"你可知……从何而来又去往何处吗?""何时"与"何
地"类型的问题仅提供时间与地点上的推定见解,同"什么"类型的
问题一样,它们不过是对在我们经验之流中出现的既连贯又丰富
的东西进行惯例般的抽象甚至扭曲。

以上对在过程宇宙论中设问优先性问题的观察有事实依据,
即它的认识论术语致力于"规划"出一个允许在其中进行建设性
"推进"的语境,因此仅提供实践的、而非绝对必然的知识:比如"知
道"(吾道之实现[realizing our way])、"理解"(在语境之中的模式
解析[unraveling the patterns within the context])、"了解"(看得透彻

[seeing with full clarity])、"通达"（得心应手地完成[getting through with facility]）、"百事通"（对一切的熟稔[being well acquainted with everything]），等等。

具体转向到我们如何认识特定个人的问题，真正了解某人这一企划要求对其身份认同进行叙事性、过程性以及生成性的理解，包含整合到他们是谁并将成为谁的进程中的全部转捩与节点。人因而被认为更类似于历史事件而非罐装的玻璃弹珠。当我们追问历史事件时——比如追问美国内战，我们更倾向于问"它是如何发生的"（何来）以及"它的后果是什么"（何去），而不是问"什么是美国内战"。正如我们已经看到的，亚里士多德式的"物"被赋予了预设的一般性理念与目的，这些一般性的理念与目的则向我们提供"物"之实现的演化过程中的何来何往。然而，为了对中国宇宙论中任何明确具体的事件进行充分的描述，那种亚里士多德在描述他的主题及其谓述时所誓绝的问题，也即解释性的"从何而来？"及"去往何处？"就是直接相关的，因为我们若非如此就无法获得这些信息。人之事件性本质是儒家角色伦理学全息的、焦点—场域型的人之理念给出的第一个暗示，我们会在下文中回到这个理念并详细讨论。

"何来与何往"的问题在"知道"（吾道之实现）这种叙事性认识论中的核心地位，在新儒学家唐君毅关于关键哲学概念"性"（修养人之自然倾向[cultivating our natural human propensities]）的大量著述中并未曾丢失。在深思儒家对何以成其为某物，尤其是何以成其为人的经典构想时，唐君毅对驱动我们的存在力量（existential force）显示了极大的敏锐度。在尝试理解并阐释"性"的过程中，他首要看重的是那些推动叙事轨迹发展的至关重要的"倾向"，而非某物可能具有的特定的自身条件。对唐君毅来说，"何往"的问题较之"什么"类型的问题似乎提供着更重要的信息：

> 然就一具体存在之有生，而即言其有性，则重要者不在说此存在之性质性相之为何，而是其生命存在之所向之为何。[1]

这里唐君毅确实卓有见地。追问"何来与何往"的问题能提供关于经验——尤其是关乎成人的经验之内容与本质最丰富的信息。然而重要的是，在整体论的宇宙论中，我们切勿低估"什么?""何时?""何地?"等问题。有时这些孤立而抽象的问题的重要性会增加，比如当我们追问美国内战之时，当我们被要求将其作为一场具体战役的案例与发生在不同时间、不同地点的其他战争进行比较之时。这些分析性问题的重要性源自于对经验中一定程度的完整性、确定性和可理解性的需求。这些界定性的问题有助于我们将连续不断的经验之流离析为具有暂拟开端与完成结局的诸多事件性的单元。借助这些"抽象化"的问题，我们得以恰当区分过程之流（the flow of process）与这一连绵不断的过程中那些特定（particular）事件的富有意义的整体，在此过程中，流（flow）与点（particularity）均对我们的理解至关重要。对这些抽象化问题的追问有助于意义的产生，而意义正出现在我们离析经验流并将其条理化之时。经验的进程是充满事件的，这些事件作为具体焦点的特性则是独特的展开与标记性的结束二者共同的发用，最有意义的事件

---

[1] 唐君毅：《唐君毅全集》第13卷，台湾学生书局，1991，第28页。

在此二者之间展示出只有无与伦比的艺术创作或者精湛绝伦的音乐表演才具备的那种独特性。此种结束具有明示的经验开端与结局，令这些事件得以实现其暂时的完善，即便它们与此同时亦在演进不息的经验进程中向更新的阶段敞开。

我们的经验所拥有的意义与复杂性从这些特别事件的兴起与落幕，以及其特质中涌现生成。这些特别篇章既彼此交织又泾渭分明，时常宛似湍流中的漩涡般转瞬即逝，时常又仿佛激荡起漩涡的坚若磐石的堤岸，界定着湍流无止无休地向前奔腾。如此这般充满事件的经历如何展开，我们又怎样使用语言，让人不禁意识到这二者之间存在着一个类比。当我们想到威廉·莎士比亚如有神助般的作品时，那精雕细琢而又不拖泥带水的辞藻、语句、段落，乃至整个剧本和诗篇，都拥有它自己的起承转合及各种程度的确定性。但是莎翁的语言世界总是有着一种互渗的确定性，在这种确定性下，每一语言单位最饱满的意义都将莎翁全集蕴含其中，甚至蕴含着更多更多。

我们已经认识到亚里士多德基于"物"的实体存在论，通过对"什么"类型问题的强调，将语法特权给予名词。与亚里士多德截然相反，葛瑞汉基于中国的过程宇宙论为动词的特权辩护：

> 如果从行动着手，那么持续时间与方向均已内含于该动词之中；行动一般地牵涉**来自……，去往……，在于……**，牵涉**去往、来自、在于**某人、某物、某地点……我们可将此非对称与中国语言及思想中的动词中心性关联起来。（重点部分为我

所添加)[1]

葛瑞汉断言在这种"事件性的"中国宇宙论中,作为"诸多事件"的人之成为,或许更应该被理解成流动的包容的动词,而非静态的排他的名词。受葛瑞汉洞见的启发,我们或可进一步反思,较之动词,也许更好的选择是更具兼容性的动词性名词——动名词形式,即不割裂"人"与"其行动"的"人之"(person-ing)[2]观念。言而总之,葛瑞汉提供给我们对儒家世界全息的理解,其中,当故事"正在发生"之时,根本上置身该境遇之中的人无法从其连续叙事的时间性与流变场域中游离出来。我们将看到,葛瑞汉会倡导对"修养人之自然倾向"(性)——这一通常被翻译成"人性"的术语进行"叙事性的"理解,言下之意,当我们行于世间,人和世界在时间与空间上以一种动态的对位关系协同演化。葛瑞汉在此暗指这样一种叙事性的理解:

> 可以发现,中国思想家对某人"遇"(happens on)或某行动"时"(用作动词)(timely)的情境拥有特别兴趣。从诸设问形式中涌现的范畴性差异似乎并不在于事件的时间地点,而在于所行、所由、所往之道以及所遇之时。[3]

这里葛瑞汉指明,出于对其行进的旅程及途中发生的及时而

---

[1]　Graham, *Studies in Chinese Philosophy*, p. 391.

[2]　译者注:此处以"～之"的动宾结构凸显"人"在作者表述中被赋予了动词特性。

[3]　Graham, *Studies in Chinese Philosophy*, p. 391.

重大的事件而非"时间"与"地点"的关注,中国思想家对于"何来何往"问题有着强烈的兴趣。在这些文本中,葛瑞汉清楚地意识到,生活中的无妄之灾与风云不测常常会带来我们无法控制的重大转折。当然,儒家文献中一个重要的主题便是命,生活中我们都无法逃遁回避"周遭形势之力"或"事物的自发倾向"。我们也应该注意到,或许这些相似文字的共有核心是对个人勤勉修身的强调,修身是在遭遇到哪怕是最困厄的情况时也依旧需要的。儒家事业本身是由此种深思熟虑后的坚定信念所定义的,此种信念必然伴随着我们"在生命历程中拓展延伸人之道"(弘道)的能力,并且激励我们实现令这样的人之道既和谐又充分自我化时所必要的音乐性(中和)。[1]对于儒家之人而言,"开山辟路"(way-making)意味着迎向不测风云而谨慎地生活,以一种同情回应的品德参与其所际遇遭逢的一切,这种品德令我们无论直面何种挑战时都具有示范作用。理所当然,孔子本人正是那些克服极度的时代不幸从而垂范百世的英杰中的最佳典范。

8. "立体式的"(aspectual)与"分析性的"语言:论述中的互补性

在儒家的宇宙论中所设问的诸问题必然价值相当,因为不同问题提供了有关经验的不同方面的信息。葛兰言(Marcel Granet)让儒家宇宙论中关联思维或者联想思维中的"方面"(aspect)观点备受瞩目,受他影响,我在上文中曾通过反思儒家文献中发现的诸

---

[1]　比如说,参见《论语·卫灵公》第二十九节、《论语·学而》第十二节、《中庸》第二十五章及第一章。

设问形式来分辨"立体式的"和"分析性的"语言。将立体式的语言与分析性的语言交替使用,使之服务于过程宇宙论,便需要策略性地既能表述过程的连续性,又能体现出包含诸具体事件的该过程的标点句读(punctuation)。在此过程宇宙论中,"时间"与"地点"观念只能被功能性地作为区分维度来分别解析割裂的时间片段以及个体事物的简单位置。的确,在此种宇宙论中,更重要的是把时间与地点(或者更准确些,"历时"[timing]与"发生"[taking place])理解为人类经验的无尽长河中丰富多样的事件涌流何来何往的不可分割的"方面"。与此同时,就连续性过程与确定性事件二者之间的关系来看,我们能够为生活经验进行标点句读的分析与区分的感知能力扮演着一个重要角色,通过这些能力的作用,我们得以欣赏生活经验的韵律与多义。

通过采用"立体式的"语言来"讲述"该宇宙论,我们确定了相异又相生的方法来讨论同一个现象。例如,我们可以运用"体用"的立体式语言从不同视角来描述一个活生生的人,其中,那些持续性的形式上的确定方面(身体、语言、仪式、生活模式、制度、角色)可以与富有生命力的非形式的不确定方面(成长、创造力、激情、羞愧、技能、品位、洞见、精神)区分开来。这些不同之处很容易被观察体验到,然而却是作为同一现象的(比如该特定个人的)不同感知,故不可能被分析性地孤立与分离。人之为人是既被限定又富有生命活力的。然而与此同时,尽管这些不同方面并不能被离析孤立,但不同的视角对现象自身作为整体的意义都不可或缺,它们为独一无二又连绵不断的人的经验量子(quantum of human experience)赋予了复杂性与强度。"方面"的多样性在其提供附加信息的功能上,可与亚里士多德"市场中的人"的附加谓述做类比,后者描述地点、时间、状态、姿态、行动、被动影响等等,事实上为我们提供观察同一进行中的事件的多重视角。

我们或可借助传奇的贝多芬来思考"立体式的"语言。贝多芬是一时一地的一个作曲家,然而几个世纪以来,他的作品从最初被德国精英群体追捧,变成了世界各地不同文化都热爱的世界音乐。在其风靡全球的过程中,通过呈现许多不同的面向(aspect),贝多芬成为一个更巨大、复杂,且愈来愈有意义的现象。例如,贝多芬《第九交响曲》中的《欢乐颂》作为欧洲之歌先被欧洲委员会采用为会歌,现在又被欧盟采用。最早自第一次世界大战起,贝多芬《第九交响曲》就逐渐变成了日本新年庆祝活动的主题曲,每年在该国各地有大约 50 场演出。因为他的作品从许多角度被接受和欣赏,贝多芬已经成为更加巨大和复杂的现象。

其实,许多汉语表达的自身结构都揭示了语言的这种"立体式的"本质。比如,"世界"这一双字词即由历时维度与共时维度组成,即"作为时间序列世代相继"的"世"与"作为空间界限横亘绵延"的"界"。类似的由共时与历时维度组合的词还有"宇宙",这一双字词则是由"四方上下曰宇"的"宇"与"古往今来曰宙"的"宙"组成。重要的是,各个层面都会随着与之相对的另一层面以及过程宇宙论的活力而改变。时间与地点的、形式与流(flow)的不可分割性成就了人之经验的韵律与乐感。不能与地点(place)割裂的流,成了"发生"(taking place)的事件;不能与时间分离的形式,成了生命的节奏。

再次重申,在儒家的宇宙论中,"时间—空间"的世界没有"之外",有的仅仅是内在与其自身的"成世界"(worlding)的视角。唐君毅坚称:

> 中国哲人言世界,只想着我们所处的世界。我们所处的
> 世界以外有无其他的世界⋯⋯中国的哲人说世界不说我们的
> 世界是"一世界"(a world),亦不说是这世界(the world),而只
> 是说世界,天地(world as such)前面不加冠词,实是有非常重
> 大的意义的。[1]

这般"成世界"(worlding)的涌流的诸动态与其自身浑然一体不可
分割,没有必要求助于更基础的或者原因性的东西:

> 中国人心目中之宇宙恒只为一种流行,一种动态;一切宇
> 宙中之事物均只为一种过程,此过程以外别无固定之体以为
> 其支持者(substratum)。[2]

借由本章结尾,我将诉诸《易经》中发展出来的"既变化又维持
(变通)"的立体式的语言,来思考一种既不断改变又持久延续的世
界观是如何在世界许多不同语言的结构与内容中沉淀和表达的。
我依循葛瑞汉对亚里士多德与儒家经典的运用来论述,从我们的
自然语言中挖掘出经久有效的根基,令我们洞察不同的传统如何
解析人类经验来建立它们自己稳定持久的身份认同与常识,更确
切地说,观察它们是如何以极其不同的方式将人的观念概念化。
进一步讲,以一套根本的又总是多变的文化上的预设形式来识别
并发掘宇宙论(文中已例举亚里士多德存在论与中国过程宇宙论
的对比),非但不会在不同传统间划设难以弥合的天堑,反而非常

---

[1] 唐君毅:《唐君毅全集》第 11 卷,第 101—103 页。
[2] 同上。

有助于我们抵御本质主义和还原论——某种恶性文化相对主义的标志性特征。要更好地了解自己与他者,只有同时了解二者。

有了实体与过程的对比(分别对应"人是什么?"与"这些'人之成为'从何而来又去往何方?"),我们现在可以转向本书探讨的主要问题,即我们能够找到什么样的语言,来表达不可化约的社会性的、关系性构成的、生成性的人之理念——而这一理念又是可以从儒家经典中发掘并加以理论化,且将取代个人主义的意识形态?

第二章　儒家经典如何表述
"角色伦理"

1. 人作为习得性的关系性臻熟
(Achieved Relational Virtuosity)

虽然儒家的企划及其过程宇宙论具有重要的理论意义,但它最引人注目之处则在于它从较直接地描述人的实际经验出发。我们已经看到,儒家的企划并不求助于对固定本质的存在论预设或者有关灵魂不朽与救赎的超自然猜想——这些预设和猜想无一例外都将我们引向经验世界之外,儒家关切的是这样的可能性,即如何通过赋予日常事物以魅力从而增强此时此地可感可触的个人价值。在这种儒家伦理学中存在着对伯纳德·威廉斯(Bernard Williams)就其漫长伦理学家生涯所做总结陈词的一种心照不宣的默契理解。在他求索"厚的""世界导向的""行动导向的"伦理概念的过程中,威廉斯以对道德理论在指导我们何为对错以及理应如何行事等方面的能力持保留态度而著称。威廉斯在《道德运气》

(*Moral Luck*)一书的序言中宣称：

> 　　有关何为道德的富有兴味、简洁而又独立自洽的理论并
> 不存在，伦理学理论——作为结合某种程度的经验事实来产
> 生道德推理之决策机制的哲学架构，也不存在，无论当下的伦
> 理学家如何活跃。[1]

威廉斯在此指出，没有任何伦理学理论或者一套既定的规则或者
道德系统能够在任何特定情境都指导我们正确地行事。我们对道
德困境的最佳反应必须出于对经验具体情况的明智反思，在这种
具体情况下，人类兴旺繁荣在很大程度上取决于我们对道德想象
力的锻炼与运用。威廉斯限制我们对道德理论的期待是非常正确
的。然而，在我们探求如何行事得体的过程中，从实践中产生的抽
象性与理论化的东西当然十分重要，它提供给我们一种反思与批
判我们行为的契机，从而使之更加明智且富有成效。

　　孔子就人的日常生活中最基本、最为持久的方面阐发洞见，从
而确保了这些智慧具有持续的相关性。这些源自日常生活的洞
见，包含了在家庭及社群角色中展开的自我修养、孝悌、恭敬，在角
色与关系中实现的礼、友谊、廉耻、道德教化、沟通畅通的社群、家
庭中心的宗教性、世代间的文化传递，等等。除了关注这些恒常话
题之外，儒家哲学的另一个特点在于其兼收并蓄和因地制宜，这个
特点确切地体现在孔子的语录中，令他的学说在持续生长的中华
文化传统中如此富有韧性。孔子的不朽贡献在于竭力继承他所能

---

[1]　Bernard Williams, *Moral Luck*: *Philosophical Papers 1973-1980*, New York: Cambridge University Press, 1981, pp. ix - x.

接触的文化遗产,运用来自过去的复合智慧改善他自己所处的历史情境,然后传与后人使之继往开来。[1]

《论语》与其他儒家经典一样都无意为所有人的生活制定通用准则。相反,这些典籍中所记录的孔子的个人形象,令人想起某个具体的人的生命叙事:他如何在与他人的关系之中锤炼人性,他如何令旁人钦佩不已地充实地生活着。的确,阅读《论语》让我们与一位关系性构成的孔夫子相遇,他一生都在尽最大努力完成各种不同的,有时甚至彼此冲突的角色,比如一丝不苟、时而好指摘的老师,细谨廉洁的士大夫,关怀体贴的家人,有责任感的邻居或社区的居民,总是挑剔又时而无奈的资政,感恩祖先的后裔,某种活文化遗产欢欣鼓舞的继承人,诚然,也还会是从沂水边踏青归来歌咏唱和的欢乐"男团"中的一员。[2]在代代相传地记录着他生平的教义之中,孔子被描绘成这样的人——他更倾向于叙述历史典范,而非援引遥远且抽象的原则;更倾向于具体而特殊的类比,而非假定性地运用系统化的理论;更倾向于打动人心的劝解,而非发号道德律令。即使孔子也许敏锐地意识到在求知之路上理论化实践的重大价值,他同时也认识到实践本身作为理论来源及其检验标准的首要地位。正如笔者将在此书中竭力表明,孔子洞见的力量与其持久价值在于,孔子的许多想法不仅具备直觉上的说服力,而且很容易适应包括我们当代在内的后代情境。

---

〔1〕《论语·述而》:"子曰:'述而不作,信而好古,窃比于我老彭。'"

〔2〕《论语·先进》:"子路、曾晳、冉有、公西华侍坐。子曰:'以吾一日长乎尔,毋吾以也。居则曰:"不吾知也!"如或知尔,则何以哉?'……'点!尔何如?'……鼓瑟希,铿尔,舍瑟而作。对曰:'……莫春者,春服既成。冠者五六人,童子六七人,浴乎沂,风乎舞雩,咏而归。'……夫子喟然叹曰:'吾与点也!'"

诚然,儒家传统比经验论还更加着意于经验的原因——换句话说,令儒家成为激进经验论的原因在于,虽然根源于一种古代文化,但在尊重普遍存在的个案的独特性上,儒家是演进式的、前瞻性的。的确,儒家暗示着孔子这个实现了楷模人生之人所拥有的具体的人生叙事。儒家哲学并不提出作为绝对普遍原则的学说,也不围绕着依附于某种严格的认同观念所形成的分类法来组织经验,而是从类比或暂时性概括历史上具体的成功人生案例出发。比如,孔子标志性的词汇"仁"(可以理解为"在我的角色与关系中追求最完善的行为"),就并非诉诸某种更高的秩序、前定的原则或者类型化的美德,而是对典范人生的憧憬,这样的人生致力于在诸角色与关系中孜孜不倦地实现自我修养,最终垂范后人。当然,任何关于典范的叙事都是在不断融合历史进程中许多先贤具体的人生叙事而建立的,这其中自然也包括孔子自身的人生故事。作为在定义后世社会组织的各类崇敬形式中不断产生意义的完美典范,孔子是这个活传统中的榜样,而这样的榜样又塑造着后人多种多样的具体生活方式。

2. 儒家角色伦理学与对人的叙事性理解

儒家角色伦理学萌发于我们的生活角色与关系中至关重要的关联性的优先地位。简单地说,儒家角色伦理学并不争辩,而是预设了人们相互关联地生活这一不争事实。它首先认为,无人无物可以仅仅依靠自我行事。我们所有的身体的、意识的以及社会性的活动都是协作的、互动性的。我们行走是因为有地面,呼吸是因为有空气,看得见是因为有太阳。我们交换意见、分享见解、澄清谣言,是因为我们在家庭和社群中生活。尽管互动关联仅仅是描述性的,然而一旦这些关联被识别并规定为发生在我们与他人共同实现的特定角色之中,它们便成为规范性的了。我们的不同角色(比如女儿、爷爷、老师、邻居、店主、情人)只是特定的关联模式,在其特殊性中呈现价值以及清晰的规范性表征,从而激发批判性思考:我是个好女儿吗? 我是个好老师吗? 我是个好祖母吗? 虽然祖母对孙子的爱是我们司空见惯的日常现象,但在儒家角色伦理学中,却是对其孙儿道德教育的深厚资源,也是作为人生经验所能提供的最不同寻常的果实而拥有极高价值。归根到底,只有当她的孙儿自己是被爱的,他才能学会去爱别人,而在人生经验中,再没有比彼此相爱更高的价值了。

在其传统之中,儒家角色伦理学诉诸一种"动名词性的"对人的理解,即人之为人,在于我们如何做人处事,而非我们先天之所是,并且人要么是一起共同行事,要么就什么都不是。如此整体论的、关系性构成的人之理念,作为连续的个人叙事中的核心认同,排斥着那种似乎已被默认的预设,即作为排他性实体的孤立个体是确切的存在,而非是对个人叙事做出的次级抽象。此种人之理念回避这样一种信念,即人可以独立于其所处语境而被精确地描述、分析和评价,这里所处语境首先指与他人打交道的环境。角色伦理学肇端于这一观念,即从任何有意味的道德、政治或宗教角度来看,离开了生前乃至死后与之交往互动的其他家庭或社群成员,某人是谁便无法被理解。的确,只有通过那些指导人们与特定他人在交往中如何行事的具体角色,人才能被自己、被他人最好地理解和品评。

简单地说,道德的行为不过是有助于我们在与他人共同生活

的角色与关系中茁壮成长的行为，反之则是不道德的行为。体贴
入微、侧耳倾听、感同身受、仗义相助、抱诚守真、循循善诱、信守承
诺——这些日常的行为举止便是道德的实质。这些行为都并非漫
不经心，而是有意为之，且需要批判性的反思才得以可能。固执己
见、漠视他人、轻世傲物、出尔反尔、鲁莽冒失、优柔寡断——这些
是负面的、不道德的倾向，它们令关系弱化。由此观之，不难看出
为何祖母之爱孙能行道德教诲，它不仅加深祖孙关系，还为其孙儿
在与他人的关系中如何最好地展示道德能力做出了示范。

　　这种通过在角色与关系中进行个人修养而产生的德性"生
长"，被生动而又明确地以一种儒家经典中无处不在的丰富且激进
的词汇表达出来。如果说"小人"是德性上发育迟钝的人，抵制着
德性生长，那么"大人"与"成人"便是于其诸角色与关系中成长为
德性上成熟的人；"德"即是从尊重他人之中"得"；"神"就是影响
力与影响范围的"伸[展]"；"人"在定义其生活角色与关系的各项
活动中把握"度"，日趋臻至而成"仁"，如此等等。大多数定义伦理
的儒家术语簇均暗指了家庭与社群中有效的、用心的沟通，这种沟
通是个人成长的源泉，也使我们在交往中志趣相投、全心全意。比
如说，君子的"君"字含有口旁，信任与信誉中的"信"字含有言旁，
恕的结字使用了口旁与心旁（或者说"思想与情感"），诚挚与精诚
的"诚"有言旁，"德"有心旁，如此等等。

　　如前文所示，当美德伦理学的词汇诉诸包括如下概念的术语
簇，比如能动主体、行为、类型化的美德、性格特征、自主、动机、理
由、选择、自由、原则、后果等等，它已然预设了孤立的个体之人作
为其思考的起点。相比之下，儒家角色伦理学则建立在对人更加
整体的、事件的"叙事性的"理解之上。正如黄百锐（David B.

Wong)指出:

> 《论语》展示了以孔子为中心的一群人,他们进行德性修养,每个人都各有所长、各有所短,其中没有理论建构或者哲学辩护,而是通过他们之间被记录下来的互动,为中国哲学传统中儒家的继承者们后来的理论建构和哲学辩护提供了依据与灵感。[1]

从人的不可化约的社会本质出发,我们尝试论述并澄清了儒家角色伦理学,它并非另一种备选的"伦理理论",而是对道德生活自成一格的、渊博广大的远见卓识,它从对人类经验相对直接的叙述出发,并最终以其为检验尺度,诚如我们在《论语》及其他早期儒家经典中所看到的那样。幸福生活中不可或缺的,是一种通过培养而产生的想象力和批判性的反思能力,此二者必须伴随着我们与他人共同实现的角色中的行为举止。诚然,角色伦理学的规范性源自完整的人致力于完满的生活。

3. 仁:中国古代经典言说"角色伦理学"的一种方式

在寻求一套妥当的词汇来澄清儒家角色伦理学的过程中,罗思文和我将起点设置在反思"仁"(致力于在角色与关系中臻至行事)这一术语深刻的多义性上,此种深刻的多义性自"仁"在《论

---

[1] David B. Wong,"Cultivating the Self in Concert with Others," in *Dao Companion to the Analects*, ed. Amy Olberding, Dordrecht: Springer, 2014, p.175.

语》中使用并发展成为其定义性哲学观点时就伴随着它。仁字早
在周代的金文中就已经出现,但与当前从人从二的写法不同,人旁
处写作"尸",如图 尸[1]。证考其使用语境可知,早期的仁字明确
表示"爱"或者"相亲"之意。然而,虽然仁字在早期材料中已数次
出现(其实并不频繁),但只有当它在《论语》中发展为关键词之后,
这一术语才获得了实质性的哲学意涵。仁字也见于郭店楚简(约
前3世纪) [2],与现代字形已相去不远。不过其时仁字也频繁
地以从身从心的另一字形出现,如图 [3]。

　　对比考察"仁"在早期文本中低频率、相对来讲不重要的使用,
也可证实孔子对"仁"一词创造性地赋予了新含义。在这些古代文
献中,仁字极少出现,并且缺乏重要的哲学意涵,这与《论语》中
"仁"字105次的高频出现形成了强烈对照,在《论语》的499章中
提到"仁"的共有58章,占据其篇幅的百分之十以上。鉴于"仁"表
示某特定个体的性质上的改变,它被进一步模糊界定,因为它必须根
据该个体的具体情况来理解。没有一般公式,也没有理念。同一件
艺术作品一样,"仁"是敞开而非闭合的过程,它拒绝被僵化固定和简
单复制。关于臻至行事之本质如何的洞见,首先通过一些诸如诚、
忠、信、知、义等表示情态的术语(modal terms)表达,即讲述某事如何
完成的路径、方法或者模式,而非通过抽象语言来规定行为本身。
的确,这些情态拒绝在界定典范行为的实质时做一般性规定,却往
往是经由对特定历史事件和具体实例的反思与求证而被关注。

---

〔1〕　图片来源:Tze-wan Kwan, "Multi-function Chinese Character Database:" 中山
　　　王鼎 284, http://humanum. arts. cuhk. edu. hk/Lexis/lexi-mf/.

〔2〕　Kwan, "Multi-function Chinese Character Database:" 马王堆,五十二病方 230.

〔3〕　Kwan, "Multi-function Chinese Character Database:" 上博竹书五,君子为礼 1.

现今的"仁"字从人从二的字形揭示出,完满成人的过程寓于人我间诸种关系模式之中,这几乎是老生常谈。与此种对关系性的强调一致的是简书中"仁"字的另一字形,在这一材料中,尚未被程式化的"身"字被描绘为身怀六甲的女性身体,如图ǎ[1]。由女性有孕的身体以及心(即"思想与情感")两个偏旁组成,"仁"的异体写法或许指示了人类关系形式中最亲密的一种:母亲感到与孩子共生的情感以及孩子在母体内的感受。在温暖的羊水世界里,母子间产生协作交流,通过渗透压和静水压,女子成为孩子的母亲,而孩子则成为了母亲的女儿或者儿子。通过援引在这种最亲密的关系中,母子间那血浓于水、近乎神圣的联结来理解"仁",我们有望了解其深刻的宗教性意涵。《论语》似乎认定,此种与家庭有关的本能的情感虽则肇始于家庭,但当其辐射延伸至我们所有的角色与私人关系,甚至从职场伙伴到路人,专注于"仁"能将单纯的联合生活升华为名副其实的仪典:

仲弓问仁。子曰:"出门如见大宾,使民如承大祭……"(《论语·颜渊》)

Zhonggong inquired about consummate conduct (ren). The Master replied, "In your public life, behave as though you are receiving honored guests; employ the common people as though you are overseeing a great sacrifice. . . ."

当我们追问"仁"在儒家经典中的意义时,这一持续演进的复

---

[1] Kwan, "Multi-function Chinese Character Database:" 逆钟(西周晚期) CHANT 63.

杂观念似乎不愿立即屈从于经常被问到的"什么?"类型的问题——"'仁'是什么意思?"事实上,若要获得些许明晰性,我们必须追问,"仁"是否诚如它常见的英文翻译"benevolence""love""altruism""humaneness""humanity"等所暗示的一样,属于一种基本道德(cardinal virtue)? 还是说它是一种"一般性美德"(general virtue)——即儒家的至高道德原则,或者说"至善"(summum bonum)? 再或如陈荣捷早已指出的那样,是二者兼有甚至有过之而无不及?[1]还是说正如亚历克斯·麦克劳德(Alex McLeod)提议的,我们需要更加整体论地、叙事性地将"仁"理解为本质上是社群的道德属性,而只在引申意义上理解为个人的道德属性?[2]也许诚如赖蕴慧(Karyn Lai)所论述,"仁"指的是共同编织起一个典范人生的所有一切。[3]

　　在《论语》中"仁"字出现了一百多次,而这其中似乎有意持续地忽略(如果不是彻底地清除)一套在一定程度上由英语语法与词形变化所确立的、我们所熟悉的、尚且有用的区分,比如:内在自我与外在世界,行为主体与其行动,自我与他人,个体倾向与群体属性,目的与手段,心灵与身体,某人性格与某人其人,美德人格特质与对应的行为,心理倾向与受其影响的行动,具体德行与典范人生,抽象概念与其源出的具体叙事,特定的行为举止与其更高层级的概括,等等。通过仔细地阅读文本似乎可以明了,在不同场合、

---

[1] Wing-tsit Chan, "The Evolution of the Concept *Jen*," *Philosophy East and West* 4, no.1 (Jan. 1955): 295 – 319.

[2] Alex McLeod, "*Ren* as a Communal Property in the *Analects*," *Philosophy East and West* 62, no.4 (Oct. 2012): 505 – 528.

[3] Karyn Lai, "*Ren* 仁: An Exemplary Life," in *Dao Companion to the Analects*, ed. Amy Olberding, Dordrecht: Springer, 2014.

不同语境中,"仁"可以被理解为涉及了任何或者所有上述道德行为,从而使得区分落空。如此一来,接踵而至的问题则是,这些在我们解析"仁"的宽泛意义时所常用的功能性区分究竟具有什么样的地位?

出于我们的常识性现实主义,以及首先将心灵内在化从而形成个体的智性嗜好,上述大多数(如果并非所有的)打碎个人经验连贯性的彼此重合的语词区分对我们来说依然是有意义的,这将我们同预设的独立于心灵的客观世界主观地区分开来。这样做让我们彼此分离成为割裂的个体,同时也分离了具有特定性格的行为主体与其具体所为。这些惯用的心理上的严格区分,似为我们提供了明晰性与精确性,其功能在于抽象并提取人统一而连续的具体经验中的一个或多个方面。我们已经从亚里士多德的《范畴论》中看到,这是一种根植于存在论哲学叙述的定势思维。事实上,这正是我长期忧虑的,如此针对人与其行为的碎片化处理是由那些将儒家讲成具有中国特色的美德伦理学的学者们所做出的固执而又不经反思的假设:这些学者声称古典希腊的"*arête*"观念可等同于儒家的"德",以此推之,早期儒家伦理探讨中的核心术语能被游刃有余地转译成美德的词汇(aretaic vocabulary)。

正如我们从"仁"这个术语上可以看到,《论语》事实上似乎有意回避了在人与世界之间、在被视为割裂个体的人与人之间、在人与其行为之间做出任何严格的区分。如果将自己与世界分离,拒绝与他人互动,或者施行某种类型化的、重复性的仁举,就无人能够达到行为的臻至(即"仁")。鉴于上述三种区分实无绝对的定论,或许"体用"这一讲法所呈现的立体式的(aspectual)语言,将有益于组织从"仁"一词被使用的叙事语境中提取的众多对照关联。比如,当"仁"被解析为一种抽象的性格特征时,它似乎指向更加限定性的"体",而当其被解析为特定的臻熟的行为举止时,就更接近于"用"。如此区分的价值在于,它们保留了那种与我们的具体实践所必需的反思的距离,并且使我们在运用批判性判断力时不损害实践的首要性以及那种整个叙事蕴含在每个层面中的焦点—场域的全息性。即是说,关系性的臻熟完全地融入我们生理的容光焕发中,属于我们的外在世界的诸种可能性全面蕴含在我们习得性的主观身份认同中,每一个明确的善举都全然地进入臻至者的模范叙事中,如此等等。这种焦点—场域式的语言之所以被引介为理解"仁"的一种方式,是因为在任何特定情境中,任何特定行为的意义都须参考整个叙事才能得到恰当的评价。

当我们反思"仁"在《论语》中作为一种"言说"角色伦理的方式而被使用的情况,我们必须承认,"仁"的具体含义因人而异、随语境发生变化。例如,《论语》中记载,颜回困惑于孔子对"仁"这一词汇的频繁使用,曾向孔子"问仁"。比较孔子对颜回、仲弓、司马牛、樊迟、子贡等同样困惑的弟子就一模一样的问题所做的回答,我们首先可以反思其中涉及的设问形式——疑问词。[1]也即是说,与其未经反思地假设弟子们所问为"仁是什么?",不如推断他们实则在问"当我成仁时如何进行讲述?"因此,孔子对每位弟子的回答迥异。即便"同一个"樊迟第二次询问同样的问题时,他也得到了不同的回答。[2]

---

〔1〕《论语·颜渊》第一节:颜渊问仁;第二节:仲弓;第三节:司马牛;第二十二节、第十九节:樊迟;《论语·卫灵公》第十节:子贡。

〔2〕樊迟给人的印象是一个求知若渴的发问者,《论语》的"颜渊"篇、"子路"篇中分别记录了他向孔子"问仁"。樊迟并非聪慧的学生,常常要反复追问同学孔子所谓何意。的确,在"子路"篇樊迟向孔子"请学稼"的记载中,孔子表现出对他的不耐烦,称呼他为"小人",以其不懂修身成人与种植庄稼二者之间的先后顺序。

很明显,孔子并非在回应"仁是什么"的问题,这一问题会迫使他给出能够顾全"仁"的不同实例的一般性回答。事实上,孔子是从他自己对诸多弟子各自发展演进的人生叙事的理解出发,从而引出答案,即是说,他尝试理解这些弟子"从何来",作为特定的个人他们又会去往何处。他回应的是弟子们人生的何来何往,以及一种特定的"仁"之理解或将如何在他们人生叙事的展开中为其服务。鉴于颜回与其他弟子们的性情禀赋如此多样,孔子给予他们每人的具体回应就必须反映出他从构成诸弟子不同人生的独特情境与际遇浮沉中所观察到的差异性。他为诸弟子所采纳的不同回答,成为弟子们考量和反思人我关系的要点。

《论语》中还有记载的另一个案例,冉有和子路先后问孔子"闻斯行诸",孔子给二人的回答不仅不一致,而且是完全相反的——他对冉有做肯定回答,说"闻斯行之",却对子路做否定回答。当旁观的公西华感到困惑,恳请孔子解释为何对两位同门做出截然相反的建议,孔子回应说他必须考虑,就提问者自身性情而言,什么才是最恰当的:"求也退,故进之;由也兼人,故退之。"(《论语·先进》)

从上述以及其他可援引的例子来看,我们必须认可"仁"是因人制宜的。每种情境都是在已知行为习惯的框架之内根据已知个人差异来解释的,然而与此同时,它还具备整体论的叙事性属性。亦即,只有当通过人的各种不同角色所表达的作为整体的人之臻熟被考虑到了,"仁"才能在具体情境中实现。正如关于人意味着什么的演化定义会从广义上的人之经验的汇流中浮现,对行仁举意味着什么的一般性概括也能进行。《中庸》(*Focusing the Famil-*

iar)有言："仁者人也，亲亲为大。"〔1〕孟子尤有附议："仁也者人也，合而言之，道也。"〔2〕诚然，虽然"道"貌似有着更加泛化的指涉，但它同时指向某人在自己具体叙事中的卓越。我的确认为这种整体论的、规范性的、以角色为基础的、叙事性的"仁"之意义使我们可以断言："仁"本身就是角色伦理学在经典儒家学说中被指称的一种明确方式。

需要澄清的是，"仁"表示一种抱负，即追求在构成我们特定的连续叙事的那些独一无二的角色与关系中实现的习得性的臻熟。进一步来说，这些具体的角色正如所谓的"原则"，是作为抽象的指导方针而发挥作用，这些抽象指导原则从我们各种具体行为的集体性融合(collective confluence)中生成涌现，并且接受后者的塑造，由此找到其不断发展演进的定义。因此，所谓成就某角色便是为后世创造出这样的一般性概括，即先贤在其举止中如何得以成为指导和评价我们当前行为的字面意义上的"角色模范"。

就有关"仁"的叙事性指涉的论断，我发现了另一个令人欣喜的佐证——赖蕴慧在她的文章《仁：一种典范人生》(Ren: An Exemplary Life)中以其特有方式提出过类似观点。赖蕴慧认为，最好将"仁"理解成一种宽泛的、语境恒常明确的行为品质，这种行为品质在有德者的生活中可见，而此种道德上的典范人生之共性在于其成人之美，因而能够促进关系的发展。通过首先与家庭环境相关，随后扩展到更广泛的社群之中的角色与关系，这些有德者传记式地发展和表达着上述的行为品质。赖蕴慧坚持，有一种根本的整体论将有德之人多种多样的能力统一起来，因为这种对自我修

---

〔1〕 《中庸》第二十章。
〔2〕 《孟子·尽心下》第十六节。

养与发展的习惯性倾向在有德者臻熟的行为中明显可见。赖蕴慧将她自己在文中有机的、情境的、动态的仁之解读与杜维明更偏向分析的、理论的、抽象的仁之理解相对照,对杜维明而言,"仁"是"一种高阶的概念"和"内在的道德",而赖蕴慧认为此种激发前述碎片化区分的对"仁"的还原主义描述,倾向于过度理论化以及心理分析化她所理解的圆满人生之不可化约的具体的,因而恒常特定的性质。[1]

赖蕴慧的"仁"之理解要求此种典范人生须诉诸更全面包容的感性标准(aesthetic criteria)来最终评价。援引那些本质上源于具体人生叙事的抽象行为标准——比如诉诸特定的可重复的原则、得失的计算或者类型化的美德培养等,皆只是工具性、临时性的手段,至多只能作为经验法则来为我们服务。理论化的恰当角色正在于它与智性实践密不可分的关系。

例如,当我们思念高山景行的恩师,我们更倾向于忆及体现他们臻熟之仁德的具体情境或特定事件,而非想到诸如诚实、谨慎、勇毅等单薄而抽象的性格特质。"我们好爱老葛——他是个多么谦和的人啊!"这种想法在实际生活中并不太可能,尤其当它关乎我的恩师葛瑞汉。换句话说,我们极其熟悉的回忆应该是这样:"还记得那时候吗,老葛腰间随意地系着个裤绳儿,跟学生们宣布本学期教师办公室接待日,敬请各位于预约接待时间到怀基基(Waikik)的'无忧'沙滩的棕榈树下找他——请记得带上啤酒和夏威夷开胃小吃(pupus)。"

如前所述,现用"仁"字从人从二的标准字形,在语义上具有启

---

[1]　Lai, "*Ren* 仁: An Exemplary Life," pp. 83 – 94.

发性,它指出了在自我以及人我关系或关联活动中成为臻至者(成仁)的对话性进程。该词源学分析强调了这一儒家预设,即没有人凭借一己而为人——从人之伊始便不可化约地是社会性的,是内嵌于叙事中的叙事。在其尚未程式化的字形中,我们已看到了这种"双重性"(duplicity)或者"二重性"(twoness)以多种不同形式展现。"duplicity"源自拉丁语的duplicare,最初意味着"二重的,具有两部分的",尔后才引申为名不副实、表里不一的意思。在引申义中,"duplicity"又变成了欺诈之意。如此推论在视特定事物拥有本质上的个体整一性的实体存在论所影响的哲学传统中尤为具有说服力。那么,在行事中作为人达到臻至的事业(成仁)中的这种"双重性"又意味着什么呢?

要理解此种"二重性"(twoness),我们必须承认至关重要的关联性的首要地位,这种至关重要的关联性将动态的语境视为事物身份认同的有机组成部分,令所有事物包括人在内,成为独一无二的一(uniquely one),同时又是焦点式的多(focally many)。任何事物、任何人都不能仅凭自身成事。换句话说,在此种全息性的宇宙论中,任何事物的存在都取决于其他所有的事物。一个儿子的能动性与其活动并不是某个割裂个体的个人行为。确切地说,这个充满事件的"为人之子"活动中不仅蕴含着其父母对他的教养,同时还有他的祖先乃至远祖所特有的生理特质、文化与伦理价值的延续。此子成为何许人也,很大程度上是由与之交往者所决定的,就像他的努力在一定程度上决定了其父母是何许人也,事实上,也决定了他的祖先是何许人也。我们所以为人者,或者说在我们的身份认同中至少有这样一个重要的维度,即它在很大意义上是由他人外铄于我的,诚如我们也有功于他人身份认同的塑造。

从此种至关重要的关联性之首要地位出发进行推论,"二重性"令人联想到,《中庸》断言宇宙间一切事件都是绝无仅有的:

> 天地之道,可一言而尽也:其为物不贰,则其生物不测。
> (《中庸》第二十六章)
>
> The ways of heaven and earth can be fully captured in one phrase: Since things and events of the world are never duplicated, their proliferation is beyond comprehension.

这并非仅止于对万事万物皆独一无二的宣言,更是否定事物之间割裂与独立的一份申明。言及天地之道,除却肯定事物独一无二的独特性之外,此引文也承认万事万物彼此之间不可割裂的连续性。这意味着所谓"事物"者,即一即二(both one and two at the same time)。就其自身以及对于宇宙大全而言,它们都是其自身所意味的。在身份认同的形成中永远有这样一种双重性,而"成人"的"整一性"最好被理解成不懈地合二为一的"整合"进程:此人即一即二。

就角色伦理学采用的"角色"一词的批评认为,"扮演角色"在"演员"自身与其所扮演的角色或"人物形象"之间引入了某种距离。然而,回到"二重性"的本意,就这一洞见,我们似乎可以借助它来领会师生之间必要的距离。在师生之间,学生有责任从与师长的亲密关系中尽情地汲取灵感,并将此种激励运用到最利于其个人成长的方向。因受到启发鼓舞而尊重老师,但同时也尊重界定每种情况的特殊性。

如此的"二重性"是这样的一个要素,它需要那些能够在行事中变得臻至的人,富有想象力地汲取导师们的启发,从而塑造那使其成为独一无二的自己的事业。"角色"一词中的"双重性"反映出榜样角色与受启发者之间的质的距离,这些受启发者追求在自己身上实现可堪比拟却又总是独一无二的标准。在儒家传统中,对历史叙事中的模范人物的尊崇像抽象"原则"一样指导如何得体行事,但是不同于以抽象原则为基础的模式,在儒家传统中,培养臻至行为务必始终属于独一无二的个人事业。即是说,臻至的行事(仁),非但不同于复制行为或者类型化美德,而恰恰是具体个人在特定情境中实现的永远独一无二的成就。我们当然能够并且应当为榜样角色所恰当地启发,然而臻至行事不容许复制。同时还值得注意的是,反过来说,成为良师本身就是一种通力合作;只有当被其影响者将尊崇给予其身,此人才算成为良师。

其次,这种双重性或"二重性"直接指涉人们实际上赖以实现臻至的思维方式。《论语》中清楚地表述过,"能近取譬,可谓仁之方也已"(《论语·雍也》)。这种连续性、开放性的个人身份认同的塑造,其思路与本质主义、实体模式对"同一性"(oneness)的理解形成鲜明的对比,在后一种模式中,人实现既已存在的内在潜能。处于个人身份认同形成过程中的个人,在追求与他人间最恰当关系时所依靠的此种关联性的方法,与为求得最佳行动方案而"设身处地"(恕)时所需要的"戏剧性排演"有着密切的关系。

再次,我们可以借助此种"二重性"来阐释人类自我意识的进化,将敏锐的、批判性的自知之明的积极意义与重要作用涵盖在内。中国过程性的宇宙秩序具有循环性与递归性(recursive),这一点有着重要意义。唐君毅的"无往不复观"似乎呼应这种生成涌现的宇宙秩序的待确定性(underdeterminacy)。[1]无论人是什么,无论假定的"个体"可能是或者不是什么,他们都不会是我们在回顾性思考中所假设的那种不牵涉任何过去与当下诸多关系的孑然孤立的事物。人并非存在于出生之时,而是从这一人生初始阶段中构成他们的诸关系里涌现出来,塑造其角色与关系,亦为之所塑造。当他们变得越来越社会性的同时,他们也通过家庭与社群中的交流而变得越来越自省与自知,其间,从尤为人化的自我意识中产生的所谓的"自我",可以说是对其更为首要的社会交往的模仿。即是说,人与他人具有一种对话性的关系,在其影响之下,通过参考此种对话性的模式,人逐渐变得具有反思性,并与其自身产生了一种内省的对话:

> 子曰:"见贤思齐焉,见不贤而内自省也。"(《论语·里仁》)
>
> The Master said, "When you meet persons who are truly worthy think to stand shoulder to shoulder with them; on meeting persons who are otherwise, look inward and examine yourself."

在《心的概念》(The Concept of Mind)一书中,关于自知(self-awareness)的社会性起源,吉尔伯特·赖尔(Gilbert Ryle)似乎表达了类似观点:

> 在脑中自言自语的做法并非轻而易举获得的;获得此种

---

[1]　唐君毅:《唐君毅全集》第11卷,第11页。

能力的必要条件是,我们已经学会了出声地进行智性交谈,并且听过、也能理解他人的此种举动。[1]

我们可能会进一步观察到,在批判性的自知之明及其伴生的羞耻心与算得上臻至的行事之间存在着直接的关联。相反的,那些败德辱行之人的无耻之举往往反映出其对个人行为与他人叙事间的联系的漠视忽略。"小人"——作为《论语》中一种重要的人格形象,不仅在人际关系上,而且在批判性的自知之明上都显得迟钝。我们可能还记得汉娜·阿伦特(Hannah Arendt)对屠杀犹太人的"纳粹刽子手"阿道夫·艾希曼(Adolf Eichmann)看似温和的指控,称其是"无思考的",这实则是她思虑过后的观点,她认为艾希曼缺乏批判性的自知,从而无法从他人视角看世界。儒家并不谈"我思故我在",而是"在交流中形成了我们","在交流中我变成了批判性自知的'我们'"。这种恒常协作的对话式的成人进程,正是为何角色语言能如此有力地表达一种更加稳健的叙事型的主体观念之原因。

若说有一词能捕捉儒家传统的精髓,那便是"恭敬"(deference)。儒家的家庭与社群的基本结构由女儿、邻居、叔叔、店家等角色所定义的互敬人格模式(礼)所构成。务须顾全各方利益(义)意味着祖母当尊重其孙子,反之亦然。由从老从子的"孝"字所捕捉到的代际传播的活文化,要求每代人是一代人的同时又是两代人。它要求每一代人都尊重前人。

这种双重性或"二重性"的另一启发在于,像"仁"这样的术语

---

[1] 参见 *The Concept of Mind*, New York：Routledge, 2009, p. 16。感谢 Kevin J. Turner 向我指出了这点。

是立体式的,它们直接牵涉到对行事臻至来说不可或缺的一整套术语。纵览《论语》,"仁"与"知"("智慧""明智地生活""知道""明白")反复地一起出现,这说明智慧与道德相互渗透、彼此交叠——道德将单纯的知识转化为明智的生活,而明智的生活则是道德"能力"的一种表达。同样,"仁"与"义"("最适宜的""有意义的")的并行关系反映了臻至行事所带来的自省、包容以及在人际关系中的成长。再如,"仁"与"礼"间的持续联结将成仁事业置于在家庭关系与社群关系中先后实现的修身之中。

如果据中国早期宇宙论以提供《论语》及其他儒家经典的阐释语境——过程宇宙论,将活泼泼的关系性构成的人放在首位,那么我们必将质疑一些常识性区分的恰当性,比如分离人与其生活的世界、让人与人彼此割裂、划分主体与行动等。毕竟,当我们以关系性的首要地位为出发点,那么回顾式的、事后归因式的剖解纵然行之有效,与之同时却破坏了经验基本的整一性与连贯性。换言之,所有儒家哲学中伦理论述的叙事基础都将此种碎片化的区分视为从关联行为具体的、连续的诸事件中进行事后归因式的抽象。即便我们或许会行权宜之计,区分所谓的"个体"与其"诸多行为",辨析"概念"与其"叙事渊源",我们也必须承认,在我们的实际生活中,这些抽象表现为,并一开始就"已然"是同一经验中诸多连贯性的层面。最为重要的是,这些层面互相渗透、彼此交叠。即是说,我们是谁与我们过的生活,实则是同一件事。

4. 孝:儒家经典中"角色伦理学"的另一术语

儒家典籍中体现角色伦理观念的另一个反复出现的关键术语

是"孝",它或许是该延绵不断的传统中最为首要的道德律令。在英语中,"孝"通常被翻译成"filial piety"(子女的虔敬),然而罗思文和我将其译为"family reverence"(家庭里的礼敬)。选择"家庭里的礼敬"的原因在于,在一定程度上,它将"虔诚"一词所暗示的对上帝的责任,以及家长制所预设的单向服从这二者与"孝"区分开来。"家庭里的礼敬"是双向的(collateral),长辈获得家族中晚辈的恭敬,而晚辈则顺服那给予其生存物资与生活意义者,并从中获得欣悦满足。同时,"家庭里的礼敬"即"孝"这个术语还保留了那种确乎在祖先祭祀的礼仪文化中发挥作用的神圣意涵。

　　"孝"的双向性蕴藏在其从老从子的字形之中。与"仁"拒绝任何公式化的理解一样,"孝"要求我们调用并仰仗我们自身的这种存在意识,即关于完善我们在家庭与社群中的特定角色意味着什么的认识。"孝"直接指涉我们在世代延续的叙事中的生活经验,我们铭记自己的父母、祖父母,我们也照顾自己的孩子、孙子。"孝"十分字面地描述并规范化了跨越代际形成长幼群体的生活角色与关系,以及当代人与早已逝去的祖祖辈辈之间的密切联系。它牵涉从一代人到另一代人的物质与文化具体实现的连续进程,从而也牵涉祖父母和孙儿、父亲和女儿、祖先和后代之间的不可分离性,以及这些家庭角色是如何只能在一起来学习和实现的。事实上,当我们分析在甲骨上发现的"老"字最早的写法,我们会发现它描绘了一位长发蓬乱的老人,挂着拐棍,如图 🦴 [1],叫人立刻联想到有着蓬松头发的爱因斯坦的著名照片。在小篆中,"老"字的字形被程式化为 🦴,为当前的字形埋下伏笔。对比"老"字与金

---

[1]　Kwan, "Multi-function Chinese Character Database:" 甲骨文合集 CHANT 0039A.

文中发现的最早的"孝"字实例,如图 𦒎 [1],可以看到,青年人的形象显而易见地取代了拐杖成为老人所倚靠的支撑,从而形成了老幼相伴的字形。虽然"孝"字明显指示了长辈从其后代处获得的帮助与宽慰,但其实这里也存在朝向另一个方向的互补,即"孝"是这样一个重要的进程,在这一进程中,年轻一代逐渐转化成他们曾礼敬的长者——变成了一个全新却又是连贯的具体化的变体。年长的一辈就像一个文化的蓄水池,其后继者从他们那里获得生活的物资与意义,如此一来,年轻的一辈又为其祖辈提供了得以继续在后世子孙的身体以及生活经验、文化经验中存在的渠道。

在检视《论语》中一段耳熟能详的段落时,"孝"在儒家的成仁事业中的中心地位格外显著:

君子务本,本立而道生。孝弟也者,其为仁之本与。(《论语·学而》)

Exemplary persons (*junzi*) concentrate their efforts on the root, for the root having been properly set, the proper path in life (*dao*) emerges therefrom. As for family reverence (*xiao*) and fraternal deference (*ti*), these are, I suspect, the root of becoming consummate in one's roles and relations (*ren*).

那么从孝弟(孝悌)为仁之本出发进行实践活动意味着什么呢? 历来有大量的评论笔墨试图反驳引文中孝为仁之本的观点。

---

[1] Kwan, "Multi-function Chinese Character Database:" 西周晚期 CHANT 3937.

朱熹在其《论语集注》中关切此议题,他赞成二程的解释,二程用了相当的篇幅挑战孝为仁之本的观点。二程主张应当区分"行仁"与"为仁",并认为"仁"作为人性不可分割的一部分是先于"孝"的,"孝"为我们提供"行"仁的场所(forum),而非"为"仁的源泉。[1]对于二程而言,"孝"是仁之果,却非仁之本。

　　然而,仁与"家庭"之间的联系是相当清楚的,从我们早前提到的简文中"仁"的另一种从身从心的写法可见——其中"身"状绘了身怀六甲的女性身体,如图𦥑[2]。显然,任何关于家庭的理念都须从母与子出发。如果人之叙事永远都不过是叙事中的叙事,那么我主张,作为"臻至人格/行事"的"仁"不能被当成对某种本质的、第一性的人性观念的内容描述。在此主张之上,我甚至抵制进行任何决然区分"行"何所谓仁,与"为"仁之人这两者的手段—目的式的还原。求学与受教育,这两者的内容是同一的。因此,如我在前文中指出,脱离了我们的家庭与社群关系,"仁"就毫无意义与可能性。孝悌活动——比如,一个得体的儿子对慈爱的母亲所做诸事,或者一个关切的晚辈对待其志趣相投的长辈的林林总总,便是"仁"(臻至的叙事)的内容。与之相提并论的,我接下来会谈到,儒家关于"性"的观念——通常被翻译成"人的本性"(human nature),最好理解成在很大程度上指涉生命经验的叙事性内容,而非某种孤立的"本性",来作为行事的所谓的可重复资源。"仁"和"性"二者在很重要的层面上,均是我们所"为"的感性成就(aesthetic achievement),而非指示我们已然所"是"者。说得更清楚些,我们的叙事与人格(person)是同一件事,并不体现手段与目

---

〔1〕　参见 Ames, *Confucian Role Ethics*, pp. 88 - 90 中的讨论。

〔2〕　Kwan, "Multi-function Chinese Character Database:"上博竹书五,君子为礼 1.

的之区分。

杜威持相同观点,反对那种将连贯绵密的经验中的某单一要素去语境化与本质化从而造成的谬误,并努力克服此种事后归因式的切割,此种切割赋予该单一要素基础性与原因性:

现实本身是生长的进程;孩提时代与成人期是连续过程的不同阶段,正因为是处于同一个历史叙事,离开前一阶段,后一阶段就不可能存在(萌芽中的"机械唯物主义");而后一阶段则利用前一阶段所记录与累积的成果——或者严格地说,令前一阶段得到运用(萌芽中的"唯心主义的目的论")。真实的存在是全然完整的历史,历史如其所是。将它撕裂成两半然后借助归因能力将其缝合的做法,同样是武断无端的。[1]

"孝"当然要求对长者的尊敬。孔子反复强调年轻人出仕时责任与服从的重要性,同时也强调恭敬行事在一生中持续的重大价值:

子曰:"今之孝者,是谓能养。至于犬马,皆能有养;不敬,何以别乎?"(《论语·为政》)

Those today who are filial are considered so because they are able to provide for their parents. But even dogs and horses are given that much care. If you do not respect your parents, what is the

---

[1] Dewey, *The Later Works of John Dewey*, vol. 1, p. 210.

difference?

毫无疑问,孔子宣称人际间的行为模式对于家庭兴旺与社会和谐具有必要性,同样地,他将弟子引向此种礼敬来作为一种精神修养的途径,这一方式让得体的行事在尊敬家庭长辈的态度中得以表达,从而成为自我教养的契机。

此处需做两点澄清。首先,如前所述,我们应当抵制将"孝"和绝对服从做任何过分简单化的等同。"孝"关注的是晚辈对长辈自下而上的礼敬,需要同罗马法律中与家父特权相关的家长制区别开来。事实上,在家庭中践行孝悌往往要求像直臣一样谏诤而不是无条件地顺从。此种直言谏诤不仅是一项可能性或者备选选项,更是一种严肃的(即便不算神圣的)义务。以上我们曾谈及仁者/仁行之"二重性"的一个方面与此种直言进谏的角色可以齐观,即培养批判性自知与羞耻心从而提供反思自我及他人角色的思考维度。

在《孝经》中,后来成为儒家传统中孝的典范者的曾子,在受教了十四章关于孝的指导之后,明确地问孔子是否严格的顺从是孝之主旨:

> 曾子曰:"若夫慈爱、恭敬、安亲、扬名,则闻命矣。敢问子从父之令,可谓孝乎?"[1]

_____

[1]　参见《孝经》第十五节。曾子以其对"孝"的推崇而广为人知,"孝"是晚辈对长辈及先祖的敬爱与服务,以及他们从中获得的愉悦。将此种对家庭的挚爱自然地延伸便是友谊,《论语》中曾子被描绘成能在同门颜回的诚挚与子张的轻率之间做出区分。

Master Zeng said, "Parental love (*ai*), reverence and respect (*jing*), seeing to the well-being of one's parents, and raising one's name (*ming*) high for posterity—on these topics I have received your instructions. I would presume to ask whether children can be deemed filial (*xiao*) by obeying every command of their father."

孔子有些失望而不耐烦地回应了曾子的询问,指明此种不加反思地绝对服从长辈的态度,不仅不是孝悌的主旨,或许恰恰相反是行为无德的来源:

子曰:"是何言与!是何言与!……当不义,则子不可以不争于父,臣不可以不争于君。故当不义则争之。从父之令,又焉得为孝乎!"(《孝经·谏诤》)

"What on earth are you saying? What on earth are you saying?" said the Master, ".... If confronted by reprehensible behavior on his father's part, a son has no choice but to remonstrate with his father, and if confronted by reprehensible behavior on his ruler's part, a minister has no choice but to remonstrate with his ruler. Hence, remonstrance is the only response to immorality. How could simply obeying the commands of one's father be deemed filial?"

《荀子》也论及此议题,其中一章援引诸多对长辈盲目服从的故事,这些案例不仅未能体现孝,反而在造成诸多各不相同却一样惨痛的后果中违背了这一价值。[1]

　　关于"孝"的含义的第二点澄清在于直系亲属只是此种礼敬的开始。"孝"必须成为一种行为模式,即从家庭出发,毫不怠惰地推及社群、国家,甚至终极来看自然世界里的所有成员。《孝经》的"三才"篇中,"孝"被赋予了宇宙论的指涉,在"孝"的道德律令中令天地人关系勾连贯通。正因为天地人三才彼此蕴含牵连,此种宇宙关系在提供人类经验展开语境的层面上,具有了一种道德维度,它可以作为在人类制度中实现恰当呼应的模型:

　　　曾子曰:"甚哉! 孝之大也。"子曰:"夫孝,天之经也,地之义也,民之行也。天地之经而民是则之,则天之明,因地之利,以顺天下。是以其教不肃而成,其政不严而治。"(《孝经·三才》)

　　"Incredible—the profundity of family reverence!" declared Master Zeng. "Indeed," said the Master. "Family reverence is the constancy of the heavenly cycles, the appropriate responsiveness (yi) of the earth, and the proper conduct of the people. It is the constant workings of the heavens and the earth that the people model themselves upon. Taking the illumination ($ming$) of the heavens as their model and making the most of the earth's resources, they bring the empire into accord ($shun$). This is the reason that education can be effective without being severe, and political administration can maintain proper order without being harsh."

────────────

[1]　参见《荀子》第二十九章。

关系性构成的人一出生就进入了家庭关系、社群关系、宇宙天地关系所交织而成的辽阔的经纬之中。脱离这些关系，人便不能存在，亦不能成长。通过将人之理念置于作为这些经典文献阐释语境的关联性生态学之中，我们可以说，"根本"（root）、"潜能""原因""来源"这些时常被视为与某种潜在的宇宙目的论有关的析取式、专业性的术语，应当被重新构想为是指向恒常多面相的、共生的、反身性的（reflexive）过程的。这种对经验文明化之事业（project of civilizing experience）的替代性理解，显而易见地与思考"孝"的代际性、谱系性与全息性意涵有关，"孝"的这些意涵将人视为无限的宇宙生态中的辐射中心。

该比喻是说，在这些联合生活进行着的交互过程中，从某人具体的且持续演化的关系中来培养某人的独特人格就是"根"（root），而相互依赖的人际纽带之茂盛树冠便由此"根"生长。这些纽带界定了家族谱系、街坊闾里、社区群落、桑梓故土、邦家国体，以及最终的宇宙大全的各种辐射范围，这些相互蕴含的诸维度对盛行的社会伦理都发挥了各自的贡献。正如《大学》嘱咐我们的，在极为重要的成为臻至之人（成仁）的事业中，于构成我们的诸多关系中，修身养性是最为基础的，必须给予最高的优先权：

> 自天子以至于庶人，一是皆以修身为本。其本乱而末治者否矣。其所厚者薄，而其所薄者厚，未之有也！[1]

---

[1] 参见《大学》。我从 Jung-Yeup Kim 处借用了"Expansive Learning"这个对《大学》的译名，而没有选择常见的英译"Great Learning"，是因为"Expansive Learning"较好地体现了《大学》这一基础儒家文献所主张的修身事业的广泛辐射面。

From the emperor down to the common folk, everything is rooted in personal cultivation. There can be no healthy canopy when the roots are not properly set, and it would never do for priorities to be reversed between what should be invested with importance and what should be treated more lightly.

有必要理解此处所暗涵的焦点—场域整体论(focus-field holism)。继续使用熟悉的"本末"比喻,树根与树冠必须一起共同生长,树木在扎根大地的同时向天空伸展枝叶。树根供给树木,而树木也同时长养树根。树根与繁茂的树冠被视为互动的有机整体的层面(aspects),它们要么同生,要么共死。同样地,致力于为人行事的臻至是一个扩展的过程,人于其中变得愈来愈扎根于行为的臻熟习惯,并在家庭、社群、宇宙的诸关系中协同地向外扩展自我。《礼记》中的"大学"篇对前文所引做出总结,它宣称个人修身不仅令为人之根本确立得深厚且牢固,同时还增进了繁荣世界所需的群居智慧(social intelligence)。用原文的话来说:

此谓知本,此谓知之至也。[1]

This resolve in one's personal cultivation is called both the root and the magnitude of wisdom.

这里可以再次看出,个人修身事业抵制排他性的手段—目的的区分。"本"与其所谓的产物"知"被视为一个有机的整体,其中共生

---

[1]　刘殿爵、陈方正主编《礼记逐字索引》,商务印书馆(香港),1992。

着看待同一现象的两种不同方式。这就是说,个人的修身实践与由此而来的标志个人行事的智慧,是对在家庭关系、社群关系以及宇宙关系中臻至生活的具体叙事的立体式的抽象。

此种将根与树视为共生进程的看法,与那种将二者切割开来,视根为某种有重要生态意义的、独立单一的资源的思路,有着天壤之别。此种共生思维反映出整体主义的宇宙论假设,针对"何为意义之根源,其如何传达"这些反复出现的、最根本性的哲学疑问,该假设往往预期一种永远处境化的回答。对比来看,诸亚伯拉罕传统给出的答案极为单纯:意义具有超越并独立于人类社会的神圣"源泉"。耶和华、上帝或者真主安拉赐给我们关于生命目的不歇的憧憬,所有人都必须迷途知返,回归神圣的"源泉"。相反,儒家方案不求助于某种独立的外在的原则,对于儒家来说,意义是在代际传递中、在一个活的文明具体实现的进程中,从诸多富有意义的关系组成的纵横交织的重要网络中同步生成的。人之叙事根植于其文化与血缘的谱系之中,并借此展开。在自我的家庭关系中实现关系性的臻至这一个人承诺,既是个人意义、社会意义,乃至宇宙意义的起点,同时也是其终极来源。通过追求并推而广之这些在家庭及家庭之外发展的牢固关系来修身,我们丰富和扩展了宇宙,于其中增添了新的意义,反过来,意义与日俱增的宇宙又为我们的自我修身事业提供了愈加富饶的土壤。

鉴于基本道德律令"孝"之核心地位所示例的关系性的首要地位,如果"宗教的"(religious)的拉丁词根 religare 确实表示"紧密结合"之意(正如同源词"ligament""obligation""league""ally"等反映出的那样),那么我们可以看到如此描述的"孝"这一观念也具有深刻的宗教含义,它指涉那些共同搭建起坚韧而持久的社会结构的纽带——家庭的、社群的以及祖传的纽带。[1]正是此种深刻的宗教意义上的"紧密结合"——对家庭与社群纽带的强化与巩固，可以用来阐释孔子对子路"愿闻子之志"一问所做的自传式的回应：

> 子路曰："愿闻子之志。"子曰："老者安之，朋友信之，少者怀之。"(《论语·公冶长》)
>
> I would like to bring peace and contentment to the aged, share relationships of trust and confidence with friends, and to love and protect the young.

在《孝经》中，孔子从将"孝"升格为儒家最高道德律令出发，宣称此种"孝道"是道德与教化之本："曰：夫孝，德之本也，教之所由生也。"[2]《孝经》这一开宗明义的章节继续为我们提供了儒家文献中一贯的、熟悉的、从确定中心推而广之到穷无涯际的辐射性进程，即从最近在咫尺的尊重爱护自身开始，推及对家人亲属的关爱，再到事君以及立身扬名垂范后世。这一章节中，文王再次被作为时人的灵感之源与促生出文化红利的恰当归宿而被标举出来。

> 身体发肤，受之父母，不敢毁伤，孝之始也。立身行道，扬名于后世，以显父母，孝之终也。夫孝，始于事亲，中于事君，

---

[1]　Sarah F. Hoyt, "The Etymology of Religion," *Journal of the American Oriental Society*, 32, no. 2 (1912)：126–129 为这一古老且时而有争议的词源解释提供了一些有趣的文本证据。

[2]　Henry Rosemont, Jr. and Roger T. Ames, *The Chinese Classic of Family Reverence：A Philosophical Translation of the Xiaojing* 孝经, Honolulu：University of Hawai'i Press, 2009, p. 105.

终于立身。《大雅》云："无念尔祖,聿修厥德。"〔1〕

Your physical person with its hair and skin are received from your parents. Vigilance in not allowing anything to do injury to your person is where family reverence begins. Distinguishing yourself and walking the proper way (*dao*) in the world; raising your name high for posterity and thereby bringing esteem to your father and mother—it is in these things that family reverence finds its consummation. Such family reverence then begins in service to your parents, continues in service to your lord, and culminates in distinguishing yourself in the world. In the "Greater Odes" section of the *Book of Songs* it says: "How can you fail to remember your ancestor, King Wen? You must cultivate yourself and extend his virtuosity."

此段主张不毁伤身体发肤当然指的是个人的肉身,但它同时也适用于一种更加宽泛的文化解读,也即是说,文化传承中的每一代人都有责任保持其所具体实现的文化大全(the corpus of culture)的完整与活力。事实上,我们或许可以如此阐释上述引文结尾的《诗经》:"你怎能不体现祖先的文化呢? 你必须增强自我修养,并扩张其影响力。"

儒家角色伦理学事实上是经由具有复杂的政治、经济、宗教功能的家族血统而持存的。在接下来的章节中,我将会探讨两个同源的字,即体(體,"体现""身体""形成与塑造""范畴""等级")与

---

〔1〕 Rosemont and Ames, *The Chinese Classic of Family Reverence*, p. 105.

礼（禮，"礼仪""在角色与关系中实现得体"），在家族谱系延续的代际传播之中，它们是构成"孝"的动力机制（dynamics of "family reverence"）不可或缺的一部分。如果没有"体"所提供的正式而确定的维度，以及由有意义的角色与关系所带来的社交语法（social grammar），那么便产生一个非常真实的问题，即那种我们借由此种具体化的生活形式而追求的显著升华是否依然可能。简单地说，各种确定形式——身体、仪式、语言、家庭制度、祖先崇敬等等，都是文化上涵养与升华的必要条件。"活着的身体"（体）与它"具体化的生活"（礼）是文化传承与不断涵养升华的叙事场所，让有生命的文明于其间延续持存：如该文明的语言，伦理与价值，宗教仪典，音乐舞蹈乃至食物的美学等等。

《论语》中通过其自身行动凸显了关系性的首要地位的重要人物是孔子的弟子曾子，上文中我们已经提到他常被视为将"孝"最充分表达的典型人物：[1]

> 曾子有疾，孟敬子问之。曾子言曰："鸟之将死，其鸣也哀；人之将死，其言也善。"（《论语·泰伯》）
>
> Master Zeng was gravely ill, and when Meng Jingzi asked after him, Master Zeng said to him, "Baleful is the cry of a dying bird; felicitous are the words of a dying person."

在此段中，曾子清楚地意识到自己即将撒手人寰，他首先告诫听者

---

[1] 通过阅读《论语》来探索"孝"这一重要哲学术语的含义与功能之时，我们会看到，在不少有关曾子本人的记载中，他似乎便是"孝"的化身，而这些记载有助于我们分析"孝"这一哲学术语。

充分留意他接下来要讲的话,因为病榻上的曾子相信他的临终遗言将举足轻重:

> 君子所贵乎道者三:动容貌,斯远暴慢矣;正颜色,斯近信矣;出辞气,斯远鄙倍矣。笾豆之事,则有司存。(《论语·泰伯》)

There are three habits that exemplary persons consider of utmost importance in their vision of the moral life. By maintaining a dignified demeanor, such persons keep violent and rancorous conduct at a distance; by maintaining a proper countenance, they keep trust and confidence near at hand; by taking care in their choice of language and their mode of expression, they keep vulgarity and impropriety at a distance. As for the details in the arrangement of ritual vessels, there are minor functionaries to take care of such things. "

曾子所要传达的是,被君子视为于道德生活至关重要的三种行为习惯——动容貌、正颜色、出辞气,均对人际关系的茁壮发展必不可少。此种关系的成长乃是儒家道德的实质。从另一个角度看,不能培养这些行为倾向将导致粗鄙、无礼、暴慢。而这些不良行为是离间与瓦解关系的直接祸端,正因如此,它们被儒家视为不道德行为的基本内容。与曾子对人际关系的质量的重视相对照,富有涵养的生活于形式上、物质上的那种雕绘在他看来则相对没有那么重要。他举了祭祀所用器皿自有专门官吏来管理为例。因而,有规范力的是家庭的、社会的角色,它们为我们提供如何行事、怎样决策的具体行为指南。诚然,正是此种升华、涵养、深化生活角色与关系从而最大化运用我们的联合生活的持续进程,启发和激励了我们将儒家伦理称为一种角色的伦理,并宣称儒家角色伦理学是关于道德生活自成一格的愿景。

　　儒家角色伦理学预设,广义上的社会与政治秩序根植于、兴起于个人修养,因其首先从家庭制度(the institution of the family)中被激活,然后推而广之到宗族谱系与其之外。著名的社会学家费孝通曾研究和反思了中国以亲缘关系为基础的社会政治治理模式(sociopolitical model of governance)的当代构造,认为其可以追溯到金文及周代早期的经典。[1]费孝通引入了关于中国与西方社会组织模式的诸种对比区分。他指出"团体格局"(the organizational mode of association)是独立个体所组成的群体,其规则支配的社会组织在西方个人主义明确定义的界限内运作。费孝通用"捆柴"来譬喻团体格局模式,"几根稻草束成一把,几把束成一扎,几扎束成一捆,几捆束成一挑"——实则是一捆分散割裂的独立实体所组成的群体。他将此种组织模式与中国的亲缘模式(kinship model)相对照,称后者为"差序格局"。[2]对于"差序格局",费孝通使用的类比是"丢石头形成同心圆波纹",用以展现一种关联性的形象,事实上,表示波纹的"沦"字与表示"关联性秩序"的"伦"字同音

〔1〕　参见 Yiqun Zhou, *Festival, Feasts, and Gender Relations in Ancient China and Greece*, New York: Cambridge University Press, 2010, p. 147。该书也尝试论证,"家(某人参与以亲缘关系为核心的道德准则和宗教仪式之所在)正是周朝社会实施最根本性的教育的场所"。

〔2〕　Fei Xiaotong, *From the Soil: The Foundations of Chinese Society* (A translation of *Xiangtu Zhongguo* 乡土中国), trans. Hamilton and Wang Zheng, Berkeley: University of California Press, 1992, p. 63. 译者注:参原著,费孝通:《乡土中国》,人民出版社,2008,第 25 页。

又同源(具有同部首)。费孝通区分两种组织模式的一个重要意涵在于,在"团体格局"中存在一种将人们结合起来、令其彼此平等的一般性组织原则(最广义"法律"概念的某种变形)。这种"法"的观念不同于另一种模式所产生并于其中发挥效力的"礼"的观念,"礼"是在人的角色和关系中相互关联、层次分明、品而第之的差异。此种平等与等差之别,在反思人之身份认同建构的诸替代性方案时尤为明显,它显示了这样一种对比——一方面是伸张个人的权力与应得,另一方面则是关注个人关系的管理与维护。

费孝通认为儒家道德必须被构想为从一个永远独一无二的"中心一圈圈推出去形成的网"[1],是"由一根根私人联系所构成的网络"。[2]他进一步主张,此种处于支配地位的亲缘关系模式以其差序性的角色与关系,催生了自己独特的道德体系,在此道德体系中"没有一个超乎私人关系的道德观念"[3]。亲缘关系,作为人类关系之源起,由"孝"与"悌"的价值所定义。作为亲缘关系模式的引申从而涵盖非亲属的朋友关系,由"诚""忠""信"的伦理建立。[4]所有这些伦理价值均是作为在具体特定的家庭与社群关系中调解

---

[1]　Fei, *From the Soil*, p. 68. 译者注:参《乡土中国》,第 30 页,"以'己'为中心,像石子一般投入水中,和别人所联系成的社会关系,不像团体中的分子一般大家立在一个平面上的,而是像水的波纹一般,一圈圈推出去,愈推愈远,也愈推愈薄。"

[2]　Fei, *From the Soil*, p. 78. 译者注:参《乡土中国》,第 34 页。

[3]　Fei, *From the Soil*, p. 74. 译者注:参《乡土中国》,第 39 页。

[4]　比如《论语·学而》第四节、第八节。"朋友"这一表述有歧义,因为在西周和春秋时期的文献中并未将兄弟、叔伯、子侄、表亲等男系亲属与非血缘关系的朋友区分开来。一些学者认为,直到战国时代,"朋友"才变成了通常用来指称无血亲关系的友人的术语。参见 Yiqun Zhou, *Festival, Feasts, and Gender Relations in Ancient China and Greece*, pp. 110 – 111, 137 – 139。

紧张、促进和解的方式而追求的。

在当代杰出的英国哲学家艾默特对社会学与伦理学关系的反思中，她呼应了费孝通的多处洞见。与费孝通一样，艾默特承认角色的中心性：

> 是否将任何社会关系都称为角色关系可能是个逻辑学问题，就像界定某个术语如何被使用一样……然而，无论关系是否被看成在社会生活中普遍存在的，它们至少形成了社会生活可识别的诸模式。

如此，艾默特宣称："人们思考应如何行事主要取决于其如何看待其所具有的角色，以及（最重要的是）其所具有的角色之间的冲突。"[1]

此种伦理价值与社会角色之间的密切关系令人想起《孟子》中的一段话，其中，角色伦理学的词汇被"史实化"（historicized）了，其术语追溯到人类文明演进的早期。在舜和禹的时代，积极的垦荒治水令农耕得以可能：

> 后稷（作者自注：舜的臣子、传说中的文化英雄）教民稼穑。树艺五谷，五谷熟而民人育。人之有道也，饱食、暖衣、逸居而无教，则近于禽兽。圣人有忧之，使契为司徒，教以人伦：父子有亲，君臣有义，夫妇有别，长幼有序，朋友有信。（《孟子·滕文公上》）

---

[1]　参见 Dorothy Emmet, *Rules*, *Roles and Relations*, London：Macmillan, 1967, pp. 13，15。

［The minister of Shun and legendary cultural hero］Houji taught the people how to sow and reap their crops, and how to plant and grow the various grains. When these grains ripened, the people flourished. But human beings have their proper way, and even when they have full stomachs, warm clothing, and comfortable housing, without education they are little more than animals. These sage rulers were much concerned about this situation, and sent Xie as Minister of Education to teach the people by appealing to propriety in human roles and relations: that is, there is affection to be found in the roles of father and son, optimal appropriateness to be found in the roles of lord and minister, proper distinctions to be found in the roles of husband and wife, a productive hierarchy to be found in the role of elders and juniors, and fidelity to be found in the role of friend and friend.

正是因为在儒家关于道德生活的愿景中,发展道德能力之起点在于最广义上的诸种家庭关系,所以"孝"在《论语》中具有异常重要的地位。出于这一原因,为了更好地理解"孝"这一观念本身,我们需要澄清在儒家语境中家庭制度的性质与意义。费孝通还对比了在人类学家看来作为繁衍生息之场所而具有重要意义的核心家庭和前现代中国家庭及家族的主导模式。此种中国式家庭历史上一度是同姓的"氏族"或"家族",再扩展至包含多个同姓氏族的"族"或者"民族"。费孝通认为"家族虽则包括生育的功能,但不限于生育的功能",在中国人的生活经验里,家族有着极为重要的制度角色,"中国的家是一个事业组织,家的大小是依着事业的大小而决定"〔1〕。除开螽斯衍庆，这些家族还具有复杂的政治、经济、宗教等功能，这些功能在诸如父子关系、婆媳关系等"纵的""主轴"中表现出来。家族关联通过祖先崇敬的习俗制度被再次从社会的、宗教的层面上巩固加强，考古发现这种祖先崇敬的实践可以追溯到新石器时代。〔2〕

在商代早期，祖先——至少王公贵胄的祖先，被认为对后代的吉凶祸福负有直接和重大的责任，因而必须通过祭祀牺牲来安抚。这一信仰延绵不断，有助于理解孔子为何说"非其鬼而祭之，谄也"〔3〕。孔子之重要洞见在于对这一事实的尊重，即纵然在知识阶层中，祭祀礼仪超自然的存在根据已然失去说服力，但这些礼仪作为一种对先辈们依然在某种意义上活在当下的咏赞，为人生提供了许多意义，也为整个家庭乃至整个社群带来凝聚力。

当然，鉴于在过去一个世纪中，中国家族的结构已经发生了巨大变化，上述的概括必须根据具体的时间地点、时空差异来确立。在此基础上，周轶群（Yiqun Zhou）在声称前现代的中国社会"数千

---

〔1〕　Fei, *From the Soil*, p. 84. 译者注：参《乡土中国》，第 48 页。

〔2〕　参见 David N. Keightley, "Shamanism, Death, and the Ancestors: Religious Mediation in Neolithic and Shang China, ca. 5000 – 1000 B. C," *Asiatische Studien* 52 (1998): 763 – 828。周轶群在分析早期周代社会亲缘关系的支配地位，以及在祖先及其子孙之间不可分割的联结时指出："《诗经》中几乎六分之一都是关于祭祖的，包括仪式与飨宴。这些作品证明了在理解周代社会性话语时，祭祖盛宴的核心重要性。"更进一步，"祖先崇拜不只包括常规、系统且持续不断的纪念性仪式，更重要的是，它将死者作为一个永久成员融入其后裔中，使他成为打造群体团结的关键角色"。Yiqun Zhou, *Festival, Feasts, and Gender Relations in Ancient China and Greece*, pp. 104, 112.

〔3〕　《论语·为政》第二十四节。

年来大体上是一个依靠亲缘关系原则组织起来的政体"〔1〕这一主张上凝聚了学术共识。在衡量社会与政治秩序在多大程度上起源于并且依赖于家庭关系时,周轶群认为,与古希腊人不同,"中国从来不被理解成一个等同于公民之和的政治共同体",并且"统治者与被统治者之间的关系被视为类似于亲子关系",这一不同之处让我们立刻联想起费孝通所做"团体格局"与"差序格局"的区分。

当孔子宣称在此文化传统中,家庭制度的妥当运作是实现国家社会政治秩序不可分割的一部分,他的观察是敏锐的:

> 或谓孔子曰:"子奚不为政?"子曰:"《书》云:'孝乎惟孝、友于兄弟,施于有政。'是亦为政,奚其为为政?"(《论语·为政》)
>
> Someone asked Confucius, "Why are you not employed in government?" The Master replied, "The Book of Documents says: 'It all lies in family reverence. Being filial to your parents and finding fraternity with your brothers is in fact carrying out the work of governing.' In doing these things I am participating in governing. Why must I be employed in government?"

周轶群引用了清代学者严复的观点,严复认为,中华帝国两千多年以来的社会政治秩序,从一开始就是"宗法居其七,而军国[帝

---

〔1〕 Yiqun Zhou, *Festival, Feasts, and Gender Relations in Ancient China and Greece*, p. 19.

国]居其三"。[1]诚然,正是中国社会这种自古代到晚近以来持续性的以家族为基础的社会政治组织,使得由"孝"所界定的特定家庭价值与责任升格成为中国社会主导的伦理律令。

5. 儒:角色而非教义

"孝"是首要的文化律令,它令每个人所实现的角色作为文化传播的活渠道而具有意义,亦即令其作为永远在演化却又持续不断的儒家成人之道(人道)而拥有意义。在《孝经》的第一章中我们看到,"孝"的极致由能够立身扬名者实现,因其令家族荣耀。古往今来,正是这些榜样人物使他们的后人得以超越动物性,从而以最崇高意义上的文化的精致与高雅来充实人类经验。在广义上指涉家族谱系之代际传承与实现的"孝"的功能,与作为"文人"的"儒家"从字面意义上发挥了充当家族谱系中又一个重要家族分支的功能之间,有一个平行关系。"儒"家描述的是人群中负责将高雅文学传统世代传播与实现的一个精英阶层。文人楷模这一精英阶层在传承该文化核心的持续而又变革的社会、政治、伦理正统,即所谓的道统中扮演的角色,是我们现在要转而讨论的。

孔夫子,这位早期的哲人与教师,其拉丁化的名字是"Confucius",在这一名称的基础上,英语里将儒家传统命名为"Confucian-

---

[1] Yiqun Zhou, *Festival, Feasts, and Gender Relations in Ancient China and Greece*, p. 19n55. 译者注:周轶群引用的是梁漱溟《中国文化要义》中对严复观点的引述,文中使用的是"军国"而非"帝国"。

ism"（译者注：字面意义为"孔子主义"）。[1]孔子毋庸置疑曾是一位活生生的历史人物，他生活在大约两千五百年前，并于其所处时代巩固了一份强大的智慧遗产，这份遗产代代相传，古往今来不仅塑造了中国文化的品格，还产生了更加深广的影响。通过《论语》及其他经典所记录的私人生活片段，令弟子们铭记的孔子那意义深远的人格典范具有其自身的价值与意义。然而，诚如前文引述，孔子自称他所传授给弟子们的都有所本，他自己"述而不作"，倾向于遵从先王之道，而非另辟蹊径。[2]诚然，或许正是由于这个原因，在中文里，孔子所巩固的这一传统不像"Confucianism"一样单独以孔子个人来界定，而是诉诸传承延续中被称为"儒"的文人阶层的社会的、政治的，乃至宗教的角色，这一阶层千百年来通过发展中的"儒学"书写着中华文化传统。这里我想表明的观点是，我们所说的"儒家"（Confucianism），传统上被阐释为一种学说或一套规定的价值体系，其首先是一个文人所组成的延续不断的社会政治阶层，而这些文人在家族世系中的角色，过去与现在一样，都是

---

〔1〕 Tim Barrett 在其文章《英伦伪装下的中国宗教：一个幻象的历史》（Chinese Religion in English Guise: The History of an Illusion）中认定戴维斯爵士（Sir John Francis Davis, 1795-1890）是有记录可考的第一位使用"Confucianism"一词的人。参见 *Modern Asian Studies* 39, no. 3 (2005): 518, 以及 Davis, *The Chinese: A General Description of the Empire of China and its Inhabitants*, London: Charles Knight & Co., 1836, p. 45。然而有趣的是，正如"Confucianism"一词于"儒家"而言，是全然西方的塑造，香港用以纪念戴维斯的英文名为"Mount Davis"的山峰，依然在汉语里被称呼为"摩星岭"。关于"儒"的传统及其被作为"Confucianism"来看的错误阐释，以及有关消解耶稣会这一问题阐释的详细论述，参见 Nicolas Standaert, "The Jesuits did NOT Manufacture 'Confucianism'," *East Asian Science, Technology and Medicine* 16 (1999): 115–132。

〔2〕《论语·述而》第一节。

该活文化传统的体现与持存——这一传统在代际传递的过程中在不同时代反映出迥然不同的内容。

在现存典籍中,"儒"这一术语最早出现在《论语》的一章:

> 子谓子夏曰:"女为君子儒,无为小人儒。"(《论语·雍也》)
>
> The Master remarked to Zixia, "You want to become the kind of ru literatus who is exemplary in conduct, not the kind that is a petty person."

从词源学上看,"儒"字与意为"柔顺、柔软"的臑字、意为"幼儿、软弱、温和"的孺字,以及表示"软弱、怯懦"的懦字同源,这些词恰当地描述了一个早在商代(前1600—前1046)就出现并兴盛起来的"温和的"(gentle)文人阶层,这比孔子早了至少三十代人。同样是这个包括了学者与知识分子在内的文人阶层,在孔子逝去后约八十代人的今天继续繁荣着。古往今来,这个由知识分子组成的士绅阶层,与时俱进地将其最卓绝的思考献给了这一延绵不断的"儒学"传统。与孔子本人的主张一致,这个被称为儒学的学术遗产,这个不断积淀的中国精英文化所拥有的永远兼收并蓄的内核,不仅历久弥新,更是充满活力而又精诚团结。我们如今称为"儒家"(Confucianism)的东西,实是一份生发中的共享文化宝藏,它被不断"新涌现的"儒家学者摄取、发挥、详加品评、深化阐发、推而广之,并在每个后继一代中再度被权威化。"儒"者,远非某些特定教义的教条主义式的倡导者,千百年来,它在不同的时期反映出不同的价值,容纳了不断发展变化的各种思想和文化实践。虽然其中定然有历经时间依然持存的、自觉意识到的同一性,但是重大的创新与开拓也不断在每一代人中发生。

一种解读儒家文人阶层所担负角色的方式在于复现其于商代作为一种社会精英阶层出现时的叙事。这些商代的早期儒者已郑重其事地开始美化(aestheticize)当时的社会政治制度下的都市生活(urban life),这个故事可以从大量精美青铜器的铸造开始讲起,如今它们作为中国古代文化象征在世界各地的博物馆中展出着。通过回归历史语境并于其中重新定位这些青铜器,从而复原其原有的标志性地位与功能,由此我们可以认识这一文人阶层的许多情况。

首先,我们可以推测这种青铜制器的发展如何催生了中华文明。肇建后的数世纪间,商朝对冶金技术便有了高度掌握,这一文化区域中铸造的青铜器皿被当成社会、政治和宗教权力的标识,用以区分城市贵族与乡村农民。李泽厚在他写作的中国美学史中提到:"尽管青铜器的铸造者是体力劳动者甚至奴隶,尽管某些青铜器纹饰也可溯源于原始图腾和陶器图案,但它们毕竟主要是体现了早期宗法制社会的统治者的威严、力量和意志。"[1]诚然,这些青铜器帮助它们的主人讲述着故事,他们拥有这些神圣制器所宣誓的权力与责任。商人已拥有十分发达的书写语言,为我们呈现了最早有史料可考的中国古代生活。这种文字在 20 世纪早期被重新发现,它们被写在用以占卜的龟甲和兽骨上,故而被称为甲骨文。在接下来的西周时期(约前 1046—前 771),宫廷里的重大事件有时会被镌刻在纪念铜器的内壁上,这种古文字的新一代书写

---

〔1〕 Li Zehou, *The Path of Beauty*: *A Study of Chinese Aesthetics*, Oxford: Oxford University Press, 1994, p. 28. 李泽厚:《美的历程》,天津社会科学院出版社,2001,第 50 页。

形式被称为金文。

甲骨文中蕴含了一个超过五千多字的词汇库,对大多数当代人来说已经难以理解。事实上,即便是训练有素的古文字学家们,经过了一个世纪的辛苦钻研,也仅仅只能解读其中的大约四分之一。这种早期语言的复杂性与规模令人感到吃惊,尤其是当我们考虑到,在今天受过教育的中国人或许才能够识读大约四千多个字,而能写的就更少了。西周以来青铜器上纪念性的铭文,或者说"金文",是用一种少数学者才能解读的篆书写成的。

通过对大量商代青铜器藏品进行研究思考,我们可以从许多不同的文化角度来了解中国早期的生活。例如,从社会学的角度来看,这些青铜器讲述了一个等级分明的亲缘结构与制度的故事,这个制度结构由受过良好教育的士大夫所主导,他们为世袭的商王朝辅佐效力。商王朝主要由农民与渔夫的劳力供养,却也被逝去先王的英灵们从另一个世界看守着。至于儒家士人在这个先进文化中所具有的角色,历史学家保罗·惠特利(Paul Wheatley)观察到,"调查商代技术给人最深刻的印象在于,其技术的进步是在回应一个强调礼仪的社会阶层的出现,而非是后者的决定因素"[1]。

从宗教的视野来阅读这些青铜器,我们认识到这一贵族群体是如何将其财富与时间投入复杂的祭祖活动中,利用其拥有的诸资源发展出一种旷世绝伦的文化,不同于同期的其他文明,在这一文化中,大多数的青铜制品是礼器而非武器。这些礼器是各宗庙常规祭祀时的用具,装饰着连接此岸与彼岸世界的占卜祝祷活动。

---

[1] Paul Wheatley, *The Pivot of the Four Quarters: A Preliminary Enquiry into the Origins and Character of the Ancient Chinese City*, Chicago: Chicago University Press, 1971, p. 74.

这些典礼提供了生者与依然庇佑生者的逝去先祖之间沟通的渠道。然而,即便文明如商人,不少人类颅骨遗骸伴随着大量的青铜器从遗址的建筑地基中被发现,这表明商人日益礼仪化的生活中的一个侧面是对死亡的强烈嗜求,商王朝大规模的人祭是其宗教经验中不可或缺的内容。

从经济的角度来解读这些青铜器,我们能够对这一生活在黄河流域的族群在获取金属的努力与其富裕程度以及如何消耗这些盈余之间找到关联。青铜匠人的作坊和住所被安置在城中理想的地点,显示了他们的手艺与日俱增的声望。在这些制作中心,我们能够追踪到从低产量金属加工到大规模金属生产的转变,反映出时人技术能力的指数增长。正如商代史专家厄苏拉·富兰克林(Ursula Franklin)指出的,"在中国早期的历史语境中,青铜器制造的宏大规模与其工艺品质一样令人叹为观止。这种程度的青铜制造必然需要一个运转良好的大规模采矿与冶炼产业"[1]。我们可以想见,这样的产业规模只可能通过占有与使用大量唾手可得的劳动力来实现和维持,这些劳动力往往来自入侵邻近部落时的俘虏,他们被训练成苦役,也成为人祭的来源。[2]

从这些青铜器上,我们了解到商人生活的大量信息,他们在一

---

[1] Ursula Franklin, "On Bronze and Other Metals in Early China," in *The Origins of Chinese Civilization*, ed. David N. Keightley, Berkeley: University of California Press, 1983, p. 287.

[2] 罗伯特·贝格利(Robert Bagley)的文章《商代考古》(Shang Archaeology)以及吉德炜的文章《商:中国第一个历史朝代》(The Shang: China's First Historical Dynasty)讲述了商代青铜器的精彩故事,参见 Michael Loewe and Edward L. Shaughnessy (eds.), *Cambridge History of Ancient China: From the Origin of Civilization to 221 B. C.*, Cambridge: Cambridge University Press, 1999。

个由商王朝的精英文人群体对礼器的制造与制度化中拉开帷幕的世界里,建立起了一种深度"审美化"的存在方式。正是这一社会阶层关乎一套政教实践程式(礼)的发展,这是一套巩固人群中最高阶层地位的周详的社交法则。戬商而兴的周(约前1046—前256)最初是一个部落联盟,历经多年努力征服了商朝,同时也延续了其高雅文化(high culture)。周朝将这套演进中的礼仪生活形式与制度(礼)的模式推广到更广泛的人群中,而商代的政教典礼为其提供了基础与动力。在这漫长的历史中,儒者阶层的角色在于充当了这套恒常演进的复杂的礼之观念的具象化,以至于在其全盛时期,礼成为儒家哲学的精髓。

儒学是生长着的共享传统,它深深地扎根在不能够被简化还原到任何个体历史人物的那样一个传统之中,这样说是言之成理的。儒学不是"孔子主义"(Confucianism)。然而同时,孔子也成为文化典范,他不仅践行了自己关于所有人都应当致力于成为君子儒的规诫,还做得更多。让我们重温上文曾引用过的《论语》中的著名记载,在这段话中孔子描述了他自己在儒学传播中扮演的角色:

> 子曰:述而不作,信而好古,窃比于我老彭。(《论语·述而》)
>
> The Master said: "Following the proper way, I do not forge new paths; with confidence, I cherish the ancients—in these respects I am comparable to our venerable Old Peng."

当孔子"述而不作"之时,他明确将自己与"作"这个用语切割开来。

"作"惯例上被翻译成"initiating"（开创、发起），但为了尊重"道"的譬喻，我将"作"译成了"forging"（铸造、行进）。考虑到"作"这个用语在经典文本中常常与"圣人"及圣人旷古无良的独特成就相匹，一种解释是，孔子与"作"的切割可能出于其对圣人文化鼎新的崇敬，同时亦是他惯常谦逊态度的体现。

然而，古往今来许多评论者将此段视为孔子作为文化原教旨主义者的写照。比如早在《墨子》中，就转述孔子自道纯粹是传承者的言语，从而指摘其带给世界一种僵死的保守主义：

> 又曰："君子循而不作。"应之曰："古者羿作弓，杼作甲，奚仲作车，巧垂作舟，然则今之鲍函车匠皆君子也，而羿、杼、奚仲、巧垂皆小人邪？且其所循人必或作之，然则其所循皆小人道也？"〔1〕

Again, the Confucians say: "Exemplary persons follow and do not innovate." But we would respond by saying: "In ancient times, Yi introduced the bow, Yu introduced armor, Xizhong introduced the carriage, and the tradesman Qiu introduced the boat. Such being the case, are today's tanners, smiths, carriage-makers, and carpenters as followers all exemplary persons, and are Yi, Yu, Xizhong, and the tradesman Qiu as innovators simply petty persons? Further, since whatever it is the Confucians are following had to be introduced by someone, doesn't this mean that what they are in fact following are the ways of petty persons?"

〔1〕《墨子·非儒下》。

如果我们将上述夫子自道当成是实情陈述而非其对文化传统的崇敬以及自谦性格的显现，那么墨家的批评逻辑就是无懈可击的。此种对儒家传统主义（traditionalism）的墨家式批评在注经传统中延续至今也依然兴盛。例如，当代政治哲学家萧公权用了大量篇幅描述被他称为"法古"事业的这种儒家显著的保守主义。[1]森舸澜（Edward Slingerland）近期在解释《论语》的这一章时，对儒家持有一种回顾式的理解，这种理解回溯周代的黄金时期。森舸澜写道：

> 更有可能的是，述而不作只是孔子针对时人而倡导的，因为周代的圣王已建立了完美满足人类需要的理想制度。[2]

此种对孔子原教旨主义与正统主义的理解，是一种我绝不认同的立场，与之相反，我认为这一章道出了孔子对代际与谱系传递的性质与动力的理解。在这种传递过程之中，"孝"的观念所体现的崇敬模式是关键因素。

我想借用《易经》中的话来论述，历史所铭记的孔子这个人物形象，是这本经典所奠基的宇宙论预设的一个绝佳示例。与《易经》的语言一致，他假定自然叙事与文化叙事的展开最好用"变通"与"生生不已"这样的词语来表达。通过这些词语来描述孔子并非否认他是传播一种坚定持久的世界观与常识的最得力之人，毕竟

---

[1] Hsiao Kung-chuan, *A History of Chinese Political Thought*, vol. 1, trans. F. W. Mote, Princeton: Princeton University Press, 1979, pp. 79-142.

[2] Edward Slingerland (trans.), *Analects: With Selections from Traditional Commentaries*, Indianapolis: Hackett Publishing, 2003, p. 64.

他总在不停地诉诸其传统的核心经典。事实上,他本人的庄重感(personal gravitas)正出自他从传统预设中获取的权威,这一传统预设认为是孔子整理编纂了"五经"。然而同时,鉴于孔子在发展一套特别的、往往是极为创新的哲学词汇上的厥功至伟,他也成为这个生长的传统中创造性洞见的代言。诚然,我们欣赏他谦逊地否认自己并非创造者,因此也非圣人的同时,我们依然有切实的证据坦然宣称,尽管孔子毋庸置疑是个得力的传播者,但他同时也是一流的创造者,他将儒家传统引向了举世瞩目的新方向。

回到文本,孔子的自我认识笼统地说即是他自觉地将自己视为一个可以追溯到公元前两千年前的古老传统的延续者:

> "周监于二代,郁郁乎文哉! 吾从周。"[1]
>
> The Master said:"The Zhou dynasty looked back to the Xia and Shang dynasties. Such a wealth of culture! I follow the Zhou."

由于周的传统在孔子同时代人的生活中仍然存在,孔子所受教育的源泉是前面的许多代人留下的复合的文化:

> 孔子由卫适陈,畏于匡,曰:"文王既没,文不在兹乎? 天之将丧斯文也,后死者不得与于斯文也;天之未丧斯文也,匡

---

[1]《论语·八佾》第十四节。亦可参《论语·泰伯》第二十节:"舜有臣五人而天下治。武王曰:'予有乱臣十人。'孔子曰:'才难,不其然乎? 唐虞之际,于斯为盛。有妇人焉,九人而已。三分天下有其二,以服事殷。周之德,其可谓至德也已矣。'"

人其如予何?"〔1〕

With King Wen (literally, King "Culture") long dead, does
not our cultural heritage reside here in us? If *tian* were going to de-
stroy this cultural legacy, we latecomers would not have had access
to it. If *tian* is not going to destroy this culture, what can the peo-
ple of Kuang do to us!

虽然孔子是这个活传统全心全意的媒介,但是他引入、重塑并
阐发了一套关键术语——仁、君子、义、礼,用以充当演进中的儒学
的权威哲学语汇,可谓厥功甚伟。同样,也正是孔子促成了自我修
养成为儒家事业的决定性特征,并将儒家角色伦理学以及对臻至
人生的愿景构筑在"孝"之上。如此,便无须讶异朱熹选择"四书"
作为儒家传统的核心文本。其中,朱熹将《大学》描述成儒家传统
最基础性的文本,而《大学》将儒家事业建立在于家庭和社群关系
中修身的生活制度之中。〔2〕朱熹又把《论语》和《孟子》收入"四
书",认为这两个文本为儒家事业提供了最基本的词汇,此外,还以
孔子、孟子的人格形象为儒家传统提供了叙事性的个人修身榜样。
"四书"中的《中庸》被朱熹赞誉为儒家事业最博大精深的宣言。通
过围绕孔子本人的语汇"中庸"展开其叙述,这篇文本再次将孔子
铭篆;同时,孟子也因其对"诚"字独特的宇宙论意义上的用法而被

---

〔1〕 《论语·子罕》第五节。根据孔子的传记,孔子在离开卫国之后,于前往陈
国的路上经过匡地。匡人曾受到与孔子同出鲁国的阳虎的劫掠,将孔子误
认为阳虎。参见司马迁:《史记》,中华书局,1959,第 1919 页。亦可参《论
语·先进》第二十三节。

〔2〕 译者注:"《大学》是为学纲目,先通大学,立定纲领","大学是修身治人底
规模"(《朱子语类·大学一·纲领》)。

镌铭。可以看到,孔子其人被描述成宇宙流行中"大德大化"的具体显现:

> 仲尼祖述尧、舜,宪章文、武;上律天时,下袭水土。辟如天地之无不持载,无不覆帱,辟如四时之错行,如日月之代明。万物并育而不相害,道并行而不相悖,小德川流,大德敦化,此天地之所以为大也。(《中庸》第三十章)

> Confucius revered Yao and Shun as his ancestors and carried on their ways; he emulated and made illustrious the way of Kings Wen and Wu. He modeled himself above on the rhythm of the turning seasons, and below he was attuned to the patterns of water and earth. He is comparable to the heavens and the earth, sheltering and supporting everything that is. He is comparable to the progress of the four seasons, and the alternating brightness of the sun and the moon. All things are nurtured together and do not cause injury to one another; the various ways are traveled together and are not conflicted. Their lesser virtuosity is to be seen as flowing streams; their greater virtuosity is to be seen as massive transformations. This is why the heavens and the earth are so grand.

从作为儒家角色伦理学基础的家庭与社群关系的首要性中可以得出一些推论,将令我们进一步关注在"四书"中所勾勒出的儒家事业,这些推论可以通过《论语》中的选段来总结说明。例如,《论语》坚信,由其具体的关系模式所定义的人具有根本性的独一无二之处〔1〕,并且生活在这些关系中的人们彼此依赖〔2〕。所有人类活动都具有一种相互关联的(correlative)、参与性的(engaging)、反身性(reflexive)的特质〔3〕,这里也存在着关于自然秩序与社会秩序的一种潜在的过程性的、涌现生成的理念〔4〕。我们已经看到,在这种关系的首要性之后,还有彼此生发的历史意义与宇宙论意义。例如,关系的整体论的、无界限的、嵌入式的特质,以及用焦点—场域而非局部—整体的语言来定义的全息性的人之理念。此外,作为一种哲学性的审美主义,儒家关注合力构成每个人的所有关系,认为这些关系在其与整体影响相匹配的程度上聚焦成了某人的个人身份认同。

显然,许多最为重要的个人关系是在家庭成员之间建立起来的,故而许多个人的自我身份认同也源自其中。然而与此同时,这些关系也同步地从家族谱系延伸到更广阔的社会秩序之中。此外,历时地看,这些关系在广义上也绝对是代际的、谱系式的,必须通过人们在施惠者与受益者之间的角色交替来理解。再者,与逝去的祖先英灵、文化英杰之间的关系超越了当下的社会政治秩序,激发了这个传统以家庭为核心的宗教性。《论语》似乎在一以贯之地宣讲,一个饱满而灿烂的人生需要与晚辈建立关系,与同侪建立

---

〔1〕 《论语·卫灵公》第三十六节:"子曰:'当仁不让于师。'"

〔2〕 《论语·雍也》第三十节:"夫仁者,己欲立而立人,己欲达而达人。能近取譬,可谓仁之方也已。"

〔3〕 《论语·述而》第八节:"子曰:'不愤不启,不悱不发,举一隅不以三隅反,则不复也。'"以及《论语·述而》第二十二节:"子曰:'三人行,必有我师焉。择其善者而从之,其不善者而改之。'"

〔4〕 《论语·子罕》第十七节:"子在川上,曰:'逝者如斯夫!不舍昼夜。'",《论语·为政》第十一节:"子曰:'温故而知新,可以为师矣。'"以及《论语·卫灵公》第二十九节:"子曰:'人能弘道,非道弘人。'"

关系,还要与继续活在我们及我们后人的生命中的那些逝去的先辈建立关系。

6. 礼、体和作为"角色伦理学"的
立体的词汇簇

我把在《论语》中成为哲学核心术语的"仁"这一语词翻译成"致力于在某人的角色与关系中臻至行事"。前文叙述过这一论点,即,从人从二的仁字正是儒家角色伦理学的明确表达。同时,"孝"作为支配人们在家族角色中完成代际实现及谱系传承的首要道德律令,亦指向这一儒家伦理学的观念。此外,在精英社会与政治的层次,几千年来儒家文人阶层的角色与责任在于体现、传播和永葆高度审美化的儒家文化。

我想再增加一组经典文本中用来表达儒家角色伦理学的重要词汇,即通过在角色与关系中"具体化的生活"("体")里"得当"("礼")而致力于"最优化的和谐"("和")。这一"立体的"词汇簇与前文讨论的仁、孝、儒这些词汇有直接关联。或许可以说,理解"孝"作为代际传播过程中的首要道德律令的最佳方式在于诉诸礼(禮)和体(體)这两个同源形近字,作为"具体化的生活"(embodied living)的"礼"与作为"生活着的身体"(lived body)的"体"传达着在延伸的家族谱系中展开的生理上的、文化上的叙事性的连续性。"礼"与"体"进一步建立在一种具有质的动态的"和"(qualitative dynamic "harmony")之上,这种"和"在儒家宇宙论中无所不在。虽然"和"通常被翻译成"harmony"(和谐),但是可能更加妥当的是把它理解为那在任何特定情况下都充分实现创造性可能的志向——

就儒家角色伦理学来说,即尽最大可能实现家庭和社群生活中的角色的齐心协力。

尽管"最优化的和谐"这一观念如此宽泛地适用于从厨房到宇宙的所有人类活动,此处仍然需要强调,儒家的前提是当此志向具体地关联到人类的繁荣兴盛时,若想要强健、真实且持久的和谐,"和"就必然需要通过家庭角色与关系的协调来实现。家庭是我们所有角色与关系中的"礼"的终极源泉和不可或缺的基础,《论语》将这一点说得很清楚:

> 礼之用,和为贵。先王之道斯为美,小大由之。有所不行,知和而和,不以礼节之,亦不可行也。[1]
>
> An optimizing harmony (*he*) is the most valuable function of achieving propriety in our roles and relations (*li*). In the ways of the Former Kings, the sustaining of this quality of harmony through achieving propriety in their roles and relations made them elegant, and was a guiding standard in all things large and small. But when things are not going well, to realize harmony just for its own sake without regulating the situation through an achieved propriety in roles and relations, will not work.

如此理解的道德描述了一种旨在使家庭纽带更巩固、强烈和持久的行为品质的培养。然而,缺乏经由生活角色与关系来妥善协调的人与人之间的一致,我们的行为可能毫无意义甚至更糟。

---

[1] 《论语·学而》第十二节。亦参《论语·颜渊》第一节、第十五节。

借由强加用以巩固秩序的外在机制与限制(如法令、政策和规则的施行)来实现的一种所谓的"和谐"是去人性化的,这样的"和谐"妨碍了个人的认可与参与。从文本证据来看,孔子应该会认为,重要的社会价值,诸如恭、慎、勇、直,当且仅当劳、葸、乱、绞的执拗倾向在个人关系中通过对礼的追求而被恰当地转换及合法化之后,才得以发生:

> 子曰:恭而无礼则劳,慎而无礼则葸,勇而无礼则乱,直而无礼则绞。君子笃于亲,则民兴于仁;故旧不遗,则民不偷。(《论语·泰伯》)
>
> The Master said, "Deference unmediated by achieving propriety in our roles and relations (li) is lethargy; circumspection unmediated by such propriety is timidity; bravery unmediated by such propriety is rowdiness; candor unmediated by such propriety is rudeness. Where exemplary persons are earnestly committed to their parents, the common people will aspire to consummate conduct; where they do not neglect their old friends, the people will not be indifferent to each other. "

健康生活的目标是一种活出来的平衡,我们借此避免在付出与求索、施加与承受、塑造与被塑造中的过度和不足。医学人类学家张燕华(Zhang Yanhua)将这种对至上行为(the superlative in our conduct)的追求阐释如下:

> 这里定义的和谐与中国人"度"(程度、范围、立场)的观念

有关……换言之,在一个互动的动态环境中,当每个个体以其独一无二的方式,适"度"地展露自身,从而彼此"相得益彰"之时,和谐就产生了。"[1]

只有在具体性上、在事务性的活动中均掌握了"度",我们才能从人生经验的生态中汲取最多。

回顾商代的高雅文化,规范正式的礼仪在规定的时间举行,用以巩固参与仪式的王室宗族成员的政治与宗教地位,划分宫廷生活的季节与时令。对于掌管青铜器铸造,负责筹划设计使用这些礼器的宫廷仪典的官吏来说,"礼"直白的意思即是在礼节中找准自己的位置,从而明白立于何处。"禮"的字形在甲骨文中作豊,在金文中作豐[2],以礼器中盛放两件玉器这一图像描绘了王室向祖先祈求福祚吉利的一场缋祭。起初,仪式是由统治阶层及其扈从完成的正式而具体化的宗教程式,以巩固他们与自然和另一个世界的关系。这些仪式被用来巩固宇宙常规运作中人的参与感,其中通常包含一种被视为可增进人、自然、精神领域之间协作手段的对可感知的宇宙韵律的模仿。

如果说青铜器的制造勾勒出殷商故事,那么作为一种普遍的文化价值,"礼"这一观念的演化与普及则为研究周朝数千年的历史叙事提供了一扇窗口。首先,殷商时期,一种制度化的礼节在社会中日渐盛行。经历几个世纪,这些仪式活动逐渐从统治者本人

[1] Zhang Yanhua, *Transforming Emotions with Chinese Medicine: An Ethnographic Account from Contemporary China*, Albany: State University of New York Press, 2007, p. 51.

[2] Kwan, "Multi-function Chinese Character Database:" 甲骨文合集 CHANT 2809 and 西周早期 CHANT 6015 respectively.

延伸至更广泛的社会群体,随着范围的扩大,其对社会政治秩序具有了愈发重大的意义。在这些强化了的仪式之中,参与者拥有适当的地位和位置,即其"位"。如果人们不懂得礼仪程序的细节和精神,那么便连该"立"于何处、做些什么都无从谈起。因此,"立"这一术语,甲骨文写为大,简书中作立,与"位"位密切相关。[1]孔子自陈其成长经历时说,"吾十有五而志于学,三十而立",指的正是他致力于持续的修身事业所需要的刻苦勤勉。[2]重要的是,贯穿《论语》全文,此类物理与时空层面的术语与"道"这一支配性的比喻是密切关联的。这一点被反复指出,"礼"往往被翻译成"rites""ceremony""etiquette""decorum""manners"等,正是它使人们得以在其日常生活的关系性事务中决定、巩固和显示臻熟。诚然,从最广泛的意义上讲,教育就是学习立身何处、言之有物:

陈亢问于伯鱼曰:"子亦有异闻乎?"对曰:"未也。尝独立,鲤趋而过庭。曰:'学诗乎?'对曰:'未也。''不学诗,无以言。'鲤退而学诗。他日又独立,鲤趋而过庭。曰:'学礼乎?'对曰:'未也。''不学礼,无以立。'鲤退而学礼……"(《论语·季氏》)

Chen Gang asked Boyu, the son of Confucius: "Have you been given any kind of special instruction?"

"No," he replied. "but once my father was standing alone,

---

[1]　关于礼在族群中的广泛扩展,进一步的描述参见 Robert M. Gimello, "The Civil Status of li in Classical Confucianism," *Philosophy East and West*, no. 22 (1972): 203-211。

[2]　《论语·为政》第四节。

and as I was hastening across the courtyard, he asked me, 'Have you been studying the Book of Songs?' I replied, 'Not yet,' to which he remarked, 'If you do not study the Songs, you will be at a loss as to what to say.' I deferentially took my leave and am now studying the Songs.

On another occasion, my father was again standing alone, and as I was hastening across the courtyard, he asked me, 'Have you been studying the Book of Rituals?' I replied, 'Not yet,' to which he remarked, 'If you do not study the Rituals, you will be at a loss as to where to stand.'" I deferentially took my leave and am now studying the Rituals."

然而,并非所有人——即使他是孔子稍显平庸的儿子,都能以同样恰当的方式"活出"("立")礼来。"礼"最终只是某些特定的人所具有的品质,因为它寓于角色与关系的臻熟之中,而这种臻熟表现在仪式般审美化的生活的意义与音乐性之中:

> 子曰:"人而不仁,如礼何? 人而不仁,如乐何?"(《论语·八佾》)

The Master said: "What have persons who are not consummate in their conduct to do with achieving ritual propriety in their roles and relations? What have persons who are not consummate in their conduct to do with the playing of music?"

《论语》中这样的段落颇具启发,从中可收集到在商朝覆灭五百多年后孔子的时代里,关于"礼"之意味的一些洞见。尽管于角色关系中习得的礼节,明显具有正式繁缛的结构,但这些活动在定义家庭与公共生活方面的突出的意义,存在于那些对真正有意义的经历来说不可或缺且大有裨益的非正式的、个人的、具体的层面。这些"礼"有着深刻的身体维度,在沟通用以巩固各种生活形式的参与者之间的纽带所需的敬意上,社会性的、富有活力的身体往往比语言更有效率。"礼"还具有重要的情感层次,在其中,情感漫布于且滋养着我们所有的关系性活动,为社群组织贡献一种得以抵抗共同生活中不可避免的紧张和决裂的韧性。"礼"还是自我表达的过程——是一种优雅性情、态度、立场、个性签名的养成和展露,从根本上来看,"礼"是一份持久且独特的身份认同。通过行"礼"来追求此种升华必须借由每个参与者的独一无二性来理解,他们在这一深刻的审美的事业中,成为一个特殊的、永远独一无二的人。

在我们对"礼"的探索中,我们必须从作为阐释语境的过程宇宙论的整体性的、自反性的假设开始。"礼"之所以被翻译成"propriety",是因为"propriety"(得体)和"appropriate"(恰当的)、"proper"(适当的)、"property"(属性)等其他词汇一样,都是从拉丁词proprius衍生而来的,这一拉丁词的核心含义是"令某物成为己有"。与形式化的规矩不同,"礼"的实质与深度取决于一种个人化的进程,即是说,它是这样一种渴望,令人动容而又感到神奇,这种渴望让某个具体的女儿在与某个具体的父亲的父女关系之中,成就其独一无二的女儿角色。遵行礼仪与遵守法律规章的深刻不同之处正在于这种将传统及其制度化为己有的持续努力。如上所述,拉丁语proprius,即"令某物成为己有",为我们提供了一系列反身性的同源表达,在翻译关键的儒家哲学术语从而捕捉到这种参与感与个人化含义时,这些表达非常有用。"义"并非服从某种外在的神圣指示意义上的"正义",而是在特定的共享语境中,在"什么是对所有相关者最为合适的意义上的"一种最优化的"恰当性"。"正"并非仅仅是诉诸外在标准的"矫正"或"改过",而是人们在任何特定的情景中能最妥善地决定的"适当行为"。"政"不单纯是"管辖",而是"得体地管辖";"礼"也不只是"在某人的角色与关系中,在礼仪上的恰当",而是个人化地践行在这些关系中的礼仪上的恰当者。正是个人化之必要令孔子认识到:

祭如在,祭神如神在。子曰:"吾不与祭,如不祭。"(《论语·八佾》)

The expression "sacrifice as though present" is taken to mean "sacrifice to the spirits as though the spirits are present." But the Master said: "If I myself do not participate in the sacrifice, it is as though I have not sacrificed at all."

作为此种视礼为"令某物成为己有"的认知的注脚,我们必须承认,我们自己的生活经历,正是我们理解这些儒家经典不可或缺的重要因素之一。理论阐释和认知领悟固然重要,但它们不能包揽向初学者澄清"礼"的功能的全部工作。亦即,这些经典文本的解释限制在于其默认了读者将唤起自己的生活经历,并以此来启发和拓展讨论主题。同时,这些文献的终极期待在于,它们不仅在伦理议题的反思上向其读者提供认知上的明晰性,而且更进一步的,也更为重要的是,读者在这些文本的引导下、在不断理论化其实践的修养过程中,通过对自己生活的精炼提纯,将自己转化成道德上胜任的人("教化")。[1]

此外,对于在角色与关系中实现礼的关注,以诸复杂的方式,在不可化约的关系性的人的社群生活中弘扬了秩序与高雅。迈克尔·英格(Michael Ing)在其著作《早期儒家中礼的失能》(*The Dysfunction of Ritual in Early Confucianism*)中提出了重要的告诫:当与"规则"或"法律"所提供的完整性相比时,儒家的礼的伦理可以说具有一定程度的灵活性、可调整性与创新性。然而与此同时,这种礼化的角色(ritualized roles)也是道德的不确定性和个人的脆弱性的来源,对儒家的修身事业既有积极影响,又有消极影响。[2]

仔细阅读儒家的经典文献会发现一种连适当的面部表情和肢体动作都精心设计的生活方式,在这样的世界里,生活是一场讲究极多精微之处、关注细节呈现的表演。重要的是,这种由礼构成的表演缘起于此种见解,即个人修养只有通过正式常规化的角色与行为所提供的训练才得以可能。未实现个人化的规范只是一种强迫的、不人道的规则之外铄,而无规范的创造性个人表达往好处看是随机偶然,往坏处看则是肆意妄为。只有规范与功能性的个人化("体用")恰当地结合,家庭与社群中的行为才能自我调适并日臻完善。

对孔子而言,"礼"是向自身与社会展现其自我价值的明确个

---

[1] 瑞恰慈在他的《孟子论心》(*Mencius on the Mind*)的第6页、第49页中承认,我们在反思孟子人性观念时注意到的可能的歧义性源自于文本本身的预期,即读者需要诉诸其自身生而为人的经验来充实存在细节,才能令对这一观点的界定更加清晰。

[2] Michael David Kaulana Ing, *The Dysfunction of Ritual in Early Confucianism*, Oxford: Oxford University Press, 2012.

人化的表演。"礼"也是一种公共的叙述,通过它,孔子能够有效地成全并展示自己之为独特的个体和完整的人,这个人做着他所做的一切,为了造福所有人,包括其自身。重要的是,没有什么暂歇。"礼"要求对孔子时时刻刻的行事的所有细节予以绝对的专注,从朝堂之上的进退到寝卧之姿,从对不同的宾客的接待到燕居独处时的慎独,从正式飨宴上的仪容举止到与良朋相遇时适度的随性姿态。

我们阅读《论语》时往往倾向于将中间的 9 到 11 篇草草翻过,这些部分作为描绘孔子这个历史人物的系列近景写真,在前文中我们已经涉及了一些。就算这些个人信息被考虑到了,我们也倾向于认为其不够哲学性,故而与儒家修身事业无关,便很快地浏览而过。然而事实上,忽略掉这些个人细节很可能令我们错失孔子伦理愿景的真正实质。正是这些铭记了孔子典范人生中的具体时刻的段落,最能揭示士大夫在朝堂上的日常活动中应如何恰当行事,这关涉到朝服的制式、趋行的缓急、对周遭环境与必要礼节的敏锐感知、仪态容止、诚敬专注的深刻神情、语调、顺从的姿势、甚至呼吸的节奏:

> 入公门,鞠躬如也,如不容。立不中门,行不履阈。过位,色勃如也,足躩如也,其言似不足者。摄齐升堂,鞠躬如也,屏气似不息者。出,降一等,逞颜色,怡怡如也。没阶趋,翼如也。复其位,踧踖如也。(《论语·乡党》)

> On passing through the entrance way to the Duke's court, Confucius would bow forward from the waist, as though the gateway were not high enough. While in attendance, he would not stand in the middle of the entranceway; on going through the pas-

sageway he would not step on the raised threshold. On passing by the empty throne, his countenance would change visibly, his legs would bend, and in his speech, he would seem to be out of breath. He would lift the hem of his skirts in ascending the hall, bow forward from the waist, and hold in his breath as though ceasing to breathe. On leaving and descending the first steps, he would relax his expression and regain his composure. He would then glide briskly from the bottom of the steps, and returning to his place, would resume a reverent posture.

我们不能忽视这样一个事实,即儒家角色伦理自始至终都关乎具体情况中具体的人。虽然法律和正式的制度确实可以被用作重要的行为准则,但归根结底,同家庭成员、行为榜样和文化楷模的关联类比,才具备促进社群繁荣的最大动力。因此,孔子本人恭谨而又有权威的生活举止,以及后人对这一榜样的效仿,完全是理解角色伦理真正运作的一堂实物教学。比如,我们记得孔子的一个深入人心的形象就是即使躺在病床上,他也自觉地展示出对公职的投入:

疾,君视之,东首,加朝服,拖绅。[1]

When ill, and his lord came to see him, Confucius reclined with his head facing east, and had his court robes draped over him with his sash drawn.

---

[1] 《论语·乡党》第九节。宅邸主人的床通常设在南窗西侧。当君主探访宅主时,君主由东阶而来。东阶为"主"位,但因为君主是整个国家的正当的主人,故而由东阶上下。

诚然,孔子这许许多多看似随意的"快照",展示出这样一个人物形象,在其日常生活很大程度上例行公事的诸事务中,致力于表现一种关系性臻熟的品质,这种品质足够强健,以至于使其生活中的诸日常事务充满魅力。从这一段以及许多类似的段落中可以清楚地看到,角色与关系中的得体("礼")并不能被还原成在规定时间里举行的用以宣示地位及标识生活节令的一般性的、正式规范化的"仪式"和"典礼"。"礼"——通过角色与关系而实现和表达的得体,要远胜于这些仪式典礼的举行。

　　将包容性的、整体主义的儒家角色伦理,和更形式化的、还原主义的、以原则为基础的伦理学说区分开来的这条路径,意在说明在儒家的伦理愿景中,这些生活经验中的具体的、非正式的、语境化的层面,是如何非但没有被忽视或边缘化,并且还成为能够将总是具体化的人类活动的创造性成果最大化的源泉而拥有着核心的重要性。当然,形式化的层面及其所有样态,在对实践与行为修养的理论化中扮演着不可或缺的角色。然而,这种审美的维度——要求在伦理学中讲究优雅和道德上的艺术性,与对人的行为的整体主义的理解是浑然一体的,在这种理解中,生活经验的方方面面或多或少地具有相关性,故而在决定某一重大结果上具有一定价值。正是因为儒家角色伦理的道德愿景注重协调经验各层面在实现整体效应上的贡献,所以它所诉诸的规范语言、所专注的秩序感从怀特海主义的意义上看都是根本的审美的。[1]在这些文本中,这种效应本身常常以表达真诚或虚伪的语汇为特征,而非诉诸讲述善恶对错的理性化语言。优雅与道德之间,卑劣和无德之间,均

---

[1]　A. N. Whitehead, *Modes of Thought*, New York: Macmillan, 1938, pp. 53 - 60.

有着可感知的不可分割的联系。比如,当被问及"孝"时,孔子认为,这种道德律令不能通过某套诉诸对错二分的正式规范化的、重复性的活动来实现,而是取决于行动过程中所表达的具体态度:

子曰:"色难。有事弟子服其劳,有酒食先生馔,曾是以为孝乎?"(《论语·为政》)

The Master said: "Family reverence (*xiao*) lies primarily in showing the proper countenance. As for the young contributing their energies when there is work to be done, and deferring to their elders when there is wine and food to be had—how can merely doing such things be considered being properly filial?"

这种关于得体反应的伦理学在《论语》一书的中间章节中有详细的阐述,其中,孔子的生活习惯被当作世世代代的楷模予以展示:

寝不尸,居不容。见齐衰者,虽狎,必变。见冕者与瞽者,虽亵,必以貌。凶服者式之。式负版者。有盛馔,必变色而作。迅雷风烈,必变。升车,必正立执绥。车中,不内顾,不疾言,不亲指。(《论语·乡党》)

In sleeping, he did not assume the posture of a corpse, and when at home alone, he did not kneel in a formal posture as though he were entertaining guests. On encountering someone in mourning dress, even those with whom he was on intimate terms, he would always assume a solemn visage. On coming across someone wearing a ceremonial cap or someone who is blind, even though they were persons of frequent acquaintance, he would invariably pay his respects. On meeting up with a person in mourner's attire, he would lean forward on the crossbeam of his carriage. He would do the same on encountering an official with state census records on his back. On being presented with a sumptuous table, he would always take on a solemn demeanor and rise to his feet. On experiencing a sudden clap of thunder or fierce winds, he would change his countenance. In mounting his carriage, he would always stand upright and grasp the cord. While riding in the carriage, he would not turn his head to look inward, speak hastily, or point at things.

这里对孔子的描绘展露出一连串形象,揭示了他对得体的表情和在特定环境中所做反应的品质,有着一丝不苟的注重。这也揭示了特定的人在其特定的生活环境中的得体行为的一种模式。在这一系列形象的最后,《论语》文本通过把这种行为的反应模式也归于动物的生活世界,从而将上述礼化的行为自然化:

色斯举矣,翔而后集。曰:"山梁雌雉,时哉! 时哉!"子路共之,三嗅而作。(《论语·乡党》)

Sensing their approach, the bird took to flight, and soared about them before alighting. The Master said, "Look at that hen-pheasant on the mountain bridge—what timing! what timing!" Zi-lu clasped his hands together and saluted the bird, which flapping its wings three times, took to the air once again.

由于道德本身不过是那些有益于关系增进的行为方式,因此任何对家庭或社群的基本结构产生裂解作用的行为,都被认为是完全不道德的。当我们考虑到不讲究生活方式的人对社群的侵蚀性后果时,生活方式就显得至关重要,而当我们不得不为那些较少操心的人担忧时,粗心大意就成了主要的关切。在忽视他人及其需求这个意义上的无知,远非是超然或中性的,实则是向朋友与邻人施以暴力。[1]

从另一方面看,当我们反思风度魅力同一种整体的得体适宜感之间的相关性时,和蔼亲切便有了分量。道德远不只是形式上的正确性,它从我们与他人应对交接时的仪态举止中深刻地浮现出来。比如说,《论语》就反映了儒家哲学的互动性本质,即"面子"或"羞耻"文化。"面子"本身作为一种对话性的社会现象(a discursive social phenomenon),存在于我们的角色中,在于其"给面子""保全面子"以及"丢面子",这些举动的影响既被感受到,又被目睹到。正如前文中指出,这种羞耻心是一种与"仁"不可分割的、修养而来的、批判性的自我意识的反映。此种道德经验的整合性与完整性意味着一种社会性的回应式的"羞耻心"("耻")在儒家文化中具有高价值;毕竟强烈的羞耻心是一个人对家庭与社群关系的义务的最明显的证据。"耻"是道德意识的一种强有力的表达,如培养得当,它可成为一种促进社会和政治团结的激励价值,能使社群包容差异、实现自我调节。[2]

---

〔1〕　Vrinda Dalmiya, "Linguistic Erasures," *Peace Review* 10, no. 4 (1998).
〔2〕　《论语·八佾》第三节。

　　正如经典文献所描绘的,孔子本人有着一种非常发达的羞耻心,以及与之相伴的归属感。相反,无耻则像是投入井水的毒药,释放并纵容着离经叛道的个体恣肆游荡、任意妄为,对那些在家庭与社群中妥善地护其周全的角色与关系毫不顾及。这种自私的、道德迟钝的个体侵蚀着道德生活所依赖的社群团结。

　　从儒家角色伦理中作为"具体化的生活"的"礼"到身体层面的脏器式的"认知",我们能够关联作为同源字的"体"(生活着的身体)和"礼"(在角色与关系中致力于得体)——通过论证二者表达了塑造、体现,因而"实现"我们个人身份认同的两种方式。即是说,这两个汉字分别指示"活着的身体"(a living body)与"具体化的生活"(embodied living)。"认知"与"身体"之间的关系也为现代汉语所沿袭,其中"体会"或"体验"(身体式的或脏器式的认知)意味着通过实践与体验认知对象来认识它,并借此充分地"实现"它。

　　"礼"的观念指示一种投入制度(invested institutions)和重大行为(significant behaviors)的持续的、复杂的、与时俱进的模式,作为永续的文化权威,它团结和凝聚着家族谱系(氏族或家族)和作为一种具体而又延伸的人群(民族)的"族",被世世代代体现、创造和重新授权。对这种整体主义的儒家哲学而言,我们独一无二的整体人格如此深刻地渗透进人生经验,以至于试图分离出独立于它的某种现实只是无稽之谈。换言之,就儒家而言,现实是生活着的、具体化的经验,此外别无其他。

　　在先秦的文本中,"體"的字形有三种可替代的偏旁——分别是指示活的、有生命的、不可化约的社会性的身体的"身";作为身体发肤、肉身的"肉";指涉"骨骼"和规整的骨架结构的"骨"。诉诸不同字形写法将启发我们尝试赋予该观念以更全面的价值,即每一代人在认识并体现既有的文化资源中,如何承担责任。[1]

具有"身"旁的𦜝[2],见于战国早期(约前 4 世纪)的甲骨上,是体字最早的写法,指示了在与他人形成的动态的社会关系中,生活的、有存在性意识的维度。由这一尚未被程式化的"身"的字形所描写的是身怀六甲的女性身体,象征了或许是人类所有关系中最亲密、最本能的一种。怀孕母体的"二重性"或者"双重性"在身字中承载了一种既主观又更加客观的经验维度,既是内心声音又是外形。我们学会直观地、更客观地认知和表达成为一个完整的人意味着什么,而在我们各种社会的、"活着的身体的"诸关系中,情感首先是"已拥有的",其后我们才尽力组织并理解它们。

具有"肉"旁的𦜝[3],见于郭店楚简(约前 3 世纪),指示肉身——即作为血肉、发皮、筋骨的身体。我们的经验模式根植于一种独一无二的在地化的肉体性,总是由它进行调节,并被这一事实在时空上牵制。我们所有的思想和情感都建立在包括视觉、听觉、触觉、嗅觉和味觉的复合的肉体感官之上,它令我们做出特定行为,记录并表达我们的快乐和痛苦。舒斯特曼(Richard Shuster-man)在他称为"身体美学"的领域做了大量工作,通过对身体的教育,生活着的身体为我们提供审美化人之经验的机会:培养对艺术犀利的眼光,对音乐灵敏的耳朵,对琴键敏感的触觉,对美酒敏锐

---

[1] 针对这一问题更为详细的讨论,参见 Ames, *Confucian Role Ethics*, pp. 102 – 113。更多关于"体"的讨论,参见 Deborah Sommer, "Boundaries of the *Ti Body*," in *Star Gazing*, *Fire Phasing*, *and Healing in China*: *Essays in Honor of Nathan Sivin*, eds. Michael Nylan, Henry Rosemont, Jr. and Li Waiyee, Special issue of Asia Major, 3rd Series, vol. XXI, Part I, 2008。

[2] Kwan, "Multi-function Chinese Character Database:" 战国早期 CHANT 9735. 3b.

[3] Kwan, "Multi-function Chinese Character Database:" 郭店简,穷达以时 10.

的嗅觉,以及对佳肴卓越的品位。[1]

常见的以"骨"为偏旁的"体"字的繁体写法,在仍然使用繁体字的地区一直延续到今天,而这一写法直到马王堆帛书(前168)中才第一次被记录骵[2],它将人称为"对话性的身体",这种"对话性的身体"不仅在认知和情感上,而且在脏器性的身体层面参与"结构""配置"以及"具体化"我们的经验。我们可以思考"看到"世界与"知道"世界二者所隐含的不同,是为直接获得的经验与通过人的认知结构调解的、反思性的、故意为之的经验之间的区别。我们每个人都继承了一种世界观和文化常识,我们与世界协作,对人之经验进行区分、概念化、批判性地理论化,将我们的文化、语言、栖居之所的内容具体化并赋予其阿波罗式理性形式(Apollonian form)。在这一持续的进程中,各种周遭环境对我们的影响同我们与之发生的关联一样深刻。

作为一种传统的手写体,即如今中国的简体字和日本的标准汉字的"体",以及其变体"躰"和"骵",均含有表示"根"或者"干"的"本"。如此,在对延续性的个人身份认同以及其相关性的连贯视野进行聚焦的过程中,我们必须考虑一个首要因素,即在多大程度上我们的理解与习惯的结构是"根植于"我们与世界的肉身性的连接这一具体化的经验事实,并且为其所塑造。除了作为个人身份认同的一个决定层面之外,身体本身还是我们总是"对话的"

---

[1]　一个具有代表性的例子,参见 Richard Shusterman, *Body Consciousness*: *A Philosophy of Mindfulness and Somaesthetics*, Cambridge: Cambridge University Press, 2008。

[2]　Kwan, "Multi-function Chinese Character Database:"马王堆. 五十二病方 376.

（discursive）身体持续"具身化"（embodying）（体）的进程的场所。鉴于在过程宇宙论中"身"与"心"之间彼此关联的关系，司马黛蓝（Deborah Sommer）在总结她对经典文献中"体"之用法的分析研究时，并不令人意外地采用了一种语言，让人立刻联想到《孟子》一书中清晰表达的全息观念。当孟子说"万物皆备于我"时，正是主张宇宙整体暗含于每一个具有活力脉动的具体生命之中，因为这些具体生命由自始至终独一无二的人来活着。以相似的语言，司马黛蓝总结到，"体"是：

> 一种不确定范围的多义性集合，可以被划分成更精细的单位，其中每一单位常与整体类比，并与整体享有根本的同质性以及共有的认同……当"体"（按字面意思上或从观念上）被分成部分，每一部分在某个层面上都保留了一种整体性，或者成了所构成更高一级实体的拟象（Simulacra）。[1]

从最根本的层面看，通过这三种相互成全的模式——活力之身、肉身、对话式的身体，身体充当了协调主体与其所处的环境，斡旋情感及思维过程与显见行为模式的载具。

从谱系学的层面，我们的身体以及人类繁衍的进程令独一无二的人从前人中诞生。"具身化地知道"以及"持续生存"这些讲法并不仅仅是修辞性的。比生理上的相似性传承更为明显和重要的

---

[1] Sommer, "Boundaries of the *Ti* Body," p. 294. 在欧洲语言中，与"身体"相关的隐喻是"容器"或"结构"的意象，而在中国早期文献中，"身体"指的是动植物有机的（而非几何的）形体，在特定语境中它具有一种园艺学指涉，指的是植物（根、茎、叶）或者更具体地指块茎。

是文化传统的连续性本身——其语言、制度、价值观念。[1] 在这进行中的、不间断的、叠复的代际实现的进程中,先人从生理到文化的层面都被转化为其后代,故而毫不夸张地说,他们在这一连续的进程中持存。即是说,虽然人们显现并成为如其所是的特别个体,但是他们的父母、祖父母以及祖辈先人将继续在他们身上生存,最明显的是生理特征,但当然也在于他们如何思考、感受、生活。这一充实丰富的进程也会在他们自己的后代中继续进行着,换作他们在其后人身上持续存在。我们所主张的焦点—场域式语言,作为思考个别与总体关系之方式,似乎立刻与此种全息观念相关,在这种全息观念中,生理与文化的整体性体验场域蕴涵于每个人每时每刻的叙事之中。

在儒家传统中,身体被视为我们从家庭继承的遗产,就像是家族谱系的径流中流淌的活水,可以溯洄至最初的先祖。身体承载着一种延续感、奉献感、归属感,以及重要的是一种自我价值感(sense of felt worth):这些情感最直接地激发起我们的宗教情结。《礼记》写道:

> 夫子曰:"天之所生,地之所养,无人为大。父母全而生之,子全而归之,可谓孝矣。不亏其体,不辱其身,可谓全矣。"

> The Master said: "Among those things born of the heavens and nurtured by the earth, nothing is grander than the human be-

---

[1] 如果身体被视为仅仅是个体"所有物",那么就很难由"持续生存"这样的表述看出其所蕴含的不朽之意。《孝经》开篇就明示,于孔子而言,身体是一种继承之物,是从整个家庭谱系"租用"而来,故而孝的首要义务在于保存身体不受损伤。

ing. For the parents to give birth to one's whole person, and for one to return this person to them intact is what can be called family reverence (*xiao*). To avoid desecrating your body or bringing disgrace to your person is what can be called keeping your person whole. "

对身体(生理的身体以及它的功能即作为传统所赋予我们的文化大全之居所)表示尊重,就是礼敬具身化其中的祖先以及我们与他们之间的关系。同理,不爱惜身体而将其亏辱,是双重可耻之事。首先,这样做未能承认我们受惠于家族传承;进一步看,非但没有光耀先人,却令他们蒙羞。此种反思具身化身体的重要性在于,从生理的、社会的、宗教的层面看,我们的身体乃是内嵌式关系与功能所形成的特定系统,是我们自己与延伸的家庭、社会、文化、自然之关系网络间的合作。无人(nobody)也无"体"(no "body")——无论是活力之身也好,肉身或者对话式的身体也好——可以独立行事。

需要澄清的是,我们在这里谈论的并不单纯是一个生理血缘上的传承,虽然也涵盖了这一层意思。生活的身体与具身化的生活是文化知识大全的载具,透过它,一个活着的文明本身被保存延伸:语言技巧,宗教教义和神话传说,高雅生活的美学,道德与价值的范式,认知技术的传习,诸如此类。身体当然是肉体,但它也是古往今来承袭、解释、阐发和重构文化整体的渠道。

《论语》中有一重要段落,记录了在经典文献中被奉为孝道楷模的曾子,在弟子簇拥的临终之际,对自己的身体直至生命的终点依然完好无损深深地释然:

> 曾子有疾,召门弟子曰:"启予足! 启予手!《诗》云:'战战兢兢,如临深渊,如履薄冰.'〔1〕而今而后,吾知免夫! 小子!"(《论语·泰伯》)

Master Zeng was ill, and summoned his students to him, saying, "Look at my feet! Look at my hands!

The Book of Songs says:

Fearful! Trembling!

As if peering over a deep abyss,

As if walking across thin ice.

It is only from this moment hence that I can at last know relief, my young friends."

这段话通常被解读为曾子表达了一种深切的释然,因为他能活到现在,可以期待将自己的肉体完好无损地交还祖先。《孝经》第一章似乎为不久于人世的曾子与其弟子之间的这场交流提供了重要评论,让我们就珍视身体这一点读出更多意味。《孝经》宣称"身体发肤,受之父母",但是当该文本继续断言"不敢毁伤,孝之始也"〔2〕,或许更倾向于从一种更广义的文化角度来理解身体。我认为,孔子对"孝"之重要性的阐发并非单纯指的是对肉体的尊重,而是同时也指向身体作为代际文化传承之场所的功能——即"活力之身"以及"对话式的身体"。孔子把教育的实质界定为每一代人完好无损地传承文化的严肃责任。正因如此,在同一章节中,孔

---

〔1〕 《诗经·小旻》。
〔2〕 《孝经·开宗明义》。

子强化他的主张,认为孝乃是"德之本也,教之所由生"[1]。故而保持文化"体"的完好正是充分地实现传统的过程,创造性地运用它作为自己在世上脱颖而出的资源,同时又通过为自己和家族建立被后世敬仰的令名而向这一资源回馈了红利。如此,演进的文化传统大全——文明本身——在每个人身上得以延续,世世代代得以实现,因此为后人永葆。

爱默生在他的文章《美国文明》(American Civilization)中以木匠伐木的简单形象,对文明延续的代际进程做出了相当深刻的陈述:

> 文明依靠伦理。人之所善,仰赖更高者。事无巨细皆然。故我们掌中之优势与功业,皆取决于所借助诸要素之力。[2]

爱默生对个人于世间行事"独来独往"的无效性进行评价:

> 当你看到木匠站在梯子上,向上挥动阔斧从枝干上凿下木片木屑。这是多么的奇怪呀!他在多么不利的条件下工作!

对于爱默生而言,这种异乎寻常的个体性与我们背后耸立着的文明的坚韧的祝福,以及由共同的、连续的文化传统的脉搏所保障的伦理与文化上的厚重感所驱动的生活,形成了鲜明的对比:

> 然而,看他立于平地,处理身下的木材。这时,并非其一

---

[1] 《孝经·开宗明义》。

[2] "American Civilization," *Atlantic Monthly* 9 (1862): 502–511.

己之力,而是引力令斧头向下运动;即是说,这个星球本身劈开了他的木桩。

爱默生所描绘的由共有文明之分量及动力所主导的生活的意象,令人想起儒家的箴言"人能弘道"[1],即一种共有的生活方式,一种每一代人都有义务在融入自身的同时充实并延续的生活方式。如前文所示,在儒家传统中,文明的代际传播指向两种不同却相关的"家"的理念下的那种义务。首先是由"儒家"这一社会精英阶层所体现的作为延续文明的"道统",然后更广义的则是被文人道统所影响的,引导每个人在"家族"中生活的"孝道"。

如下引文强调了将文化代代延续的重要性:

> 孟子曰:"不孝有三,无后为大。舜不告而娶,为无后也,君子以为犹告也。"(《孟子·离娄上》)
>
> Mencius said: "There are three ways of failing to observe family reverence, and to be without progeny is the most serious among them. It is because Shun's taking a wife without first asking his parent's permission was done to guarantee his issue that exemplary persons interpret his case as if he had in fact gotten their approval."

一个家族如果没有后嗣,不光不能传宗接代,也不能产生文化传承所必需的人的渠道。这不仅是对个人父母的冒犯——因为对他们

---

[1]《论语·卫灵公》第二十九节。

而言,祭祀的连续性将被打破,同时也是对我们共有的祖先(那些曾经的文明本身遥远的奠基者和传播者)的冒犯。鉴于儒家道德无外乎人际关系的持续增长,故而从最宽泛的意义上讲,没有供奉先人的后嗣子孙便会被合理地阐释成严重的道德缺失。

对于我们理解此种更加宽泛的"体"与"体现"的文化含义,一个历史案例或许能够为我们提供进一步的洞见。我们可以立刻将"身体发肤,受之父母,不敢毁伤,孝之始也"的告诫与汉朝伟大的史学家司马迁(约前145—前86)的悲惨遭遇联系起来。司马迁三十多岁时,奉使西征,被临终的父亲司马谈召回。司马谈在他的有生之年就进行着一项雄心勃勃的计划,即编撰一部涵盖此前两千年的通史。司马迁在这一严肃的时刻挺身而出,向临终的父亲保证,为了家族的名誉,他将继续完成这项重要的工作。司马迁随即开始认真地履行完成这部伟大史书编纂工作的诺言,而这部鸿篇巨制最终令司马氏名垂千古。

大约十年后,朝廷中的一次变故差点让司马迁和他的史记工程夭折。受汉武帝之命,将军李陵被派去平定匈奴。作为一个凶猛残暴的对手,匈奴时常入侵汉朝的西域。在得知李陵兵败被虏后,汉武帝怒不可遏,将责任完全归咎于李陵治军无方。司马迁时任太史令,是唯一敢为李将军辩护之人。震怒的汉武帝被其大胆却失策的盛言触怒,定其诬罔之罪,按律当斩,后得以腐刑赎死。司马迁甘愿忍受这种身体上和精神上的耻辱,正是出于他对父亲的承诺,数年后出狱的司马迁在朝堂中受人唾弃,离群索居地活着。此后十年他孜孜不倦地工作,完成了《史记》的编撰,这是一部包含一百三十章、长达五十多万字的皇皇巨著。作为学术与文采并重的传奇典范,这部作品被世代相传,不仅对中国,而且对韩国与日本的史学研究都产生了巨大的影响。

　　就上述故事来看,当司马迁选择接受对身体亏损的刑罚而非高尚地赴死,关于司马迁是否遵守孝道的问题便可能被提出。毫无疑问他违背了"孝"的第一个准则,即"身体发肤,受之父母,不敢毁伤,孝之始也"。然而替司马迁辩护可以从这一论断出发,即真正的"孝"必须同时含有子女或臣下在确信父母或君主脱离正轨之时对其进"谏"的严峻义务,这并非可为可不为的选项。再者,在极端艰困的处境下,司马迁像一个真正的孝子那样,履行了对父亲的承诺,代表司马氏完成了这部通史。或许,除了进谏之孝以及遵父之命以外,最令人信服的辩护在于,司马迁虽然在皇帝的盛怒下惨遭酷刑导致身体损伤,却通过完成了《史记》,完好无损地保存传统文化之体,无私且勇敢地献出一己之身。用司马迁自己的话来说:

　　　　网罗天下放失旧闻,考之行事,综其终始,稽其成败兴坏之理,上计轩辕,下至于兹,为十表,本纪十二,书八章,世家三十,列传七十,凡百三十篇,亦欲以究天人之际,通古今之变,成一家之言。草创未就,适会此祸,惜其不成,是以就极刑而无愠色。仆诚已著此书,藏诸名山,传之其人,通邑大都,则仆偿前辱之责,虽万被戮,岂有悔哉![1]

---

[1]　参见司马迁《报任少卿书》。杜润德(Stephen Durrant)、李惠仪(Wai-yee Li)、戴梅可和叶翰(Hans van Ess)合著的题为"报任安书与司马迁的遗产"(The Letter to Ren An and Sima Qian's Legacy),或"为什么书写历史?"(Why Write History?)(2018 年刊印)的著作致力于探究该信件的真实性以及它对我们阐释《史记》的启示。

我们不得不承认司马迁固然违反了作为孝义之始的不敢毁伤身体的教令。然而,正因此他才能完成更为艰巨的使命以侍奉父母和君主,更进一步实现"孝"的终极目标:通过立身扬名而光耀门楣、垂范后世。

作为前无古人,后无来者的人物,司马迁克服逆境,为家族赢得了声名与荣耀,在定义"孝"的真正意义上举世无双。在一个抽象的层面上,我们也可以从他复杂与矛盾的人生中找到通向另一个哲学术语的契机,该术语常被用来表达一种更加广义的人类繁荣之意:即"和"(最佳的和谐)的达成。此种达成的"和谐"不是单纯地彼此容忍差异以消泯不一致,更为重要的是,它意味着协调这些差异从而产生创造性的、建设性的结果,并令其实现最佳、最高的效果:达成一种天与人的"音乐性"(musicality)。"和"字早期更为复杂的字形见于甲骨文中,写作龢,在金文中作龢[1]。这一字形包含"龠",即由簧管组成的吹奏乐器,以及作为音旁的"禾",暗示着演奏音乐是比喻性地理解此种具体化的、含高度审美意味的和谐的一种方式。事实上,20 世纪早期的改革家鲁迅在描述司马迁的《史记》时就曾用过类比音乐的夸赞,说这部伟大的作品是"史家之绝唱"。

至于我们如何理解此种经验的臻至本质,我们可以参考以下二者的同异比较,一个是在儒家过程宇宙论下令"体"与"礼"的可能性最优化的儒家"和"的观念,另一个是从源自古希腊的实体存在论中获得了动力的那种根深蒂固的目的论思维。在解释人类经验中事件的组织、演化以及实现上,和的观念与目的论思想相比,

---

[1] Kwan, "Multi-function Chinese Character Database:"甲骨文合集 CHANT 1490 and 战国早期 CHANT 17.

有着重要且不同的功能。目的论导向并促成一种预先设计而成的、包罗万象的宇宙。由于其形式因与目的因将秩序的实现归因于前定目的,此种目的论是线性的,同时也是前载的(front-loaded),因为在很大程度上已被预设了。与之对照,儒家在其过程宇宙论下的习得性的"和"之观点,没有前定的设计、假设的开端,或预设的目的因。此外,它聚焦于人群中的楷模们在其连续性的当下存在中充分利用宇宙可能性的能力与责任,从这个意义上讲,它又是永远生成涌现着的。综上,追求此种和谐很大程度上取代了目的论的作用,来作为人类经验繁荣臻至的决定性因素。此种最佳和谐,以历史过往为其类比映射的宝库,利用人之毅力与想象力,不懈地开拓进取。这种儒家的和谐观念中预设的我们在设计、企划和领导方面的能力,使人类在生成涌现的、永远是临时性的(provisional)宇宙秩序的演化进程中,扮演至关重要的角色。

　　"harmony"(和谐)作为"和"的翻译差强人意的一个原因在于,对"和谐"的另一种理解是其在目的论式的宇宙秩序中发挥着功能。这一和谐的理念偏好"比例"(ratio)而不喜爱"探讨"(oratio),倾向于怀特海所界定的"理性的"或"理性化的"秩序意义上的还原主义,指的是将 Y 向着 X"调整一致"(tuning)的封闭过程,而非 X 与 Y 彼此"协调适应"(attuning)和容纳双方差异的揭示过程。[1]即是说,前定目标 X 根据具有特权的理性化秩序来制约诸事诸物的发展演化,使得那些协同构成宇宙秩序的诸细节只在有助于完成前定秩序的意义上才具有相关性。举例来说明此种理性秩序:构成一个三角形需要设定三点,这三点可以用三枚硬币、三颗白

---

〔1〕　Whitehead, *Modes of Thought*, pp. 53 - 60.

菜,或者三个苏格兰人来设定,而这三"点"如此明显且有趣的差异(收藏者、育种、苏格兰裙)就与所要求的秩序毫不相干或者毫无价值。[1]亦即,由于被制约和理性化以构成单一秩序的世界,具体的多被简化还原成抽象且重复的一。从三角形到某种更为宏大和神圣的设计,可以看到,作为多的 kosmoi 被理性化后变成了单一的 kosmos,而作为多的 pluri-verse 被理性化后变成了单一的 uni-verse。

　　相比之下,儒家的最佳和谐则示例了怀特海式的整体性、包容性的"审美秩序",这一秩序意味着所有一切巨细无遗都与将实现的整体效果有关。因为每一独一无二事物都有助于其他同样独一无二的事物的繁荣兴盛,所以秩序必须从事物之间的平等(equity)或对等(parity)的角度来构思,从而更好地实现其活泼泼的康乐大同。这种意义上的秩序所致力于追求的多样性在于,通过保存、激活、适应那些使每一要素独一无二的(即独一无二地相关着的)差异,来对任何情景下的富有创造性的诸可能进行全然的欣赏。[2]

---

〔1〕　译者注:作者在此例中所举的两组事物并非偶然,而是有着明显的音韵讲究("coins, cabbages, or Caledonians""collectors, cultivars, and kilts"),行文间增加了轻快幽默之感,译文中不免损失了。

〔2〕　此处,我在亚里士多德对普遍性概念纠偏的意义上使用"公平"(equity)。在《尼各马可伦理学》(卷五)中,亚里士多德指出,"正义虽然就是公平,但并不是法律上的公平,而是对法律公平的纠正。其原因在于,法律必然都是普遍的,然而在某些场合下,法律所持的普遍道理,不能称为正确的……不过法律仍然是正确的,因为错误并不在法律,也不在立法者,而在事物的本性之中,行为的质料就是错误的直接根源。"(据苗力田译文有所改动)(参见 The Complete Works of Aristotle, 1137b11-20)。在其专著中,贺随德极为看重此种高级的、审美感性意义上的秩序,视其为佛家善行(kusala conduct),参见 Valuing Diversity: Buddhist Reflection on Realizing a More Equitable Global Future, Albany: State University of New York Press, 2012。

　　或许在中华文化传统中，最能展示出这种审美的、至上的"和谐"观念（"和"）的例子是家庭制度——作为普遍的、主导的文化隐喻——所扮演的角色。家——当其最佳地发挥功能时，是一种一多不分的秩序模型。一个健康的家庭是一种强有力的社会关系，其成员会愿意全心全意、毫无保留地为之献身。即是说，当被需要时，人们乐于把时间、财产、身体的部分，乃至自己的生命献给家人。儒家发扬此种以"孝"为首要道德律令的家庭制度，视其为主导的宇宙比喻（cosmological trope），这无疑是深思熟虑的策略，用以最大限度地发挥所有根植于家庭并从这一坚韧核心向社会、政治和宗教延伸的人类活动中的创造性可能。

　　如前所述，朱熹整理的"四书"中的第四部——《中庸》，几个世纪以来一直被奉为儒家道德生活愿景的最高宣言。在其反复强调的整体主义的、雄心勃勃的优化家庭、政治及宇宙关系的儒家计划之中，这一富有开创性的文本直接诉诸此种至上意义的"和谐"。东汉哲学家王充将儒家传统历来赋予家庭制度的基本价值视为其追求最佳和谐的策略而总结如下：

　　　　圣人以天下为家，不别远近，不殊内外……圣人举事求其宜适也……贤圣家天下。（《论衡》）

　　　　Sages take the whole world as their family without distinction of near or far, of domestic or foreign. . . In their undertakings, the sages seek what is optimally appropriate. . . The most sagacious among us would "family" the whole world.

儒家角色伦理是一种辐射式的思考道德生活的方式,它以人的情感为基础,情感以家庭为中心,在宇宙的弘道者(cosmic way-makers)竭尽全力地"家"天下的努力中向外延伸。我们将《中庸》篇名翻译成成"Focusing the Familiar"(聚焦所熟悉者)的理由出于"familiar"与"family"拥有相同词源这一事实:拉丁语的 familiaris 意为"家务的、私人的、属于家庭的、属于一户的"。仔细阅读《中庸》能令最优化人之经验这一重大志向变得更加清晰。

　　儒家角色伦理学作为以法则为基础的伦理学(rule-based ethics)的替代方案,始于其对人与生俱来的一种能力的认识——这种能力表现为同环境创造性合作以追求臻至的、审美的目的。在颂扬人和天地一样拥有全权的共同创造者的职位与职责的儒家经典中,《中庸》备受瞩目,其被广泛引用的开篇曰:

　　　　天命之谓性,率性之谓道,修道之谓教。[1]

　　What *tian* commands is called our native human propensities;

[1]　Roger T. Ames and David L. Hall, *Focusing the Familiar: A Translation and Philosophical Commentary on the Zhongyong*, Honolulu: University of Hawai'i Press, 2001, p. 89. "具有常识的"苏格兰传教士理雅各将此段翻译为:"What Heaven has conferred is called The Nature; an accordance with this nature is called The Path of duty; the regulation of this path is called Instruction."虽然理雅各认为他受神学启发对此开篇段落的释读尚且算得上开局良好,但是他对于在文本其他部分找到的傲慢自大进行了强烈谴责,并尖锐讽刺了整部作品:"开局十分不错,但作者还没有阐明开篇的格言就进入了我们无从着手的混沌之中,而当我们从混沌中清醒,又被他华丽却虚妄的圣人的完美图景所迷惑。他为滋养同胞的荣誉感做出了重大贡献。他将他们的圣人置于上帝和被崇拜的一切之上,教百姓说他们无需任何外在事物。与此同时,它对基督教有敌意。迟早有一天,当基督教在中国得胜之时,人们便会以此为明证,来证明他们的祖先凭借自身智慧既未曾认识上帝,也未曾认识自己。"参见 James Legge (trans.), *The Chinese Classics*, vol. 1, p. 55.

acting upon these propensities is called way-making; advancing this way is called education.

当把《中庸》的文本置于其历史语境之中，我想到一种对此段开篇段落的可能的解读，即将其视为一种儒家针对墨家的辩论来辩证地阐释——墨家在先秦时期是一股流行且强大的势力。[1]如果要墨家来解释《中庸》的这一段的话，他们应该会通过指出"天"在很大程度上将其自然的、伦理的秩序外在地施加于人类世界，从而从明显保守的、"有神论的"方向来分析"天"人关系。[2]方克涛（Chris Fraser）将墨家对"天志"（"天"之意图与目的）的理解概括为，构成并提供给人类的一种具有外在基础的客观标准：

> 墨家通过诉诸"天志"来为其后果论的伦理学辩护，他们认为"天志"提供了一个客观的道德标准……墨家对天的诉求的关键在于，天作为最高且最智慧的道德主体，其行为方式（道）始终是正确的道德规范的示例。它的意图是一贯地或者确实地人道的、正确的。要获得道德是非的客观标准，我们可以观察天的行为，并留意其所致力的和践行的规范。[3]

---

[1] 在黄百锐，方克涛（Chris Fraser），江文思（James Behuniak），丹·罗宾斯（Dan Robbins），黎辉杰（Hui-chieh Loy），Ben Wong 等学者的新近研究中，可以看到阐释语境是如何影响了对早期文本的阐释，这些学者在恢复《墨子》在先秦诸家争鸣中不可或缺的地位方面做了许多工作。

[2] 墨家对道德秩序最终源自外部的主张是儒家诸文本中一个常见的论辩出发点，以《孟子》最为明显，参见《孟子·告子上》。

[3] Chris Fraser, "Mohism," in *The Stanford Encyclopedia of Philosophy* (*Fall 2012 Edition*), ed. Edward N. Zalta, Oct 21, http://plato. stanford. edu/archives/fall2012/entries/mohism/.

需要澄清的是,我认为(我相信方克涛也会同意)墨家的"外在的"标准是一种被公开地决定和实现的客观规范,尽管它毫无疑问是保守的、强加的,但它依然是天人相因关系的假定框架中的一种极端可能。亦即,"天志"是在"天人合一"的范围内被商榷的,是在这一范围内产生效能。因此,作为一个被推定的客观标准,它的"客观性"本质上不同于源自二元论式的两个世界秩序的那种客观性,后者与传统的亚伯拉罕宗教的完美观念有关,故而也与独立的、超越的上帝的存在与自足有关。

此处儒家反对墨家关于宇宙秩序是被神圣地施加于人类世界的断言,并不单纯是为了弘扬其关于人类在宇宙秩序生成中具有积极作用的主张。其实,儒家学者进一步坚信,在此种致力于觉悟人生的志向之中,人类以一种强烈的、无与伦比的方式促进着宇宙天地光辉灿烂的精神性。此外,这种精神性远非墨家"天志"观念所暗示的那样在目的上是单边的或者单一的,而是多义的、多元的、包容的。万事万物并不是屈从于某个单一的、统一化的原则,而是通过利用事物之间相互渗透的差异实现各自的不同,从而实现和谐与多样性。简单地说,根据《中庸》这一文本来看,儒家伦理生活的愿景被强化,当人们强大的情感在与周遭他人的关系中实现联合,并且山鸣谷应地交响成一种富有创造力的最佳和谐之时,世界上的万事万物都会繁荣兴盛。

在翻译"天命之谓性……"这一开篇名句之时,我遵照了唐君毅对"性"这一术语的阐释,唐君毅对这一主题,确切地说对这一章节有着广泛而充分的探讨,他认为:

所谓天命之为性,非天以一指定命运规定人物之行动运化,而正是赋人物以多多少少不受自己过去之习惯所机械支配,亦不受外界之来感之力之机械支配,而随境有一创造的生起而表现自由之性。[1]

《中庸》开篇名句之后的两段均是对第一句的补充阐释,而第一句可被视为对《中庸》主要论点简明扼要的总结。《中庸》自始至终是对那些拥抱他们在宇宙中的共同创造者的角色并为之承担责任的人所做出的持续贡献的一种颂扬,这一角色在"天人合一"的格言中被刻画。在此核心思想的基础之上,这两段引入性的话为我们提供了数个宇宙论推论,这些推论源自重大关系的首要性。其中,第一段写道:

> 道也者,不可须臾离也,可离非道也。是故君子戒慎乎其所不睹,恐惧乎其所不闻。莫见乎隐,莫显乎微。故君子慎其独也。[2]

As for this way-making, we cannot quit it even for an instant. Could we quit it, it would not be proper way-making (*dao*). It is for this reason that exemplary persons are so concerned about what is not seen, and so anxious about what is not heard. There is noth-

---

[1] 唐君毅:《唐君毅全集》第4卷,第100页。

[2] Ames and Hall, *Focusing the Familiar*, p. 89. 梁涛根据最近修复的考古文献,有力地指出该段最后一句——故君子慎其独也,意为内化并巩固五种模式的"德之行",令之成为一种遵德而行的习惯性倾向。马王堆版本的《五行篇》中的原注清晰地界定了"慎其独也"这一熟悉的短语:"慎其独也者,言舍夫五而慎其心之谓也。独然后一,一也者,夫五为□(一)心也,然后得之。"参见梁涛:《朱熹对"慎独"的误读及其在经学诠释中的意义》,《哲学研究》2004年第3期,第48—54页。

ing more present than what is imminent, and nothing more manifest than what is inchoate. Thus, exemplary persons are ever concerned to consolidate their virtuosic habits as an inner disposition for action.

在创造性的宇宙进程中,人类被视为不可或缺的,当我们自我修养和熏陶时,我们在宇宙秩序的生成发展中具有一种递归关系,我们同时在塑造以及被塑造。我们不能卸责解脱。重要的是,此种即将来临的、初步的,故而是尚未被确定的涌现生成中的宇宙秩序的晦明不定(penumbra),为有修养的人以共同创造者的身份发挥作用并与天地充分合作打造繁荣世界提供了通路和契机。此外,通过在处于焦点—场域动态中的自我人格之中自反性地内化,并且巩固其德之行,人们令整个宇宙繁荣暗含于其完满地自我实现的个人计划之中。

诚然,君子的能力,通过其自我修养以及在构成他们以及他们所在世界的所有关系中创造更大意义的一种习得性的内在决心,展示了这一儒家预设——创造力始终是处境化的、协作完成的事业,即所谓"在地创造"(creatio in situ)[1]。鉴于儒家道德无非是诸关系之审慎的增长发展,故而君子作为其与世界日益密切的关系中的道德意义的不竭源泉,能够实现一种宇宙高度。即是说,任何关于宇宙的遥远、浩瀚、疏离的缄默无言,都让位于一种对于同此在世界日益互惠的、实则"社会性"联合的一种意识,这种人与世

---

[1] 译者注:通常拿来与 creatio in situ 对比讨论的是与亚伯拉罕宗教密切相关的观念 creatio ex nihilo(从无中创造)。

界的联合由恭敬之心、归属及信任感所支撑。[1]

《中庸》的开篇在第二段中继续重申了同样的主题"天人合一",但角度有所不同:

> 喜怒哀乐之未发谓之中;发而皆中节谓之和;中也者,天下之大本也;和也者,天下之达道也。致中和,天地位焉,万物育焉。[2]

The moment at which joy and anger, grief and pleasure, have yet to arise is called a nascent equilibrium; once these feelings have arisen, that they find coalescence is called an optimizing harmony. This notion of coalescence is the great root of the world; an optimizing harmony then is the advancing of way-making in the world. When coalescence is sustained and an optimizing harmony

---

[1] 正是此种对人与自然密不可分的认识,启发了当代人文社会科学宣扬"人类世"(Anthropocene epoch)的运动,呼吁挑战自然与社会二元论,回顾"社会"作为"陪伴"与"联盟"的词源意义,拥抱作为一种社会范畴的自然。参见 Gisli Palsson et al., "Reconceptualizing the 'Anthropos' in the Anthropocene: Integrating the social sciences and humanities in global environmental change research," *Environmental Science & Policy* 28 (Apr. 2013): 3 - 13。

[2] Ames and Hall, *Focusing the Familiar*, pp. 89 - 90。子思子,又名孔伋,孔子之孙,通常被认定为《中庸》的作者。在《中庸》首句中,我们就遇到了近期考古发现所证明的与子思哲学有关系的五个术语中的三个,即"天""命""性"。然而可以论证的是,即便子思另外的两个术语"情"与"心"并未明确地出现在第二段中,但却已经在有关人的情感之于宇宙繁荣的密切角色的有关讨论中被暗示了。换言之,即便不提"心"构成并驱动"情","情"与"心"相关的语义内容也被委婉地提到了,这令子思的五个术语依然完璧。在文本后段,"诚"取得了愈发中心的地位,被当作一种"联合创造"升华到宇宙高度,这更是巩固了人类"情感"在塑造宇宙中扮演了重要角色这一说法。

is fully realized, the heavens and the earth maintain their proper places and all things flourish in the world.

第二段从描写我们的原初状态出发——原初状态即那些潜在的、固有的但尚未发用出来的感情,它们为我们与世界互动、赞天地之化育提供了关系性的资源。正因为我们能够修养成为具有反应能力的、有情感的生物,我们才能够发展成为充盈于天地生生不息的化育进程中真正的变革性力量。这里讲的"情感"(feelings)观念应该被理解成一种人类反应,它有潜力以一种深化的、广泛的、包容的方式发挥作用。正如黄百锐等学者指出,在儒家的经典文献中,我们没有发现类似古希腊人那种对情感和理性的割裂,也没有任何从此种分离出发而预设的诸能力间的张力。[1]我们在此种广义的、宇宙意义上的情感,凭借在具体世界的轮廓中追求一种丰饶的连续性来满足自身,实际上也正是我们对此种连续性的具体实现。

然而,只有当这些情感被恰当培育,从而在延伸的诸关系中发而"中节"以至于"和",它们才能成为强大的资源,如此,便产生了创造出繁荣世界所需的个人的意志决心。只有通过深化实现彼此关联的"天人"关系中恰如其分的"度",从而将此种关系转化为一种具有社会性的、演进着的宗教性的关系,君子才能对宇宙意义做出深刻的贡献。在我们的诸关系中,这种获得性的和谐以及坚

──────────

[1] David B. Wong, "Is There a Distinction Between Reason and Emotion in Mencius?" *Philosophy East and West* 41, no. 1 (1991): 31. 金明锡(Myeong-seok Kim)在他的文章中不同意黄百锐的主张:"Is There No Distinction between Reason and Emotion in Mengzi?," *Philosophy East and West* 64, no. 1 (2014)。

定的决心是繁荣兴盛的世界秩序生成涌现的根基，它带来了引导宇宙的生命力量，令整个宇宙生机无限、大化流行。从人类的角度来说，在此充满活力的宇宙生命力量中我们所特有的自我价值感和归属感，才是真正的宗教体验的实质，也才令《中庸》这一文本具有了深刻的宗教意义。

一般来说，宇宙论的一个重要特点在于，它并非某种对诸天运行的遥想，而典型地是向着世界的一种投射，这种投射源自日常人生经验中的各种平凡事物，比如爱憎、治乱、敌我，等等。就早期儒家哲思中所蕴含的宇宙论来看，对宇宙和谐的追求始于对家庭邻里关系的培育，尔后推而广之以及国家天下，国家天下均被视为家庭关系的直接延伸。以下文本认为，家庭和睦兴旺是世界繁荣的前提条件：

> 君子之道，辟如行远必自迩，辟如登高必自卑。《诗》曰："妻子好合，如鼓瑟琴；兄弟既翕，和乐且耽。宜尔室家，乐尔妻帑。"子曰："父母其顺矣乎！"[1]

> The proper way of exemplary persons is to realize that in traveling a long way, one must set off from what is near at hand, and in climbing to a high place, one must begin from low ground. As it says in the Book of Songs:

> The loving relationship with wife and children
> Is like the strumming of the zither and the lute;
> The harmonious relationship between older and younger

---

[1]　《中庸》第十五章。Ames and Hall, *Focusing the Familiar*, pp. 95 - 96。

brothers

Is the source of an abundance of enjoyment and pleasure.

Do what is fitting in your domestic affairs

And find joy in your wife and progeny.

"And how happy the parents will be as well!" said the

Master.

《中庸》中间的章节对那些建立了制度、实现了价值并令其代代相传的文化英杰们进行了详细的历史描述,这些文化英杰们作为榜样垂范后世。然而,或许出于对来自道家宇宙论的挑战的回应,《中庸》比早期儒家文本走得更远。比如说,《论语》主要关注的是人类世界,而《中庸》则将儒家的关切范围扩展到了人类世界之外,在更广义的视角上将人之情感的变革力量归于宇宙。

故君子不可以不修身;思修身,不可以不事亲;思事亲,不可以不知人;思知人,不可以不知天。[1]

Thus, exemplary persons cannot but cultivate their own persons, and in cultivating their persons, cannot but serve their kin.

In serving their kin they cannot but come to realize the human world, and in realizing the human world, cannot but come to realize the cosmic tian.

在许多方面,《中庸》一书的结构是儒家宇宙论的教学实例,它

---

[1]　《中庸》第二十章。Ames and Hall, *Focusing the Familiar*, pp. 100 – 101。

要求作为共同创造者的人提供更多意义，从而实现宇宙秩序的延伸。它鼓励读者们运用自己的"语境化技艺"（ars contextualis）这一能力，积极使用想象力，从而充分地利用以下二者：全面渗入（honeycombs）确定世界的不确定力量，以及在与周遭事物的关系中永远独一无二的人们所具有的深刻差异。紧随开篇宣言之后的十五个章节搬出了孔子本人这一权威，以支持其对人的情感所具有的宇宙力量的阐释。这些章节详细阐发了"中庸"一词，"中庸"这个晦涩的双字词在《中庸》文本之前仅仅在《论语》中从孔子口中出现过一次：

> 子曰："中庸之为德也，其至矣乎！民鲜久矣。"（《论语·雍也》）

> The Master said, "It takes the highest degree of virtuosity to bring focus to what is familiar in the ordinary affairs of the day. That such virtuosity is rare among the people, is an old story."

《中庸》靠前的一些章节尝试明确地界定"中庸"一词[1]，而一些其他段落则试图揭示"中"字本身作为"焦点中心"或"联合聚集"意味着什么[2]。很明显，《中庸》第一部分的章节试图将"中庸"观念与人类对宇宙之"道"的充分参与联结起来。

文本由家庭与社群中的日常生活出发，这些日常生活受到前辈圣贤君子的影响和激励。[3]在接下来的章节中，普通人所感受

---

[1] 《中庸》第二、三、七、八、九、十一章。
[2] 《中庸》第六、十章。
[3] 《中庸》第十、十一、十二、十三、十五章。

到的生活被改变,当其被卷入圣人们开创时代性的生活中,就成了一种动力。即是说,圣人之为圣人,就在于其令普通人的生活变得不凡的能力。这些伟岸的英杰典范于是代全体人类发声,唱出宇宙天地的欢乐乐章。《中庸》第十二章提供了关于这一辐射式的、相互渗透的、变革性的进程的最初的明确陈述:

> 君子之道,造端乎夫妇,及其至也,察乎天地。[1]
>
> The way-making of exemplary persons... has as its start the simple lives of ordinary men and women, and at its zenith can be discerned by the entire world.

《中庸》中间部分的章节讲述了圣人与文化英杰如何对待家族谱系内的日常人生经验,以及他们如何通过促进在家庭与社群关系中对礼的追求,将这种经验审美化,从而尽可能地令平凡者不凡。如此,他们在很大程度上升华了人们的生活。有一个反复强调的重要观点是:天禄(Tian's bounty)一直并将持续与人类世界分享,这种分享与那些处于社会和政治权威地位的人的德性修养程度成正比。诉诸"德"和"得"这对同音字的通假关系,我们可以设定人的德性和天禄之间存在着一种对位关系。在这些儒家经典中充斥着一种动力(a pervasive dynamic),简单地说就在于,在君子的生命中,其根植于内的习得性的决心与其广播于外的影响二者之间有着直接的相关性:[2]

---

〔1〕 《中庸》第十二章。Ames and Hall, *Focusing the Familiar*, pp. 92 – 93.
〔2〕 用《论语·宪问》第三十五节的话来说,"下学而上达"。

故大德必得其位,必得其禄,必得其名,必得其寿。故天之生物,必因其材而笃焉……故大德者必受命。[1]

Thus, those of the greatest virtuosity are certain to gain status, emoluments, reputation, and longevity. For the generosity of nature n giving birth to and nurturing things is certain to be in response to the quality of the things themselves.... Those of the greatest virtuosity are thus certain to receive tian's charge.

因此,在讲述共同的人文起源的历史之时,《中庸》文本列举了一些古之圣贤,同孔子一道,支持儒家对人之情感的变革性宇宙力量所做出的阐释。

《中庸》的第二十五章提供了关于一些宇宙论假设的直接的、实质性的陈述,进一步扩展了开篇章节所表达的主题:经验的不确定层面加上人之决心,为人类作为负责任的参与者投身到宇宙天地创生化育的进程之中提供了契机。此章是对《孟子》中一段文字的阐述,在其中《孟子》将"诚"(此处可译为"resolve 决心")拔高到了变化之源的宇宙高度:

是故诚者天之道也,思诚者人之道也。[2]

---

[1] 《中庸》第十七章。Ames and Hall, *Focusing the Familiar*, pp. 96–97.

[2] 《孟子·离娄上》。在这一影响深远的段落中,我们看到关于内在强度与决心的反复出现的意象,以及其广大的外在宇宙影响。将"诚"与创造性和决心进行宇宙层面的关联也见于《中庸》第十六章:"夫微之显,诚之不可掩如此夫。"还出现在《中庸》第二十章:"诚者,天之道也。诚之者,人之道也。诚者,不勉而中,不思而得:从容中道,圣人也。诚之者,择善而固执之者也。"

Resolve is the way-making of *tian*, reflecting with resolution on things is the way-making of the human being.

在这里，《孟子》把那种可以成为塑造宇宙秩序的强大力量的潜力，归于在人的强烈情感中得以实现的决心（the resolve）。人之决心（"诚"）与宇宙天地创生化育的进程之间的关联在《中庸》的这一影响深远的段落中又有详细的阐述：

> 诚者自成也，而道自道也。诚者物之终始，不诚无物。是故君子诚之为贵。诚者非自成己而已也，所以成物也。成己，仁也；成物，知也。性之德也，合外内之道也，故时措之宜也。[1]

Resolve is self-consummating and its way-making is self-directing. Resolve is the beginning and the end of things, and without this resolve, there would be nothing. It is thus that, for exemplary persons, it is resolve that is prized. But resolve is not simply the self-consummating of one's own person; it is what consummates everything. Completing oneself is achieving virtuosity in one's roles and relations; completing all things is advancing wisdom in the world. Such is the virtuosity achieved in one's natural propensities and the way-making that integrates what is more internal and what is more external. Thus when and wherever one applies this virtuosity, it is fitting.

---

[1]《中庸》第二十五章。Ames and Hall, *Focusing the Familiar*, p. 106.

这里需要注意的是,首先,"诚"是一种人的情感,通常被翻译为"sincerity"(真诚)、"honesty"(诚实)或"integrity"(正直)。在《孟子》中,以及《中庸》的中间段落里,"诚"被升华和投射到宇宙天地的层面,用以描述创造化育的进程本身,这使得决心这种人的强烈情感不仅对宇宙创化之运作是不可或缺的,而且是世界无限生长能力的源泉。正因为此种情感的宇宙力量,"诚"受到所有典范人物的推崇,这些典范人物最深刻地理解到成"仁"的进程既是协作的,又是反身的,既是家庭和睦社群巩固的基础,又是一种批判性的自我意识的源泉。这样的自我成长与促进世界繁荣的令人欣喜的智慧之增长(知)是叠合的。于此我们同样可以明确地声称,与墨家相反,在构成我们作为独一无二之人的显著特质的那些习得性的关系(德)中,主观性与客观性(内外)其实是角度层面的问题,而非具有排他性,是程度而非性质的问题。所谓主观的和客观的是"道"不可分割的层面,使我们能够在与周遭环境相融合的过程中,在客观的层面上获得诸关系中最佳的适应(宜),而同时更加主观地,在同样的诸关系中发现并以最得体的方式驱遣自我(义)。[1]道德上的得体适宜是有意义的关系的根源,它向内使得诸关系进入焦点与决心,而向外则令它们得以成为宇宙兴盛繁荣的源泉。在发展将人之诚视为宇宙力量的这种格外孟子式的解读之时,《中庸》文本实则将孟子列入了孔子与古之圣贤的行列,让他成为儒家解读人之情感的宇宙影响的又一支持者。

---

[1]　《中庸》第二十章将"义"(亦即道德发展之源)释为"宜",为如下对此字的释读提供了一种保障——"义"即作为道德意义与现象意义之源泉的最佳适宜者。

《中庸》所阐释的儒家事业已经获得了孔子、古之圣贤以及孟子等人的称颂，现在只需再引入《诗经》扣人心弦的吟唱，就能完成它美妙的乐章。《诗经》作为一部佚名的民歌集，十分接地气且具有强大影响力，在许多(如果不是绝大多数)儒家经典文本中，它被用作最后尘埃落定的终极证明。当我们进入《中庸》的最后几章时，可以看到，为人类经验提供了自然场景的天地之博厚高明、无涯无际，被用极为夸张的语言描述出来(第二十六章)。一个重要的宇宙论观点被明确地提出来，即作为宇宙秩序的不可或缺的组成部分而生成涌现的每一特定事物，都是独一无二的、不可复制的，这使得天地化育的进程生机无限：

> 天 地 之 道，可 一 言 而 尽 也。其 为 物 不 贰，则 其 生 物 不 测。[1]
>
> The way of heaven and earth can be captured in one phrase: since events are never duplicated, their proliferation is unfathomable.

接下来，《中庸》又紧锣密鼓地描述了人类如何通过那些使恰当之道遍行世间的圣贤人物的努力与贡献，补助自然的化育进程(第二十七章)。通过王者榜样性的为政(第二十八章)，人之角色在文化上以及政治上均延伸至宇宙之极。当这些更笼统泛化的描述过渡到孔子本人的具体例子时(第三十章)，孔子被用一种关乎天的宏大语言来描述，这种语言让孔子的人生成为宇宙化育进程

---

[1] Ames and Hall, *Focusing the Familiar*, pp. 106 – 107.

的对等者,而在这一进程中,人与自然的运行融合为一:

> 仲尼……上律天时,下袭水土。辟如天地之无不持载,无
> 不覆帱,辟如四时之错行,如日月之代明。[1]
>
> He modeled himself above on the rhythm of the turning sea-
> sons, and below he was attuned to the patterns of water and earth.
> He is comparable to the heavens and the earth, sheltering and sup-
> porting everything that is. He is comparable to the progress of the
> four seasons, and the alternating brightness of the sun and the
> moon.

末尾的第三十一、三十二这两章,一边点明这一宇宙进程正毫无迟滞地继续着,一边以庄重雄浑而又激情洋溢的语言分别描述了"天下至圣"与"天下至诚"的超凡的变革性的影响。最后,《中庸》的终章(第三十三章)或许是以一种最戏剧性的方式宣扬了这一化育进程当前飞驰发展的势头。它转换成《诗经》里欢快嘹亮的诗句,并迅速地进入了高潮,成为名副其实的"欢乐颂"。这些诗句汲取人们强烈而充沛的情感以及他们歌中的诚挚,最后也是最强有力地认同和支持了儒家对《中庸》文本的理解阐发,即对在宇宙创化进程中强烈的人类情感所具有的力量的颂扬。

通过细读《中庸》,我尝试指出,"礼""体""和"等"立体的"观念如何为儒家的最高声明提供了框架结构。儒家的企划无需诉诸任何强化的宇宙目的论,它需要的是一种别样的、开放式的、临时

---

[1] Ames and Hall, *Focusing the Familiar*, pp. 111 – 112.

性的语言。我们必须过程性地、协作式地、创造性地思考，从而作
为关系性的"成"人（human "becomings"）历练实践，这样的"成"人
对天道有着不可推卸的真实责任；"成"人不是既已被造的人之"存
在"（human "beings"），所谓的人之"存在"倾向于在一种线性的、
目的驱动的历史讲述中实现某些给定的潜能。

第三章 叙事性的人性理念

1. 人之"存在"还是人之"成为"

当代哲学家李泽厚在康德与黑格尔的基础上,区分了"道德"(morality)与"伦理"(ethics)。对于李泽厚来说,康德的哲学心理学使"道德"成为一种令我们遵从自我内在固有理性及其道德律令而行事的功能,而黑格尔则从历史哲学的角度出发,将"伦理"置于家庭、社群和国家层面的诸关系之中。对于李泽厚来说,一个重要的问题在于厘清,人之"存在"(human "beings")是否与生俱来就具备某些使其善良的普遍道德能力,还是说人之"成人"("human becomings")变得良善乃是其自我修养的结果。尽管许多当代的翻译者在译介孟荀之争时,会将孟子归入前一种主张内在固有主义的、哲学心理学的立场,而用后一种诉诸自我修养与精进的立场来界定荀子,我则乐见李泽厚同我一样,也认为孟子和荀子其实都主张了后一种观点。李泽厚认为:

所以我说孟、荀统一于孔,即"学"。荀子有《劝学》作为首篇,孟子也讲"人之所以异于禽兽者几希,庶民去之,君子存之",所以要"求放心","求则得之,舍则失之"。孟荀双方都重视后天的培养和学习。孔学的特点就是认为人的本性并不是固定的 nature,而是一个总在不断成长、变化的过程。从而"学做人"始终是孔学要义之一。[1]

人(人之"存在")是**什么**(what)?这是一个在柏拉图的《斐多》和《理想国》里被追问过的古希腊人的永恒问题,如前所论,它在亚里士多德的《范畴论》中也有提及。这个问题历来有着纷繁的答案,而其中两个答案,在拉斐尔著名的壁画《雅典学派》中,通过柏拉图与他的弟子亚里士多德分别指"上"指"下"的手势转喻性地传达出来。其实,早在柏拉图的灵魂说之前,此问题就有一个经久不衰的存在论的回答,见于古埃及关于"阿赫"(akh)的观念中——"卡"(ka)"巴"(ba)两种生命力量的转化,在人死后激活精神实体"阿赫"。此外还有毕达哥拉斯学派关于不灭灵魂的转世之说,这预见并启发了柏拉图的《斐多》。从这些深刻的历史根源出发,人之"存在"(human "being")的"存在"(being)在基督教教义中被视为永恒的、现成的、自足的灵魂的某种变体。"认识你自己"——作为苏格拉底"回忆说"中标志性的箴言,正是劝诫人们当铭记、回忆,故而充分地认识自己的灵魂。我们中的每一位都"**是/存在**"(is)一个人(person),且从概念上看都"**是/存在**"(being)一个完整

---

[1]　参见李泽厚《关于"伦理学总览表"的说明》。

的个体。[1]

人们在其诸角色与关系中,在其修养而成的、批判性的自我意识中,是如何,或者说"所由何道"来成"仁"(成为完全人性的)的呢?这是在"四书"——《大学》《论语》《孟子》《中庸》中毫无例外地被反复申明的儒家之问。而它的答案甚至在孔子之前就已经是一个道德的、美学的,从终极来看是宗教的答案了。人(Persons)(永远且必然是复数的),通过修养那些构成我们原生条件以及塑造我们人生叙事发展的厚实关系(thick relation)而成为人(humans):这些关系指引着我们的生命旅程在家庭、社群乃至宇宙中当何去何从。[2]在此种儒家传统中,因为我们必须依靠在家庭与社群角色中实现的共同生活而得以成为人,所以,我们声称的"我"其实总会是"我们",而被社会化的宾格的"我"也永远是宾格的"我们"。"修身"作为儒家经典中的标志性箴言,被描述成儒家事业之根本,即我们致力于成"仁",成为独一无二的、具有反思性自我认知的臻至之人。我们要孜孜不倦地修养精进自身的行事之道,它透过我们共同生活于其中的特定家庭、社群以及宇宙的角色与关系表达出来。

当然,坚持对人做叙事性的理解,并不排除对人以及我们不断发展变化的文化价值做必要的概括,我们需要这些文化价值来描述、分析、评估人生经验,最终将其用作人生经验的向导。正如博尔赫斯的《博闻强记的富内斯》(Funes the Memorius)还有在他之前

---

[1]　译者注:这里作者使用斜体的"is""being"来突出该词多层次的意涵,因此翻译时将 be 在此处涉及的两个意涵均译出,同时用引号标注这一特殊用语的强调用法。

[2]　参见《论语·颜渊》:"克己复礼为仁。"

的柏拉图所坚持的那样,此种概括对于思维过程本身是必要的;毕竟,我们无法直接思考特殊性。

儒家文本经常论及下列价值:勇、信、孝、忠、恕、好学、和、礼、知,以及更多这样的规范性的抽象。然而,我们必须理解的是,这类有关人之经验的概括,从根本上说乃是从人生中涌现生成的,一般来自具体,而非相反。这种关于人及其价值的功能性概括,是在具体叙事与寓于其中的行为模式不断融合交汇下所产生的事后抽象,而非源自那种含有先天决定性行为指导原则的,目的论式的固定人性观念。因此,这些概括总是临时的、修正的,不断从实践中理论化而来的,为的是让我们的实践更加富有成效、更加睿智。我们的"道"("我们共同完成的旅程或者道路的创造")是对个人叙事的古汉语表述,而"道"这个术语的属,即一般方式描述人类的"人道",是从那些具体的、永远独一无二的生命的融汇的历史中,不断地生成涌现的。与那些不断演化着的典范者的人生进行类比,可为臻至人生提供更加具体的指导方针("仁道")。

要叙事性地理解人,就需要调整思维,必须规避杜威所称的哲学谬误:把单一要素从连续的经验进程中抽象剥离出来,将其具体化,并通过宣称此种二级的"原则"乃是先在的、因果性的、决定性的,从而将其转化为一级的。特别是在谈及"善"(good)的观念时,杜威引述了这一谬误:

> 在我的伦理学中并没有道德,即是说,没有单独的道德(a-part morality)。善行义举(一旦行为被定义为它本身即是目的的活动)在我看来是冗言。行为举止,活动整体,便是善……现如今关于"善"的一般观点似乎是一个被冻结的抽象概念。

它指活动整体,但它随即便被抽象剥离出来,被独立地承认接

受,尔后在与最初赋予它意义的具体活动内容的分离中被冻

结起来。[1]

当作为原因、根源、来源或本性的"潜能"观念被还原成某种在发展

进程中不断被重复的先在的目的论原则之时,我们就犯了此种"冗

言"或冗复(redundancy)的谬误。当推理变为理性主义,当欲望成

了意志主义,当"形体化"(bodying)[2]变成唯物主义时,我们也会

犯下此种错误。我们解剖分割人之经验,然后试图通过对某些孤

立来源做因果判断及理想性的申明而将其重新拼接起来。

　　当具体来看儒家"善"的观念时,正如上文中杜威的做法,儒家

的"善"并非指的是某种先在的、类型化的"美德",而是首先意味着

通过在角色与关系中进行的有效沟通与批判性自我认知来实现的

"道德成长",它不是某种性质上优越的行为,也不是某种源自生而

有之的、"内在于"人的某种优先的或更高的"善"之美德的性格特

征,更不是某种启发和影响人"完成"行为的"善"之一般原则。诚

然,作为人我共享的有效生活道路("至善之道"),最具体地来看,

"善"应当归因于叙事而非人格,它与那些叙事上等而下之者的道

路形成了对照。"善"首先是"善于……""与……为善""对……是

善的"[3],然后被抽象地总结为"善"。"善"在道德成长的意义

上,始于连续叙事中的对话性活动,只有这样它才能成为对某人或

〔1〕　*The Correspondence of John Dewey, 1871-2007* (I-IV), Electronic Edition, vol. 1, 1871-1918, 1891.03.14 (00453), John Dewey to Thomas Davidson.

〔2〕　译者注:作者用动名词表示过程性,这里"形体"可以理解为形成形体。

〔3〕　译者注:作者举例了五个短语:good with, good to, good in, good for, good at,因为其中有意义重复者,故中文翻译从略。

某行为的描述。"善"是通过"关联"彼此以及更有效地沟通来发展我们的诸关系从而令这些关系"有意义"的群体性活动。在其金文与小篆字形叒[1]中,"善"的对话性起源就清晰可见。这里它含有至少两个,有时是三个"言"旁,这促使哲学家同时也是语言学家的关子尹指出:

> 凡此种种,可能反映古代谈'善'都不指独善,而指人际关系中的善,故羊、誩合起来意会二人好言相向。

诚然,人们的身份认同无疑建立在他们厚实的原生起源上,这一起源就在周遭的家庭与社群关系之中,这些关系作为对于他们的身份来说不可或缺的、故而可追溯的继承物,这种天然的馈赠需要被照料呵护,不使其蒙受损失或伤害。在习俗和制度中被深刻铭记的文化传统所形成的那种规范性概括,必然引导着人们的行为。然而,人们的这种身份认同及其最高志向的实现,只有当这些初始的关系变得精诚之至,才会前瞻性地生成涌现,这些关系被培育、长养,以至于在其特定的存在时期内实现臻至,同时规范性概括不断地被重新理论化以使实践精进。事实上,它们的潜能远非预先给定的,而是在那些永远交互作用的事件中生成涌现,这些事件合起来便构成了人生在世的全部生活。

此外,成人的"潜能"也并非某种因果性的"开端"或目的论式的"结果/目标"(end)[2]:它不是一种与环境和家庭关系无关的、

---

[1] Kwan, "Multi-function Chinese Character Database:" 善夫吉父鬲(西周晚期)CHANT 704.

[2] 译者注:作者这里似乎用了 end 的两个意思,结果、目的。

先天的本质潜能,也不是一种不可避免地朝向某种前定理想发展的进程所实现的潜能。首先,在这样的中国自然宇宙论中,并没有如此隔绝孤立的、可被描述为生活在家庭关系语境之外的个体之人。人们从来不是在自己的皮囊底下过活,而是只存在于关系和交往之中。因为人们处于内嵌式的、叙事中的叙事(narratives-within-narratives)里,是由这些发展变化、丰富多彩的关系所构成,故而人们的"潜能"以及他们所获得的身份认同,事实上是从生活中具体的、偶然的往来交接里同步地涌现生成的。因此,对"潜能"的最佳理解在于,尽管它固然包含了一种对演进中的叙事之内的先天条件的回溯性指涉,但这样的"潜能"却显然是前瞻性的、偶然性的、在不断改变的境遇起伏之中演化与组合的,而不是像一组给定的决定性因素那样被当成全然先在的。这种潜能不是一般的或普遍的,它对于一个特定的、有自我意识的、关系性的人的生涯来说,是独一无二的;这种潜能也并不是单纯地作为一种固有的、决定性的天赋而存在,其全面情况只能在特定叙事展开之后才得以知晓,这种特定叙事是一种共享叙事,通常在特定人物被认定离世之后,它还会继续很久。[1]

当今世界,各种基础个人主义的变体已然成为鲜有其他竞争的意识形态,然而我们有必要追问,我们用来表达关于人之经验的

---

[1]　于杜威而言也是一样的:"在互动出现之前,潜能是不能够被认识的。在一个给定的时间内,只要还存在着未曾与其发生互动的其他事物,那么个人身上就还存在着未实现的潜能。" *The Later Works of John Dewey*, vol. 14, p. 109. 脱离其历史环境,林肯便不是林肯;同样的,没有了林肯,历史环境也不是产生了林肯的那个。的确,林肯是人格与环境的一种协作,被传达为一种关于行为的厚实习惯。"认为潜能内在于一种前定目的,并且通过与之发生关联而被固定,此种想法是科技高度受限时的产物。" *The Later Works of John Dewey*, vol. 14, p. 110.

默认的、常识性的假设及该假设所预设的割裂的人之"存在"的那些词汇簇,是否就儒家的"成"人事业而言,依然有意义。诚然,"成人"这一儒家的人之理念是从其自然过程宇宙论中发展而来的,该宇宙论充当了这一别样传统中的个人成长的语境。在此全息的过程宇宙论中,与"潜能"观念密切相关的那些我们熟悉的二元论概念,譬如"根本""原因""本源"以及"人性"等,都必须重新思考。正如李约瑟(Joseph Needham)曾观察到,中国过程宇宙论"具有其自身的因果律与其自身的逻辑"[1]。在本章中,我们将特别关注"人性"概念,作为对一种先在"存在"的影射,这个概念被惯常地归给儒家传统。我们将考察应当如何依据叙事性的术语对该概念进行修正,从而使其与支撑过程宇宙论语境的诸假设保持一致。

2. 序曲:儒家关于人类文化的理念

隐喻举足轻重。乔治·莱考夫(George Lakoff)和马克·约翰逊(Mark Johnson)有此著名论点,即文化隐喻不仅使思想更加生动有趣,事实上还构建着我们对经验中涌现发生的事件的感知与理解。[2]当然,山川异域、时移事殊,不同时空环境的文化所诉求的文化隐喻千差万别,自是老生常谈了。

退一步讲,我们需要探究,在其与"自然"的关系中,不同文化传统所指称的"文化"到底意味着什么,因为"文化"与"自然"这对

---

[1]　Joseph Needham, *Science and Civilisation in China*, vol. Ⅱ, Cambridge: Cambridge University Press, 1956, p. 280.

[2]　George Lakoff and Mark Johnson, *Metaphors We Live By*, Chicago: University of Chicago Press, 1980.

耳熟能详的区分本身就根植于不同文化传统自身的别样"文化"隐喻之中。亦即,在文化与自然之间,在人造物与自然物之间,在经由人的干预所培育出来的东西与号称自个儿生长出来的东西之间,这种被感知到的关系是什么?更确切地说,人性与文化的关系在不同的传统中是如何被理解的?为了抵制那种采用并非儒家自身的预设来重写儒家传统的倾向,我们必须允许儒家基于自身文化隐喻的"人性"思索,能够与其对人之理念的理论化与阐发直接相关。

因此,作为探究儒家主流"人性"理念的序曲,我想首先探讨我们在西方学术界是如何使用"文化"这一术语的,并指出对该术语的使用是如何显著不同于儒家传统。此种对"文化"的反思将有助于预见我们自身的预设如何影响我们对"本性"和"人性"这两个术语的常识性理解,以及对这二者关系的认知。亦即,我们有必要仔细地反思围绕着农业、园艺和畜牧等行业的隐喻性关联,它们被囊括在我们使用的"文化"这一术语中,其中包含的目的论预设在我们的叙事中发展演进。确切地说,这样的目的论预设惯于说服我们未经反思地相信"培育"(cultivation)人之"文化"(culture)同园艺(horticulture)和畜牧类同,与对一组特定的先天潜能的保存、养育、实现有关,这些潜能是由事先给定的目的(telos)或固有的设计(eidos)所驱动的。[1]常识所见,玉米粒在耕耘培育下变成了玉米地,嗷嗷待哺的牛犊经过饲养长成了奶牛。显然,玉米粒不能长出豕彘,仔猪也不会变成麦田。[2]正因为当我们思考人及人性之实

---

〔1〕　译者注:此处原文为"a given goal (telos) or inherent design (eidos)"。

〔2〕　当然,假如我们拒绝带入目的论假设来考虑这一事实,即玉米、玉米渣、玉米棒、玉米壳都是优质猪饲料的组成部分,并且在初春播种时节,深坑发酵完熟的猪粪可作为麦田理想的肥料,那么情况可就不那么明显了。

现的时候,倾向于默认这些一般预设,我们面临着这样一种风险,即不经意间将此种目的论式的文化与人性理解投射到儒家传统之上。事实上,正如我将要论证的,儒家传统诉诸一种更加开放的、具体性的关于文化与人性的隐喻,二者之间存在着一种非常不一样的协作关系。就儒家传统而言,这是一种美学的、而非园艺学的隐喻,这种隐喻隐于"成人"的艺术,亦隐于"成人"过程中不可或缺的文化生产。

在他的《关键词:文化与社会的词汇》(Keywords: A Vocabulary of Culture and Society)一书中,雷蒙·威廉斯(Raymond Williams)令人瞩目地将"文化"描述为英语中最为复杂的几个术语之一。[1]他将这种复杂性部分地归因于一种相对的革新,在这场革新里,"文化"的含义被隐喻性地从其原初含义,即抚养培育的生理过程的意义层面——或许平凡但却极为重要的包括园艺与畜牧在内的农业实践,引申到指向人类在物质、智力、精神以及审美发展上的特有模式。正如我们的常识所示,我们倾向于把这些园艺和畜牧实践看作是目的论式地被驱动着的,以使我们培育对象的内在固有的特殊形式得以实现。在其中,人的干预是训练与控制的来源,是一种外部促进。此处的预设在于,植物或动物如果受到保护、没有阻扰,并且被恰当地给养,它们便会茁壮成长。

雷蒙·威廉斯指出,直到 18 世纪,"文化"一词才首次被一贯地用来指称一个民族的整体"生活方式",而只有到了 19 世纪末、20 世纪初,"文化"才被视为特定的关乎文明区分的价值与实践的模式(civilization-distinguishing patterns of practices and values)。在

---

[1] Raymond Williams, *Keywords: A Vocabulary of Culture and Society*, New York: Oxford University Press, 1976.

后一种情况下,它被当成是进步的"社会演化"理论的语境中划分不同社会的标准尺度,将个人或阶层从文明教化上做出高下之分,衡量某个"文化"是否较另一"文化"更加先进。此种较量意识的当代遗留体现在高雅艺术(文化)与大众娱乐之间的紧张以及不时的敌对之中,当代的媒体频频将我们教育机构的课程设置中的多元文化张力描述为"文化战争"。

　　同欧洲一样,在前现代汉文化圈——中国、日本、朝鲜、越南的诸语言中,找不到一个词的概念意涵能与"文化"一词现代的、引申的用法相提并论。然而,该地域在 19 世纪出现的用来翻译和移植西方现代"文化"概念的、被当成是其等价物的那个术语,在隐喻意义上,与英语的"culture"一词显著不同。在这些亚洲传统农耕社会的语言中,有大量根源于培育、滋养的工具性生理过程的,类似于"culture"的术语,比如"养""畜""培""修""育""栽"等等。然而,在构建一个所谓的等价物时,这类农艺的术语却被忽略,"文化"一词获得青睐,也预示了背后的隐喻转换。"文化"这一复合词,融合了"文"(由文人的、平民的及艺术的传统所实现的铭写与修饰进程)以及"文"所影响的人生经验之"化"。为了使汉语与现代性的"culture"一词同步而创造的"文化"这一现代汉语表述,其实隐喻了《易经》。《易经》中写道:"观乎天文,以察时变;观乎人文,以化成天下。"[1]换句话说,"文化"是人类经验的所有部分的文明化与审美化。育人被理解为从密切地关注周遭世界的变化模式与设计中发生,尔后将这些图像与利于人生经验最佳实现的人类技术与体制反思性地关联起来。

---

[1]　《周易·贲·象传》。

将"culture"隐喻性地根植于农耕畜牧实践之中,使我们看到文化规范对于被"教化"(cultured)的对象而言,具有一种超验的约束力,这种力量让我们得以调控教化对象的自发性生长。相比之下,"文"则被视为(具有重大政治意义的)文明展开的过程,即与自然之美合作,阐述它,升华它,通过一种反思性的自我意识,实现一种决然的审美性的成果——如果不算作精神性的成果的话。在将此种目的论驱使的 culture 与作为"文化"的文化的两相对照中,可见一种理解文化的倾向性区分,即从理性化的封闭来理解,还是从审美性的敞开来理解;是预设一种回溯的必然性(预先决定而后实现),还是预设一种前瞻的可能性(想象尔后达成)。

正如汉代文献中"文化"这一表述的起源所示,这个术语历史悠久。现代日语汉字(Kanji)中用来翻译"culture"的术语"文化",读为 bunka,实源自于"文化"的中文经典用法,最早见于刘向(前 77—前 6)的《说苑》一书。其中写道:"文化不改,然后加诛。"至少在公元 5 世纪,中国的文学理论家如刘勰(465?—522?)等,便在人与道的交互中明确地将"文"与"自然""生生不息"联系起来。这种联系肯定了自然与教养(nature and nurture)绝非对立,而是在共生的、相互需要的自然及社会和谐之实现的核心层面,构成了一种协同演化的、对位的进程。

"文化"一词本身内嵌于文化隐喻中,而欧亚诸语言在文化隐喻上的差异,无疑与亚伯拉罕诸传统对"创造力"(creativity)根深蒂固的曲解有关。一个是受目的论启发的设计观念,一个是在根本上开放的审美隐喻。从我们常识的演化观念来看,无中生有的创造性

（"从无中创造"）恰如其分地属于完满自足的造物主上帝。[1]当此种无中生有的创造性被特立独行的人类天才——比如歌德的浮士德、雪莱的弗兰肯斯坦、弥尔顿的撒旦，以及尼采的超人等怪人所篡夺运用，就变得黑暗、危险、富有魅惑的堕落：对上帝的自然与伦理秩序的普罗米修斯式的挑衅。我们可能会倾向于欣赏那些被视为具有"道德上的创造性"的人的放浪不羁，尽管要让我们的子女与之保持安全距离。我们可能会被"创造性的金融工具"所吸引，尽管会十分谨慎对待。我们可能会对"新兴"宗教的怪诞仪式充满好奇，尽管会为之感到尴尬。但是，即便在我们这个讲究突破式创新和创业精神的时代，对于宗教、道德、科学、哲学等人类核心活动，我们的常识性理解中仍然具有一种似乎与"创造力"观念相抵触的强烈的目的论色彩。"创造力"这个术语通常令我们更多联想到的是诸如创意艺术和娱乐小说等边缘化的审美意趣。

相比之下，我们发现，在儒家角色伦理学所证实的儒家世界观中，重大的价值总被赋予道德想象，而实现它的批判性自觉，需要在伦理生活中激发真正的艺术性。诚然，正如在前面的精读中所见，从《易经》和《中庸》这样的核心文本中的宇宙论出发界定的儒家事业，则要求作为"天地之心"的人类同时具备想象力和审慎的修养，从而参赞天地之化育而与天地参。

让我们进一步反思"文"字的渊源，在前引《说苑》记载的一千多年之前，"文"就被一贯地用来与强制性、破坏性、去人性意义上的"武"形成鲜明对照。如此理解的"文"，与作为文化紧张关系的

[1] 正如《圣经》中所言："大地与其上所充盈者，均为主所有，主创造我们，而非我们创造自己。"（诗 24:1）

隐喻的"文化战争"这样的当代用法完全不同,它在各个层面都是"战争"的对立面。"文"指示一代代文人阶层在回应亟待解决的时代议题时,所体现出的深广的礼仪与文明维度。"文"是人类经验的升华,在历久不衰的经典文献与对其源源不断的注疏之间,形成了审美层面与批判层面皆充裕的对位关系,而当某一群体生活接受来自它的指导时,"文"就出现了。从最极端的对照来看,武力("武")远不似在古希腊罗马文化中那样被作为荣耀的来源而颂扬,即便是在兵家的文本《孙子》一书中,也被视为不得已而为之的、偶尔必要的下策。[1]

总之,中文术语"文化"的概念谱系表明,文化从"变通"中涌现,这种"变通"的内在关系在《周易》中有大量篇幅的讲述,它是在我们持续理论化实践故而升华实践的过程中,具有决定作用的、延续中的传统与周遭弥漫的变革力量之间的一种共生关系。文化传承与革新非但不是彼此对立的,反而是相辅相成的。下面我将论述,正是这种人与世界相辅相成、协作共生的动态关系,同儒家"性"的观念有着直接的关联,"性"这一术语在这里或许应该更恰当地翻译成"人之倾向"的实现,而非"人性"。葛兰言在其对《孟子》不断发展的阐释中,明确地挑战并摒弃那种认为"性"指向某种"先验本源"或某种"先验目的"的观点,认为这是对《孟子》这一影响深远的文本常见但却不幸的目的论误读。[2]的确,我将追随葛兰言来论证,"性"并不是通常所设想的那样只是一种回溯式的、先在的"人性"理念:它作为人之倾向的实现,是十分前瞻的,它要求

---

〔1〕　译者注:作者在这里转述了《孙子兵法》,"故上兵伐谋,其次伐交,其次伐兵,其下攻城。攻城之法,为不得已"。

〔2〕　Rosemont (ed.), *Chinese Texts and Philosophical Contexts*, p. 287.

我们在不断审美化人之经验的进程中，审慎地切磋打磨、阐明发扬。

3. 关于人之"存在"的"存在论"理解及 "发展式"（Developmental）理解

从历史上看，孟子勠力构想并阐发的臻至人生体验的诸条件，并未获得后世注疏者的襄助。晚于孟子一两代人的荀子——一位另辟蹊径的强劲对手，或许是有史记载的最早对孟子"性"（通常被翻译成"human nature"）的观念做出一种扭曲的自然主义解读的哲学家。事实上，这种将"性"理解为"生而为善"（性本善）的自然主义理念，不仅与孟子自己的定义有所出入，孟子本人更是坚决地反对。如前所述，荀子的历史重要性之一在于他敢于重新阐释甚至盗用（appropriation）与之相争的思想家，这成了自古以来儒家传统自身的一个标志。在荀子的时代，他的对手有墨家、名家、兵家，以及同为儒家的竞争对手比如孟子。荀子兼收并蓄，创建了一种杂糅多种思想资源的增强版的儒家学说，借助这一扩展迭代的进程，儒家在荀子逝世数百年后的汉代一跃成为国家学说，其正统地位延续了两千多年。

荀子延续了孔子对实现道德能力需要刻勉勤奋这一主张，讥讽孟子关于"性"的立场实为另一种对人类道德的理解：

> 孟子曰："人之学者，其性善。"曰：是不然。是不及知人之性，而不察乎人之性伪之分者也。凡性者，天之就也，不可学，不可事。礼义者，圣人之所生也，人之所学而能，所事而成者

也。不可学,不可事,而在人者,谓之性。[1]

Mencius says that "since human beings can be educated, their *xing* is good." I would argue that this is not so. Mencius in his lack of understanding of the human *xing*, is unable to discern the distinction between *xing* itself and deliberate activity (*wei*). Speaking generally, *xing* is what is given by nature; it can neither be learned nor acquired. Moral dispositions such as aspiring to propriety in our roles and relations (*li*) and seeking what is optimally appropriate in any situation (*yi*) are the products of the sages, and hence are something that can be learned and applied, acquired and mastered. What cannot be learned and cannot be acquired but is simply inherent in persons is what is called *xing*.

在批判孟子之时,荀子首先预设了其自身对"性"的理解为无可争议之正解,即"性"乃无需习得的"天之就"。如此一来,依照荀子的逻辑,当孟子主张性让人为善的同时也就断言了为善不用学习,亦无需刻意经营。为善不过像活命一样简单。事实上,此种对"性"的自然主义诠释——生而为善,是被强加给孟子的,当孟子同时代的告子在另一语境中提出这一观点时,孟子是明确拒绝的,认为它是一种归谬法(*reductio ad absurdum*):

---

[1]《荀子·性恶》。虽然荀子有性伪之分,但我们必须避免将荀子的自然主义翻译成一种形而上学声明,将其与柏拉图或者亚里士多德式的二元实在论混为一谈,后者认为"内在于人的"同一的不变的"形式"或者"理念"将人与世界区分开来。

告子曰:"生之谓性。"孟子曰:"生之谓性也,犹白之谓白与?"〔1〕曰:"然。""白羽之白也,犹白雪之白;白雪之白,犹白玉之白与?"曰:"然。""然则犬之性,犹牛之性;牛之性,犹人之性与?"(《孟子·告子上》)

Master Gao asserted:"It is what you are born with (sheng 生) that is meant by xing. "

"Is saying that 'what you are born with is what is meant by xing' the same thing as saying that 'white' is what is meant by 'white'?" responded Mencius.

"Indeed, so it is. " replied Master Gao.

"Then is the whiteness of white feathers the same as the whiteness of snow, and the whiteness of snow the same as the whiteness of jade?"

"Yes it is. " replied Master Gao.

"Would it follow then that the xing of a dog is the same as the xing of an ox, and the xing of an ox is the same as the xing of a human being?"

从这一段以及书中的其他章节,我们可以看到孟子决然地反对此种同义反复的自然主义:人们为人善良正是因为他们其实是善良的。然而,用枯乏的目的论来阐释孟子,即将"性"视为一种令人善

---

〔1〕 刘殿爵(D. C. Lau)指出,因为"生"字与"性"字在这些早期文本中交换使用且发音相近,孟子得以把"A 即 A"的同义冗余加诸告子。此种同义冗复又使得孟子能够归谬一种"白即白"的类比,某物之"性"同于他物之"性"。参见 D. C. Lau, *Mencius*, Hong Kong: The Chinese University Press, 1984, p. 225。

良的无需后天习得的"天之就"，不仅在荀子之后的文献中依然存在，事实上甚至在今天的注评者中也极为流行。"性善"这个口头禅被理解成"人的本性是善良的"，而这类阐述延续到了当代对孟子的评注中，此种情况中西方皆然。

在麦克尔·桑德尔探索一种能够取代割裂孤立的个人主义的坚实的内主体性方案时，他尖锐地指出，至少对于大多数西方的评论者来说：

> 谈论人之本性，往往暗示着一个经典的目的论概念，这一概念与那种亘古如斯的普遍的人之本质观念相关联。[1]

诚然，许多注疏评议者会未经反思地假设，对于孟子而言，"性"指的是一种普遍的、与生俱来、一成不变、自给自足的禀赋，它规定着所有人，让人们自然而然地在其行事举止中成为有道德的人。

李亦理(Lee Yearley)在他对孟子和托马斯·阿奎那的比较研究中质疑上述假设，通过引入一个重要的区分，尝试重新定义关于人性禀赋的观念。这个区分在于存在论模式或者说发现模式的"性"与发展模式或者说生物学模式的"性"的不同，前者是一种常见却错误的对孟子和阿奎那的阐释，而后者是李亦理本人赞成并认为是对二人学说更为妥当的理解。李亦理写道：

> 在发现模式下，人性作为不变的秉性永久存在，这些秉性虽然晦暝不清，却可被触及或发现。人们无需修养与生俱来

---

[1]　Sandel, *Liberalism and the Limits of Justice*, p. 50.

的诸能力。他们只是发现了定义他们的那种隐藏的存在论意
义上的现实。发现模式反映着存在论的而非生物学的观念。
一种存在论意义上的现实（或者说"真我"）永远在场，无关乎
具体之人（或者说这个"真我"的具体实例）是什么、做
什么。[1]

李亦理拒绝承认此种把人性理解成一种存在论的预设事实的观
点，将之视为对孟子和阿奎那的误读，他主张发展的或生物学模式
的理解，并描述如下：

> 一种可以被称为生物学框架的模式影响着孟子关于人性
> 及其标志性成败的思考……在这样一个框架内言说某物的本
> 性，指的是某种先天的构造，它在诸增长模式中显示自身，并
> 以特定的形式达到巅峰。[2]

虽然对孟子的"性"做发展模式的理解确实比发现模式更令人
信服，但它对人的潜能做目的论解读，视其为在决定我们成为谁的
进程中充分显现和实现的那些先天的、自我定义的"人之能
力"[3]，故而依然是极其亚里士多德主义的。一个让李亦理与其
他学者选择发展模式理解的联想点在于，孟子常常诉诸园艺来做
类比，比如，将麰麦播种而耰，不加损伤的话，假以时日皆可

---

〔1〕　Lee Yearley, *Mencius and Aquinas: Theories of Virtue and Conceptions of Cour-age*, Albany: State University of New York Press, 1990, p. 60.

〔2〕　Ibid., pp. 58 – 59.

〔3〕　Ibid., p. 60.

成熟。[1]

　　诚然,在《孟子》和其他儒家经典文本中,诉诸农业上的隐喻常常被阐释为巩固此种目的论观点,即在动植物成长为其本质所是的过程中,只是在实现其内在于"种子"或"根"的潜力。不过,此种古希腊目的论与理念论是否在中国早期宇宙论中也是不可或缺的呢?假如并非如此,或者并非在同等意义上如此的话,那么这些农耕畜牧相关的类比之所以也适用于捕捉关系性构成的"成人"(human becomings)的成长发展,其他的可能性在于,农业与畜牧严重依赖人造环境,其成功依赖人的高度想象力与努力。在《周易》和其他典籍中,这些技艺的开创,作为人之经验持续文明化的一部分,被归功于传说的圣人神农以及其他的文化拟人形象。如果没有人的持续、激进、审慎细致的干预,大多数种子非但不会如其"所是"地成长,反而会变成任何或一切其他的东西。虽然我们必须承认一颗橡子通常是不会长成鸡,但我们也必须认可,橡子中只有百万分之一能长成一棵橡树。百万橡子中除去这一颗,剩下的那些事实上都变成了别的东西。诚然,某物的"种子"以及它将变成什么,从根本上看是一个交互过程。"种子"或许具备某物"发生"的初始基因条件,但是,它最终成为什么,取决于将任何精耕细作所创造的诸可能性与伴随其成长的诸多偶然事件的内化。这里的要点在于,稍加反思便可知,即便是农业,环境也确实很重要。

4. 葛瑞汉对孟子"性"的发展式理解的早期形态

　　如前所述,对于后世的注疏评论者不断将一种具有"超验起

---

[1]　Yearley, *Mencius and Aquinas*, p. 59.

源"和"超验目的"的人性论学说归给孟子,葛瑞汉扼腕叹息。在当前的讨论中,"我们"(这里我有必要将一起勠力合作的同侪郝大维与罗思文也包括进来)想和作为我们共同的老师、同事和朋友的葛瑞汉并肩同行,将孟子从当前谬种流传的对"性"的本质主义误解中拯救出来,也即是说,将孟子从"发现模式",或者更具深意但依然失之毫厘的"发展模式"的对"性"的解读中拯救出来。我们将指出,葛瑞汉对孟子的诠释随着时间的推移,进一步发展成为第三种立场,我们将之称为关于"性"的"叙事性的"解释。在此种对人性叙事性的理解中,我们将看到,同儒家对"文化"的传统理解一致,人与世界在一种共生的、动态的、对位的关系中协同发展。人的身份认同当然是从家庭与社群的原生环境里建立起来,这些周遭关系需要培养呵护。然而,那种日益复杂的身份认同,作为深刻的独一无二的审美与精神成就,只会在这些关系变得厚实而清晰的进程中才会涌现,这些关系随着人生的展开而被培养、发展与表达。作为人所具有的独特潜能,远非给定的事实,而是同步地从共同构成世间生活百态的层出不穷的诸事件中涌现出来。

在我们的世界中,个人主义已然成为一种似乎垄断了智性意识的意识形态,我们不得不追问,我们默认的关于**个体的**人之"存在"的常识性假设是否与孟子的构想一致,这一构想是在元气生化宇宙论中萌生与发展,此种宇宙论乃是该传统中个人成长的语境。事实上,对人的叙事性理解难道不是对这位古代儒者更好的解读吗? 正如我们将看到的,葛瑞汉提出过这个问题,并在后来给出了他自己的回答,他首先抛开了自己的常识性假设,然后形成了与儒家阐释语境相符合的一种对人的理解。

然而,葛瑞汉并没有快速或轻易地通往他对孟子之"性"的叙事性理解。在早期,他赞同用发展模式的"性"来解读孟子,并将其非常明确地与亚里士多德式的对人之预设潜能及其后天实现过程的相关看法联系起来。葛瑞汉最早的一篇致力于探讨孟子之"性"的文章是发表于 1967 年的《孟子人性论之背景》(The Background of the Mencian Theory of Human Nature),在这篇文章中,他认为,我们要更好地理解孟子需要承认如下事实:

> 亚里士多德以希腊人更为严密的逻辑探究了类似的思路。诚然,如若不肯借重亚里士多德的"潜力""实现"等术语,在英语里讨论"性"是困难的,而前一术语已经多次潜入了本论之中。[1]

葛瑞汉援引《中庸》做文本依据,来支持对孟子的这一亚里士多德式的本质主义解读,在这篇早期的文章中,他认为"性"指事物自足自成的本性:

> 物皆有其本性,并且通过实现其本性之诸能力而"成"。于人而言,此种成熟状态即是"诚",在这一状态里我们全然依据本性而行,成为名副其实的人,即《中庸》所谓"诚者自成也"。[2]

---

[1] Graham, *Studies in Chinese Philosophy and Philosophical Literature*. 这本论文集最初于 1986 年由新加坡国立大学东亚哲学研究所出版,后由纽约州立大学出版社于 1990 年再版。重要的是,文集中收录的《孟子人性论之背景》这篇文章,早已发表于《清华学报》(*Tsing Hua Journal of Chinese Studies* 6.1–2 [1967])。

[2] Graham, *Studies in Chinese Philosophy and Philosophical Literature*, p. 55.

葛瑞汉所引用的段落如下,他把"诚"翻译为"integrity"(整一):"诚者自成也,而道自道也。诚者物之终始,不诚无物。"[1]当然,假使葛瑞汉完整地引用了《中庸》中的这一章节,那么他将不得不承认,这一文本不仅没有印证他的主张,即整一的事物是"自成的",事实上,它恰恰佐证了相反的观点,即"诚"不能也不会仅仅意味着葛瑞汉于此处指出的排他性意义上的"自成"。因为文本进一步十分明确地写道:

> 诚者非自成己而已也,所以成物也。成己,仁也;成物,知也。性之德也,合外内之道也,故时措之宜也。(《中庸》第二十五章)

> But *cheng* is *NOT* simply the self-consummating of one's own person; it is what consummates everything. Completing oneself is achieving virtuosity in one's roles and relations (*ren*); completing all things is advancing wisdom in the world (*zhi*). Such is the virtuosity achieved in one's natural propensities and the way-making that integrates what is more internal and what is more external. Thus, when and wherever one applies this virtuosity, it is fitting.

如果我们要将"诚"像葛瑞汉那样翻译成"integrity",那么我们

---

[1]　《中庸》第二十五章。《中庸》中的这一段可以有两种解读。一种是,葛瑞汉援引来辩护其对"性"的本质主义理解的词句仅是一种修辞,明显与之后的段落相抵触。还有一种则是,"自成"中的"自"是在一种兼有共生的含义上使用的,指"自我"和"他者"一起"自成"。鉴于"诚"与被描述为"自道"的"道"这一整体主义观念(一种显示摒除任何外在"他者"的观念)的并行关系,我想从兼有共生的含义来释读"自",或许更能帮助我们理解这一段引文。

可能注意到在亚里士多德的实体存在论中,人之整一——那种作为形式而内在于物质之中的一成不变而又可复制的理念,亦即那种管理着个体存在的目的论结构的理念——通过一套给定的真实能力及其潜能的实现,保障了自我实现从而创造出人之"存在"。然而,如果我们尊重《中庸》自身所具有的中国过程宇宙论的全息性,并以此为阐释语境的话,所谓的"整一"并非自足的给定事实,而是不得不包括人在其难以操控的、广袤无垠的社会、文化和自然的环境中追求充分整合的全部进程。亦即,人之潜力会在人们延续着的叙事内展开的诸事务与可能之中浮现。因此,这样的人与其周遭的他人,会在形成一体的共同创造性进程中成为立体式(aspectual)的。

　　上述《中庸》引文的观点在于反驳任何主张人可以在某种孤立的、排他的意义上"自成"的意见。它非常明确地定义了"性"之德,即合外内之道,得时措之宜者。《中庸》的文本远非将"诚"定义为在某种排他性的"自我"意义上的"自成",而是主张自我修养总是一种协作性的努力,旨在优化怀有意图的人与其置身所处的诸条件之间干涉激荡时出现的诸可能性。"诚"令人具有能力改造世界,同时又有效地回应世界塑造自己的压力。在前文探讨"和"的动态机制时我们已经看到,《中庸》在阐释人与世界的互动合作乃是宇宙大化流行生生不息之根基的问题上,给出了清晰而明确的说明。

5. 葛瑞汉发展中的对"性"的叙事性理解

　　然而,在葛瑞汉后期的写作中,他已不满于自己早期对"性"的本质主义"发展模式"的解读,甚至将其否定。这场变革将他引向一种更加寓于语境之中的对"性"的演化式理解,在反思过程中,葛瑞汉提出了一种新颖的、修正的阐释,该阐释始于他对其前辈,同时也是伦敦最为知名的汉学家之一的亚瑟·威利(Arthur Waley)关于"性"的解释的引用与反驳:

> 威利谈道:"用平实的语言说,'性'指的是事物肇始发端时所具备的特性。"[1]在我自己之前的发表作品中,我将"生之谓性"翻译成"生即是'本性'之所谓"。然而,论"性"的中国早期思想家似乎都很少构思那些可以追溯至某物起源之初的固定特性……而是关心发展,这种发展虽然具有自发性,但只有在不遭损伤并且充分长养的情况下,其自身潜力才能实现。尤其是孟子,他似乎从未向生命伊始回望,而总是期望着一种不断生长所带来的成熟。[2]

葛瑞汉在此引入了一种一看就青睐发展模式的语言,由此可见,他试图清晰地将自己与任何发现模式的对"性"的理解区分开来。不过,如果要更明确他的阐释,那么针对"不遭损伤并且充分长养的"的"性"的成熟,做这样一种前瞻性、过程性、发展性的解读,则需要回归葛瑞汉对中国早期过程宇宙论的理解得更宽泛的语境。

对葛瑞汉而言,恰当认识万物之间的相互依存及它们不可化

---

[1]　Arthur Waley, *Three Ways of Thought in Ancient China*, Stanford: Stanford University Press, 1939, p. 205.

[2]　Rosemont (ed.), *Chinese Texts and Philosophical Contexts*, p. 287.

约的语境性本质，将有助于我们厘清中国古典哲学的一些关键语汇，比如天、道。而这就需要我们辨识出一些含混不清，它们产生于我们对中国古典世界观中固有的宇宙论预设与更耳熟能详的古希腊存在论假设之间的区分的忽视。葛瑞汉如此理解：

> 在中国人理解的宇宙中，万物相互依存，无须先验的原则来解释，也并非从先验的起源而来……此种立场令人瞩目的新颖之处在于，它揭露了西方诠释者的一种成见，即认为"天"与"道"这类概念必须具备超越人自身的终极原则；道与人之间相互依赖的观念着实叫西方人难以领会。[1]

葛瑞汉提醒我们注意此种常见的含糊不清，以那些注疏者的倾向举例，他们诉诸谈论"人性"的语言，认为孟子的"性"指示某种对于他来说"也会具有先验目的"的"先验的起源"。[2]葛瑞汉反对将孟子与一种本质主义化的希腊理念论及由此而来的激进目的论相联系，他更愿意让"性"的观念回归中国早期过程或"事件"存在论的一般性特质之中。在这样的存在论中，假定的"事物"与其环境相互依存，故而不可分割。何为成人，非但不指涉一个把我们带回本源（理念）的先在的给定事实，或引向未来的某种既定的先决的终点（目的），"成人"事实上是在宇宙秩序演化发展的语境中的一种暂时的、生成涌现的进程。我和同事们继葛兰言、唐君毅、李约瑟、葛瑞汉之后，用了大量的篇幅来证明，正是这样的一种世界观

---

[1]　Rosemont（ed.），*Chinese Texts and Philosophical Contexts*，p. 287.
[2]　Ibid.

才是理解经典儒家思想的最佳阐释语境。[1]

这里的关键点在于,孟子是如何审慎地回答或许是我们最基础、最重要的哲学问题:全然地成为人意味着什么? 如何解释人之"存在"的出生、生活及成长? 是否要通过目的论的讲法(婴儿不过是既存理想形态的早期)从而诉诸重复的因果描述(婴儿是现成的成年人)? 或者假定人之"成为"的观念,从而诉诸一种通过反思性的、有目的的自我行动的现象学而取得的语境化、叙事性的说明?我们如何定义人之"存在"是什么? 是否给出有关先天的、孤立的诸原因的空想假设,将人置于其生活的角色与关系之外? 或者通过充分考虑到人不可逃脱的与生俱来的原生条件及环境因素,对人之如何"成为"人做出解释,继而随着人生故事的展开来分析衡量人们接下来的一切有意行为的集合?

我们已经看到,对于葛瑞汉来说,"性"作为一个动态的、动名词式的概念,指向一种所谓"发展的"进程,这一进程是自发性的,如果未经损伤、充分长养,便能实现其自我潜力。这里我们见到,葛瑞汉想要削弱任何我们熟知的、与发展模式相关联的关于先在起源及终点的预设。前文中已指出,葛瑞汉在对早期儒家宇宙论的理解中,预设了一种关于事件构成的内在关系学说,而非仅仅联结离散的独立事物的外部关系学说。因此,他关于"其自身潜力"的解释是要让这些"潜力"语境化、历史化、具体化、系谱化。诚然,

---

[1]　具体例证参见 David L. Hall and Roger T. Ames, *Thinking from the Han: Self, Truth, and Transcendence in Chinese and Western Culture*, Albany: State University of New York, 1998, pp. 23 – 78, 以及 Roger T. Ames and Henry Rosemont, Jr., *The Analects of Confucius: A Philosophical Translation*, pp. 20 – 45。亦参 Ames, *Confucian Role Ethics*, 尤其是 Chap. 2, "An Interpretive Context for Understanding Confucianism"。

在澄清何种"关系"与中国宇宙论有关时,葛瑞汉准确地区分了构成事物的具体的关系模式与从独立事物中抽象出来的次级关系:

> 就"关系"来说,关系无疑是阐述中国思想时不可或缺的概念,西方人一般认为这一概念更加关切事物之间而非其属性之间的那些关系;但是,该概念关注的是具体模式,而非从具体模式中抽象出来的关系。[1]

葛瑞汉再次建议我们,关于在理论化中国古典宇宙论的过程中可兹利用的那些术语,注疏者们在理解这些术语时必须避免某些基本的混淆,这是我们尤其要认清的。葛瑞汉谈到,中国早期的概念往往"比与之最相近的西方概念更具有活力,而英语翻译却将它们凝滞"[2]。直到 20 世纪,得益于维特根斯坦(Ludwig Wittgenstein)以及后来的乔治·莱考夫与马克·约翰逊等人的洞见,我们才开始质疑此种假设,即概念可以作为通用货币来确保论证的说服力。诚然,及至今日,我们大体上已经不再期待概念可以是单义性与确定性的来源。相反,鉴于"语言游戏"中语言与行为明显的不可分割性,我们已经认识到,语言是不可化约地与永远变化发展着的实践语境彼此依赖的,至多提供给我们范畴间的"家族相似",以供我们在理论化人生经验时使用。葛瑞汉如此评价这一新进变革:

> 除了逻辑与数学领域,我们正在失去这样一种信念,即概

[1] Graham, "Replies," pp. 288 - 289.
[2] Graham, *Studies in Chinese Philosophy and Philosophical Literature*, p. 8.

念可以通过精确定义来建立,而这样的定义能够使得语词从引导其日常用法的类比中解放出来。[1]

在比较哲学对文化等价物的寻索中,我们可能推想,我们先前的关于概念的单义性质的本质主义假设本身可能源自一种实体存在论,这种实体存在论将形式与静止状态自然化,故而青睐能更稳定的、去语境化的名词,它们似乎使我们获取了不变的知识对象。此种假设与任何建立动态的过程宇宙论的理论尝试形成鲜明对比,过程宇宙论认可"体用"不分,故而青睐语境化的动名词(或动词性的名词),但不是将其当作本质上的知识对象,而是视其为资源,从中我们得以提取出迅速推进面向未来的旅程时所必要的最佳侦讯。

诚然,正如上文提到,在发展出被我们命名为叙事性的"性"之观念的过程中,葛瑞汉总是将"性"这个术语语境化地置于一种人与其所处环境相互塑造的过程宇宙论之中,用他自己的话讲,是"相互依赖者成为一体,而非目的之实现"[2]。葛瑞汉誓绝了通过前在设计或预定结果来定义"性"的目的论预设,呼吁正视审慎的、前瞻的行为所具有的更为重要的角色,他为我们提供了一种对"性"的理解,即将"性"视为一种有活力的、能动的自然倾向,它在叙事性的成长发展中是自觉的、自我引导的,但在塑造其所在环境以及被环境所塑造的过程中又是协作性的。用葛瑞汉自己的话说:

---

〔1〕　A. C. Graham, *Disputers of the Tao*: *Philosophical Argument in Ancient China*, La Salle, IL: Open Court, 1989, p. 120.

〔2〕　Graham, "Replies," p. 288.

还是我的老生常谈，"心"与"性"作为意识与自发性的中心能被一一区分吗？……当心着力于思考，自发性的倾向在它被诸感官所知觉到的事物之行动所牵引的方向上发生移转……在无意识中，你仅仅知道当下的倾向；只有用心充分理解作用于你的诸事物，你才会领会、并完全意识到天所规定的你的本性的自然偏好。[1]

如果我们把"性"理解成单纯指"自然天赋"的话，那么葛瑞汉所指的极端情境化和语境化的意识中心以及由其所指导的自发性成长便失去意义。此种回溯式的、天赋论的对"性"的解读会将构成"性"的"生"还原成"出生"，与其"出生、生活及生长"等更广博的意义相对照。后一种更加宽泛的意义则要求我们在设想"出生"的同时，也需要涵盖这些原生条件在其构成性的诸关系中的未来生活与成长。

然而，如果严格区分两者，把"心"作为"意识"的指挥中心，把"性"作为"自发性"，那么就可能忽略"心"字本身也是"性"字的组成部分；"性"字是由"心"与"生"组合而成的，如此将意识与自发性两者都整合进了"性"之中。用葛瑞汉自己的话来说。如果"心"是"意识"的中心，那么"性"就得是"意识"的中心再加上富有生机的"自发性"，如此一来"性"便是富有生机的发展演化着的意识中心。总的来说，"性"似乎指的是具有活力的、意图性的、审慎的生命历程的展开，以及我们的诸先天条件的生长发展：最完整的人生叙事。

---

[1] Graham, "Replies," pp. 290–291.

对于孟子来说，有时候"心"自身便指的是用心之"四端"这一说法来界定的人的初始天赋诸条件。即是说，"心"是我们朝向在角色与关系中表达出来的"仁""义""礼""智"的天然倾向。"四端"是"心"的多个层面，它们指的是构成我们出生时的焦点式身份认同的那些基本的、初始的角色与关系模式，这些关系模式随着我们人生叙事的展开而被巩固强化。我们将看到，正是通过品评体会对"心"的这种不可还原的关系性、意向性的理解，以及"性"的富有活力的、生成性的意涵，即葛瑞汉所称的"意识"与"自发性"的互补中心（complementary center），我们才有可能从对孟子常见的误读中被解救出来。

6. 孟子论"性"的常见误读

当我们类比一种默认的有关本质"人性"的形而上学理念，将"心"去语境化、去时间性，并把"四端"一词所泛化归纳的诸特征当作是先天的、内在的、不变的、无待的、孤立的条件，一种对孟子论"性"的误读便出现了。正如前文指出，"心"并非定义孤立个人的天生的、排他性的"本质"，而是诸多富有活力的、构成性的关系所形成的具体模式，这些关系模式是对永远独一无二但又极其情境化的人之成为（human becomings）的天然倾向的一般性描述。这些"倾向"作为事件中的涌流，描述了关系性构成的人不可或缺的、不可化约的家庭与社会纽带，关系性构成的人从一出生便已经作为成熟叙事中的初始叙事，嵌入其家庭与社群之内。然而，"心"不仅仅是这样的"倾向"。作为"性"不可或缺的部分，这些初始的萌芽在构成生命的往来互动中，可资增进教化成长的事业，即《孟子》特别指出的"尽心"的进程。

　　将一种作为个体化原则的本质"人性"观念归给孟子,至少在两个方面是对"心"的误读。首先,在以过程与富有活力的关系为出发点的整体主义的"气"宇宙论的背景之下,这肯定是一个反直觉的断言。在这样的宇宙论里,变化被预设为普遍周行的,因此一切都倾向于转变。"心"这一观念,通过指涉人之"成为"的初始条件和倾向,承认在彼此相爱的家庭和彼此沟通的社群中,婴儿出生时便进入由"仁""义""礼""智"所影响的角色。在根本上置身于这些滋养的、对话性的联系之中,这样的婴儿通过参与各种各样的人生讲述,将倾向于"善"。"四端"所具有的此种非分析性的"仁义礼智"语言是"立体式的",其中每一个字都提供了看待同一种关系性构成的、富有活力的现象的特定视角,预见着这个初生的、社会性嵌入的婴儿,被置于家庭与文化条件的语法中,它作为社群意义以及终极的宇宙意义的一个来源,将倾向于如何对话地成长与成熟。[1]

　　我们可以用被"智"塑造的婴儿的角色为例。这么说并非宣称婴儿具有某种内在的、天生的先验知识储备,将来可以运用在不同的生活场景。"智"是一种行为的品质,它在婴儿所牵涉的社会活动中逐渐产生,像这些活动一样,被由家庭、社群以及他们出生地的成熟文化的传承延续而又发展变化的价值影响着。从词源学上看,"conduct"是 con-(一并、与)和 duct(引领)组合,那么这种智慧

---

[1]　在《善恶之源》(*Just Babies：The Origins of Good and Evil*, New York：Random House, 2014)一书中,保罗·布卢姆(Paul Bloom)认为,人与生俱来就拥有道德感,并非白纸一张。然而,此种道德理解的问题在于,它将道德情感全然归于婴儿本身,而非将之视为存在于婴儿被关系性地影响着的叙事之中,婴儿则是从更广阔的连续性叙事中生成涌现的一种初始叙事。

(或者说"行智"［wise-ing］)是一种深刻的参与性活动,而这种活动体现在婴儿与周遭他人持续的交接互动中。诚然,如果不能随时获取可兹利用的成熟智慧,那么婴儿的生命可能是岌岌可危而短暂的。

再者,作为"四端"的"心"不是本质的固有"天赋",而是婴儿具有的一种"在角色与关系中臻至行事"(仁)的倾向。此种臻至行事最初不过是初始的关系性的意向、倾向、趋势,但是通过在关系系统中孜孜以求的勤勉努力,逐渐发展成为一种修养而来的自我意识,以及一种在与家庭和社群有关的个人叙事中展开的角色上的习得性臻熟。"四端"都被描述为天生条件,在适当的时候,随着最初仅仅是尝试性的倾向的持续成长,它们逐渐巩固,并在那些构成我之为人的角色与关系中,成为质化的习得性的行为习惯。

第二种对孟子的误读在于,将一种个人主义附会于孟子,这种个人主义将"心"和"性"当作固有的普遍人性来提供一种个体化原则。虽然割裂的孤立个体这一人之理念在当代哲学讨论中实在是太过熟悉的未经反思的预设,但在一些最为进步的思想家所掀起的内部批判中,这一理念同时也被视为对人的错误理解而被否定抛弃,这样的进步思想家在前文中已经提到过一些。鉴于讨论的善意原则,我们或许该忧心,为何当我们自己似乎力图克服这种个人主义之时,却将其强加给孟子。

比如对于哲学家怀特海来说,他作为过程思维的重要发言人,认为在许多关于人的自由主义的理论化中被预设的割裂个体观念,正是哲学家职业偏见的一个经久不衰的具体例子,被他描述为两大谬误的显著案例。首先,这是他称之为"简单定位谬误"(the fallacy of simple location)的一个首要且有力的例子:即认为将事物彼此孤立、去语境化并且分析为单纯个案乃是理解经验内容的最佳方法，是一种常见却又错误的主张。对于怀特海来说，此种理论化工作是极度还原主义的，并且还犯了他进一步指出的"具体性错置谬误"（the fallacy of misplaced concreteness），在"具体性错置谬误"中，抽象化的独立"事物"与实际为何被等同起来，同时使得"物"在我们日常经验往来交接的诸事件中生机勃发的那种真真切切的关联性与传递性又被忽略了。之所以出现具体性错置谬误的原因在于，认定假定的抽象实体同具体存在者一样具备简单定位，同时漠视伴随着我们经验中一切事物的那种富有活力的、过程化的传递性。[1]怀特海坚持要让人们在构成其共同生活的诸事件的叙事中经历彼此，将人当作相互渗透的诸"事件"，而非外在于彼此的割裂"事物"。

诚然，查尔斯·哈茨霍恩（Charles Hartshorne）阐述了怀特海的简单定位谬误，质疑了那种关于明显的"内""外"领域的常识性理解，这种理解将人们置于彼此之外从而相互独立。作为一种可替代方案，哈茨霍恩提出了他的相互渗透的、焦点—场域式的人之理念：

> 正如怀特海的真知灼见——一般来看，个体并非简单地外在于彼此（"简单定位"谬误），而是在彼此之中，而上帝对万物的容纳仅仅是个体的社会相对性或彼此内在性（the social

---

[1] 怀特海观察到："个体独立这一预设正是我在别处提到的'简单定位谬误'。"参见 *Process and Reality: An Essay in Cosmology*, Donald Sherbourne corrected edition, New York: Free Press, 1979, p. 137。

relativity or mutual immanence of individuals）的 极 端 或 超 级
案例。[1]

此处哈茨霍恩坚持,当人处于与他人的关联中时,人是全息的,相
互牵涉、彼此渗透的。当然,在儒家思想中,是不竭的道（unsummed
dao）在承担上帝的角色,作为从万物各自的角度来看的那种包容
而又无界的场域的"超级案例"。

　　第三种对孟子论"性"的有关误读产生于对"心"与"性"之区
别的频繁节略,以及在指涉某种先于成长进程的给定"人性"时,将
二者视同一律。如果《孟子》将"心"理解成对语境化的先天条件的
一般性描述(它的确如此),如果"性"被理解成没有进一步限定的
固有"人性"(即便不是大多数,至少许多注疏者都如此认为),那么
一种似是而非似乎就无可避免。

　　比如,张岱年指出,"然圣人亦是人,圣人所有之性,亦即人人
所有之性"[2]。由于"心"在孟子的思想中可以用来描述那些可资
修养的人的天生条件,张岱年的确有理由断言,圣人之"心"在这个
意义上可以被描述为一般性的人类条件。事实上,《孟子》将"心"
描述为"官",与视听官能在同一层面上,都是我们生物体感觉器官
的标准问题。[3]然而,省略了"心"与"性"之区别,此处张岱年的
预设似乎在于结合他对"心"的理解,将"性"看作一种人之所以为
人者所共有的给定潜能,而圣人只不过是将其顺利实现的人罢了。

---

[1]　Charles Hartshorne, *A History of Philosophical Systems*, New York: Philosophical Library, 1950, p. 443.

[2]　张岱年:《中国哲学大纲》,江苏教育出版社,2005,第 185 页。

[3]　《孟子·告子上》第十五节。

唐君毅对"性"的解读更加严谨也更为传统,他主张,在我们对成人进程的理解中,必须给予成长及生命力量(生理)以适当的价值。如上文所示,"性"字结合了"心"(作为可资成长的天生条件,最初的"心之")与"生"(自发的、富有活力的出生、生长,以及在一个特定叙事里将此"心"的可能性最大化的生命)。唐君毅对"性"的理解与前文所引葛瑞汉的立场同声相应、同气相求:对于葛瑞汉来说,从他独立的解读中得出的"心与性",最好被理解为"分别是意识与自发性的中心"。[1]

重要的是,此处我们需要澄清两个问题。首先,如果我们充分注意到"生"字的"出生、生长、生命"之意,那么"性"所具备的诸可能性则并不仅仅存在于事物本身;更确切地说,人之"性",在"心"的适当引导下,必然是审慎的、自觉的、果断的,它指的是人与其家庭的、社会的以及自然的多种环境之间发生的广泛创造性合作的持续进程。其次,尽管"心"的确指的是人与生俱来的条件,但它也是人之成长与完善的轨迹,使人能够在完善进程中审慎行事。

唐君毅强调人之"成为"进程中的这种富有活力的、互动协作的、涌现生成的特质:

> 中国自然宇宙论中,共相非第一义之理。物之存在的根本之理为生理,此生理即物之性。物之性表现于与他物感通之德量。性或生理,乃自由原则,生化原则,而非必然原则……盖任一事象之生起,必由以前之物与其他之交感,以为其外缘。而一物与他物之如何交感或交感之形式,则非由任

---

[1] Graham, "Replies," pp. 290 – 291.

一物之本身所决定——因而一物之性之本身,即包含一随所感而变化之性。[1]

当瑞恰慈做如下主张时,他也表达了相同的观点,或许更加清晰明确:

"人性"(human nature)一词带有对某种终极的、给定的、颠扑不破之物的指涉,在此处有着声名狼藉的误导性。[2]

确切地说,瑞恰慈评论道,我们必须承认,因为"人毕竟是动物中最多才多艺、最具可塑性和强大适应性的",我们应该将"人性"理解为:

对孟子来说,必须是人生在世的一种作品。并且当我们愈发清楚地认识到,如果社会塑造影响被去除的话,我们所能认知的人心独特之处将会是多么的少,那么我们就愈发不可能对这一理解提出异议。[3]

我们可以看到,"心"与"性"作为天生条件与终极成果,在情景化的个人成长进程之伊始,各自有着明显不同的所指,而在此阶段中,二者的区别不应该被忽视。然而,随着成长进程的展开,二者逐渐会聚靠拢,成为指代相同结果的不同术语——"心"之充实完

[1]　唐君毅:《唐君毅全集》第 4 卷,第 98—100 页。
[2]　Richards, *Mencius on the Mind*, p. 78.
[3]　Ibid.

满是自发性成长进程中自然涌现的产物，而"性"则是创造此充实完满之"心"的自发性成长进程。《孟子》中明确提到过这一点："尽其心者知其性也。"[1]"心"可以被解析为可资成长的初始的、与生俱来的诸条件，也即孟子所谓的"四端"。尔后，通过自觉的不懈努力，"最大化地运用"此种果决审慎之"心"，"心"作为此种修养的成果就同"性"一样获得相同的所指。因此，当人的成长历程结束，至于臻至完满的阶段之时，赋予"心"与"性"二者共有的认同并非含混不清，而二者之间的区分可以同人与其叙事之别做类比。

第四种对孟子论"性"的误读由一种常见的类比引起，这一类比将《孟子》中我们对养"身"的渴求与养"心"的愿望并置。受某种根深蒂固的常识的影响，我们倾向于未经反思地预设，个人修养的成果在于理智与精神提升，叫人出尘脱俗。然而，此种身与心、智与欲、灵与肉的二分思维是二元论的、为孟子所厌弃的。

汉学家们已经普遍意识到孟子的气化宇宙论是非二元论的，而常见的认知与情感的区分对孟子来说无甚意义，通过将"心"的标准翻译规范为"heartmind"这样的新造词，汉学家们企图克服常见的二元论。然而，虽然此举恰如其分，但也不过只是千里之行的起点。我们必须承认，除了抵制这种认知与情感的二分之外，孟子"心"的观念也拒斥我们所熟知的其他二元论的相关性：身与心，主体与行为，内与外，主体与客体，自我与他者，天然与涵养，部分与整体，等等。这样的区分自然是有用的，允许我们在凸显和聚焦"心"的一个层面时将其余方面悬置。然而与此同时，我们必须认识到这样的事实，即"心"同时具有理智的和生理的层面，同时是能

---

[1]《孟子·尽心上》。

感受者与诸情感本身,同时包含内在自我与外在的世界,如此等等。在这一认识的基础上,如果我们不止步于将这个术语理解为"heartmind",而是动名词性地(如果不违反语法的话,或许是有趣的)读作"在具体的经验场域中生命的、果决的、自觉的心之(body-heartminding)",那么我们可能会更加公允地看待"心"的复杂性。无论如何,欲将"心"从二元论预设的画地为牢中解救出来,我们需要在富有生命活力的、整体性的方向上重构"心"之观念。

7. 援引《孟子》以重申葛瑞汉关于 "性"之叙事性的洞见

行文至此,须有一问:在流传既广的孟子解读中,今天的我们将置身何处?尽管已经有了葛瑞汉对"性"的叙事性理解这一可选择的洞见,但他的做法似乎对人们将如何继续解读《孟子》影响甚微。即便葛瑞汉放弃了他早期的本质主义解读,并且在他的代表作《论道者》(*Disputers of the Tao*)中较为完整地论述了此种更加宽泛的叙事性的"性"之阐释,但是这些灼见被持续地忽视、误解。至少我们需要注意到,在诠释经典的文献中,葛瑞汉修正后的对孟子论"性"的叙事性解读,并没有成功取代将"性"视为与生俱来的善良本性的那种经久不衰的理解。

在此种对孟子积重难返的误读中,一个重要的因素在于当代文化对一种默认的个人主义近乎不可动摇的认同与信守,以至再难接受《孟子》或许可以提供另一种可选择的人之理念。再者,诚如所见,葛瑞汉本人对"性"的叙事性阐释一直在发展变化,也很难称得上是具备清晰性的典范。的确,只有广泛地搜集他晚期著述中散落的只言片语，我们才得以重建《孟子》文本恰当的阐释语境，才能够更清楚地呈现葛瑞汉对"性"的动态的、不可化约的语境化的"叙事性的""性"之解读。

与此同时，在我们继往开来的工作中，一如葛瑞汉以及他之前的唐君毅、葛兰言、李约瑟，我们也试图指出此种阐释背景作为理解儒家伦理之必要条件的重要意义。如前文所述，角色伦理学源于共同生活这一事实，在此基础上，对"成人究竟意味着什么"这一问题，我们可以通过对其做出截然不同的关系性的理解，从而挑战基础个人主义。下文将指出，以尊重《孟子》的阐释语境为前提对其进行解读，将显示出葛瑞汉对孟子论"性"的叙事性理解与我们角色伦理学的概念之间具有一致性。总而言之，此处我们想回答的最重要的问题在于，首先，在其自身的阐释框架中阅读《孟子》文本是否会给予我们此种对人性的叙事性解读；其次，此种对我们如何成人的叙事性解读是否在儒家角色伦理学中一以贯之。这便是我们现在要讨论的两个问题。

从重构葛瑞汉对孟子的阐释到回归《孟子》文本本身，我们将指出，精读这一哲学经典会证实葛瑞汉的论点，即对孟子而言，臻至而完满地成人这一事业，并非简单的顺势而为地践行如其所是的自我，而是一项艰苦卓绝的工作。荀子将一种主张人生而善良的道德自然主义附会给孟子，然而，与荀子连同其附会相反，孟子提倡在角色与关系中兢兢业业、孜孜以求的自我修养，视其为道德成长之源，他始于此，亦终于此。即是说，孟子式的活泼泼的人之"成为"，似乎不但要求我们具备动机以及真正怀有目标的努力，同时还需要想象力以及创造性的反应来处理流变不息的环境所带来的诸限制。

　　我们可以从研读《孟子》文本中有关"四端"的段落开始——"四端"即是孟子就人生经验所概括出的与生俱来的、构成性的诸条件,被他视为与初始之"心"相等同。《孟子》就这四种倾向激励人的道德之举做了清晰的描述:

　　　　恻隐之心,仁之端也;羞恶之心,义之端也;辞让之心,礼之端也;是非之心,智之端也。人之有是四端也,犹其有四体也。(《孟子·公孙丑上》)

　　　　Our heartmind in feeling pity at perceived suffering disposes it toward consummate conduct in our roles and relations; our heartmind in feeling shame at perceived crudeness disposes it toward appropriate conduct in our roles and relations; our heartmind in its feelings of modesty and deference disposes it toward propriety in our roles and relations; our heartmind in feeling a sense of approval and disapproval disposes it toward wisdom in our roles and relations. Persons have these four inclinations (*siduan*) just as they have their four limbs.

葛瑞汉在评议此段时注意到,修养四端与滋养身体之间的类比实为同位语关系:

　　　　孟子所言的重要之处在于,虽然道德教育像给养身体那般不可或缺,是对一种自发性进程的滋养,但是一个人为恶并非是因为他的构成(constitution)中缺少那些原初冲动(incipient impulses），而是因为他舍之亡之，令其失养。[1]

葛瑞汉在这里强调了生理成长与道德养成之间的类比关系。在这两种情况下，成长得以一方面依赖有机体的自然条件，另一方面同时依赖令这些自然条件发展所必须投入的给养努力。此处用来描述那些自然条件的术语如"构成"和"原初冲动"很重要，因为孟子指的是那种在我们作为人的诸关系中出现的天然倾向：

　　孟子曰："大人者，不失其赤子之心者也。"（《孟子·离娄下》）

　　Mencius said："Great persons are those who do not lose the heartmind of the newborn babe."

我们务必抵制对这一段进行那种可能导致对心的本质化、实体化的说明性解读；或许最好简单地将此处看成孟子的观点陈述。该观点便是，激活关系性构成的婴儿的固有倾向是最终实现示范性人格这一事业的必要条件。孟子对于原初"倾向"的描述，不仅将彻底嵌入性的新生婴儿作为这些"倾向"成长发展的所在之处，同时也更进一步依据这些有机的关系来界定婴儿的"构成"。也即是说，新生婴儿作为一种初始叙事，在其所嵌入的家庭与社群更加成熟的叙事所具有的更为宏大的模式之中涌现出来。

　　在一个成熟文化内，从具体的家庭与社群关系系统中出生的婴儿，通过诉诸这些构成性的纽带所具有的强烈的社会交往冲动，

----

[1]　Graham, *Disputers of the Tao*, pp. 126, 129.

其成长可以被同时描述性地和规范性地捕捉到。《孟子》使用了延烧的火势与奔涌的泉水作为隐喻，强调这种道德成长崛起勃发的特质：

> 凡有四端于我者，知皆扩而充之矣，若火之始然，泉之始达。苟能充之，足以保四海；苟不充之，不足以事父母。(《孟子·公孙丑上》)
>
> Now acknowledging that these four inclinations are defining of us, the process of realizing the development and fruition of them is like a fire beginning to blaze or a spring of water beginning to gush forth. Persons who are able to bring them fully to fruition can vouchsafe everyone within the four seas, while persons unable to do so cannot even be of service to their own parents.

葛瑞汉对此评论道，这种道德成长势不可挡的进程是由其中的愉悦之情所驱动的：

> 这一进程一旦开启，便如同着火一样地加速，因为我们发现了它的乐趣。[1]

对此婴儿而言，预见道德成长的四端便是决定它的那些厚实的、不可化约的生物性的、家庭的、社会的以及文化的诸条件。这些对话性的纽带本质上是决然关系性的、包容的，在它们的激活与生长之

---

[1] Graham, *Disputers of the Tao*, p. 126.

中形成"善"的源泉。如前文所述,"善"作为道德成长意义上的"好"始于持续叙事中的"对话网络"——此乃查尔斯·泰勒贡献的妥帖表述。只有出于这一持续的对话性进程,"好"才能够被抽象为对人与其行事作为的概括描述。简言之,作为具体事实的新生儿是由定义他们的诸关系构成的,这一关系系统将对他们做出对话性的敦促激励,随着他们对这些敦促的遵循,他们在涌现的自我认同中生出多种多样的角色。在这些关系中,婴儿是活泼泼的、投射的(animated and projective),并且在组成他们广泛的内主体的角色与关系中发展出他们曲折的反身性自我意识。

重要的是,正是关系本身的这种放射的、构成性的、互动的特质,以及它们在意义生产上的倾向,首先把新生儿置于初始习惯之中,从而将他们导向积极的道德成长。鉴于其不可化约的关系性本质,把一个婴儿看作是割裂的、分离的"个体"无异于对这些多样复合的关系进行回溯性的抽象。进一步讲,所谓的婴孩之"善",非但不是某种先天的、可区分的禀赋,实则是激活其勃发的社会性成长倾向时所产生的复利。"善",指的是塑造着他们作为人之"成为"的那些符号进程与象征能力(the semiotic processes and symbolic competencies)所产出的成果。

8.《孟子》论勤勉修身的作用

于孟子而言,促进关系发展并将人导向德善之行的社交冲动最初仅仅是萌芽,诚如所见,定有亡失之虞。然而,与荀子对孟子论"性"的自然主义曲解不同,孟子本人认为成为"大人"需要的不只是避免亡失那种渴望进行有意义关联的初始冲动。《孟子》书中实际上极尽能事地强调了坚持不懈的修身在养成与巩固道德习惯上的作用,此种道德习惯界定着模范人生,同时又从模范人生之中表达出来。这一进程起于我们原初的动物性(initial animality),拥有着初始"四端"最低层级的人类优势,尔后向着我们最崇高展望里的那种实现臻熟的、革故鼎新的圣人习性的可能延伸。

孟子时常区分在他人赞许的激励下做某事,以及与之相对照的,出于修养习得的、发展中的道德习性而一以贯之地行事:

> 孟子曰:"人之所以异于禽兽者希。庶民去之,君子存之。舜明于庶物,察于人伦,由仁义行,非行仁义也。"[1]
>
> Mencius said: "What distinguishes people from the brutes is ever so slight, and while the common run of people might lose this difference, exemplary persons preserve and develop it. Shun was wise to the way of all things and had real insight into human roles and relationships. He acted upon his moral habit of being consummatory and optimally appropriate in his conduct rather than merely doing what was deemed consummatory and appropriate by others."

此处需要注意引文中所做的一个重大区分,即区别那些仅仅是墨守成规而在众人看来是行仁义之举的人,与通过刻苦勤勉的修身养性,得以切实取得角色与关系的臻至而成仁,从而由仁义行的人,即像舜那样的人。如何解析由禽兽至于圣人的成仁之旅亦须谨慎。葛瑞汉在评论生理成长与道德养成的不可分割性时指出:

---

[1] 《孟子·离娄下》第十九节。亦可参《孟子·告子上》第八节。

道德倾向属于天性,一如身体的生理成长。无须修习努力便可自发地萌芽,可被滋养、损伤、亡失,倘若照料得当,便会发育长成;唯其生长不能强行为之。[1]

《孟子》中"四端"与"四体"这一对令人熟知的、常被人提及的类比,至少在两个方面尤为重要。首先,个人关系的发展以及身体的成长,虽非完全的、却是深刻的生理性的(而非形而上的),且是由我们在参与永远社会性的心所持续进行的对话中产生的愉悦之情所激励促成的。与身体一样,道德习惯在经常性的锻炼中获得滋养与成长。

第二,我们为原初之心所激励启发的诸关系呈辐射状增长,从中涌现出品质上的臻熟,产生了一种质变的道德生理性——即舒斯特曼(Richard Shusterman)所指的一种"身体美学"(somaesthetic),这种道德生理性令人之经验升华,令其变得精致优雅。[2]简言之,人之动物性与圣人性这二者的区别并非建立在生理属性与理智属性的差异之上。事实上,感官与理智作为人格的互补层面不过是看待与评价同一现象的两种不同方式而已。德行势必是嵌入的,正如它是习惯性的一样,它通过一种既在生理上又在理智上令人信服的行为特质表达出来:

孟子曰:"……君子所性,仁义礼智根于心。其生色也,睟然见于面,盎于背,施于四体,四体不言而喻。"(《孟子·尽心上》)

---

[1]　Graham, *Disputers of the Tao*, p. 125.
[2]　一个代表性的例子可参 Shusterman, *Body Consciousness*。

Mencius said, "...What exemplary persons cultivate as their human propensities (*xing*)—that is, their inclinations to act consummately in their roles and relations (*ren*), to act with optimal appropriateness (*yi*), to achieve propriety (*li*), and to act wisely (*zhi*)—are all rooted in their heartmind (*xin*). And the physical complexion that develops in this endeavor first glows radiantly on their faces, is further reflected in their carriage, and then extends throughout their extremities. Without their bodies having to say anything at all, everyone is keenly aware of this personal growth."

欲理解孟子的"性"论,需要注意到,孟子对"性"这一术语的使用有所保留,它只用于谈论人得天独厚的卓异之处:

口之于味也,目之于色也,耳之于声也,鼻之于臭也,四肢之于安佚也,性也,有命焉,君子不谓性也。仁之于父子也,义之于君臣也,礼之于宾主也,智之于贤者也,圣人之于天道也,命也,有性焉,君子不谓命也。(《孟子·尽心下》)

The mouth's penchant for taste, the eye's for color, the ear's for sound, the nose's for smell, and the body's for comfort—these are all human propensities (*xing*). And yet because our capacities (*ming*) also have a role in exercising them, exemplary persons are not given to referring to these aptitudes as human propensities (*xing*). A penchant for consummate conduct in the roles of father and son, for appropriateness in the roles of ruler and subject, for ritual propriety in the roles of guest and host, for wisdom in the roles that make persons superior, and for the roles that sages have within the way-making of *tian*, are all capacities we have (*ming*). And yet because our human propensities (*xing*) also have a role in exercising them, exemplary persons are not given to referring to such moral habits as mere capacities.

作为"能力"(capacities)的"命"在《孟子》一书的其他章节被用来表示那些在人生经历中我们鲜少能够影响与控制的诸条件,即让我们能够维持生命的各种本能及生理功能,总而言之,正是生命本身。与之对照,作为"人之倾向"的"性"则表示那些具有最强人类特征的、需要在人之角色中实现的成果,即我们有目的有意识地培育家庭角色、社群角色以及终极的宇宙角色方面的能力,由此升华人生经验,使之成为优雅且具有示范性的叙事。这一对话性进程的独特之处在于对一种批判性自我意识的培养。在检视这些角色的过程中,孟子从最基本的家庭角色开始,向外辐射、推而广之,直至作为延伸至宇宙秩序本身的、划时代意义创造者的圣人的生命所具有的变革性的角色。

　　然而重要的是,孟子对"性"与"命"的区分不应当被还原成某种显现于精神与肉体、理智与感官、心理与身体之别的简单二分。诚然,如前文所述,人的理智与生理的层面都可资修身,通过竭精励志的修身能够升华人生经验。使人之为人的是,我们透过在具身化的行为所呈现的臻熟中表达出来的那种协同努力而实现的道德成长的倾向。于孟子而言,不仅我们的生理性是人之活动无可争议地普遍存在的层面,而且同我们的认知与情感能力一样,对生理的修养与改变内在于且反映出我们成为臻至之人所必要的不懈努力。

9.《孟子》与有志人生

在孟子看来，最初由我们与生俱来的社会处境所激发的那种习惯化的成长与习得性的臻熟，一旦被心之"四端"鼓舞推动，并且被恰如其分地教养与引导，便会充盈其人，令人的举止行事具有一种果决的品质，审慎而笃志。正是我们不断发展着的具身化的道德习惯所含有的意向性与批判性的自我意识，为我们生成涌现的个人认同提供了基础：

> 孟子曰："……我四十不动心。"……夫志，气之帅也；气，体之充也。夫志至焉，气次焉。故曰："持其志，无暴其气。"（《孟子·公孙丑下》）
>
> Mencius said："... From the age of forty on I have not felt perturbed in my heartmind."... It is our intentions（*zhi*）that guide our *qi*, and it is this *qi* that fills up our persons. And it is because our *qi* follows wherever our intentions take us that it is said：Be firm in your intentions and do not distress your *qi*."

我们已经谈到"性"字由"心"（即可资成长的与生俱来的社会条件）与"生"（即这些与生俱来的社会条件的发生、生长、生命）组成。如此理解的"性"描述了这样一种进程，经过这一进程，不懈努力的我们将得以在时机成熟的时候成为臻至之人。"志"字在金文

中作 〔1〕，像"性"字一样，也包含了作为与生俱来的可资成长的社
会条件的"心"，以及既可以解为"之"，也可以是"止"的部分，这两
个字的意思都是"到、去往"。因此，作为"心"＋"之"或"止"的
"志"，表示作为动力的那种被激活的意向性，而这种意向性伴随着
人实现臻熟行事的生命进程。正如表示"习得性的臻熟"的"德"
字或"悳"字，"志"字也意味着坚定果决地（"直"）向前行动。诚
然，"志"字在《说文》中释义为"意"，而在古汉语中，该字在读音
上与"识"相近，词义上又与之相连。我们发现，这一组术语传承
了对坚定果决地向前推进，以构成共享人类叙事的"道"的普遍
隐喻。

那种关于"臻至"的宇宙论的、规范性的语言，令此"臻至"成为
了格外人性的成就，我们可以想想，在这种语言中什么是必然隐含
的前提？那就是在我们成人的角色中，在有修养的人（"德"）与其
世界（"道"）的联合间实现的习得性品质。值得注意的是，金文中
的"道"字写作 ，并非单纯的道路——即习惯上翻译成的"the
Way"。"道"是反身性的，其中包含了由人和"首"组合所表现的人
的清晰图像，摹状了发丝生于头的"首"字在甲骨文中作 ，在金文
中作 。〔2〕简言之，"道"并非《约翰福音》（14：6）中说的那种道路
或者耶稣之道。确切地说，它指合力开创的众人之道，这其中既有
祖考先人，又有后嗣子孙，既有从何处来，亦有去向何方，因为我们
有意地、自觉地开拓前行，在开创道路的进程中努力求真。

---

〔1〕 Kwan，"Multi-function Chinese Character Database："（战国早期）CHANT
9735.
〔2〕 参见 Kwan，"Multi-function Chinese Character Database："（西周晚期）
CHANT 4469,（甲骨文合集）CHANT 3501C, 以及（饰奎父鼎西周中期）
CHANT 2813.

重要的是,此共有之路以及它的轨迹虽然已由筚路蓝缕的先辈们建设,但它远非是完成了的,也不是预先决定了的,它需要我们全心全意、深思熟虑的参与,从而承上启下,为下一代的前行做好铺垫。前人在传承"道统"的过程中已经提供了属于他们的坐标,而每一代人的责任在于,在其自身的时空中"弘道",并且让后继之人获益于他们对此生长着的文化传统的延续。如果我们认识到人与世界之间的对位关系,那么"道"既是开拓道路,又是创造世界。鉴于"世界"(world)一词在古英语里写作 w(e)oruld,从词源上看,源自日耳曼语中 wer("人")与 eld("时代")的复合,那么该词的意义就十分明确了,即"人之时代或人之生活"。对人之羁旅(human sojourn)的指涉,确保了将"道"翻译成"创造世界"(world-making)是妥帖的,而在某种意义上,就家庭中心而非上帝中心的宇宙演化论来看,宇宙秩序正是人与世界的全面联合。

在甲骨文中,一贯被翻译成"美德"(virtue)或"卓越"(excellence)的"德"字写作彳[1]。与"道"字相似,"德"字也包含了表示道路的"彳"、以及表示一直向前的"直",摹状人锁定去路,从容前行的情景。在金文中,"心"字作为增加元素被写进了"德"字[2],强调了当我们在世界宏道时,引导我们人生经验最优化所需要的意图性与自觉意识。

在最近出土的简书中,"德"字被写成了"悳"这一异体形式,强化了将"德"视为一种"激发努力的倾向"(conatus)的理解,即视其

---

〔1〕 Kwan,"Multi-function Chinese Character Database:"殷墟文字甲编 CHANT 2304.

〔2〕 Kwan,"Multi-function Chinese Character Database:"(西周早期)CHANT 2837.

为人们致力于充分实现人生经历而有目的地努力。这一异体字将"心"旁放置于表示"正直""真实"以及"径直前行"的"直"字之下。"德"字的异体字与表示"径直前行"的"直"字明显有着同源关系，而根据对古汉语的研究与重构，"德"与"直"二字在读音上明显相似，在"悳"字中，"直"同时是声旁和形旁。

当我们解析在人生路上向前"直行"这样的观念之时，当我们反思由之而来的举止行事的规范性特质之时，我们会发现相关术语的一个词汇表：真实的，直接的，恰当坦率的，真正的，名正言顺的，立即的，及时的，主要的，真挚的，深思熟虑的，明智的，果决的，坚决的，强烈的，正直的，等等。总之，此种深思熟虑的、明智且自律的行为处事正是"臻熟"本身。换言之，正是因为能够真正地、果决地将这些资源最优化，我们才可以在共同创造世界的进程中找到最具成效的前行方式。

在一种全息性的宇宙论中，"此"常生"彼"。"此焦点"总是将"彼场域"蕴含于其自身，而"此场域"又总可从"彼焦点"或某某焦点中照见。"道"与"德"分别是无限场域与焦点中心，"道"之场域是为持续延伸的开放之路，而与其并矢关联（dyadic correlate）的焦点之"德"则指示着具有自觉意识的"成"人审慎生活的个别性，这二者间有着字形上的直接呼应。当然，个别之人与他们共铸之路的最佳联合，反应在复合词"道德"所涌现的意义之中。"道德"在现代汉语中通常被翻译成了"美德"（virtue）或者"卓越"（excellence），但其实"道德"这一表述具有十分古老的起源，早期被用来表达我们通过专心致志、勤勉努力而于经验场域内取得最佳共生的那种获得性的人之臻熟。例如，经典文献《道德经》中的主题被以"无"什么的形式传达——无为、无知、无欲、无事等等，用来界定自觉的人与其世界之间所能实现的最佳的、最富有成效的关系。受上述思想的启发,且根据最近的出土文献的情况,我们将这部经典的名称调整为"德道经",并将之理解成"关于此'德'及其'道'的经典",使用了译名"Making This Life Significant"(令此生意味深长)。[1]

前文已引用的《孟子·公孙丑上》第二节接着记叙了孟子关于他的道德能量)——"浩然之气"的著名论述:

> 曰:"不动心有道乎?"……"敢问夫子恶乎长?"曰:"我知言,我善养吾浩然之气。""敢问何谓浩然之气?"曰:"难言也。其为气也,至大至刚,以直养而无害,则塞于天地之闲。其为气也,配义与道;无是,馁也。是集义所生者,非义袭而取之也。行有不慊于心,则馁矣。"

"Is there some way to cultivate this control over one's anxieties?". "May I dare to ask after your success in this respect, sir?"

Mencius replied: "I realize what is being said (*zhiyan*), and I am good at nourishing my flood-like qi (*haoranzhiqi*)."

"May I ask what you mean by 'flood-like qi'?"

Mencius replied: "It is difficult to put into words. It is activating our *qi* to have its most extensive reach and its most intensive

---

[1]　译者注:这里提到的是安乐哲与郝大维翻译的《老子》,即 Roger T. Ames and David L. Hall (trans.), *Making This Life Significant: A Philosophical Translation and Philosophical Interpretation of the* Daodejing, New York: Ballantine Books。

resolution. If we nurture it faithfully and without respite, it will fill up all between the heavens and the earth. As the achieved quality of our *qi*, it is of a piece with sustaining optimal appropriateness in our conduct (*yi*) and with moving resolutely forward in our way-making (*dao*). Without this quality of *qi*, we will starve. Flood-like *qi* is what is born of the cumulative habit of optimally appropriate conduct, and is not something that can be had through merely random acts of appropriateness. If one does anything that would cause disappointment in our heartminding, it starves."

　　信广来在讨论《孟子》论"气"时援引了《左传》《国语》等文献中的相关阐述,即将"气"视为构成并激活环绕我们的自然界的那种生命能量。[1]在孟子使用"气"的相关语言的一些讨论中,他并未如某些评论者所指的在故弄玄虚。[2]与之相反,孟子不过是明示了他所处的战国时代(前475—前221)的常识。诚然,假如要在我们西方传统自身中找到同这一"气"的世界观的类比,我们或许会找到那种如今已大体上是下意识的数量上的、基因式的、原子论的假设,这种假设对于西方文化来说是起源于古希腊存在论并延续至今依旧影响着我们常识的一种,我们或许会将"气"的世界观视为该假设在中国古典思想中的等价物。

　　孟子本人从道德能量来解释"气"之场域,并在这段话中提出

[1]　Kwong-loi Shun, *Mencius and Early Chinese Thought*, Stanford: Stanford University Press, 1997, pp. 67 - 68.

[2]　在视孟子论气思想为"道德神秘主义"的学者当中,陈汉生(Chad Hansen)并不孤单,参见其著作, *A Daoist Theory of Chinese Thought*, Hong Kong: Oxford University Press, p. 175。

他关于培养人之臻至的建议。[1]此外,孟子再次使用了焦点场域式的宇宙论语言,将自己养气得以"配义与道"归功于两种修养而来的能力:"知言"与"善养浩然之气"。"知言"很有可能暗引了《论语》中孔子主张"不知言,无以知人也"[2]的有关段落。"知言"作为与"养吾浩然之气"并行的陈述,在于主张我们必须将人之诸关系符号学式地理解成一种批判性的、自觉的"与……发生关联",这种关联的发生就在不可化约的社会性的"心之"(heartminding)过程中。掌握了关联性从根本上的对话本质,我们可以进一步理解,这些构成我们个体身份认同的诸关系的特性,无外乎我们与他人长期持续的对话的特性,而在其中我们同时培养出了批判性的自我意识与他者意识。我们成为何种特质的人,是我们与家庭及社群进行有效的、有意义的沟通能力的直接后果。

与第二种养成能力的这种并行陈述在此处非常明了。换言之,类似在理解他人与自我时所需的符号与象征交流,孟子的"浩然之气"也是一种对话形式。孟子的主张在于,当他的"气"被充分蓄养而达到"至刚"(intensive resolution),并且实现了人格中的自我意识之时,他便在对世界的影响上取得了"至大"(extensive magnitude)。同样辐射的、共生的"至焦点"(intensive focus)与"至场域"(extensive field)的动态关系在"道"与"义"的语言中又被再次重复:最理想的诸关系构成了他的人格,而他所能取得的影响("道")就是通过在诸关系中有意义的决心("义")而实现的。于

---

〔1〕　参见 Alan K. L. Chan, "A Matter of Taste: *Qi* (Vital Energy) in the Tending of the Heart (*Xin*) in *Mencius* 2A2" in *Mencius: Contexts and Interpretations*, ed. Alan K. L. Chan, Honolulu: University of Hawai'i Press, 2001。

〔2〕　《论语·尧曰》第三节。

孟子而言,最成功的养"气"意味着在其至广的"气"之场域中,实现最大程度的有意义的得体性以及自觉的决心。正是以此种方式,当他获得了与他的多重环境里最广泛的要素("道")相关联的最大程度的效能与效力("德")之时,在其举止行事的品质中的持久臻至("道德")便实现了。

再者,为了捕捉此种在焦点的强度与场域的强化广度之间的动态关系,我们或许要使用熟悉的关于"精神"的语言,"精神"这一复合词通常被翻译成"spirit, vigor, vitality, drive"(精神,精力,生气,干劲)。通常被翻译成"essence"(本质)的"精",并非某种与事件或属性相对照的存在论意义上的本质,而是个人生机之源的凝集,它既是生理性的,又是理智上的,既从父母处遗传而来,又于各种形式的培养中取得。"精"是生命之浆,是一种有形的、拥有精液般效能的给予生命的能量,正如它在人们的行为举止中被自觉感受到的那样。通常被翻译为"spirit"(精神)的"神",并非指与肉体相反的精神,依旧指的是"精"之活力,它是"精"的流行充溢,并且在身心作为一个整体所具有的功能性生命活动中显现出来。"神"是我们在受到启发的广博生命中如何成为"伟大灵魂者"的玄秘。《易经》如此形容这种恍惚不定的能量:"阴阳不测之谓神。"[1]

如果要就此种焦点与场域的联合如何能够获得如此影响力给出具体史实,我们或许可以说,孔子个人的臻熟(personal virtuosity)几千年来支配着整个中国文化的代际传承,甚至超越了中国文化,而正因为如此,也使得孔子成为人类历史上最具影响力的人物之一。正是在这个意义上,我们可以说中国文化的广阔场域(道)被

---

[1] 《易经·系辞上》。

关于历史人物孔子的延续不断的共有叙事（德）所蕴含，又于其中找到了它的焦点。使用焦点—场域的语汇，通过前景化和背景化的处理，我们可以说，全息性地来看，整个中国文化都斯文在兹地显示于孔子其人，而当孔子其人在反思性的、永远自觉的注疏性的文献中永垂不朽，又将中国文化的宏大场域凝集为一个意味深长的焦点。

10. 《孟子》与"心即性"的全息

儒家宇宙论中预设的此种关于完整之人的焦点—场域式观念，与我们熟知的关于私人内在领域与共享外在世界的实在论溯源的理念形成了鲜明对比。诚然，前文引用过查尔斯·哈茨霍恩提出的问题：如果我们并非立于彼此"之外"这样外在地联系着，那么我们彼此之间的关系的本质又是什么呢？对关系性构成的人的焦点—场域式理解是儒家就该问题的回答，而这一回答始于前文（第一章）已经详细讨论过的内在构成性关联学说。我们是有机体中的细胞，是生态环境中自觉的有机体，是无边无际的生态的星系中的中心生态。此种焦点—场域模式要求我们对人的理解完成一次格式塔转变，即人们个别的身份认同与未加总的（unsummed）整体性，或者说他们前景化的永远独一无二的焦点与他们叠复的场域，是感知同一现象的两种全息性的，故而相辅相成的方式。正如在一部交响乐中演奏的每个独一无二的音符，在其自身中已经蕴含了整个表演，并且需要据此来对其进行评估，所以每一个焦点事件，也即人的一生中每个具有自觉意识的时刻所传达的身份认同，都包含了这个人的整体的、无边的叙事场域。

若要充分掌握这种对人的全息性理解,那么对于《孟子》中经常被引用的段落:

孟子曰:"万物皆备于我矣。"(《孟子·尽心上》)

Mencius said, "The myriad things of the world are all implicated here in me."

我们或许需要比通常见到的解释做更加字面意义上的解读,因为它质疑了我们关于内在自我与外在世界的惯常区分。要理解孟子的这一主张,我们必须领会作为背景的那些宇宙论预设,即关于特定的人与其经验的世界之间的那种被感知到的全息的焦点场域关系,以及过程性本质与人之经验彻底的语境性的宇宙论预设。要理解"万物皆备于我",我们需要提出另一种可能性来取代常识性的二元理解,这种常识性理解视内在自我与外在世界为经验的两个截然不同的领域。

如前文所示,最为明显的是,用来转喻人之概念的儒家的"心"在人生经验中承担认知与情感的双重工作,包括感受性的思想以及富有认知的情感。然而,依然如前文所见,就"心"来说,这并非是超越某一种具体的二元论的问题。在过程宇宙论中,二元论根本不存在。自他、主客、身心、体用、知行、内外、"自然"[1]等等,并

---

[1] "自然"这一复合词通常被释读为"nature",或者更为丰富地被释读为"self-so-ing",但它也可以像其他两两对照的组合词一样被读为"nature and nurture"。我们可以将"自"理解为任何事物的独特性,同时也可以包容地将其视为完整的关系场域,这些关系共同支撑它并保障其独特性——比如说,具体的某人。"然"则是每个事物作为具体焦点的在场,它们作为独一无二之人的品质是在其特定关系场域中实现的那种联合的功能。

非是严格的二分。要将此种内—外动态关系重新构想为一种富有活力的、非分析的连续性，我们需要将所有这类区分进行另一种可能的解读。

举这些二元论中的一个为例，常识促使我们把主体和客体看作是相互排斥的二元术语，但当我们反思这些区分的中国式理解时，可以看到，它们作为相互关联的立体的范畴，具有一种叠合关系（coterminous relationship），区分对照中的每一术语与其并矢关系中的另一半相互依存，并通过这种并矢关系而被理解。反思"客观的"与"主观的"的二元论，其预设在于，"客观性"是事实与真理的假定来源，不仅排除"主观性"，并且还将"主观性"视为仅仅是提供意见而将之否定。然而，在把"subjective"与"objective"翻译成汉语的主客（从字面上讲即"主人"与"客人"）的过程中，这两个字形成一种相互依存的"阴阳"关系，其中，第一个字直接地蕴含于第二个字中，并且只能通过它与第二个字的关系才能被理解。就此过程宇宙论而言，任何事物或任何人都不可能纯粹客观地或纯粹主观地独立于其所在语境之外。鉴于经验的整体性，任何事物都只能是一定程度的主观或客观。

当然，对于"心"而言，这意味着所谓的内外领域是不可化约的反身性的，客观世界总是在一种又一种自我意识的视角中被经验到的，而主观世界又总是有客观世界于其中彰显。借由心，所有形形色色立体的而非二元对立的区分——体用、天人等——都是非分析的、相辅相成的。这些区分并非用以孤立与分隔"心之"体验中的不同成分，从而分裂定义它的活动，而是在于反映形成系统的无数层面之间的相互依赖与相互渗透，它们一同构成了复杂的人类叙事。

我们或许可以从中医（TCM）以及它对"气"的理解中得到启发，中医将"气"看成是早期宇宙论的实际应用之一。中医关于体用关系的理解为我们提供了理解孟子"万物皆备于我"的一种截然不同的方式。我们必须承认，在中医思想中，生理学（physiology）与解剖学（anatomy）密不可分，因此体用也不能分开。导向外在关联学说的那种解剖式的实体化与形式主义，在此种相互的蕴含中被摒除了。诚然，中医对"体用"动态中的叠合关系有一种共生性的理解，而"体用"或许可以更简单、更整体论地翻译成"trans-form-ming"。正如医学人类学学者冯珠娣（Judith Farquhar）在尝试理解中国"气"宇宙论时指出：

> "气"即体即用，是质料与当下形式的统一，当它被还原成某一"方面"（aspect）之时，便失去所有一致性。[1]

在中医中，一个关系生态中的系统性生理机能与更稳健的局部解剖结构是平等的——如果不是比它更优越的话，而这要求诊断是整体主义的、包容性的，而非过于具体的，以至于是分析性和排他性的。回想前文讨论的"主客"的反身性本质，其实这些生命机能也同时具有存在特质和更加客观的特质。生活着的身体（lived-body）从内部被自觉地经验着，同时又作为物质有机体从外部被观察检视。比如，"诊脉"这个术语当然可以被局部化为"把脉"，但更为重要的是，它是医生与病人一道，通过触觉的灵敏来整体主义地感知并解释生命体脏器的动态——从内部与外部同时入

---

[1] Judith Farquhar, *Knowing Practice: The Clinical Encounter of Chinese Medicine*, Boulder: Westview Press, 1994, p. 34.

手。如此,这些互动进程不仅指示着内在体验的有机体,同时还涉及这一生命有机体本身在其外在场景中所具有的有机生活关系。我们还记得"patient"这个词源自拉丁语的"patiens",由"patior"而来,意味着"遭受或忍受",但中医思想中的病人并非作为被动受难者这一字面意义上的"patient"。如此界定病患是被动的,意味着病患一方面不得不耐心容忍外来专家的干涉,同时另一方面承受任何必然的内在折磨。但在中医思想中,所谓的病患是在诊脉的协作进程中的一种积极的、存在的觉知之音。

鉴于中医所依据的全息的、焦点—场域式的预设,在"诊脉"过程中,引申地讲,医患通过合作展示家庭与社群生活,终极来看是在感受通过这一特定有机体所表现出来的生机宇宙的脉搏。当我们用同样的焦点场域式语言来描述"心",它首先是一个思想与情感具身化的自觉中心,在构成其生理的、心理的与社会的叙事的那些互动交接中,它向外辐射延伸,以至于广袤宇宙的最边缘。如果我们把"心"简单地理解为"the heartmind",我们就是在将这一聚焦性的层面孤立出来,当作诸多整体主义的、事件性的功能的转喻,这些功能既是生理的又是心理的,既是客观的又是主观的,它们统一起来构成了一个持续的人生,包含着其中所有的动态细节与个别差异。诚然,"心"只能被派生性地、抽象性地当成那种孤立的、生理性的活器官,这一器官象征性地发挥功能,代表经验中的互动与事件的十足复杂性。

我们可以再引用一段《孟子》中的相关段落,其主张充分利用我们的"心"以及由此而来的共生的、拓展的阶段。此种努力让我们得以在家庭与社群中充分发展我们的原生条件,并在此进程中为宇宙环境的实现做出我们自身所特有的贡献:

尽其心者知其性也。知其性则知天矣。存其心养其性所
以事天也。[1]

Those who make the most of their "bodyheartminding" (*xin*)
realize their natural propensities (*xing*). And those who realize
their natural propensities then realize the world around them
(*tian*). By consolidating their bodyheartminding and nourishing
their natural propensities they do service to the world (*tian*).

我们所熟知的内外二元分离预设了一种次级的外在关联学
说,这种外在关联存在于独立的事物(即共享独立的客观世界的诸
私人性的割裂主体)之间。此种二元论带来我们所熟悉的被称为
"内省"(intro-spection)的理智主义实践,即一种离开客观世界,转
而向内的旅程,以期审视自我私人性的"心灵状态"的内容。换言
之,内省通常被理解为放弃朝向客观世界的常规向外的方向,从而
对我们自身反映外在世界的内在精神状态和主体情感进行反思检
视。然而,受到孟子论"心"的启发,我们或许需要挑战这一关于
"内"视体验的预设——通过发明另一个可替代性的术语"intra-
spection"来作为对另一种自我意识模型的更为恰当的描述。如前
文所述,迈克尔·桑德尔开启了对"内主体的"(intrasubjective)而
非"跨主体的"(intersubjective)自我理念的探寻,将"intra-"理解为
"在内部,内在于",它指示了在给定实体自身内部发挥功能的诸内

[1]　《孟子·尽心上》第一节。理解"知"一词(通常被翻译成为"knowing")的
　　行动含义是很重要的。此处我们不想把"知"局限为单纯地从认知层面上
　　"知道"某物,而是将之翻译成在"使得某事物成真"的行动意义上的"reali-
　　zing"(实现、意识到)。

在构成性关联。"Intra-"蕴含有机的、生态的意味——内而无外者。在此种全息的思维方式中，我们必须摒弃有机体包含在它们的表皮内这样的默认预设，而要将有机体视为生长在活的生态领域中的相互渗透的实体，它们既没有目的也没有外在性。故而"intra-specting"是一种存在的自我意识（existential self-awareness），远非涉及所谓的可分的内外之域，它允许人们关注那些合起来构成一个特定实体的事物之间的关系——在这种情况下，就是聚合起来构成某人自身的焦点式身份认同的那种关系模式。"intra-spection"这个新造词体现了这样一个事实，即自觉地"内视我心"的生命进程，同时也是在向外审视那种联合的特质，而这种联合是在我们的"心"的体验中，于生态性地语境化了的世界中达成的。此种存在的（existential）"主观的"进程与更为"客观的"定向并行不悖，在"客观的"定向中，我们在全然尊重周遭他人并与他们培养最富有成效的关系的努力中，通过发挥像镜子一样的功能来扩张我们的影响力。关键在于，心是全息性的。事实上，因为"万物皆备于我"，在"尽其心"的过程中，我们实际上是从自我意识到的独一无二的角度，将整个宇宙带入更具意义的聚焦与成像中。在寻找如此这般的个人决心的过程中，我们就能在与周遭世界的诸事物的关系中最有成效、最有影响力地发挥作用。

要论证这一点，我们可回顾上文所引《孟子》中的一段话，但现在要考虑的是整个段落而非仅仅是第一句。这一段同样也以焦点—场域式的全息方式来表达"内外"的动态关系：

孟子曰："万物皆备于我矣。反身而诚，乐莫大焉。强恕而行，求仁莫近焉。"（《孟子·尽心上》）

Mencius said, "Is there any enjoyment greater than, with the myriad things of the world all implicated here in me, to turn personally inward and to thus find resolution with these things. Is there any way of seeking to become consummate in my person more immediate than making every effort to act empathetically by deferring to the interests of others. "

这一段再次让我们看到,成为臻至之人是一个全息的进程。与世间众乐相关联的反身而诚,与我们向外影响其他事物的强恕而行,事实上是叠合的、相辅相成的。当我实现自身之诚时,我对世界的影响也延伸了。在个人身份认同的焦点之中自觉地巩固自我的诸关系,与谦恭地向外拓展这一焦点身份认同所在的场域,这二者是共生的;自觉地将这些关系带入有意义的决心("诚"),与在聚合构成我自身的、不断扩张的诸共情关系的范围中,寻找并遵从最恰当的适应("恕"),这二者也是共生的。这里的转换发生在个人与世界之间,在获得与给予之间,以及在如下二者之间:将坚持自我具体性的自觉的决心与明晰(德)前景化,或者,将促成整体未加总的叙事(道)的我个人人生叙事的品质前景化。从前一视角看,当我检视我与周遭他者所实现的联合的存在品质,以及检视对于我成为何人来说,周遭他者不可或缺的意义之时,我独一无二的自我认同是前景化的。从后者来看,延展后的世界场域是前景化的,因为它从我自身独有的视角被建构并且被赋予有意义的明晰度(meaningful resolution)。自我身份认同中的诚的品质决定了我在此世界的影响范围,以及世界在多大程度上因我而变得更好。如此一来,不仅世间万物的发生都蕴含于我,更为重要的是,这些事件因为我有能力于一己之身中,将全然的决心赋予我与它们的关联,因而变得越来越有意义。诚如《中庸》对此种共生关系的描述:"成己,仁也;成物,知也。"[1]

11. "成"人叙事:总结

要归纳概述葛瑞汉对孟子论"性"的修正式解读,以及我们在本章所论述的关系性构成的人,或许可以首先指出,作为"四端"的"心"指涉了人之"成为"在肇始之初与生俱来的生理的、社会的、文化的条件,这些条件是共同纽带(仁义礼智)富有生命活力的复合,将人置于家庭和社群之中,令他们在构成自身的对话性的角色与关系中向善而行。这些与生俱来的条件不仅是对人们在一个成熟文化的持续叙事中出生、生活和成长时的关系模式的一般描述,它们作为我们在自己活出来的特定角色中实现道德成长的一种资源,同时也是规范性的。换言之,尽管由于不加注意和缺乏努力,此种在我们的关系中实现规范性成长的能力可能会丢失,但是一种与生俱来的偏好让我们倾向于相反的情况。事实上,如果日益自觉的我们,致力于依据这些天然道德倾向的激励来生活(正是这些倾向激发了我们的初始关系模式),那么我们会在家庭与社群中苗壮成长,并获得越来越多的道德影响力。

我们又一次看到了,孟子的"心"之观念挑战了常见的诸如认知与情感、身与心、主体与行为、内与外、主体与客体、天性与修养等二分。因此,正如上文中指出,如果我们想要公正地看待"心"的

---

[1] 《中庸》第二十五章。

复杂性,而非将其简单地翻译成"heartmind"来对抗上述众多二元论中的第一组,那么我们可能不得不将之翻译成"在我们的经验场域内的这一特定的、自觉的、充满活力的、果决的、焦点化的'心之'"。如此一来,它表示在一个延伸的关系场域内的特定的焦点式身份认同,故而是全息的,是"万物皆备于我"的。这一活泼泼的"心"正是从根本上是一种关系性的、存在的,故而是生命的叙事,只是作为次级抽象才被当成是形式的、割裂的。

另一方面,"性"是培养天然关系模式("心")的人类倾向,当我们充分利用和实现这些初始关系时("尽其心"),我们就完全成为了我们在家庭与社群中的角色。在我们的对话性关系的语境中养"气"("知言")为此种个人成长提供了条件,导向了行事的臻熟。通过同时培养自觉意识的强度("至刚")与"气"之果决("诚"),"气"变得有意且审慎("志")。这样的"气"表达为目的性的行动,为我们致力于在举止行事中实现最优化的得体性("义")的志向所激励。在我们尽全力向恰当之路("道")的影响("至大")做出自身的"浩然"贡献的过程中,将此种举止行事中最优化的得体性的习惯化,正是我们所能实现的最富有成效的性情倾向。

因此,这里的论点是,"人之倾向"("人性")的主体内容是后天获得的,而非给定的,正如它被表现在如下的品质中——"在角色与关系中的臻至行事"的习惯("仁"),"在有意义的关系中进行最优化的得体行为"("义"),"在角色与关系中实现得体性"("礼"),"理智地行为处事"("智")。"自然倾向"("性")与"臻至行事"("仁")一样都不是本质的、天赋的。二者既是起源,亦是结果;换言之,在一个由臻至行事的习惯性模式所产生的日益强化的自觉叙事中,勉力地拓展那些与生俱来的暂定的条件,这便是"仁"。"智",并非在一个情景中运用智慧,而是在人的社会性行为的效力中产生的一种行为品质或状态。

在没有割裂个体观念背后的那些生物学的、生理性的以及形而上学的预设的情况下,正是在生理与社会层面辐射扩散却又果决自觉的人所具有的审慎目的中,对统一性与决心进行持续的培养,成就了我们独有的、连贯的个人身份认同。故而《孟子》与其他文本重复申明了这一重要的区分,即一方面是单纯地按照既定惯例做出零散的选择;另一方面则在于,实现一种果决与聚焦,能将这些规范作为个人认同的结构、一致性与主体性来巩固与增强。一种在叙事性身份认同的角色与关系中实现的得体性("礼"),反映在共同表达此种臻熟的活的身体("体")所具有的类似的成长与光泽之中。正如角色中的臻熟以一种自觉的价值感和家庭社群归属感将我们区分开来,这一臻熟的身体层面在人体温暖光辉的气色中显现出来。

只有如此解读孟子之"性"的观念,才可以摆脱荀子对他的扭曲刻画——荀子认为孟子将伦理自然主义化,断言了"人性"本善。因此,我们可以如此品评孟子,正如他孜孜不倦地投身成为臻至之人的事业,孟子的洞见确实是大无畏的孔子的延伸。正是此种将人视为场域中的焦点的观念,作为儒家角色伦理学的基础,提供了足以挑战自由个人主义意识形态的另一种可选择的人之理念。

第四章 全息性与焦点—场域式的人之理念

1. 儒家焦点—场域式的人之理念

若要诉诸中国的一种自然宇宙论理解来为儒家之人提供阐释语境,我想引入一套词汇,将此种世界观与在古希腊宇宙存在论中普遍存在的那种单一秩序的,故而是还原目的论的模式区分开来,该目的论模式至今依然深刻地影响着我们的常识。如果以"理念"作为希腊存在论中的个体化原则,即以某种自同的、重复的、同一性的特征来界定特定种类中的全体成员,对于人与世界来说,"多"则是通过在其背后附属的那种基本的、因果性的理想范型而被认识的。在希腊人所熟悉的"一藏于多"的存在论位置上,我们发现中国早期的宇宙论采取了另一种整体主义的、焦点—场域式的秩序模式,这种模式从富有活力的关系的首要性入手。也就是说,如果一切事物都是由其诸关系构成的,并且这些关系既没有共时性的边界,也没有历时性的边界,那么一切事物或多或少都与任何其他特定事物相关。首要考量在于赋予关系系统中的周遭他者的相对重要性与优先性。这或可说明家庭作为经典儒家哲学中秩序的模式所具有的首要地位,在该模式中,人被视为其自身家庭关系的特定场域中独一无二的焦点。

此种全息性的秩序观念在朱熹编订的"四书"之一的《大学》中有简洁的说明。《大学》是一部有关儒家事业的简明宣言的权威文本:

> 大学之道,在明明德,在亲民,在止于至善。知止而后有定,定而后能静,静而后能安,安而后能虑,虑而后能得。

> The way of becoming expansive in our learning lies in displaying real personal virtuosity, in cherishing the common people, and in dedicating ourselves to doing our very best. Such a regimen for learning can only be set once we have made such a commitment. Only in having set such a regimen are we able to find equilibrium, only in having found equilibrium are we able to be composed, only in being composed are we able to be deliberate in what we do, and only in being deliberate in what we do are we able to get what we are after.

关于在弘道过程中标识并尊重事物的相对重要性,《大学》文本的语言清晰而明确:

> 物有本末,事有终始,知所先后,则近道矣。

> There is the important and the incidental in things and a be-

ginning and an end in what we do. It is in realizing what should have priority that we close in on the proper way (*dao*).

这一文本表示,正是修身事业中本末先后的复杂性成为导向人类繁荣的"大学"之源。《大学》接着将此种修身全息性地放置在一种不断扩展的宇宙秩序的进程之中。因为每个人都在塑造着整个宇宙,又被整个宇宙塑造着,所以整个宇宙都蕴含于个人叙事的每一瞬间。因此,这种孜孜不倦的修身向外辐射延伸,一圈接一圈,直至最终以个人自身的发展成长来贡献世界的持久平定:

> 古之欲明明德于天下者,先治其国;欲治其国者,先齐其家;欲齐其家者,先修其身;欲修其身者,先正其心;欲正其心者,先诚其意;欲诚其意者,先致其知,致知在格物。
>
> The ancients who sought to demonstrate real virtuosity in the world first brought proper order to their states; in seeking to bring proper order to their states, they first set their families right; in seeking to set their families right, they first cultivated their own persons; in seeking to cultivate their persons, they first knew what is proper in their own heartminding; in seeking to know what is proper in their heartminding, they first became resolved in their purposes; in seeking to become resolved in their purposes, they first sought to extend their wisdom. And the extension of wisdom lay in seeing how things fit together most productively.

当《大学》文本将过程的顺序逆转之后,在习得性的人格与恰当的环境之间,在修身事业与在社会的、地缘政治的世界秩序中实现的品质之间,在反思性的、目的性的自我意识的培养与个人同其周遭他人的诸关系的联合之间的共生互成的关系,就变得更加清楚了:

> 物格而后知至,知至而后意诚,意诚而后心正,心正而后身修,身修而后家齐,家齐而后国治,国治而后天下平。
>
> Once these ancients saw how things fit together most productively, their wisdom reached its utmost; once their wisdom reached its utmost, their thoughts found resolution; once their thoughts found resolution, their heartminds knew what is proper; once their heartminds knew what is proper, their persons were cultivated; once their persons were cultivated, their families were set right; once their families were set right, their state was properly ordered; and once their states were properly ordered, there was peace in the world.

对于家庭、社群、政体、宇宙,每个人都代表了一种独一无二的视角,而通过致力于思虑审慎的发展与表达,每个人都有可能将更为清晰和有意义的焦点,带入那使其自身置于家庭与社群中的丰富多样的关系。有了《大学》这种有机的、生态的敏感性,就有了一个共生的、整体的焦点—场域式的秩序模式。而在这一模式中,"学"本身无外乎是培养往来交接的事件中的臻熟,这些事件构成了某人从发展着的批判性、目的性的自我意识出发的叙事。家庭的意义蕴含在且依赖于每个成员富有成效的修身。引申而言,整个宇宙的意义蕴含在且依赖于家庭与社群中每个成员富有成效的修身。重要的是,尽管关于存在的叙事本身自然是具体的人活出来的日子,但它们也是在其自然、社会与文化生态中无限的、互渗的故事。

李约瑟为表述此种全息性的焦点—场域式语言做了铺垫。在描述此种生态性的宇宙中"物"与"人"的本质之时,他大量引用了葛兰言的著作。在这种生态性的宇宙中,任何事物的认同正是其在动态宇宙有机体中的定位的一种发用,也是它在联合起来使其自身明晰的那种特定关系系统中的定位功能。

当约翰·亨利·克利平格挑战那种将人具体描画并区分成个体存在者的所谓的边界之时,他可能为我们提供了一个更为具体的关于李约瑟宇宙论观点的表达。对于克利平格来说:

> 独立于群体的"个体"事物并不存在。我们是一的群/一群(crowd of one)。在物种和环境之间,在一个物种与另一个物种之间,在一个种族或宗教同另一个种族或宗教之间,并不存在清晰的二分。[1]

我们可以求助于家庭制度这个中国宇宙论的主导隐喻,来说明此处描述的全息性的焦点与场域的动态。焦点与场域的语言提供了恰当的词汇来表述这种存在方式,在其中,特定的家庭成员在这一社会单元中拥有独一无二的视角,并从他们自己独有的生态的视角(比如祖母与孙子,父亲与女儿)来解析这些相互渗透、相互构成的家庭关系。事实上,从词源上看,"focus"(焦点)这个词本身

---

[1]　Clippinger, *A Crowd of One*, p. 179.

就来自拉丁语的 focus，意为"家中的炉灶"或"壁炉"，传统上的家庭生活就围绕着这一核心场所发生。从其有关炉灶与家庭的核心意义出发，focus 被用来表示在一个场域中的人的"发散与聚合的所在之处"——换言之，就是表述家庭成员从家庭中带走了什么，又回馈了什么。与 focus 类似，"field"（场域）是另一个具有家庭的、农耕的含义的词语，它指的是承担耕种与放牧从而向家庭输送饮食供应的田地，尔后这些食物又在火炉处烹饪。这里，我在一种引申的宇宙论意义上、同时也是在家庭意义上使用"场域"一词，用它来表示那些以家庭为中心向外延伸，以至拥有宇宙意义的焦点式的人的无限的、但划分层级的影响范围。再者，"ecology"（生态）这个词来自希腊语的 oikos，oikos 意为"家庭，住所，栖息地"，它为社会与政治关系带来一个有机的、生物学的参照系。

或许此种全息的、焦点—场域式的语言局限在于，它可能不够动态，无法反映伴随着人之"成为"的丰富生活那种无止息的变化与生长，换言之，无法反映永远演进变化着的那个连续的富有生机的进程。再者，正是根源于古希腊传统的那个有机体的隐喻在很大程度上承载着我们要批评的目的论预设。

在任何特定时刻，世界对于我们每个人而言都是可兹利用的，可以用来成全"语境化的艺术"（ars contextualis），即在人生经验的语境中重新进行阐述的技艺。此种重述可以依据人的焦点式身份认同来描述，当人们在其人生叙事中找到明晰性时，那些界定他们的发散与聚合的模式就构成了其焦点式身份认同。同时，此种重述还可以依据其叙事场域来描述，当这些发散与聚合的线索向外辐射延伸以发挥其影响力之时，人们的叙事场域就变得更加有意义。简言之，当人们在共同生活的错综复杂的经历中塑造那些富有活力的关系,并为之所塑造时,焦点和场域的全息模式描述了人们的所作所为与所经所受。那么如何能够更加具体地表达此种焦点—场域模式呢?我们可以诉诸典范人物的生活,这些彪炳千古、垂范后世的人物是每个文化传统的定义者,他们在世世代代所讲述的故事与演进的身份认同中被永远铭记。这些文化英杰的人生越有意义,他们在其所属的演进的文化传统的基本结构上所留下的烙印就越深刻。

截至目前,我们尝试对辐射延伸的无限"场域"在"焦点—场域"式的人的主体观念中意味着什么这个问题做出更加精致的理解,并且试图重新构思内在生活与外在世界,将之视为全息的、立体的、相互渗透的。现在,我们转过来反思"聚焦"场域的进程到底牵涉些什么,以及此种语言在表达一个更为复杂,但或许在经验上更加自洽的主体与个人认同的理念时,可能发挥怎样的功用。如此,我们或可从回应黄百锐的关切入手。尽管黄百锐认为,主张"场域是通过个人及其关系来定义的,并且在此意义上由个人及其关系构成"是没有问题的,但他同时忧虑地指出,"很难说场域是如何构成了个人的"。[1]让我们借助具体事例来重申黄百锐的关切。黄百锐表达的是,很容易看出一个家庭是如何根据组成它的成员而获得定义的,而看出一个家族谱系如何构成了它的每个成员就没那么容易了。换言之,看出历史是怎样由具体事件组成一个序列的,相较于看出每个事件是如何于其自身中蕴含整个历史轨迹的,要简单不少。又或者说,看出一个特定个体如何使用一种语言,比看出这种语言如何讲述此人要容易些。在这里,通过发展此

---

[1] Wong, "Cultivating the Self in Concert with others," p. 191.

种焦点—场域式的主体观念,我试图处理的是焦点构成的场域与场域构成的焦点这二者之间可以被觉察到的非对称性。

　　首先,正如我们会区分腿(a leg)和行走(walking)一样,我们也必须避免将身体(a body)与人(a person)二者相混淆的倾向,尤其是考虑到我们习惯性使用"nobody"(无人)"somebody"(某人)"everybody"(每人)这样的语言。诚然,我们必须承认,"行走"不等同于"腿",它是一种在世界中并且与世界一起实现的、聚焦的、心理的、社会身体性的活动。同样的,在此关系性的宇宙论中,我们最好把身体与人区分开来,并且将人设想为内在于连续历史中的焦点式的叙事性事件。这些人在世界之中,并同世界一道实现其互动的、彼此依赖的身份认同。然而,尽管无限的整体性存在于每一个丰富多彩的人及其经历中的每一刻,分层级放射式的关联度的问题是无可回避的。比如,在家庭成员的焦点身份认同中,直接的、亲密的亲属关系肯定比远房亲戚更接近焦点的核心,而远亲又比萍水相逢的人更亲近。在塑造构成我们独一无二身份认同的个性化行为之时,具有重大意义的正是那些真正变成焦点性的、明确化和习惯化的东西。当我们尝试让自己独一无二的多重关系获得最有意义的明晰性之时,我们可能会将我们焦点式的身份认同看成是那些变得与我们每个人最直接相关的事物的渐变群(clines or gradients)。对我们大多数人来说,焦点式的,因此也具有优先性的是生活在家庭与社群中的角色的连续叙事中的"礼"。与此同时,我们的许多角色都是通过活动来实现的,这些活动与从家族遗传继承而来的"体"协同一致,并且永远处于往来交接的状态中。

　　的确,此种对人的"叙事性的"理解允许我们将人解析为割裂孤立的个体,但也仅仅是一种权宜的、功能性的抽象。这一点有助于我们部分地回应黄百锐对儒家角色伦理学的焦点式主体的质疑。前文中我曾引用黄百锐对《论语》的描述:"《论语》展示了以孔子为中心的一群人,他们进行德性修养,每个人都各有所长、各有所短。"〔1〕他接着对在此种文化感官(cultural sensorium)中的道德行为的审美维度进行阐发:

> 儒家关于怎样才是完美生活的观念有着一种审美的维度,这在当代西方人看来会是陌异的……此种风格化的行为可以说具有一种道德之美。道德之美存在于油然而生的尊重与体贴所具有的优雅与自然之中。〔2〕

或许,我们可以诉诸此种审美的敏感性,从而帮助我们更清楚地思考一个特定的关系场域怎样构成了其中的每个人。怀特海式的审美秩序观念是整体论的。它从这样的假设出发,在一幅特定的绘画中,所有具体的、相互渗透的细节及其无限的语境都与整体效应相关。从绘画转向人,我们必须承认,所有叙事性的细节(整个场域中的生命事件)或多或少都关乎着我们成为何人,具有怎样的涌现的身份认同。

即便黄百锐在对儒家伦理学的反思中,果断地朝向关系性的人之理念的方向迈进,但他似乎并不情愿像我们一样认可关系的首要性。事实上,在追问"场域如何构成了焦点"之后,黄百锐提出第二个问题:"'在'关系中的是谁?"黄百锐如此组织他的问题:"如果我是我所有关系的总和,那么存在于其中任何特定关系里的

---

〔1〕　Wong, "Cultivating the Self in Concert with Others," p. 175.
〔2〕　Ibid., p. 177.

实体是谁或者是什么?"〔1〕从这样的追问来看,黄百锐似乎主张第一级的割裂的实体(其首先是"生物有机体"而非"人")比它们与他者的关系要更为首要和基础,故而希望继续奉行一种外在的、次级的关系学说,而这种次级关系随后才与第一级的实体建立了关联。黄百锐自己对此问题的回答在其早期著作中得到发展并延续至最近的论述中,他认为:"我们以生物有机体的形式开始我们的生命,通过与同类的他者建立关系而成为人。"〔2〕黄百锐言简意赅地指出,只有在逻辑上和时间上先存在了两个"实体",才有可能于这二者之间存在关系。尽管他特别提到了"生物有机体",并且从定义上看,"生物有机体"似乎正是嵌入进了富有活力的诸关系之中,并且由这些关系构成,但是黄百锐依然坚持他的上述立场。

我们对"'在'关系中的是谁?"这一问题的回答与黄百锐有所不同。我们想避免抽象化地提取出生态性嵌入的实体,从而对原初经验进行事后归因式的区分。我们只想复述对黄百锐的第一追问的回答,即我们主张焦点式的人是由其关系场域构成的。如果没有作为这个儿子、兄弟、教师、父亲、加拿大人、美国人等角色的"我",那么我便从来也不会是一个拥有批判性自觉和意图的"我"。简言之,我们是我们的叙事。没有必要通过假设一个关系场域内在于其中的先在的"实体",来叠合此种构成关系的强烈的习惯性的焦点或中心。威廉·詹姆士(William James)挑战此种"实体"思

---

〔1〕　Wong, "Cultivating the Self in Concert with Others," p. 192.

〔2〕　同上。亦可参考他的"Relational and Autonomous Selves," *Journal of Chinese Philosophy* 34（Dec. 2004）: 4, 以及 "If We Are Not by Ourselves, If We Are Not Strangers," in *Polishing the Chinese Mirror: Essays in Honor of Henry Rosemont, Jr*, eds. Marthe Chandler and Ronnie Littlejohn, New York: Global Scholarly Publications, 2008。

想,视其为我们将丰富多彩的所指变成"事物"的"积习难改的把戏":

> 比如说,现如今的低温据说是由所谓的"气候"引起的。气候实际上只是某一组日子的称谓,但人们却把它当作日子背后的事物来对待。一般说来,我们似乎视名称在被其命名的事实之后,还是一种存在。然而,事物的现象学属性……并非内在于所有事物。它们彼此依附或者凝聚,我们必须抛弃那种我们不可进入的实体概念——即认为这种不可进入的实体支撑着并且解释了凝聚结合,就像水泥可以支撑马赛克一样。单纯的凝聚结合本身就是实体概念所表示的全部。事实的背后其实什么都没有。[1]

为了明确回应黄百锐对焦点—场域主体的质疑,我们需要回顾前文详细讨论过的外在关联学说与内在关联学说的区别。虽然我们日渐意识到经验决然的生态性的本质,但是沉淀于我们语言中的实体存在论传统、连同它所促成的外在关联学说,依旧是我们共有的、默认的常识。此种存在论确保了黄百锐所主张的割裂的、独立的实体的首要性与完整性。黄百锐认为,作为分离的有机体,我们"通过与同类的他者建立关系而成为人"。

在我们早期的作品中,曾尝试在葛兰言、李约瑟、唐君毅、费孝通、葛瑞汉等学者研究的基础上,理解并解释类比思维(analogical thinking)的重要性,因为类比思维在此种早期宇宙论中发生着作

---

[1] William James, *Pragmatism and Other Writings*, New York: Penguin, 2000, p. 42.

用。联合生活这一事实产生的诸范畴界定着我们作为活着的有机体而具有的永远交互的经验，再没有比这更明显的关联的、协作的、投射的思维方式了。我们塑造环境的同时也被环境所塑造。从一开始，我们的关联性就可以恰如其分地被描述为往来、施与索取、兴起没落、开合、进退，等等。我们归给儒家人之理念的内在关联学说，将构成所谓"事物"的那种有机连续性所具备的首要性当成出发点。鉴于此种富有活力的关联性的首要性，具身化的生物学关系和更高阶的社会关联——正如其同源的、立体的术语"体"和"礼"所反映的，是以动态的、互动的、彼此渗透的模式有机地扩散，从而构成了我们的生活叙事。此种模式最初是如此的脆弱、暂时且被动，以至于我们确实很可能倾向于将婴儿描述成"生物有机体"。然而，当我们这样做时，务须避免将这些婴儿从其成熟的社群和文化的关系系统中抽象出来，而把孤立的婴儿视为第一级的现实。此种抽象将是前文中提到的怀特海所总结的具体性错置谬误的显著案例。换言之，这些婴儿作为有机地构成的焦点有机体，并不止于其表皮，而是在没有终点的关系模式中向外辐射。他们从一开始就被嵌入家庭、社群与文化的关系之中，并在其中继续发展。由于这些关系模式以持续的意义增长与深化为特点，此种强化巩固的纽带预示着婴儿们正成长为越来越独特、自觉及与众不同的人。

但是需要明确一下，我要说的是，没有婴儿是独立于那些构成它们的关系网络的"生物有机体"。因为任何降生世间的婴儿，从生物的、社会的、文化的角度看，都并非割裂的或现成的实体。婴儿不是某种拥有自身最初开端和最后终点的专属生命形式。相反，好比婴儿的生命从母亲的子宫中涌现，他们是作为叙事中嵌入的叙事而生于其间,通过物质的、社会的和文化的脐带吸取养分。诚然,婴儿远不是割裂和孤立的,它们是物理的、社会的、文化的辐射关系场域的弥漫的在场,而这种辐射关系延伸至宇宙茫无际涯之处。随着持续的成长与不断发展的明晰性,这些婴儿逐渐变得越来越自觉,并实现其独特的焦点身份认同。

常见的是,那些在生命的头几个星期和几个月里被剥夺了家庭感的新生婴儿,在发展那些促使我们尤为人性化的基本能力上,处于了不利的境地。的确,我们通过被爱来学习如何去爱。克利平格总结了近期有关在极度隔绝的环境中成长的野孩子及其"社会心理矮小症"(psychosocial dwarfism)的极端案例的研究。这些孩子作为失常的"个体",不仅无法"获取哪怕是最基本的语言能力和任何形式的自我认同感",甚至连他们的身体发育也受阻到如此程度,即他们的"体重大约是正常儿童的三分之一或更轻"。[1]从克利平格的资料来源可引出如下结论:

> 成为人意味着什么,这取决于一个漫长的高强度的社会化进程。离开了这一进程,那些我们视为与人有关的理智、语言、社会行为等都不可能成为现实……野孩子的这些例子毫不含糊地说明了个人身份认同是如何从群体身份认同中衍生出来的,因此也说明了个人与群体是如何不可避免地相互依赖的。[2]

要说明婴儿不能与构成其生活的诸活动隔绝分离,这将回到

---

〔1〕　Clippinger, *A Crowd of One*, p. 151.

〔2〕　Ibid.

我们一贯的主张,即行走作为在世间的一种活动,不能被还原成用来行走的双腿。婴儿是活泼主动的、自觉早期的诸事件,并非割裂离散的"东西"。同理,在婴儿的心灵(mind)活动和他们的大脑之间也有一个重要的区分。"照料"(mind)婴儿的直系亲属将其成熟的文化表达传授给这个有机体,并且充当了日益"细心的"(mindful)且拥有意图的孩子得以汲取养分来塑造自我身份认同的主要资源。如果婴儿期的现象教会了我们什么的话,那一定是我们的主体性是毫不含糊地相互依赖的。诚然,从对婴儿期的反思中,我们应该认识到关系永远相互依赖的性质。这不仅关乎我们身份认同的构成演变,或许更直接地关乎我们的生存。通过回顾我们早年的经历,我们会明白"心"(mind)是那种社会的、符号化的周遭环境,随着时间的推移,我们逐渐真正地"融入"其中。当作为具身化的有机体的我们,通过彼此交流而变得日益自觉,更将我们单纯的联合生活转化成为繁荣的家庭与社群之时,心就涌现出来了。

对于我们来说,令这些有关焦点式主体的主张显得违背直觉的罪魁祸首是某些常识过时却并未衰退的吸引力。事实上,许多当代哲学文献都在为我们主张的生态思维辩护。杜威很早就诉诸我们生活中实际的境遇化人生经验,用以驳斥关于清晰明显的自主"自我"的常识性假设。他主张人是习惯,是诸关系有机的组合配置。致使我们相信在人的成长中冲动先于习惯的原因在于,我们倾向于将人孤立出来,并赋予其开端和结局。杜威观察到任何从其依赖关系的习惯中被孤立隔绝的婴儿很快都成了死婴,他认为共有的文化生命形式,或者说"习惯"实际上必须优先于本能、道德及其他方面。也就是说,假如婴儿被放任自流,没有文化所塑造的关系的干预,那么他们连一天都活不下来。甚至婴儿的动作和

手势的意义也源自其所居住的成熟的社群语境。在反思冲动与习惯的关系时,杜威指出:

> 除非通过社会性的依赖与陪伴,否则一个婴儿原初的、分散的冲动并不能协调成可用的力量。他的这些冲动仅仅是吸收他所依赖的更为成熟之人的知识与技能的起点。它们是伸向习俗而汲取养分的触角,而这些养分终会使婴儿得以独立行动。它们也是将现有社会力量转化为个人能力的中介,是重构性生长的手段。[1]

马克·约翰逊近期做了不少工作来论证人类意义形成的身体性基础以及人类繁荣的终极美学根据。约翰逊描绘了最基本的物理意象图式(physical image-schemata)是如何通过隐喻的投射以及我们想象力的发挥来产生意义的复杂认知与情感模式:[2]

> 从作为我们感知中心的身体处,我们的世界辐射开来,我从这里看见、听到、触摸、品尝、闻到我们的世界。[3]

---

[1] John Dewey, *The Middle Works of John Dewey*, *1899-1924*, ed. Jo Ann Boydston, Carbondale: Southern Illinois University Press, vol. 14, p. 94.

[2] 约翰逊所认定的基本的物理意象图式有"制约""力""平衡""循环""规模""连接""中心—边缘"。要让此种意象图示与中国古典宇宙论中的关系首要地位相一致,我们会倾向于以根本的不可化约的关联性术语来解读这些基本意象,这些术语描述在人与自然的生态环境中构成着有机体的永远交互性的诸关系。

[3] Mark Johnson, *The Body in the Mind*: *The Bodily Basis of Meaning*, *Imagination*, *and Reason*, Chicago: University of Chicago Press, 1987, p. 124.

对于约翰逊来说,人类理解力所具有的正式的、逻辑的结构以及人类产生复杂文化的能力是我们生活着的身体的诸多活动的直接延伸,被我们似乎无限的想象力的练习所塑造。用他自己的话来说:

> 理解力绝非仅仅是自觉或不自觉地持有信念的问题。更为基本的是,一个人的理解力是其存在于或者拥有一个世界的方式。这在很大程度上是一个人如何具身化的问题,亦即知觉机制、区分模式、驱动程序以及多种身体技能的问题。这也是我们如何根植于文化、语言、制度以及历史传统的问题。[1]

举一个例子来说明高阶思维为何可能是身体性活动的延伸。不难想见,重复的习惯性的身体模式比如给与受、起与落、平衡等,都可以被引申、转化、隐喻性地投射,从而创造出定义一个成熟文化的那些高阶经济概念与价值。我们可以用儒家的隐喻来追溯这种意义的演变:在所有早期的儒家作品中,广泛地塑造其哲学传统的最为持续且最为普遍的主题是这一事业,即通过在角色与关系中修身的方法在世间开拓恰当的"道"。上文中我们谈到了最早期的"道"字如何将摹状了梳有发型的人头的"首"字与表示行走的"辶"旁相融合,展示出人果决地开辟前路的真实写照。根据"道"这一术语的多义,我们可以进一步看到意义是如何从身体物质层面延伸至更为复杂的认知体验层面——从"造路"(way-making)的物质性到"指路"(showing the way)再到我们创造的"路径"(path-

---

[1]　Johnson, *The Body in the Mind*, p.137.

way），接着是最终导出处事的审慎"方法"（method）的那些被认知与情感影响的"言说"与"解释"的行为。事实上，这一术语已将我们从开辟道路引向了传承人之经验的文化核心，或者说"道统"。我们作为人之"成为"的潜能并非先天赋予，而是与我们生活的周遭环境协作共生的一种功能，而我们的生活正是从嵌入身体性经验开始的。

2. 一即多，多即一

唐君毅介绍了一个被他称为"一多不分观"的宇宙论预设，我们将之概括为"一即多，多即一"（one is many, many one）。儒家宇宙论的这一稳固的特征，为我们提供了另一种方式来思考个人身份认同形成的动态进程。唐君毅应当会坚持，此种多变的表达是中国过程宇宙论特有的一般性特征，它将人落实为生动又具体的焦点，这样的焦点又让我们每个人都包含着无限的关系场域。重要的是，"一多不分"是另一种描述内在构成性关系学说的方式，在前文中我们已就内在构成性关系与外在关系做了对比。简言之，"一多不分"是这样一种假设，即在任何"一"的组成中都蕴含着语境化的"多"。"一多不分"命题可以有许多不同的解读方式，它同时道出了一与多的不可分割性、个别身份认同与语境的连续性、独特性与多义性的共同存在、一致性与多样性的彼此关联、一体与整合的包容性、从关系张力中涌现共有和谐的动态关系，以及在整体作用中具体细节的呈现，等等。[1] 它还用另一种语言重申了焦

---

[1]　唐君毅：《唐君毅全集》第 11 卷，第 16—17 页。

点—场域的人之理念,认为每一个自觉的人、每一个人生活中的每
一次冲动,都包含着无限的"多"。此种中国自然宇宙论的定义性
特征是我们理解关系性构成的、焦点—场域式的人之理念的基础;
正如孟子所言:"万物皆备于我。"[1]

　　从宇宙论上看,与古希腊本质主义以及与柏拉图主义的一藏
于多的存在论相对照,一多不分的命题是另一种可能的个体化原
则。柏拉图主义的存在论预设了某种界定着某一种类中所有成员
的自同的、重复的、同一的特征,儒家宇宙论的个体化则以不同的
方式发生。所有独一无二的事件或者说焦点——比如说具体的
人——都是由无限的场域所构成的,而场域又是由一起协作而支
撑着他们的那些或多或少关联着的关系形成的,他们实现了自己
个体化的身份认同,而这种个体化的身份认同是他们得以在这些
独一无二的关系场域中实现的联合协作属性的一种功用。也就是
说,从描述过渡到规定,一种对"一多不分"的动态解读在于对一种
方法的总结,在这一方法中,那种全面渗入具体之人与其周遭境遇
条件之间诸关系的无限可能性,我们每一个人都拥有将其最优化
的机会。唐君毅的假设不仅断言,在我们的经验领域中,任一现象
包含着语境化的、无限的多,他还进一步宣称,作为一个独一无二
的"一",它可以找到自我意识到的决心与目的,并且根据定义其叙
事的角色多样性,以不同的方式得到聚焦。重要的是,任何对独特
性及个体的主张,都远非对一个人与他人关系的排斥,而是此人在
这些关系独一无二的组合配置中得以实现的属性的一种功能
发用。

---

[1] 《孟子·尽心上》第四节。

此种从一多关系中实现的"个体化"的境遇化(situated)和境遇性的(situational)动态机制,在墨家阐释个体化进程所使用的语言中,有另一种表达方式。在墨家晚期的经典中讨论过"体"与它的"兼"〔1〕,或者简明地说,某"物"与其环境。然而,这远非简单的区分,它表明任何固定的、终极意义上的个体化,也就是所谓"物",都是有问题的。根据《说文解字》记载,"体"作为"身体的"单位又被分为首、身、手、足四属,每一属又再次三分从而形成十二类。此种一与多之间的流动性,与前文引用过的司马黛蓝的观察是一致的。司马黛蓝指出,在早期文献中块茎或根茎是作为"下体"出现的:

> 当"体"被切碎成部分(字面意义上或者观念上),每一部分在某种层面上保留了一种整体性,或者说成了它作为组成部分的那个更大实体的拟象(simulacra)。〔2〕

在此种宇宙论中,并不存在那种预设的终极元素或简单之物。相反,"体"的形式层面根据功能情况涌现,即通过"体用"不分的进程得以实现。

再者,在金文中,"兼"字𩛺〔3〕显示为两捆谷物,作为表意文字表示"合并""一起""被同时连接"的意思。在墨家的术语中,这种特别的单位——即令"体"成为"一"者——永远是我们如何将其定位和凸显的一种功能发用。拇指是手的"体",而手是拇指的"兼";

---

〔1〕 参见 A. C. Graham, *Later Mohist Logic*, *Ethics and Science*, Hong Kong: The Chinese University Press, 1978, p. 265。

〔2〕 Sommer, "Boundaries of the *Ti* Body," p. 294.

〔3〕 Kwan, "Multi-function Chinese Character Database:" CHANT 战国 11379.

手是手臂的"体",而手臂是手的"兼";手臂是身体的"体",而身体是"手臂"的"兼",以此类推。某物或者某人本身并非"一",而是通过在他者的动态场域中的诸关系里变得聚焦了,从而成为独一无二者。此拇指之所以是此拇指,在于其在此手掌的位置,在于将其语境延伸至手臂、身体、搭便车的情景等自我意识的过程。也就是说,看待此拇指最常见的方法是将其作为一个独立单位凸显出来。但是,一种更为重要的观察在于,通过将此拇指置于其关系性的、丰富多彩的语境中,不仅作为手掌不可或缺的一部分,而且与手所从事活动之经验不可分割,从而将此拇指看成是"立体的"、功能性的。

关系的首要性及其内在构成性的关系学说的必然结果是这样的事实,即任何具体事物(比如这里谈到的拇指)的场域都必然是无限的,它的关系之网并不在任何地方终止,而是会继续扩张。因此,我们就拇指与手所做的任何关联都是抽象化的而非最终的、功能性的而非绝对的、叙事性的而非本质的。如此一来,拇指作为关系那永远流变的核心成为了"一",而此处作为立体的核心,它又可以被以许多不同的方式自觉地聚焦与重构:它是打响指时的必要配合者,是点赞手势中的主角,而倒转手势就成了否定的强调,当它放置在电脑键盘上时,又成了空格键的操控者。当然,这里所描述的拇指是人的喻指。当人们被习惯性地构想为个体时,这种离散的个体性也是抽象的、功能性的,最终是叙事性的。

杜威在《公众及其问题》(*The Public and Its Problems*)一书中针对个体化以及任何特指的"一"的假定本性提出了相同的观点。我们所指称的"个人"不可能从"其连接与关系"中剥离出来,也不能从"其行动的后果"中分割出来。杜威认为:

　　我们不得不说,出于某些目的、为了某些结果,树是个体;而出于另外的目的、为了另外的结果,细胞是个体;还有的情况下,森林或者风景是个体。究竟一卷书、一页纸、一段文字、还是打印机的一个字符是个体呢? 是装订还是说其中蕴含的思想给予了一卷书个体统一性? 或者说,所有这些事物都是凭借与特定情境有关的结果而成为某一个体的定义者的? 除非我们专注于常识的解决办法,将所有问题当作是无用的遁词摒弃,否则在不参照已有的差异以及先前和当下的关联的情况下,我们似乎就无法决定一个个体。因此,个体(不管它是或者不是别的什么)就并非只是我们想象中倾向于认定的那种在空间上孤立的事物。[1]

　　我们可以引用唐君毅的"一多不分"预设来回应汉语文献中一些中国最优秀的哲学家对儒家角色伦理学所做的常见批评。比如,郭齐勇和他的学生李兰兰在近期的一篇文章《安乐哲"儒家角色伦理"学说析评》中对我的提议做了详细的、大致准确的、有雅量的概述,我的观点正是"角色伦理"是思考儒家伦理学的最佳方式。与此同时,这两位学者并未被我的论述完全说服,并在其论文最后一节"安乐哲'儒家角色伦理'学说的局限性"中提出了几点保留意见。两位学者指出:

　　　从儒家伦理本身来看,无疑包含着普遍主义的情怀,很多学者如冯友兰、唐君毅、张岱年等都曾指出,儒家建构社会性

---

〔1〕　Dewey, *The Later Works of John Dewey*, vol. 2, p. 352.

时有具体的一面,也有普遍性和终极性的追寻。[1]

除开"普遍主义"(此处我用了 universalism 来翻译)之外,郭齐勇、李兰兰以及其他许多学者(如果不是大多数当代中国学者的话)也都非常乐于将中文里翻译英文术语"transcendence"的"超越"一词来形容天人之间重要的非对称关系。例如,郭齐勇与李兰兰写道:

> 在儒家的思想观念里,"天"作为超越的存在与人之间的关联一直存在,敬天祭祖、人法天等说明古人认为超越性的"天"是可以下贯于人的……儒家伦理的背后有"天""天命""天道"的支撑,具有超越性、终极性的一面。[2]

我想对二位学者的批评做三点初步回应。首先,我非常清楚,郭齐勇和李兰兰所提出的上述批评为许多学者所认同,这些学者在回应儒家角色伦理学观念时也表达了相同或者类似的关切。其次,对于我所理解的儒家伦理学,他们所说的"局限性",我倒认为事实上是此种伦理生活愿景的优势之所在。有关"普遍主义"和"超越"的语言,正如其在西方哲学与神学中所表达的那样,是刺耳的、排他的、压迫的、居高临下的,这有着漫长的历史可证。因为普遍主义的主张不能容忍任何可替代方案或者例外状况,它们往往是对无条件真理无可置疑的断言。然而儒家伦理学根植于一种彻

---

〔1〕　郭齐勇、李兰兰:《安乐哲"儒家角色伦理"学说析评》,《哲学研究》2015 年第 1 期,第 47 页。

〔2〕　同上书,第 47—48 页。

底的经验主义以及随之而来的语境主义，为我们提供了一种更为适中的、直觉上具备说服力的方式来思考如何最充分地实现人之经验。对于能够以"一多不分"来恰当描述的儒家伦理学来说，任何一般化概括都必须受到其语境化的条件限制。儒家的角色伦理学肇始于承认我们与他人之间、我们与各种环境之间是相互依赖的、具有连贯性的。儒家伦理通过对他人的礼敬，以及由对他人礼敬而实现的志向来表达，由此在关系中达成一种最佳的共生，而这种礼敬正是以遵循上述的承认为基础的。

最后，我相信郭齐勇、李兰兰以及其他表达了疑虑的学者，在很大程度上与我的争议实为术语的而非实质的问题。我们的分歧是一个"含义与指称"（sense and reference）问题，它本身就要求重视思想观点的叙事语境。我认为，我们看法上的不一致其实是语言使用上的问题。当我们在持存于儒家思想中的过程宇宙论和可以追溯至古希腊哲人的实体思想之间切换时，我们含混了哲学术语，这时语言问题就出现了。

"普遍"和"超越"这两个中文术语有着有限的文本历史。首要的是，它们是晚近才有的对中文学术语汇的补充，分别用来充当西方现代性观念"universal"和"transcendent"的等价物。[1]当我们承认它们是对原初的希腊语以及当下的英语术语的翻译时，我们就遇到了一个根本性的困难。"universal"和"transcendent"这样的英语术语是二元论思维的基石。当其在严格的哲学意义上使用的时候，它们带有特定的存在论区分，这种存在论区分划分了真实与不

---

[1]　我想感谢刘禾帮助我厘清这一问题，同时也感谢她的重要著作，它令我们警惕一个持续存在的问题，即当代亚洲学术把西方现代性的词汇与理论架构视如己出般地运用。

太真实,以及决定性的事物之源与被创造之物。这些术语如此使用是基于古希腊关于"存在本身"("being per se"或"being in it-self")的形而上学,指的是一种存在于时空之外的、不变的、理智的真实或实在(reality)。作为无条件的、绝对的主张,它们不依赖于任何具体语境。这些观念是二元论、客观主义和基础主义的基石,而这些思想又都是前达尔文主义的西方哲学的标志。事实上,正是此种超越的普遍者,作为单一的、不可动摇的、自足的真实,在该传统对确定性的追求中,许诺给我们一个具有绝对真理的不变者。当教父们将希腊哲学的概念结构转译成神学语言时,当超越的普遍者成为对唯一的、独立的、自足的基督教上帝的界定时,这些假设在西方叙事中再次得到巩固加强。

然而,郭、李两位学者阅读的是我关于儒家角色伦理学的论著的中文翻译,并没有将"普遍""超越"等术语当成是西语"universal"和"transcendent"的直接翻译,而是根据当前汉语学界对二词的使用情况来理解的。只要郭、李两位学者的指涉是如此的,即只要他们读的是中文,并且认为这些中文术语的含义就是它们在汉语阐释语境中被理解的那样,那么他们正是以我毫无保留地赞同的那种方式在理解儒家宇宙论。这和我们都会认可如下看法没有什么不同,即假如"天"被翻译成了"Heaven"(天堂),那我们就不能将此种儒家的"Heaven"等同于那种受到古希腊理念论影响的亚伯拉罕传统的上帝理念。

我对适用于儒家宇宙论的"普遍"观念的解读如下,它并非指示某些独立的、本源的、决定性的(故而也是超越的)普遍者,它描述的是人类经验里与其具体的、多样的、特殊的特征互补的那种支配性的、无处不在的、包罗万象的连续性层面——也就是说,一种可以用"一多不分"的语言来表达的互补关系。在儒家宇宙论中，此种一与多之间互补的、立体的区分体现在关于"道"的语言中，以及在"道"与"万物"，与其中每一事物之德的关系中。此种一与多之间的区别也存在于"天"与"地"与"人"的"合一"中。此外，"普遍"与"超越"之类的术语在其准确严肃的用法中，主张某种终极原则独立于流变的世界，但儒家的"天"与"道"等观念却是决然的过程性的，且总是要从这样或那样的角度来理解。因此，那种我们称之为"道"与"天"的，并视为"一"的连续性层面，只能通过指涉被视为"多"的形形色色且不断演变的经验内容而获得理解。再者，统合于支配性的道与天的万物中的任何一个，与其自身独一无二的、永远演进中的语境也是不可分割的。

当"普遍""普及""普世"被用来描述儒家价值，它们十分恰当地表彰了这些价值在人类经验中广泛的应用，或许最好将之翻译成"共同价值"或者"共享价值"。再者，重要的是，在儒家思想中我以为发挥所谓的"终极"作用的，是那种共有的志愿，即在家庭与社群中优化那些在不断发展的自然、社会与文化环境中有助于"成人"的创造性可能，而非某种不变的理念。对此种"终极"的追求激发了人们以最大努力实现并维持"和"。

反之，如果儒家哲学具有"普遍"价值，或者说，如果"天"具有希腊意义上的"超越"价值，那么儒家哲学中的解释范畴将存在于一种有关两个世界的宇宙生化论中，且当其划分了真实与表象、存在与成为之时，必然会是二元论的。我们将遇到的不再是事实上该传统中无处不在的相互关联的"阴阳"与包容性的"合一"等语汇，而是会遇见西方人熟悉的那种关于某种存在论现实凌驾于单纯表象的二元的、排他性的语言。儒家哲学中二元论思想的明显缺失则明确地表明,具有古典希腊特征的超验(transcendental)普遍主义与儒家宇宙论以及由之而来的哲学假设之间的关联微乎其微。

积极地讲,我同意郭、李二位学者的观点,认可儒家哲学从根本上看是整体性的,故而当然也是包容性的。它并非那种恶性的、分裂意义上的相对主义。但我也认为,"不是相对主义,就必须是绝对主义"也并非我们的必然选项。我想从这样一个事实展开讨论,即那种源自希腊哲学的绝对主义当前在西方自己的叙事中已经非常不受待见了,主张在事物的多样性背后有一个单一的、最终的、不变的真理已被视为错误的断言。儒家哲学针对有害的相对主义提供的替代方案并非此种跌落神坛的绝对主义的某种儒家版本。相反地,它提供了一种包容性的多元主义,这种多元主义就体现在弘扬一种获得性的多样性的核心价值中:对"和而不同"的追求。与此同时,它回避了那种让人联想到超越的普遍主义的"同质化的一致性",在这种普遍主义中,"多"被还原成"一"。简言之,伴随普遍主义而来的存在论的单义性(ontological univocity)对儒家多元主义而言是一种诅咒。

正如我已经提及,我们必须认识到这样的事实,即当我们将此种存在论框架强加给儒家宇宙论之时,我们便将一种近百年来在西方哲学中已饱受争议的世界观暗度陈仓地置入了儒家传统,而这种世界观如今已被广泛地视为我们力图克服的一种根深蒂固的错误思维方式的根本原因。事实上,当下西方哲学界内发生的革命可以被恰当地形容成这样一种尝试,即抛弃超越普遍主义形而上学,摒除与之伴生的不变者逻辑,拒绝随之而来的二元论假设。以过程哲学、解释学、后结构主义、后现代主义、实用主义、新马克思主义、解构主义、女性主义哲学等许多思想为旗帜的内部批判已经并且持续在专业的西方哲学领域中进行着。这种内部批判将罗伯特·索罗门（Robert Solomon）所谓的"超越的借口"（the transcendental pretense）作为共同标靶，这种"超越的借口"在迭代中产生了普遍主义、理念论、理性主义、基础主义、客观主义、形式主义、逻各斯中心主义、本质主义、宏大叙事、存在论神学思想（onto-theological thinking）、"给定的神话"（the myth of the given），等等。今天的哲学家们致力于否定那些在体系哲学的旋转木马上，随着时间推移不断被假定为新选项从而反复出现的、熟悉的、还原论的"主义"。过程、变化、特殊性、隐喻、创造性发展，乃至建设性模糊这样的语汇变得越来越盛行，取代了追求客观确定性、强调清晰思想观念的准确性的笛卡尔式的理性主义。简言之，当代西方哲学的一个重要方向在于尝试对过程的思索，以及培养令哲学与不断变化的世界秩序相适应的实践智慧。对于比较哲学来说有这样一个好消息，即近期欧美主流的哲学发展本身就产生出有助于与中国哲学传统进行更富有成效的对话的阐释性语汇，而中国哲学传统则从未拒绝过变革或进程。

在使用"一多不分"观念区分整体论的、包容性的"普遍"思维与超越普遍主义之外，我也想回应来自当代哲学家黄玉顺的另一种对角色伦理学的批评。黄玉顺最负盛名的应该是他关于"生活儒学"和众多有关社会正义问题的创造性著述。黄玉顺认为，角色伦理学提倡一种前现代的关系性的生活方式，即从前那种处于具有包容关系的、有着共同文化的、社群中的中国式生活。于黄玉顺而言，当前对现代中国和现代人性的需求已将此种旧式思维方式置之脑后。用他自己的话来说，现代性及其离散的个体主义观念

是当下新的中国的必要条件:

> 须注意的是,角色伦理学在方法论层级上的真正关键概念,其实是相互对立"个体"(individual 或 person)和"关系"(relation 或 correlation)。角色伦理学把西方哲学归结为个体主义,而把儒家哲学归结为关系主义,并将二者对立起来,批判前者,试图用后者来解决前者带来的问题,甚至批判现代的"权利"观念。说实话,我对此是深表怀疑的。且不说能不能这样简单地归结,也不谈现代性生存与个体性的内在必然联系,我所深感忧虑的是:对于今天的中国来说,个体权利不是太多了,而是太少了,那么,这种关系至上的伦理如何能够保障个体权利? 我的看法是:对于今天的中国来说,亟须批判的正是这种关系至上的传统伦理。[1]

我非常感谢黄玉顺给我提供这样的机会,来阐明我自己对儒家之人的理解,并且就我们共同关注的社会正义表达看法。首先,儒家角色伦理学所阐发的对照并非黄玉顺此处指出的那种个体与关系的简单对立。在前文中我已经尝试通过阐发"割裂的个体"与"关系性构成的个体性"的区别来回应此种常见的对角色伦理学的误读。儒家关系性的人之理念及其内在关系原则的必然推论,在适当的构思中可以用"一多不分"来表达,即"具体的人的唯一性与其构成性的诸关系两者不可分割"。儒家之人并非割裂的个体,在实现其关系性的个体性的过程中,同时既是独一无二、自觉的一,

---

[1]　黄玉顺:《"角色"意识:〈易传〉之"定位"观念与正义问题——角色伦理学与生活儒学比较》,《齐鲁学刊》2014 年第 2 期,第 5 页。

又是生态性的多。其独一无二的个体性特质包含着并依赖于对角色与关系的培养。

就人权议题来看，儒家"一多不分"的人之理念也可以调和我在《联合国世界人权宣言》(UDHR)中发现的矛盾。[1]《世界人权宣言》前二十一项阐述的个人的公民权利与政治权利通常被称为"第一代"权利。这些权利在保护个人自主的意义上提供了一种消极的自由。它们从基本上保障人们享有不受侵犯的自由，这样的设计是为了保护个人完整性。然而，在《世界人权宣言》的后六项中也列举了一系列的社会、经济与文化的权利，它们包含了安全、工作、食物、教育、医疗、安居等方面的权利。我们所谓的"第二代"权利是基于我们对彼此的义务，这些义务为每个人提供了积极的自由与权利，如充分参与公共生活的自由以及接受教育的权利。也就是说，通过要求人们在一定程度上对彼此负责，这些社会福利权利在巩固分配正义的基础时发挥着实质性的作用，它们被设计成针对利己的个人主义的过度行为的必要约束。

戴梅可和魏伟森(Thomas Wilson)以张君劢、徐复观这两位新儒家大家为例，讲述了倡导这些人权的历史，张君劢和徐复观都是《为中国文化敬告世界人士宣言》(1958)的署名人。这个故事中的另一个重要人物是张彭春，而他本人则是《世界人权宣言》起草团队中唯一的中国作者，他也是主张将第二代人权纳入宣言的主要倡导者之一。[2]这些"第二代"人权被纳入《世界人权宣言》，正值

---

〔1〕　参见安乐哲：《儒家的角色伦理学与杜威的实用主义——对个人主义意识形态的挑战》，《东岳论丛》2013 年第 11 期。

〔2〕　Michael Nylan and Thomas Wilson, *Lives of Confucius: Civilization's Greatest Sage Through the Ages*, New York: Doubleday, 2010, p. 210.

第二次世界大战之后民生凋敝、百废待举,故被寄望为迫使各国政府致力于消除其境内贫困的一种手段。这些增加的经济、社会与文化权利的倡导者坚信,没有了这些权利,所有关于自由和自主的观念都将变得十分脆弱。这些社会权利被当作必要的,因为它们关乎一个繁荣社会的自然的与社会性阻碍的消除,关乎在家庭与社群内全面实现人之能力的促进。这些权利要求作为人类群体一分子的我们要具有以下意义上的积极关切,即如果要确保他人享有这些权利,我们就必须去做某些事——也就是说,至少在某种程度上,我们不得不交更多的税并且分享个人的资产。换言之,教育、医疗、就业、饮食、安居等等都不是从天上掉下来的;它们为人所创造,其代价则由所有人共同承担。

此处存在着基于自主个人概念的当代人权论述的根本性冲突。在何种程度上,我们被视为负有道德责任去协助他人来创造并维持这些由第二代人权所带来的福利,那么我们就在何种程度上不是全然自主的个体,不能像全然自主的个体那样享受第一代人权、自由地对自我规划做出理性抉择而不用协助不甚幸运的他人并助其实现人生企划。这些“第二代”权利在这样的意义上是有效的,即当你或者其他任何人要确保这些福利权利所带来的利益时,我需要去做某些事情并在某种程度上放弃某些自由。要调和《人权宣言》中的这个矛盾,需要我们以某种方式重新思考人,让人们既能保持一种强健的个体性,同时又承认自身对组成其社群的其他许多人也负有责任。唐君毅“一多不分”的预设会将人描述为同时存在的“一与多”,它告诫我们要警惕“抽象之害”(the perils of abstraction)。当我们忽略语境,把原本从语境中抽象提取而来的东西当成是固定的、最终的,那么我们便罹患了“抽象之害"。

从"一多不分"的讨论回到儒家如何将自觉的、有意图的人概念化,可以说,了解某人就是要了解他们的故事,以及能够在他们连续的、总是充满事件的叙述中将其定位,了解他们从何而来、去往何处。举个具体的例子,艾米这位女士是其父之女、其女之母、其夫之妻、其生之师、其朋之友,等等。当承认这些聚合起来构成她焦点身份认同的众多关系时,她就是独一无二的,因为她之所以是她,在于其他人是谁,以及其他人对于她来说是谁。一方面,她是"一",因为她拥有独一无二的、具有批判性自觉意识的持续稳定的人格,而这一人格的影响力逐渐增强,以至于她能够为自己活出来的诸多特定角色(比如体贴的女儿和尽责的老师)的模式带来意义与明晰性。另一方面,她是"多",因为她的家庭、社群,乃至推及包罗万象的整个宇宙,其明晰度或多或少都蕴藏在她个人深广的关系模式中。艾米作为一个特别的个体,在她培养这些构成她独一无二的自身的众多关系时,她的目标是发展并优化这些关系的可能性,以充分利用她所处的独特环境所允许的特殊机会。她的自我意识越强大、越果决明晰,她在自己的世界里的影响力就越大。相反,当她是散漫的、模糊的,不能够在其关系中获得明晰度,那么她就越无足轻重。

比如说,作为一个明晰度的位点,艾米家庭的意义是涌现生成的,并总是在构成它的成员们的持续需求与贡献中被协调着。它的价值则体现在其成员能够共同实现的有意义的关系的品质上。家庭的每个成员从其自身独特的视角出发,在他们的所作所为以及在他们成为何人的过程中,展现与其所有家庭成员关系的充分互补。此一家庭既非严格线性的,亦非目的论般地朝向某个给定的理性化目标——它始终是"此一"——从根本上、理想上看,它也是一个包容的、始终无可比拟的美学成就。

3. 谐音双关:儒家创造意义的方式

法国著名汉学家葛兰言曾明确指出"中国智慧无需上帝观念",凸显了儒家宇宙论包容性的、整体主义的美学秩序的首要地位。[1]就儒家来看,这一主张有两方面的含义:首先是某种能够保障真理的外部客观真实或现实(reality)的缺失,其次是那种能够表达真理并令其可被理解的存在论二元主义的缺失。这里无关乎我们所熟悉的那种就还原的真实和表象所做的区别,这种特权的真实概念往往被用来理性化人类经验。二元论的本质正在于此:比如说,当真实区别于表象之时,第一性概念独立于第二性概念并且通过宣扬第一性概念对现实的优先主张,有力地否定了与之成对的关联概念。故而理性便可否定情感,同时理性作为一种探寻真理的引擎可以独立行动,不必考虑我们的情感能力。再者,客观性揭示真理,相反,主观意见不只是品位之争,实际上更是对真实者的遮蔽。诚然,如此的假设在我们的常识中依旧活跃:情绪有碍真理而非揭示真理,需要根据客观标准将主观意见搁置。

在中国宇宙论中,与上述二元论思维不同,变化的世界作为连续的经验洪流都是真实的,同时任何相互关联的术语——比如阴和阳,都是这个真实世界的某些方面相互依存、彼此促成的描述符(descriptors)。诚如所见,对应着思考与感受的理性与情感,俱是

---

[1] Marcel Granet, *La pensée chinoise*, Paris: Editions Albin Michel, 1934, p. 478.

儒家所理解的"心"的同样真实的功能，在我们于关系之中寻求何者可信的过程中，二者都是必要的：关系中的可信任者就是真实者，这里所谓的"真实"，即如"真朋友"的"真"。同样的，"客观"与"主观"是对有关现代性的二元论的西方语言的翻译。然而，当这两个术语被分别理解成统一于儒家宇宙论中的"客"与"主"，它们就是在看待同一现象时的两种立体的，故而也是不可分割的方式，均提供了一种互补性的视角。这里关键的区别在于，"二元论的"范畴在存在论的层面上是彼此不同的，其中一种存在比另一种更为真实，故而可以通过分析加以区分。与之相反，"相互关联的"的范畴则是立体的，其中每一范畴都同样真实，并且彼此依赖，成为各自描述真实时的必要补充。

此种儒家的整体主义的美学秩序的至上性，从语言上看，缺乏那种对经验进行存在论的理性化所带来的对字面意思和比喻性语言所做的区分。正如我们已经在《中庸》看到的那样，这里面存在着一种看似简单、实则极为深刻的对人类经验的观察，"其为物不贰，则其生物不测"[1]。此种由独一无二的特定的事件所构成的世界中，排除了这样的可能性，即语言指示着某种作为真理来源的单义的真实，故而被视为与比喻性相反的字面意义上的。如果比喻可以被视为语言的一种特征，即以一种并非字面意义上真实的方式来描述某一对象或行为，那么在儒家宇宙论中，不仅所有的语言必须被视为是比喻性的，而且只有这些产生富有创造力的联系的真比喻，才能是意义的终极来源。

实体存在论和本质主义为亚里士多德式的定义及认识事物的

[1] 《中庸》第二十六章。

方法奠定了基础,相较于此,儒家方案则是一种对处于流变的过程性宇宙中的"事件"之间所产生的那种千变万化的、富有创造性的诸关联的谐音双关式的欣赏,这种方法让我们得以实现渴求与向往的世界。谐音双关(paronomasia)是个技术性的术语,即通过使用发音相似或者意义相近的词语来定义(其实是重新定义)表达。[1]因此,某种意义上是借用别的名称来称呼某物。此种认识策略与亚里士多德的分类学认识截然相反,对后者而言,正确地对某物进行分类和命名就是在认识它。在亚里士多德看来,知识是通过种属分析获得的。考虑到常识的历史渊源,为了更好地理解儒家谐音双关式的定义和认识事物的策略,或许我们可以先将其与亚里士多德认识世界的方式进行对比。[2]

　　亚里士多德在构建为我们提供知识的诸科学的讲述模式时,采用了以其存在论为基础的逻辑方法作为基本手段。于亚里士多德而言,逻辑并非多种认知方法之一,而是可证明的真理之源,是所有尝试认识之人的必要工具。除了在多种学科认知方法分类上的尝试——比如从理论上、实践上、生产上来分类,亚里士多德以更加"百科全书式的"努力来组织所有已知者。此种对事物的分类

[1]　奥斯汀(J. L. Austin)较晚才加入这个话题的讨论,他以其语言行为理论(speech-act theory)挑战哲学界同仁,他指出了这一事实,即在日常而非哲学的语言使用中,我们以为的近义词(比如说,"看,显得,显现")在经过细细斟酌后会发现其实有着非常重大的不同。参见他的 *Sense and Sensibilia*, ed. G. J. Warnock, Oxford: Clarendon Press, 1962。

[2]　译者注:"Paronomasia"在汉语里通常被翻译为"谐音双关",从字面意思上看主要着眼于音韵关联,与作者的界定有一定区别。作者指出,"即通过使用发音相似或者意义相近的词语来定义(其实是重新定义)表达。""谐音双关始于依靠发音和意义的关联来重新定义术语,亦即求助于谐音或近义的其他术语。"依照作者的界定,"paronomasia"当翻译为"谐音或近义双关",但考虑到语言习惯,依然使用了"谐音双关"。

方式的焦点之处在于,就"可知"者与"已知"者的关系来进行客观描述。玛丽·泰尔斯(Mary Tiles)对亚里士多德的种属分类模式进行了如下总结:

> 亚里士多德著作中所突显的那种理性结构,是一种分类系统的结构——一种通过类别(或者说属)以及这些类别的形式(或者说种)依序组织起来的事物类别的层次。(反过来,种实际上变成了可以划分为[亚]种的属,属被组合成更广泛的属。)定义最初并不被视为是对词语的说明,而是对"它是什么"(what-it-is-to-be)类型的东西的说明,换句话说,是对本质的说明。定义某物——精确或者正确地使用它的名字——就是在一个分类系统中定位它。[1]

正如我们在前文中所看到的,对于亚里士多德来说,哲学追问的最为根本的问题是存在论意义上的:"某物'是'(希腊语 on,英语 being)什么?"[2]以及在《范畴论》中讨论过的例子:"市场中的人是什么?"既然作为主体的人之"存在"在于其实体(ousia),那么什么是事物的实体呢?所谓实体,在其最基本的意义上描述了作为个体(tode ti)的事物,然后扩展为种(eidos),继而是属(genos)。

---

〔1〕　Mary Tiles,"Idols of the Market Place: Knowledge and Language",未刊稿(n. d.) 5-6,修订版 Mary Tiles,"Images of Reason in Western Culture," in *Alternative Rationalities*, ed. Eliot Deutsch, Honolulu: Society for Asian and Comparative Philosophy, 1992。

〔2〕　译者注:此处英文原文是"What is the 'on' or 'being' of something"。希腊语的 on 和英语的 being 在中文中被译成系动词"是",但根据上下文看,作者明显在此处强调二者同时具有存在论意义上的"存在"之意。可惜中文的"是"并不能呈现作者的一语双关。

种比属更能告诉我们事物的实体,因为它更接近个体性的基本实质:关于苏格拉底,说他是人比起说他是哺乳动物告诉了我们更多。

为何建立在此种实体存在论基础上的亚里士多德的分类系统的应用被视为会带来新的知识? 针对这一问题,泰尔斯给出了进一步说明:

> 这是一种基于性质上的相似与差异而形成的等级秩序。这种秩序背后的一个关键假设是,事物不可能同时具有又缺乏某种性质——即无矛盾律的要求。故而无矛盾对于此种理性秩序来说,是根本的……对定义(或本质)的知识辅以无矛盾律,可作为更进一步的可理性论证的知识的基础。[1]

谐音双关作为一种儒家的认知策略,不同于亚里士多德的方案。它既不依赖于对本质的认定,也不依赖于无矛盾率。那种存在论的、逻辑学的预设对经典的儒家世界观来说意义甚微。事实上,当儒家过程性、事件性的宇宙论拒绝在所谓的事物及其环境之间做任何最终的分割之时,就不会产生那种依赖于孤立的离散性的无矛盾原则。下文将指出,谐音双关是如何将这种无矛盾原则所带来的假定的精确性置换成了一种暗指的、往往富有创造力的歧义性。

如前所述,谐音双关始于依靠发音和意义的关联来重新定义术语,亦即求助于谐音或近义的其他术语。此种谐音双关的定义

---

[1]　Tiles, "Images of Reason in Western Culture," pp. 7–8.

在中国的经典文献中随处可见。比如，《论语》中有：

> 季康子问政于孔子。孔子对曰："政者，正也。子帅以正，
> 孰敢不正？"[1]
>
> Ji Kangzi asked Confucius about proper governing (*zheng*),
> and Confucius replied to him, "Governing properly (*zheng*) is do-
> ing what is proper (*zheng*). If you, Sir, lead by doing what is
> proper, who would dare do otherwise?"

值得注意的是，在此谐音双关的进程中，我们期望不仅仅"发现"关于现存世界的定义，而且还积极地重新定义和描绘一个持续扩张的意义世界，并在此进程中致力于将其实现。当我们查阅那些记录儒家世界的文化关联的传统字书(比如成书于公元 2 世纪的《说文解字》)时，会发现许多条目并没有诉诸某种假定的本质层面的、字面意义上的、历史的"词根"含义，从而分析式地从词源层面下定义，而是一般性地通过语义和发音的关联做出比喻性的、谐音双关的阐释。例如，"君"字是由同偏旁的谐音字"群"来定义的，此二字的关联不仅在发音上，同时也在其隐含的假设中，即人们将群聚并拱卫为君者。《论语》中有："德不孤，必有邻。"[2]表示镜子的"镜"和"鉴"，分别被定义为"景"和"监"，表示镜子是启明和信息的来源。"阵"被定义为"陈"，暗示着佩剑或列阵最重要的功能是将有效威慑敌人的武力进行公开展示。"鬼"被定义为"归"，体现了这样的观念，即过世者的"气"分散并回到更原初的状态，并

---

[1]　《论语·颜渊》第十七节。
[2]　《论语·里仁》第二十五节。

且回归祖先的家园。"道"被理解为"蹈",这促成了《庄子》中雄辩的宣称:"道行之而成。"[1]"王"被定义为"往",暗示着人民总是会奔向王者。这种通过发音和语义的关联来下定义的例子不胜枚举。

从上文引用的例子可以清楚地看到,此种谐音双关的定义方式的一个明显的模式是将所谓的"名词"默认成"动名词"——例如,"君"默认成"群","王"默认成"往"。因此,它强调了过程作为此种"事件性的"宇宙论的基本前提,其重要性远高于形式。中文里意义生成的谐音双关方式的非凡之处在于,定义某语词并非指涉层面的,而是要通过从发音或语义的层面上挖掘语词自身蕴含的相关的,甚至看似随机的关联。喻指成功与否,以及其所生成的意义量的多寡均是由其与具体情境的关联度来决定的,某些丰富的关联会比另外一些更具启发性、更能生成意义。

此种谐音双关式的转义修辞在西方的文化叙事中并非闻所未闻,它被视为文学里反主流文化、抵制基础主义的一种手段。当然,对于像威廉·布莱克(William Blake)这类反律法主义的特立独行者来说,幽默就是智慧,韵律即是理智。在前拉丁化的、英雄史诗式的盎格鲁—撒克逊语言中,通过关联,从而组合术语来实现"复合隐喻"(kenning)的转义修辞被用来"命名以及揭示事物"。复合隐喻通过创造印象深刻的形象来拓展意义,比如说:字典是"词汇宝库"或者"词汇储藏室";海洋是"鲸鱼的浴盆""起泡的田野"或者"海上街道";国王是"戒指的守护者""国土的守护者"或者"荣誉的保卫者",诸如此类。直至今日我们的方言俗语中依然

---

[1] 《庄子·齐物论》。

保留着这样的操作,比如"数豆子的人"(精打细算者)、"表演终止者"(引人注意的事物)以及"抱树者"(环保狂)。复合隐喻语要创造出形象化的比喻,制造出能够拓展我们知识视野的关联,如此一来,让我们超越自己既有的见地。

要领会谐音双关认知在儒家哲学中的普遍性,可以考察古汉语中的一些为人熟知的语法结构,比如说,文言文虚词"也"的使用方式。学习古汉语的学生应当会被告知,在缺少系动词的古汉语中,通常用来标识名词谓语的"也"字并非系动词"是"(to be)。[1]即便如此,该词的用法也常常被概述为——AB 也:"A 是 B。"[2]并且,"也"字往往被翻译成了"是",比如《论语》的段落"知之为知之,不知为不知,是知也"被译成"to know what you know and know what you do not know—this then *is* wisdom"。[3]其实,文言文中的"也"与现代汉语中的用法并没有完全脱节。在现代汉语中,"也"表示"同样"或"一样",用以为既定话题增添信息,比如说"她也是英国人""反过来也一样"。或许我们可以将"也"字形容成一个谐音双关词,它标识着特定的事物、属性或特质与其他的事物、属性或特质之间可感知的关联。比如,《论语》中通过"也"引出隐喻关联:"君子之过也,如日月之食焉"。[4]在这里,"也"并非主张严格的同一性,而是引出对某个话题的评议:通过扩大关联范围,我们可能会收集到关于这一话题的额外信息。

通过仔细领会"借由对关联模式的探寻,从而更加全面地了

---

[1] Edwin Pulleyblank, *Outline of Classical Chinese Grammar*, Vancouver: University of British Columbia Press, 1995, p. 20.

[2] Ibid. , p. 16.

[3] 《论语·雍也》第十九节及《论语·为政》第十七节。

[4] 《论语·子张》第二十一节。

解"的"谐音双关",我们就获得了一把钥匙,有助于我们理解孔子就如何作为人而过有意义的生活的建言。毕竟如前文所见,关于"认识"的中文词汇远非倡导要对现象背后的真正实体进行分析性的还原(如"getting""grasping""comprehending""understanding"等认识论术语所暗示的那样),而是一种关于绘制人在世间所行之路的语言:"知道"(寻找我们的道路),"理解"(在语境中解开模式),"了解"(具有充分明晰性的看),"通达"(自如的通过),诸如此类。在此种儒家感(Confucian sensibility)的作用下,定义及重新定义我们的叙述术语的谐音双关策略,是怎样成为知识生产的机制的呢?我想证明谐音双关并非仅仅是一种转义修辞,而是类比或关联思维不可分割的一部分,这种类比或关联思维正是如下儒家事业的定义性特征——在这项儒家事业中,一个人通过实现"相互关联的"臻熟从而使自身的生活充满意义。

但我们首先需要进一步理解,在对周遭世界的经验之中,建立起"相互关联"这种熟悉的实践。"关系"到底指的是什么呢?在此语境中,"关系性的臻熟"又是什么意思?个人关系的实际"内容"是什么呢?关系本身又是如何产生意义的?如上文所见,将人看成是"拥有"关系,和认为人是通过对构成他们的共享关系进行培养从而确切地实现其个体性的,这二者之间有着重大的期待差异。换言之,后者的个体性所促成的联合生活与个人合作,并非将割裂的个体带入关系之中,而是令已然是构成性地关联着的个体变得更富有生产力。这种对比呼应了外在关系学说和内在构成性关系学说之间的区别。

"关系"主要的动名词含义是"关联着"(relating)、"叙述着"(reciting)、"预演着"(rehearsing)、"讲述着"(telling)、"详细说明着一种情况或者一系列事件"。正如我已经在前文中指出,这些

"关联着"不仅仅是对话性的,对于我们成为谁来说也是构成性的。由于经验的整体性,我们不可避免地被嵌入家族谱系的、社群的、文化的关系所形成的模式中——我们生理的、社会的、文化的 DNA 共同构成了我们独一无二的基因组。我们的初始关系通过多种多样的关联着的讲述模式开始增值,这些关联着的讲述模式——比如说语言、音乐、礼仪行为、身体、馈赠、饮食,等等,一方面让我们与众不同,另一方面让我们能够和人志趣相投。越来越自觉、果决的个体,成为独一无二的人,是通过将他们置于沟通良好的社群之中的那种扩展的友敬模式,而与此同时,因为社群成员的联合而实现的这些有效的"关系"便生成了共享的社群心灵本身。

孔子本人敏锐地意识到,"关系"或者说探讨所具有的表现性、语效性的"存在论",也即是语言("名")在最广义上具有的那种塑造社群、令世界生成的力量("命")。对孔子而言,"知道"世界远非仅仅是认知性的,而是在"使其成真"的意义上实现(realize)它。[1] 当孔子向其弟子子路解释儒家的核心箴言"正名"意味着什么时,恰好就这一观点进行了阐释。[2] 在这段话中,孔子以"名"为

---

[1] 译者注:作者使用了"realize"一词,应该意在借助该词的多重含义(认识/意识到、实现)来强化此处的观点。

[2] 子路是孔子最为人知的爱徒之一。孔子对子路的感情是复杂的。一方面,他总是批评子路的轻率粗鲁,不满于子路似乎对书本学习漫不经心。另一方面,孔子又欣赏子路的忠诚率直——子路对于履行自己的义务从来都毫不犹豫。子路为人兼具勇气与行动力,但有时会被孔子责备过于大胆、冲动。子路与孔子年龄相近,又有着军人般的脾气,他可不是只接受批评而不予反击的人。当他追问孔子"君子尚勇乎",为了约束他,孔子回答道:"君子义以为上。君子有勇而无义为乱,小人有勇而无义为盗。"在某些场合中——尤其是出自一些存疑的文献中,子路会质疑孔子。当孔子与那些品行有争议、名声不佳的政治人物(例如卫灵公夫人)相交时,孔子不得不向子路辩解。然而,即便是考虑到所有这些复杂因素,孔子对桀骜不驯的子路的深情厚谊也跃然于纸间。

"实"（pragmatics），让繁荣的群体生活所依赖的那种不同却有机关联着的多种讲述模式得以实现，这些讲述模式包含了从语言本身到司法与行政制度的运用等。尤为重要的是，对孔子而言，"名"远非主要是抽象的、理论化的、指涉性的，它对在不断发展变化的社群生活中所实现的品质有着直接的实践影响：

> 子路曰："卫君待子而为政，子将奚先?"子曰："必也正名乎!"子路曰："有是哉，子之迂也! 奚其正?"子曰："野哉由也! 君子于其所不知，盖阙如也。名不正，则言不顺；言不顺，则事不成；事不成，则礼乐不兴；礼乐不兴，则刑罚不中；刑罚不中，则民无所措手足。故君子名之必可言也，言之必可行也。君子于其言，无所苟而已矣。"[1]

"Were the Lord of Wey to turn the administration of his state over to you, what would be your first priority?" asked Zilu.

"Without question it would be to ensure that names are used properly (zhengming)," replied the Master.

"Really? That is so pedantic." responded Zilu. "What does it mean to use names properly anyway?"

"How can you be so ignorant!" replied Confucius. "Exemplary persons defer on matters they do not understand. When names are not used properly, language will not be used effectively; when language is not used effectively, matters will not be taken care of; when matters are not taken care of, propriety in roles and

---

[1]《论语·子路》第三节。

relations and in the playing of music will not be achieved; when propriety in roles and relations and in the playing of music is not a-chieved, the application of laws and punishments will not be on the mark; when the application of laws and punishments is not on the mark, the people will not know what to do with themselves. Thus, when exemplary persons put a name to something, it can certainly be spoken, and when spoken it can certainly be acted up-on. There is nothing careless in the attitude of exemplary persons toward what is said. "

"正名"一词通常或者说不幸地被翻译成了"名的纠正"。对孔子而言,有效的讲述需要根据被接受的、规定的定义来使用语言——比如说恰当地使用头衔以及尊重与级别相符的权益,在此意义上语言是回溯性的。在现存的儒家文本中,孔子非常认可习俗,"正名"思想当然在此起了某些作用。简言之,约定俗成的惯例习俗提供了稳定性,巩固了定义着文化认同的来之不易的价值。"过去"同我们一起,前瞻性地指导着新的经验。然而,因为前瞻的、崭新的经验总是不确定的,必须直白地依据其自身来理解,"名的纠正"这个翻译往好的方面看是不充分的,而往坏的方面想就是误导的。

把语言理解为仅仅是回溯性的,会将其还原成为一种描述现存世界的象征和再现手段。然而,语言远不止于此。如果使用得当,它将是维持、振兴和强化恰当关系的引擎。正如前文引用段落所阐释的,"正名"当然应该被理解为对过去承袭而来的标准的铭记与运用。但是对孔子而言,语言也具有重要的前瞻性和行动性。对于社群来说,继续在不断发展的社会政治结构中完成创造性的调整与新颖的关联,是一种根植于传统的厚重感的需求。一个繁荣兴盛的社群必须不断地对其制度机构进行改革、重组、更新授权。恰如其分地使用语言在于通过语义的、音韵的关联来持续重新界定我们理解、阐释、行动的术语,使我们得以最大限度地利用这一日新月异的世界。

正如"道"既能表示"创造道路"又能表示"言说",语言的富饶在于激活永远存在的不确定性,也在于支持语境化的艺术;那种艺术性地重新语境化的无所不在的机会。如上文所见,此种相互关联的进程可以被理解为"谐音双关"——允许某物被"别名"称呼而借此产生附加意义,并对任何此种情境的语境化条件进行前瞻性的重构。比如,此种被称为"水"的液体,能够灌溉作物、滋养生命,还作为水力成为传统能源之一。然而,难道我们不能富有创造力地期待,我们可以通过可控核聚变将其转化为一种可以驱动汽车、飞机的能源?此种增长的进程当然是始于仔细标记出它们曾使用过的名称,亦即一种回溯性的"名的纠正",但同时也要求运用想象力来使用语言,以及建立起能在变动不居的世界中创造出新意义的关联。

孔子在定义"正名"时尝试提出的几个观点,在一定程度上与我们的期待相违。换言之,由于我们的常识深受亚里士多德思想的塑造,我们倾向于尊重那些渗透了我们关于主体能动性概念的基本区别。我们倾向于划分"实践"(prattein)与"制作"(poietin),并且将引发质料与形式发生变化的动力因(或者说主体)与决定变化结果的目的因区别开来。如前文所述,关于割裂的主体能动性,以及主体中心的生产活动的那些预设,并不是孔子的出发点。相反,他的出发点在于,在人类社群中恰当且创造性地使用语言的重要意义,这样的语言使用为日常生活的事务提供了氛围与环境。

我们从路德维希·维特根斯坦的作品中已经熟悉了这一洞见。诚然,维特根斯坦对语言功能的理解与孔子在引文中所表达的期待形成共鸣。从维特根斯坦引入的"语言游戏"与"家族相似性"概念可见,他与孔子一样敏锐地意识到语言与生活是同一经验的两个层面。他挑战实在论者的预设,即语言在某种意义上是独立的,而通过将其与世界映射,便能以某种指称和代表的方式与现实"相符"。维特根斯坦使用"语言游戏"一词来强调"语言的言说是一个活动的一部分,或是一种生活的形式"(《哲学研究》第 23 节),这种语言游戏由"语言及其所编织的行动"(《哲学研究》第 7 节)组成。维特根斯坦敏锐地觉察到语言的待确定性(underdeterminedness),这为前瞻性地激活歧义与含糊其辞留有了余地,这种永远存在的歧义可以增加语言的意义与效果。他认为,概念并非只有经过了明确地定义才是有意义的,才能沉淀出世界之变化。维特根斯坦采用了"家族相似"的类比来描述同一词语如何被以不同的方式使用,而没有任何终极的或本质的含义,并以此强调同一概念的不同运用其实缺乏形式上的边界或精确性。此种对语言的理解,凸显了伴随着语言想象性使用的那种暗指性和创造性的歧义。

为了解释社群何以培育人,杜威也在反思语言的核心意义以及其他交流叙述的模式(比如符号、象征、手势、社会制度)上倾注了心力:

　　通过言说,一个人戏剧性地将其自身同某些可能的行为举止等同起来;他扮演着许多角色,这并非在相继而至的人生阶段中,而是在同时上演的剧情里。心灵因而出现。[1]

对杜威而言,心灵是"有情生物在与其他生物进行有组织的互动,即语言、交流之时,所预设的一种附加属性。"[2]对杜威来说,那种我们称为"心"(heartminding)的,是在实现世界的进程中被有意识地创造出来的。"心"和世界一样,是"成为"而非"存在",而摆在我们面前的挑战,则永远是在"心"的操作中能产生多少共享的意义与乐趣的问题。改变心灵与世界的方式不仅仅在于人之感知,而是在于其实质性的生长与创化,以及伴随此进程的效力与愉悦。也有另一种可能,当一个社群无法有效沟通,这对于该社群来说就意味着凋败,这样的社群会成为非人的无耻之徒"失心的"暴力与"铁石心肠的"恶行的牺牲品。

在查尔斯·泰勒的著作中,对语言的生成功能的理解得到了进一步发展。泰勒认为,探讨与讲述是我们身份认同必要的源泉之一,他写道:

> 人不能因其自身而成为自己。我只能在我与某些对话者的关系中成为自己……自己仅存在于我所谓的"对话之网"(webs of interlocution)中。[3]

上文所引的《论语》章节所描述的一系列意义创造活动是不可化约的社会性的、情境化的;个人、家庭、社群通过我们在角色与关系中

---

[1]　Dewey, *The Later Works of John Dewey*, vol. 1, p. 135.

[2]　Ibid., p. 198.

[3]　Taylor, *Sources of the Self*, p. 36.

的言行,通过泰勒所言的"我们的对话之网",成为其所是。

如此一来,在此种构成性的"相互关联着"的儒家模式中,我们并不是个体关联成群体,而是因为我们在社群中有效地关联着,我们才变成了独一无二的个人;我们并不是拥有心灵进而与彼此交谈,而是因为我们有效地与彼此交谈,故而成为在生活方式与价值上志同道合者;我们并非因为有情有义从而彼此感同身受,而是因为我们有效地与他人共情,故而一起成就了有情有义的社群。的确,被理解为借由在一个沟通良好的社群中联合生活来定义世界的"谐音双关",正是儒家创造意义的方式。

在儒家角色伦理中,有效地沟通交流以及相关的意义创生是个人成长的源泉。如上文所见,谐音双关一词,从字面上讲就是依靠通过音义相关来拓展的别名,从而"知道"某物。艾米作为独一无二的个人,当我们谐音双关地认识她时,抑或说通过"别名",通过她丰富的角色名称比如"女儿""母亲""妻子""教师""知己"等来认识她时,我们对她的认识便相应地增长。在儒家宇宙论中,世间的意义是本地化地、类比式地产生的。当我们开始认识艾米,我们是从这样的事实出发,即在她活出来的丰富多样的角色所特有的行为举止中,一场有意义的人生展开了。这也正是孔子在谈及"能近取譬,可谓仁之方也已"[1]之时,他所意指的意义之源。孔子要表达的是,通过与充盈其日常叙事的他人发生意义日渐丰满的关系,人们被有效地关联起来,此时他们也将变得臻至完满。

若说某人通过与身边他人的关联而变得谐音双关地臻至完

---

[1]　《论语·雍也》第三十节。

满，就是说他们像他人"欣赏/领会/升值"（appreciate）[1]自己一样"欣赏/领会/升值"他人。所谓欣赏，自然是认可他人的重要性与复杂性，如此一来，就得以为同伴的需求与愿景而奋发响应。然而，还有另外一层"欣赏/领会/升值"的重要含义需要在此处厘清。在追求此种变革性的亲密性时，关系之中的人确实在如下意义上"欣赏/领会/升值"彼此，即他们从意味深长的关系中产生了意义红利，并因此令对方成为更有价值的人。此种厚实而牢固的关系是世间的发展之源，令家庭、社群乃至宇宙繁荣兴旺。

在贯穿《论语》的"君子"与"小人"之别中可见，小人不仅仅是社会性与道德上的发育迟钝者，并且因其自私自利，他们也成为社群不和与困厄的根源。小人被恰如其分地形容为"小"，在于他们是异常割裂的"个体"。这种"个体"缺失有意义的关系，不能够通过参与家庭与社群关系来自觉地发展自己，成长为人。与之相对照，文本中反复强调的、作为信托行为的"信"是发展良好友谊的基础。事实上，作为批判性自我意识以及与他人牢固关系的源泉，所有社会的、道德的成长从根本上说都是对话性的。良好友谊只能通过在彼此信任的基础上进行有效沟通来建立。[2]

与"小人"的迟钝形成鲜明对比，定义"圣"者的正是其对话性的臻熟。甲骨文中发现的"圣"字最早的字形由表示"耳"与"口"的图形组合而成，如🄲[3]。这表明，在其所有的聆听与言说中，这

---

[1]　译者注：这里作者积极地利用了 appreciate 一词的多义性来传达其复合的思考。

[2]　关于儒家友谊的更丰富的讨论，参见 Hall and Ames, *Thinking from the Han*, pp. 254 – 69, 亦可参 Ames, *Confucian Role Ethics*, pp. 114 – 121。

[3]　Kwan, "Multi-function Chinese Character Database；"甲骨文合集 CHANT 0693.

些人类中最高级别的、永远独一无二的成员至少有一个共同点,那就是他们作为自觉的交流者的臻熟。圣人能够听见应当被听见的,当他们言说之时,世界为之改变。

鉴于沟通良好的家庭与社群在个人发展上的中心地位,贯穿《论语》这部最具影响力的儒家文本中的一个普遍关注点,正是对得体的语言使用的敏感性。《论语》清晰明了地告诉我们:

> 子曰:"不知命,无以为君子也。不知礼,无以立也。不知言,无以知人也。"〔1〕
>
> The Master said, "Someone who does not understand the propensity of circumstances (*ming*) has no way of becoming an exemplary person (*junzi*); someone who does not understand the achievement of propriety in our roles and relations (*li*) has no way of knowing where to stand; someone who does not understand human discourse (*yan*) has no way of knowing other people (*ren*)."

事实上,在《论语》看来,对于繁荣的社群生活来说,对话("言")是如此根本,以至于孔子最为雄辩的弟子子贡告诫我们,要注意到一言一词会存在的风险,以及为何一言便可毁掉一人:

> 君子一言以为知,一言以为不知,言不可不慎也。〔2〕
>
> Exemplary persons must be ever so careful about what they

---

〔1〕《论语·尧曰》第三节。
〔2〕《论语·子张》第二十五节。亦可参《论语·学而》第六节、第十四节,及《论语·为政》第十八节。

say. On the strength of a single word others can deem them either wise (*zhi*) or foolish.

鉴于语言可见的力量,子贡不禁问夫子是否有终身受益的一言。[1]孔子果断地说,这一言定然是"恕",即推迟行动,直到可以运用自己的想象力预演那些使自己的反应在特定情境中最有意义的诸选项。[2]于孔子而言,这一变化无方的词语蕴含了他试图向学生传达的关于成仁的一切,也即运用他们训练良好的想象力,借助其批判性的自我意识,将切己的诸多关系相互连接,从而在与他人的关系中将意义最大化。孔子能够将他观察到的"认"(仔细注意人之所言)与"仁"(对臻至行事的修养)之间的密切联系发挥出来。诚然,儒家的核心道德情感——立志在角色与关系中变得臻至("仁"),被明确地定义为"谨慎地言说"("讱"),"讱"这一术语与"仁"同时有音和义上的关联。

诚如所见,谐音双关地定义术语是中国早期哲学文献中广泛可见的特征,在《论语》中尤为突出:

司马牛问仁。子曰:"仁者其言也讱。"曰:"其言也讱,斯

---

[1] 作为官员和商人,子贡是出众的,他在孔子心中的地位仅次于颜回。孔子很尊重子贡的能力,尤其是他的才智,但对子贡利用其才智积累个人财富却不以为然。子贡出身于富裕而有教养的家庭,他口才了得,故而孔子对他最为持久的批评,也正在于其言行不一。综合考量有关子贡的记载,可以清楚地看出,对于子贡不关心他人幸福,只考虑积攒自我财富而不尽其职责,孔子并不满意。的确,子贡孤傲又不慷慨,随时会对别人评头论足,常常争强好胜。然而即便如此,《论语》中对孔子的赞美之词大多出自雄辩的子贡。

[2] 《论语·卫灵公》第二十四节。

谓之仁已乎?"子曰:"为之难,言之得无讱乎?"[1]

Sima Niu inquired about consummate conduct (*ren*). The Master replied, "Consummate persons are circumspect in what they say (*ren*)." "Does just being circumspect in what you say make you consummate?" he asked. The Master replied, "When things are difficult to accomplish, how can you be but circumspect in what you have to say?"

据司马迁记载,孔子的弟子中属司马牛格外"多言而躁"。在孔子看似不耐烦的回答中,他其实是在针对此种有局限的自我意识进行回应,故而特别评判那些像司马牛一样未能将言说当成具有行动力量的人。如果将这一段中的观点进一步引申,对于孔子而言,不仅"言"与"行"不能决然地分离,而且身边的任务越困难,我们在自觉地、批判地使用语言之时就越应该小心谨慎。正是有效的沟通在影响关系成长中的核心地位,引导着我们将"谐音双关"以及其所产生的有效关联,认定为儒家角色伦理学终极的意义来源。

4. 苏格拉底与孔子能否相与为友?

在儒家传统中,意义本身的产生就是日益牢固的关系的产物。在这一传统中,我们是字面意义上的"做"朋友,而我们的朋友也在创造我们。友谊是由相关方构成的一种关系,真正有意义的友谊

---

[1] 《论语·颜渊》第三节。参见司马迁:《史记》,第2214—2215页。

的长存之道关乎一种生机勃发的揭示,朋友们在最字面的、具体的、变革性的意义上"交心"。重要的是,实现此种富有生命力的关系,并不以牺牲个人的独特性为代价。相反,友谊是一个人作为与众不同之人的完整性的来源,当然亦是其结果。其个人的完整性通过每个朋友稳固而又永远演进发展着的独特性表达出来,也表现为作为真友谊实质的那种整合性的"亲密无间"。这种将朋友之间的关系视为内在的、构成性的理解,可以说是一种"美学秩序"(aesthetic order)的生成,因为审美成就完全可以说是渴望在取得的整体效果中对具体细节做最充分的揭示。通过在丰富的友谊活动中实现最充分的"联通"与融合,这些重要的关系不断增益。

关于友谊这一话题,评论家们往往对孔子不止一次叮嘱"毋友不如己者"〔1〕感到困惑。这一建议的逻辑推论似乎是,圣贤君子的朋友会少得可怜,而宵小之人的朋友却多如牛毛。其实孔子在此处单纯要表达如下观点:因为自觉的个人成长是我们在关系中有效交往的结果,所以只有通过在这些最有益的关系中实践修身功夫,我们才能够有机会从最初的关系性开端,成长为"大人""善人"或"成人"。此种成长是富有目的的;它始于此、之于彼。正如孔子指出,修身成仁的事业"由己,而由人乎哉?"〔2〕然而,即便修身是自发的、反映了目的的,它也绝非孤立事件。只有通过培养那些将我们置身于家庭与社群的日常角色的丰富关系,修身才能得以实现。如前文所见,正因如此,儒家哲学关于个人修身的词汇才经常性、具体性地指涉从"小人"到有德者(通过道德行为得到滋养者)的成长与延伸。

---

〔1〕 《论语·学而》第八节及《论语·子罕》第二十五节。
〔2〕 《论语·颜渊》第一节。

只在最杰出人士中寻求友谊的宣言,是孔子将个人的成长或退化视为联合生活之功能发用的清晰证明。这令我们不禁要问:于孔子而言,在"有意义的"友谊中,意义从何而来呢? 在意义有着超越所指的柏拉图式的世界里,友谊被工具化为一种朝着共同目标而努力的志向。例如,《斐德罗》对友谊进行反思的结论是,朋友拥有的东西都相同。当他们拥有的相同之物是对超越的善的欲求之时,那么他们就是真朋友。类似的,对于基督徒来说,作为朋友家人之间的爱的"philia"是从属于"agapē"的,后者是超越的上帝的爱,它从上帝所造物彼此间的爱中流露出来。

同样的,对于柏拉图的高足亚里士多德来说,共同点也是友谊的基础。即便可以承认存在着较低水平的、以追求利益与享乐为基础的偶然的友谊,但与之相对照的真朋友则被描述为"另一个自己"或"第二个自己"。此种"德性之友"反映出某人自己的性格,而性格根植于恒常的美德以及所有人都具备的那种相同的理性(nous)所进行的理智活动。亚里士多德诉诸镜像隐喻来说明同样德行美好的真朋友如何是自我知识与佐证的来源。[1]他认为,"沉思的友谊"高于实践的友谊,而"沉思的友谊"极为罕见,只有在同样德行良好的精英圈子里才能看到。[2]其中隐含着这样的观点,即理论生活比实践生活更优越,思辨的愿景比日常的道德活动更优越。因此,于亚里士多德而言,理性所领悟的永恒真理必须优先于友谊,即便这意味着要背离自己的导师——柏拉图。"虽两者皆

---

[1] Aristotle, *The Complete Works of Aristotle*, 1213a20-26。参见 Yu Jiyuan, *The Ethics of Confucius and Aristotle: Mirrors of Virtue*, New York: Routledge, 2007, p. 4。

[2] Aristotle, *The Complete Works of Aristotle*, 1157b5-1158b11。参见 Yu Jiyuan, *The Ethics of Confucius and Aristotle*, p. 214。

可亲,但虔诚要求我们置真理于朋友之上。"[1]

于孔子而言,即便臻至行为(仁)永远是独一无二的成就,但像他的希腊"表亲"所认为的一样,友谊可以在某种层面被表述为是一件关乎共同事业的事情:

> 曾子曰:"君子以文会友,以友辅仁。"[2]
>
> Master Zeng said, "Exemplary persons attract friends through their refinement, and through their friends, promote consummate conduct (*ren*)."

沈美华(May Sim)总结了儒家和亚里士多德的友谊模式之间的许多共鸣之处,仔细梳理了其重要的相似点。[3]然而,在这些共同点之外,我们也必须承认,亚里士多德和孔子对友谊的说法其实相去甚远。我们必须注意到,亚里士多德基础个人主义中的形而上学与生物学的一致性,作为沉思对象的终极的、不变的第一原则的自足性,德性修养的恒定性,以及在做道德选择时具有首要地位的理性的中心性。

对孔子来说,有别于柏拉图和亚里士多德,意义的终极来源并非永恒的,而是从培养友谊本身的自我意识的进程中涌现出来的。正是因为朋友们在品质上各有所长,这才为共同成长与进步提供

---

[1] Aristotle, *The Complete Works of Aristotle*, 1096a11-16.

[2] 《论语·颜渊》第二十四节。令共同事业"非同凡响"的是这一事实,即鉴于人们叙事的独一无二性,臻至行事对于不同的人永远有着不同的所指。

[3] 参见 May Sim, *Remastering Morals with Aristotle and Confucius*, Cambridge:Cambridge University Press, 2007, chapter 7 passim。

了机会。友谊是儒家"君子和而不同"格言的经典示范。[1]重要的是,建立富有成效的友谊所需要的资源,似乎分散于人群之中,而并非由个别豪杰之士所专有。例如,当有人问子贡谁是孔子的老师之时,他的回答是包容性的,因为每个人或多或少都可以成为他人成长的资源:

　　子贡曰:"文武之道,未坠于地,在人。贤者识其大者,不贤者识其小者,莫不有文武之道焉。夫子焉不学?而亦何常师之有?"(《论语·子张》)

　　The moral vision (*dao*) of Kings Wen and Wu has not collapsed utterly—it lives on in the people. Those of superior character have grasped the greater part, while those of lesser quality have grasped a bit of it. Everyone has something of Wen and Wu's way in them. Who then did the Master not learn from? Again, how could there have been a single constant teacher for him?

这里要传达的信息是,因为每个人各有千秋,孔子或多或少总有向他人学习之处。大方地认可道德修养中大多数关系带给我们的积极与消极可能性,这在孔子的名言中清晰可见:

　　三人行,必有我师焉。择其善者而从之,其不善者而改之。(《论语·雍也》)

　　In strolling together with just two other persons, I am bound

---

[1]　《论语·子路》第二十三节。

to find a teacher in their company. Identifying their strengths, I follow them, and identifying their weaknesses, I reform myself accordingly.

个人成长是与家人和朋友建立的特定的、有益的关系之品质的直接成果。然而，友谊不同于家庭关系。在谋求和发展有意义的友谊之时，这些批判性的、自觉的关系会提供血亲关系中不常见的某个层面及某种程度的自由。这促使孔子如此说道：

> 切切、偲偲、怡怡如也，可谓士矣。朋友切切、偲偲，兄弟怡怡。（《论语·子路》）
>
> Persons who are critical and demanding, yet amicable and accommodating can be called a scholar-officials. They need to be critical and demanding with their friends, and amicable and accommodating with their brothers.

孔子敏锐地察觉到，依赖自由选择而实现的广泛多样的友谊同家庭关系相比，有着显著的不同之处，能在很大程度上弥补更为同质的家庭关系，在许多方面为个人的茁壮成长提供契机。

当然，并非所有所谓的友谊都一样富有营养。事实上，我们与他人的关系并非总是良性的。尽管我们的关系确实是成长的契机，但孔子敏锐地意识到，它们也可能是自我衰颓的祸根：

> 益者三友，损者三友。友直，友谅，友多闻，益矣。友便辟，友善柔，友便佞，损矣。（《论语·季氏》）

Having three kinds of friends will be a source of personal growth; having three other kinds of "friends" will be a source of personal diminution. One stands to be improved by friends who are true, who make good on their word, and who are broadly informed; one stands to be injured by "friends" who are ingratiating, who feign compliance, and who are glib talkers.

这里孔子的观点是,家庭制度有着可渗透的边界,它为审慎的、有意识的友谊培养,故而也为人的个体性实现提供了额外的条件。与家人不同,朋友有可能提供某种程度的成长与复杂性,往往超越了我们更为正式的家庭纽带。当这些自愿选择的关系进一步发展、"登堂入室"之时,亲密的朋友常常会变成大家庭的一部分从而被以家庭身份来称呼,比如兄弟姐妹、叔叔阿姨。

5. 孔子其人作为焦点—场域主体的模范

针对为儒家角色伦理学奠定基础的关系性构成的人之理念,关切点之一在于围绕着身份认同与主体性的诸问题,尤其是在将其与自由个人主义所预设的那种自主的、自我选择的人之模式进行比较之时。此种焦点—场域式的人之理念是否提供了足够清晰的关于个人身份认同、统一性、自主性的说法?回应该关切的一种路径在于反思儒家文本是如何描述个人身份认同与主体性的,更具体地来说,在于反思身份认同与主体性是如何在孔子自己的人格之中呈现的。如此一来,若要摆脱我们根深蒂固的思维定式,或许还是要回到腿与行走、身体与具身化的生活之间的区分。我们需要区别两种主体理念，一种将意向性作为指导割裂个体行动的动力而置于每个人之内，另一种将主体视为萦绕于内，又驱动着在世间分散而又明晰的焦点化的人之"活动"或"事件"。正如行走发生在双腿与世界充满事件的合作之中，而不能被视为是脱离或独立于语境的某种"事物"，人作为诸事件也是在世界之中，而主体观念必须具有反映这一事实的复杂性。

上文提到，《论语》记载了孔子生平的一系列图景——他如何燕饮、坐卧、着装，如何在不同的情境里与各式各样的人交往。这些《论语》章节所呈现的画面及逸闻，令这位万世师表的形象栩栩如生。这不仅是就其最直接的弟子们而言，也同样适用于古往今来无数世代的孔子门生。正是在这些核心章节中，孔子被描述为有四件他个人不认可之事，即在很大程度上揭示出孔子自我认知与价值的"四毋"：

> 子绝四：毋意，毋必，毋固，毋我。（《论语·子罕》）
>
> There were four things the Master abstained from entirely: He would not conjecture, he would not claim or demand certainty, he was not inflexible, and he was not self-absorbed.

总的来看，四毋的积极意义在于，于孔子而言，德行人生远不止遵从一种道德教诲或遵守某套前定的律令。从这些戒条中，我们可以推断出孔子自我希冀的行为习惯中的一种首要的、自觉的、阐释学的倾向。我们可以发现，他致力于务实作为，而非抽象思索；认可开放包容的态度，而非渴求终极的结果；愿意保持灵活与弹性，而非固执己见、刚愎自用；赞同对他人需求的尊重与敏感，而非专注在一己之私。此种习惯而自觉的倾向,激发着那些与孔子相关的德善之行,就算不称其为圣人行迹,它们也是作为文化传统之榜样楷模的孔子的臻至之举。

儒家过程宇宙论回避了任何强目的论或唯心主义,它聚焦的是对"当下"的充分利用。四毋作为修身之法,将行为关联性地置于最直接的人生经验之中,致力于塑造出一种习惯性倾向,以对不断变化的环境做出最有效且具体的反映。虽然我们或可承认四毋是一体的、彼此促成的,但是我们也可以追问:当四毋被各自分析的时候,关于孔子的自觉的道德主体,我们可以从中得出何种推论呢?

在第一个"毋"中,孔子被描述成克制揣测、玄思或猜度("毋意")的。这正是《论语》中孔子的写照。孔子并非所谓讲求原则的人;换言之,我们并不曾看到,那种明显是先于并且影响着具体情境的原则所决定的广泛的、理论化的预设,在孔子的行事中左右着他。事实上,孔子其人作为主体似乎分散在具体人生叙事和理论实践的当下事件之内,并对其做出回应,从而产生更多智性成果。表达他道德愿景的大量语言都是模态的,而并不指涉具体行动,传达出在行为中体现的一种特定态度,而非给出任何具体的行为准则。比如说,我们行事当"诚"且"忠",我们应当"好学",交友当"有信"。此种对模态而非内容的强调反映出这样的事实,即我们大多数的行为是对我们角色与关系中存在的承诺的一种发用,而非被一系列碎片式的抉择所逐一决定。再者,生活本身的复杂性要求最理想的道德行为必然是对具体情况所做出的有效反应,而非被事先决定的。

从记载孔子生平的文献中,我们可以看到这样一个形象:他不习惯于借助疏离的、理论化的抽象所带来的表面上的明晰性来思考和行动,而是实用性地依靠可以更直接获取的、能够被证实的信息。他似乎专注于权衡生活里复杂的角色与事件中容易出现的诸多杂乱而具体的可能性,并据此采取行动。孔子个人叙事的结构、韵律,从他努力追求并维持的"礼"之中生成涌现。

考虑到他对人的理解,为了克制揣测,孔子向我们提供了一种十足自然主义的主体观念。这一主体观念不求助于某种关于自我的形而上学,也不求助于任何统一的基础,比如灵魂、心灵、本性或者性格。孔子将"人"阐发为"仁"的举措,将一种批判性的自觉主体置入活动之中,而非活动之前;置入关系之中,而非关系之外。而考虑到他对经验世界的理解,为了克制玄思,孔子引导我们回归日常事件,从这些事件中为行为寻找保障及辩护。他将这样一种主体观念赋予了我们,此种主体远非求助于某种单纯的、可被孤立的、更高一级的统一性,而最好这样来描述它:它是一种人生事件在被凝聚为焦点时的自觉的明晰,它通过与孔子共享其叙事事件的同侪、弟子与朋友对孔子展现的恭敬模式而实现。在这些关系中的"诚"似乎担负了大部分抉择,孔子并非将其意志公然强加给他人,驱动其主体性的,似乎更多是他对周围人的需求的认可与尊重,而他周围人的行为又被他的榜样力量所塑造。

个人自主(autonomy)通常被理解为自我立法,即人由其个体意志支配,在自己的行为中拥有自由与主宰。从更为技术性的康德主义的层面上讲,自主即是人自由地令自我的意志从属于一种由非个人理性所决定的普遍的道德律令。与此种预设不同,对于关系性构成、非割裂的个人来说,在其关系中并不存在强迫,这或许为思考自主提供了另外的可能。于孔子而言,自主似乎体现为自觉果决的个人在其角色与行事中充分地、创造性地参与其人生的诸事件。他们通过协商的礼敬模式行事,在这样的模式中,人们能够在尊重他人利益的同时满足自我需求,并且在其与伙伴的关系中实现一种同舟共济的协作品质,这令他们在行事中是不被胁迫的。此种自主表现为一种复合的一致性,正如《孟子》所言:"配义与道。"[1]

玄思的缺失在以家庭而非上帝为中心的宗教观中可以立刻得到证明。此种以家庭为中心的宗教观正是儒家传统的特征之一。当樊迟"问知"时,孔子并不想给出那种我们从柏拉图的对话中所熟知的一般性的、形式化的美德定义,而是就樊迟之为樊迟其人自身所特有的问题进行规劝:[2]

务民之义,敬鬼神而远之,可谓知矣。(《论语·雍也》)

To devote yourself to what is most appropriate (yi) for the people, and to show respect for the ghosts and spirits while keeping them at a distance can be called wisdom.

鉴于在西方的宗教信念中,玄思性假设已然成为常识,而孔子的这种规劝,使人在与他人的关系中追求实践效益的同时远离鬼神,让许多评论者以为,孔子即便不厌恶,也对一种须经培育的宗教性的

---

[1] 《孟子·公孙丑上》第二节。

[2] 樊迟给人的印象是个好问之人,在其他篇章中(比如《论语·颜渊》第二十二节、《论语·子路》第十九节)还向孔子请教过"仁"与"知"。但他似乎学得不快,总是反复地追问孔子所言何意。樊迟曾向孔子"请学稼""学为圃"(《论语·子路》第四节),对于他这样似乎无法就成仁事业建立起合理优先顺序的人,孔子显得既困惑又无奈。

需求缺乏兴趣。对于这些阐释者来说,孔子在追寻与精神世界的亲密关系上缄默寡言,正是其致力于一种世俗的人文主义的明确表现。此种人文主义的解读在《论语》的另一篇章中得到了巩固,该章记述了孔子教学所涵盖的内容,或者更为重要的是,它规定了孔子教学体系所规避的内容。据说,虽然孔子乐于传授自己关于继往开来的人类文化的洞见,却不愿揣测未来之于人类如何,以及宇宙将如何继续演进:

> 子贡曰:"夫子之文章,可得而闻也;夫子之言性与天道,不可得而闻也。"(《论语·公冶长》)
>
> Zigong said, "We can learn from the Master's cultural refinements, but will not hear him discourse on subjects such as 'realizing our natural propensities' (*xing*) and 'the way of *tian*'."

孔子关注我们是谁,我们在文化成就方面取得了什么样的成果,但是他似乎并不乐于对我们以及我们的世界将如何演化进行大胆的玄想。

　　在解读这些段落时,虽然有些学者会据此将一种觉醒的人文主义思想赋予孔子,但其实我们或可寻求另一种解读,以更加契合于孔子自己的以家庭为中心的宗教预设。比如,我们或许可以推论,对于孔子而言,真正的宗教性并非在于对遥远的超自然实体的崇敬与祈求,而是要在离家更近的地方建立和培养联系。此种不同的宗教性表现为追求一种共有的、以家庭为中心的精神性,从而致力于在家庭与社群中欢欣鼓舞地生活。我们已经看到,于孔子

而言,成长正是以致力于在家庭与社群的亲密关系中修身为核心,
然后向外辐射延伸至宇宙整体。在这里,中心与外围相互渗透,最
自觉地聚合的东西往往具有最蔓延的影响,而最蔓延的又被反射
回来从而巩固最聚合者。具体来看,我们或可推论,于孔子而言,
在家庭道德生活中表达出来的自觉的恭顺、崇敬与感恩之情,同向
祖先表达的尊敬以及自然的虔诚所关联的那种安宁的精神性,这
二者之间有着直接的、不可分割的关系。简言之,儒家的宗教性不
过是在我们最直接与亲密的关系中所获得的价值感激发出的那种
宇宙归属感。

　　如上文所示,如果宗教(拉丁语:religare)的词源的确表示"紧
密结合",那么"礼"似乎正是理解此种以家庭为中心的宗教性的关
键词,因为"礼"作为一种社会语法,产生出有意义的结合并增强了
社会结构的韧性。"礼"从对家庭谱系的仪式化热诚开始,进一步
推而广之,从而将我们在社群中的角色与关系神圣化。在这样的
解读下,中国今天依然兴盛的春节传统应该被看成是一种深刻的
宗教事件。我们目睹着人类历史上最大规模的常规化人口迁移,
即以移民为主的城市中心在短时间内吞吐亿万人口的现象。春运
期间,几乎每个中国人都在使用某种可能的交通工具返回故里,度
过一段时间的严肃的道德"休憩"(moral "re-creation")[1]。参与
这一道德"休憩"的人们接受随着人生展开的道德教育,形成了对
家庭、长辈、师长以及社群的尊敬,将"老家"视为界定其个人身份

---

[1]　译者注:作者使用了打引号的 re-creation,或许意在一语双关地借用字面意
　　　思来表达其思想。re-creation 字面上是"再次创造",可与儒家修身日新的
　　　道德讲述关联,而春节是法定的"假期"(recreation)。

认同的主要定义因素。出于对家庭的敬意,他们回归桑梓,重温并更新其最亲密的关系,这为他们在几周后回归城市继续新一年的打拼注入动力。

唐君毅为捕捉此种家庭中心而非上帝中心的宗教性所做的关于中国宇宙论的概括,体现在他"性即天道观"的预设中。该主张承认这一事实,即我们正在成为的某人,是彻底地内嵌于我们无限展开的叙事之中,因此只有通过对我们语境化关系的全方位考察,我们成为何人才能被全息性地理解。焦点—场域的主体观念要求人是如此被聚焦的,即从最远的边缘到中心,从整体到具体,从最疏远的因素到最相关的细节。它描述了某人的自我意识,认为它是在整体之中或多或少具有意义的明晰性那生成涌现的中心。这样理解的话,孔子其人便是一个后世可通过《论语》及其他经典文献而获知的诸事件的叙事场域。孔子的文化后裔们从其事迹中获得灵感,以此来塑造自我独一无二的人格与行为习惯,他们将孔子的叙事整合进自我生活之中。

在"子绝四"的记载中,第二个"毋"在于孔子不愿意主张或追求确定性。孔子对援引固定的终极者来充当律令或普遍法则的做法保持距离,这是基于他对变化和革新的基本尊重。这反映出一种意识,即认识到在任何当下都不断创生演化的宇宙之中,生活具有一种开放的复杂性,一种由《周易》的"生生不已"传达出的持续的、无可逃避的变易所包含的深刻意义。[1]这样的创化进程在《周易》的其他段落中成为规范性的:"天地之大德曰生。"[2]该段文字

---

[1]　译者注:"生生不已"是对周易思想的高度概括,"生生"观念源自《周易·系辞上》的"生生之谓易"。

[2]　《周易·系辞下》。

断言,我们在语境化的、永恒演进的自然、社会、人文关系中出生、成长、生活,并与之共同发展,并且我们在此环境中的自觉成长本身正是宇宙道德的实质。在这一进程里,我们有目的性地、审慎地投入持续的个人叙事中的那些鲜活的、永远协作共生的角色之中,主体意识便于其中涌现出来。焦点—场域式的主体的定义性特征要求我们不仅要不断地关注这些角色的持续发展,还要求我们有足够的道德想象力,从而意识到并且回应一直在变迁的环境。不可化约的复合的人是富有活力的、天生活跃的,在其尊重他人并与他人合作的持续过程中,其所作所为必须保持临时性、可修正性以及融通性。对于他们而言,并无终点或定局。

从对确定性的戒除中,可得出孔子的第三个十分相关的价值取向,即其行事中的灵活性。此种灵活性要求具有反思性的人——能够敏锐地意识到人类经验的互动与协作本质的人,承认他们自身交织的身份认同是存在于周遭他人所构成的语境化场域中的既变动而又明晰的焦点。这些焦点式的主体应该被理解成不可化约的互动性的,他们自觉地塑造着自己重要的关系模式,同时也为这些关系模式所塑造。归根结底,此种主体性只可能通过建立起关于承诺与恭顺的习惯而达成。也就是说,此种主体性在那种总是"遭受"他人行为影响的经典意义上看,必然是被动的,然而它也必定同时是自觉的、富有活力的、预见性的,并于其中寻求平衡。简言之,在道德上负责的生活,只能在逐渐界定着我们身份认同的活动中,通过一种灵活的回应来实现。

最后一个"毋"是克制一己之私。不可化约的社会性的、具有批判性自觉的主体,不能是自私或自恋的。此种焦点—场域的主体,通过在其关系中塑造自身的符号学过程及象征能力,变得日益被濡化(enculturated),并且从与他者的内主体关系中发展出反身式的自我认识。这些万物有生论的(hylozoistic)主体既是精神性的,又是深刻物质性的,无疑通过其对话式的、富有活力的肉身活出了各式各样的角色。然而,当他们在同样有机的物理与社会那不断变化的关系构造中,努力实现自我一致性之时,这样的身体其实有着"可渗透的膜",能不断地将经验具身化,从而整合入其演进的身份认同之中。此种焦点—场域式的主体必须发挥其修身能力以回应环境,同时展示出在与他人毫无胁迫的合作活动中,那种由关系性定义的自主品质。这样的自主是具体环境中的协作关系的直接产物,而在这些具体环境里,一群相互关联的合作者同某人自己在价值与目的上不谋而合。

6. 杜威的"个体性"观念:一种关联的类比

在我们思考儒家彻底嵌入式的、关系性构成的、永远生成涌现的人之观念时,如果将上文曾涉及的杜威的"个体性"观念作为潜在的有益类比一并探讨,或许效果会更好。就更清晰地揭示儒家关系性构成的人之观念,以及对于思考主体、自主、选择等观念的其他方案来说,西方叙事中经典实用主义在思考人的方式上的创新转向,或许对我们的讨论大有裨益。

在杜威的人类行为现象学中,他将威廉·詹姆士的过程心理学与乔治·赫伯特·米德(George Herbert Mead)的社会心理学融合,从而在自然与社会关系中去定位那些构成人的习惯。在杜威早期任职密歇根大学时,米德是他的同济,后来杜威受邀去芝加哥大学担任系主任,米德也一并入职。正如米德所坚持的,"自我"与世界是叠合的：

> 除非有他人存在于斯，否则自我便不能在经验中出现。
> 孩童体验到声音一类事物要早于其对自我身体的体验；在孩
> 童这里，不存在什么是作为其自我经验产生，尔后再指向外物
> 的……只有一种肤浅的哲学才坚持那种我们始于自我的旧式
> 观点……没有存在于世界之前的自我，亦不存在先于自我的
> 世界。自我的形成进程是社会性的。[1]

用杜威自己的话来说，此种独一无二的关系性的个体性与他
所指称的"旧心理学"（old psychology）形成对照。"旧心理学"建立
在预设某种高级的"灵魂"或者"自我"存在的基础之上：

> 有关原初且分离的灵魂、心灵或意识的传统心理学，实际
> 上是对那些将人性从其自然的、客观的关系中割裂的诸条件
> 的一种反映。它首先意味着人与自然的分离，然后是人与人
> 的分离。[2]

对于已然成为我们常识性理解的割裂之人的观念，杜威提出了一
种激进的替代方案：

---

〔1〕　George Herbert Mead, *The Individual and the Social Self*: *Unpublished Work of George Herbert Mead*, ed. David L. Miller, Chicago: The University of Chicago Press, 1982, p. 156.

〔2〕　Dewey, *The Middle Works of John Dewey*, vol. 14, p. 60.

　　一种对灵魂与自我单一性与单纯性的传统理念的坚持，阻扰了我们认清它们的意味：即自我构成要素的相对流动性和多样性。诸活动背后并不存在一个现成的自己。有的是不稳定的、复杂的、矛盾的态度、习惯及冲动，它们渐渐相互妥协并预设了某种组合配置的一致性。[1]

对于杜威来说，威廉·詹姆士完全是一位良师益友，也是其哲学灵感的来源。然而，对于威廉·詹姆士富有开创意义的著作《心理学原理》(*Principles of Psychology*)中的内在不一致，杜威感到不安，因为这部作品试图阐明并支持一个被描述为意识流的决然个体的人之观念。在几乎毫无掩饰的批评中，杜威指出：

　　此种有关单一的、单纯的、不可分割的灵魂的学说，是对具体习惯乃知识与思想之手段缺乏认识的原因，亦是其结果。许多认为自己为科学解放的人们，以及那些为着某种迷信而自由地宣扬灵魂之说的人们，他们坚信一种错误的认知观念，这种观念关乎一个独立的认知者。而今，他们常常将一般意义上的意识僵化固定，视其为一种流或者进程或者实体。[2]

杜威将人理解为一种动态的、有机境遇化的协作习惯与冲动的焦点系统，他的说法尽管不同，但在许多方面与儒家关于关系性构成的人所生活的诸角色的观念非常类似：

---

[1]　Dewey, *The Middle Works of John Dewey*, vol. 14, p. 96.
[2]　Ibid., p. 123.

现在武断地讲,当前并没有任何关于位置、主体或者工具的理念可以在心理学层面奏效。所有感知、认识、想象、回忆、判断、构思、思辨都是通过具体习惯达成的。"意识",无论它是流还是特殊的感知、想象,它表达的只是习惯的功能以及习惯形成、运作、受挫、重组的现象……习惯与冲动的某种精致结合是观察、记忆与判断活动的必要条件。[1]

杜威诉诸我们实际上活出来的那种境遇化的人之经验,拒绝主张某种明晰的自主"自我"优先于关系的有机组合配置,并且质疑本能相对于共享文化生活形式的优先性。他坚持关系性构成的具体情境的首要性,视其为一种自觉的社会智能的园地,以及追求臻至人生的场所。若要最为妥当地回应那些始终在场的不确定性,并且就其给出最为充分的解决方案,那么一切都只能在实际环境中磋商而出,要意识到,任何关于割裂主体本身的主张都是从这一过程中抽象而来。

正如上文提到,当杜威面对从关系性构成的"诸个体"理想过渡到在日益资本主义化的社会里形成的金钱层面上的割裂的个人观念之时,杜威创造了新词"个体性"(individuality)。用杜威自己的话来讲,他斥责那种被他称为堕落的"新"商业个人主义,同时提倡回归一种强健的、"旧"的个人主义,这种"旧"个人主义能给予我们一种通过激活我们的实质性差异而获得的真正的个人卓异性。

英语词"存在"(existence)是从其表示"脱离"的拉丁语词根演变而来的。对于杜威来说,在他的习得性的个体性理念背后有一

---

[1] Dewey, *The Middle Works of John Dewey*, vol. 14, p. 124.

种宇宙论,正是此种明晰的具体性在最积极意义上的体现,其立论如下:

> 所有值得存在之名的存在,都有其独一无二、无可取代之处,并非为了展现一个原则、实现一个普世者或者体现一种类别……这意味着,无论能力、力量、地位、财富的体量悬殊有多么巨大,在与另一事物比较时,这些区别都是微不足道的——那便是个体性的事实,不可替代之物的显现。简言之,这意味着这样一个世界,在其中,一种存在必须因其自身,而非作为某种能等同于或者转化为他者的事物而被对待。[1]

于杜威而言,个体性是那种将我们定义为一种自然种类的暂定的统一性的对立面。它是我们每个人成为与他人不同者的实现,而这种实现只能在繁荣的社群生活的语境之中。此种个人的卓越性从某人自身对其所在社群独一无二的贡献中产生。杜威说,"个体性不可能与合作相对立"。"正是通过合作,人取得了其个体性,同时也只有通过合作,人才能操习运用其个体性。"[2]如此解释的个体并非一个"物"或者"东西",而是一种首先通过讲述关系性与社会活动的语言而被描述的"类型化事件";其次,才就独特性、自觉的成长、目的、质变性的成就等方面对其进行描述。

正是在此种背景下,杜威在形成其不可化约的社会性的人之理念时,一贯地使用"个体性"来指称独一无二的关系性所构成的

---

〔1〕　Dewey, *The Middle Works of John Dewey*, vol. 11, p. 32.

〔2〕　Dewey, *Lectures* (*2nd Release*), Electronic Edition, vol. 1, p. 122, http://www.nlx.com/colletions/441.

人之事件的诸习惯。比如,杜威如此来描述林肯的"个体性":

> 一个广博的事件;或者如果你乐意的话,它是许多事件形成的进程,其中每一个事件都吸收了前在事件的某些要素,并开启即将到来的东西。传记作者的技艺体现在他擅于发现和描绘微妙之处的能力上,这些事物往往连当事人也未觉察到,其中,一个事件从其先行者发展而来并且进入了后起事件之中。[1]

正是通过使用此种事件性的、充满生命活力的语言,杜威才得以恰当地表达他的个体性观念。杜威继续写道:

> 个体性即是历史与生涯的独一无二性,而非最初就被一次性赋予,尔后便像拆毛线球一样展开。林肯创造了历史。然而同样真实的是,林肯在其创造的历史中也创造了作为个体的自己。[2]

对于杜威而言,被自由民主制的、基础主义的、割裂的个人主义置于危险之中的,正是他所称颂的那种我们社会性地习得的独特性与个体性。他很不认同将人类视为割裂的、自足的存在者的个人主义,认为其问题在于,

> 它忽略了这样的事实,即个体的精神与道德结构、其欲求

---

[1] Dewey, *The Middle Works of John Dewey*, vol. 14, p. 103.
[2] Ibid.

与目的模式,会随着社会制度的每一次重大变化而改变。无论是在家庭、经济、宗教、政治、艺术或者教育方面,没有被任何关系连结在一起的孤家寡人都是怪物。认为把人们联系在一起的纽带仅仅是外在的,不会影响到精神与性格,进而产生塑造个人倾向的机制,这是荒谬的。[1]

杜威引入其生成涌现性的"个体性"观念,以抵制此种基础主义的、割裂的个人主义,并宣布据此构想的个人自主纯属虚构。于杜威而言,关联才是事实,而我们可以借助他就"个人主义"与"个体性"所做的区分来进一步澄清此种关于人的社会性建构。用杜威自己的话来讲:

> 关联及互联行动的事实并不神秘,它影响着单一要素的活动。追问个体是如何被关联起来的是毫无意义的。他们在关联中存在并运作……故而,人并非仅仅是事实上被关联着的,而是在其观点、情感及审慎行为的组合构成中,成为社会动物。其所信、所愿、所意,皆是关联与交往的结果。[2]

于杜威而言,"个体性"既非一种前社会的潜能,亦非我们通常与洛克的个体主义联系起来的那种孤立的割裂性。杜威认为,如此畸变的个人主义现象只有在最糟糕的情况下才会实现,即在工业社会的装配线上令人麻木的单调重复中,在这种情境里,工人被还原成类型化的自动机器(automatons):

---

[1] Dewey, *The Later Works of John Dewey*, vol. 5, p. 80.
[2] Ibid. , vol. 2, p. 250.

企业对金钱利益的屈从反应,迫使工人被视同为"手工"。他们的大脑与心灵并没有参与……在成千上万的产业工人这里,哲学家关于身心彻底分离的思想被实现了,而后果是惨然不乐的身体以及空虚扭曲的心灵。[1]

通过一种可与儒家角色伦理学共鸣的方式,杜威罗列了联合生活的事实,并且借由设想出一种独一无二的、弥散的、关系性构成的人类所体现的互渗习惯,确立了这一事实的价值。在阐释"个体性"观念之时,杜威发展出一种有关"习惯"的独特(如果不是古怪的)语言,用以描述使人们能够将价值加诸其活动,并将单纯的关系转化为沟通良好的社群的那些丰富多样的联合模式。就为何选择"习惯"这样带有负面意涵的术语,而非使用像"态度""性情"这类更为常见的表达,杜威辩护道:

我们需要一个词来表达这样一种人类活动,这种活动受先前活动的影响,故而在此意义上是后天的;这种活动于其自身中包含某种关于行为的小元素的秩序或系统;这种活动是投射性的、动态的、时时刻刻会明确地显现的;这种活动即便没有明显的主导地位,也以一种附属的形式在起作用。[2]

在为"习惯"一词正名的过程中,杜威进一步阐述了在人类持续学习的努力,以及由此而生的不可化约的社会性但又是个人化的习

---

[1]　Dewey, *The Later Works of John Dewey*, vol. 5, p. 104.

[2]　Dewey, *The Middle Works of John Dewey*, vol. 14, p. 31.

惯这二者之间,有一种可感知的紧密联系:

> 习惯之影响是决定性的,因所有独特的人类行为皆后天
> 习得所致,而学习的"心灵""血液""筋肉"都在于习惯的创造
> 养成……习惯并不阻碍思想的运用,但它决定着思想运作的
> 方式。[1]

于杜威而言,所谓的割裂的个体与其所生活的社会之间极为常见的对照,不过是一种持久的虚构,其错误之处在于预设了人是个体,这与另一种理解截然相反,即人的个体性是通过共有的关联生活的品质而获得的一种社会性成就。比如说,追求更大程度的个人自由并非要求人们以某种方式将自己从现存的关系模式中解放出来,并宣称自己独立于它们。相反,为了更大程度地参与构成其社群的诸活动,人事实上必须试图改变当前的社会关系组合配置,而追求有助于实现该目的的更好的配置。我们永远是,且不可化约地是"关系中人",从来都不仅仅是"人"。

无论我们在社群中拥有怎样的初始条件,这些条件都必须伴随实质性的培养与发展进程,才能实现我们的个体性。正如杜威对"经验"毫不墨守成规的理解一样,另一个他以不寻常的方式使用日常语言的例子,正是"个体性"这个观念。"个体性"远非一种现成品,而是社会产品,是有效的联合生活的硕果,它从人类日常生活经验中质变式地产生。个体性是一种"成为卓绝的",这只能在繁荣兴盛的社群生活的环境里发生。"个体性"就如同另一个不

---

[1] Dewey, *The Later Works of John Dewey*, vol. 2, p. 335.

那么恰当的术语"性格"一样,是一种成就,并且因为它是从联合生活中关系性地生成涌现的,所以它远非是割裂的、画地为牢的,而是在其自身中蕴含了一个"诸自我之场域"。如此理解的人就并非"物",而是活泼泼的、模式化的"事件",他们自然可以用有关独特性及性质层面的成就的稳定语言来描述,但也可以更为动态地,借助一种自觉的、臻熟的关系性,以及这样的关系性臻熟从其周遭者引发的扩张蔓延的恭顺模式来讲述。

杜威坚信,"我们生来就是与他人关联的有机存在者,但是我们并非天生就是社群的一分子。"于杜威而言,"个体性"从一开始是性质层面上的,而只有当我们实现了自己的独特性之时,才变得可量化。我们的个体性只有在兴盛繁荣的社群生活环境里,在与他人持续的合作中才会生发涌现。然而,由于我们的个体性将定义我们如何在习惯上与他人不同,那么当它在令我们作为独一无二的特别之人脱颖而出之时,就会变得可量化了。如此理解的一个独特的,甚至卓越的个人,就不是一个割裂的"物",而是一种模式化的、情境化的事件,可以用与独特性、完整性、社会活动、关系性以及性质上的成就有关的语言来描述。就这一社会性建构的人之观念而言,杜威是激进的,他毫不犹豫地否认了人在任何方式上可以脱离于与他人共同生活而形成的关联。诚然,杜威十分大胆地宣称,对于人而言,"除开那些将他与他人相连的纽带,人什么都不是"[1]。

7. 儒家焦点—场域之人与经典实用主义的共鸣

通过类比儒家焦点—场域式的人之理念与杜威及其他经典实

---

[1]　Dewey, *The Later Works of John Dewey*, vol. 7, p. 323.

用主义者著作中演化而来的关系性"个体性"观念，我希望不仅能够澄清此种关系性构成的人之理念，而且还可以将其去异国化。我们也已经看到，同杜威一样，针对将人之身份认同置于某种更高层级的灵魂、自我，或者心灵的理论，儒家所提出的焦点—场域式的替代方案，是为了在其中找到同样的焦点的连贯性，因为儒家方案诉诸一种习惯化的协作与整合的连续进程，这一进程就在个人具体化的角色与关系中进行。我们每个人都是全息性的，都是作为共同构成我们的叙事的那些生活出来的角色与关系所形成的焦点。我们或许可以将此类比推进，通过探讨经典实用主义者——他们自己正是过程思想家以及关系性建构的人之理念的拥护者——如何找到一种语言来表达行为的全息性，从而更进一步澄清那种对我们的焦点式身份认同的更加整体主义的理解。构成我们独一无二身份认同的特定行为，当其发生在无边界的行动"场域"之中时，要怎样才能最妥当地描述它们呢？

　　我们可以再次从乔治·赫伯特·米德处开始。在米德去莱比锡求学于以"姿势"(the gesture)概念闻名于世的杰出心理学家威廉·冯特(Wilhelm Wundt)之前，他曾在哈佛师从威廉·詹姆士。作为一名社会心理学家，米德对冯特将有机体的"姿势"与其回应者分离的做法表示批评，并且抱怨道：

　　　　冯特假设了自我先于社会进程，以便解释在社会进程中的沟通交流。然而，恰恰相反，自我必须从社会进程的角度来考虑，必须从沟通的角度来考虑；个体必须在这个进程中建立起一种基本关系，沟通才能开始，否则的话，不同人之间的心灵交流就变得不可能了。[1]

对于米德而言,冯特的问题在于反转了真实的生活节奏,让个体先于其关系,让实际上是过程产物的心灵先于过程。有着象征性交互作用的连续的社会经验,是作为"自我"之人形成并实现其独特性的环境与氛围。用米德自己的话来说,"身体本身并非自我;仅当它在社会经验的语境之内发展出心灵之时,它才成为自我。"[2]米德继续定义"心灵"(mind),认为其并非实体,而是一种不可化约的社会性进程。我们并非首先有了心灵,因而才彼此沟通。恰恰相反,因为我们总是在进行着交流,我们关心(mind)彼此,并因此变得志趣相投(like-minded)。米德将他的老师冯特以及个人主义的"旧心理学"当成论敌:

> 如果像冯特那样,从一开始就预设心灵的存在,用以解释或实现经验的社会性进程,那么心灵的起源与心灵之间的相互作用就成了玄秘。然而,另一方面,如果将经验的社会性进程视为(以一种基础的形式)先于心灵的存在,并且根据个体在此进程中的相互作用来解释心灵的起源,那么不仅心灵的起源,就连心灵之间的作用也不再显得玄秘或不可思议了,故而心灵之间的作用也就被看成是内在于心灵的本质并且已被其存在和发展所预设了。心灵是产生于社会性进程或经验语境中,通过姿势对话而实现的沟通交流——而非交流沟通经

---

[1]　George Herbert Mead, *Mind*, *Self*, *and Society*, ed. Charles W. Morris, Chicago: University of Chicago Press, 1934, vol. 1, p. 49.

[2]　Ibid.

由心灵而出。

诚然,经典实用主义的定义性特征在于语境主义(contextualism),米德根据连续的社会性进程中的个人经验的反身性来理解心灵的发展:

> 当整个经验与行为的社会性进程被带入其所涉及的任何一个独立个人的经验之中,并且当个体对该进程的适应调整,是通过对其产生的感知或意识而修正与改善的,这时候心灵或者说智能的进化表征就发生了。正是通过反身性——即个人经验返回到自身——整个社会性进程才被带入其牵涉的所有个体的经验之中。正是以这样的方式,个体方可以人度己,才能够有意识地根据该进程来调整自身,才能够在任何特定的社会行为中,根据自身对该进程的适应来修正该进程的结果。[1]

杜威使用了一种略有不同但互补的语言来表达关于人是不可化约的社会性的建构,其第一点在于,我们需要打破常识性假设,即我们是作为一个被皮肤包裹着的生命体而活着的;我们需要承认,某种意义上生活是以一种有机的、互动的、与变化的世界充分协作的方式,是皮肤分界之外的"天空海阔":

> 要记住的核心要点在于,生活作为一种经验事件,并非在

---

[1] Mead, *Mind, Self, and Society*, vol. 1, p. 134.

一个有机体的皮肤表层之下进行着的：它永远是包容性的事件，涉及有机体之内者、有机体之外而时空之内者，以及遥远的更高级的有机体之间的关联与互动。[1]

在此基础上，就心灵本身是如何产生、如何作为"一种独特的互动活动"而发挥作用，杜威为我们提供了一个社会性的、动态的、互动的理念，这一理念视心灵"被置于""有机行为的诸属性"之中。将"心灵"视为动态的、延伸的习惯的这一杜威式理念，与前文中"心"（bodyheartminding）作为弥散而又集中的进程的那种孟子式观念，此二者同气相求、相得益彰。在尝试寻找一种方式来谈论此种社会性定位的"心灵"时，杜威想要绕过就"何处"进行的割裂而孤立的提问：

> 受空间考量的支配，导致一些思考者追问心灵在何处……姑且接受追问者的立场（这一立场其实忽略了探讨的所在之处、机构制度与社会艺术），将问题局限在有机的个体上，我们或许可以说心灵的所在或者"位置"——其静态之相，是有机的行为的诸属性，只要这些属性为语言及其结果所塑造。[2]

于是杜威尝试摆脱西方特定文化的存在论偏见，这种偏见通过分离结构与功能、分割事物及其所为，从而把生态性内嵌的实体孤立了出来：

---

〔1〕 Dewey, *The Later Works of John Dewey*, vol. 1, 215.
〔2〕 Ibid., pp. 221 – 222.

　　然而有机体并非仅仅是一种结构；它是一种典型的互动方式，这种互动并非共时的、顷刻之间的，而是连续性的。它是一种没有了结构机制就不可能的方式，然而它又不同于结构，正如行走不同于双腿，呼吸不同于两肺。[1]

杜威的观点在于，"心灵"一方面作为持续性习惯的所在而是焦点化的，一方面又作为在无边的经验世界中局部进行的身心活动之场域而是弥散的。于杜威而言，此种对心灵参与性的、充满事件性的理解可以进一步用一种习语式的、非教条的、有机体的方式来澄清，这正是我们使用"灵魂"一词的方式：

　　强调说某人有灵魂或者说具有伟大灵魂……表达确信其人在显著程度上于生活的各种情境中具备敏感的、丰富的、协调的参与……观察有机体存在于自然之中……将会看到它们并不是像弹珠存在于盒子里，而是像事件存在于历史中，存在于一种运动生长着的、永不停歇的进程之中。[2]

杜威提供了一个生态的、有机的形象，这一形象展现了我们的习惯行为的全息性焦点，是如何以"所有事物"与"所有时间"为其半影，进而从具体视角出发，对共识性与历时性整体进行建构的：

　　在所有这些高等有机体中，我们还发现，所作所为是被先前活动的结果所制约的；我们找到了学习或者说习惯养成的

────────────

〔1〕　Dewey, *The Later Works of John Dewey*, vol. 1, pp. 221 - 222.
〔2〕　Ibid. , p. 213.

事实……因此，一个广泛而又稳定的环境会直接蕴含于当前的行为之中。从操作层面上讲，邈远者与往昔者均"在"行为之中，令该行为如其所是。行动被称为是"有机的"，并非仅仅在于其内在结构；它是有机—环境的诸联系的一种整合。〔1〕

无论我们选择以何种方式来解释我们称之为"思考"的现象，对于杜威而言，清楚的是，在这一连续进程中的每时每刻都远非孤立的、割裂的，而是在其自身之中蕴含着一种通常不甚清楚但永远无边无际的经验场域：

　　有思想存在，这可能是玄秘的；然而若有思想存在，则必然于'当下'阶段之中包含着遥远时空的事件，远到地质时代或者盈缺未定的未来，乃至包含遥远的星系。问题只在于'在'其实际经验中者，能够游离或聚焦多远。〔2〕

在其著作《多元宇宙》(*Pluralistic Universe*)中，威廉·詹姆士使用意识的现象学来反思被其称为"内在生活的脉搏"者，并就其做出了生动表达。这是一种既是整体主义又是具体特殊的脉动，它要求我们抛弃任何作为排他性领域的"内""外"观念。正如我们前面在讲"心"与"浩然之气"的孟子观念所说的，我们必须用焦点—场域的、全息性的术语来重新构思所谓的"内""外"关系。"内"与"外"单纯只是凸显和强调同一现象不同层面的两种方式，或者更具体地说，这同一现象就是在充当场域的复合叙事中的我们焦点

---

〔1〕　Dewey, *The Later Works of John Dewey*, vol. 1, p. 213.
〔2〕　Ibid.

化的身份认同。"内"关乎这样的问题,即我的诸关系的品质是如何自觉地在我的经验场域之中做出改变的;而"外"的问题则是,当我对语境化的他者恭顺之时,外在者如何构成了我:

> 在内在生活的脉搏之中,当下立即呈现给我们每个人的,是一点过去,一点未来,一点对自我身体、对他人、对我们试图谈论的这些崇高者、对地球地理与历史方向、对真伪、对善恶的意识,以及谁知道还有别的什么呢?感受到所有这些东西,无论它们是多么模糊的、潜意识的,你内在生活的脉搏都与它们贯通,属于它们,且它们亦属于它……[1]

在同一段中,詹姆士继续明确地使用一种颇受启发而又富有启发性的、关于焦点中心与蔓延场域的语言,作为他摆脱那种将经验切割为分裂诸物的理智主义者习惯的一种方式,而这也只有他能做到:

> 我们即刻感知的生活的真实单元,并不像理智主义的逻辑所坚持及计较的单元。它们不离于自身的他者,你恐怕得从相距甚远的二者中取样来证明它们似乎并未融合……我当前的意识场域是被不知不觉地渐变成潜意识的边缘所包围着的中心……它的哪一部分是在我的意识里,而哪一部分在我的意识之外呢?当我命名外在者之时,它便已经进入了。中心以一种方式作用,而边缘则以另一种方式作用。当边缘压

---

[1] William James, *A Pluralistic Universe*, New York: Longmans, Green and Co., 1912, p. 286.

倒了中心,其本身即是中心了。我们在概念上自我认同的,以及在任何时候思考着的,便是中心。然而,我们的整个自我,是有着所有那些无限地辐射着的潜意识的增长可能性的整体场域。[1]

在这类篇章中,显然杜威与詹姆士都提供了一种焦点—场域式的人之理念,这一人之理念与他们自身的哲学叙事传统彻底地分道扬镳了。此种对旧式思想的挑战,也许正是这些早期的实用主义者必须历经一段时间之后,才被主流哲学学科认可为原创且卓越的哲学家的重要原因。

---

[1] James, *A Pluralistic Universe*, pp. 286－88.

第五章 关系性自主与厚重选择

1. 反 省 评 估

贺随德在其《评估多样性》(*Valuing Diversity*)一书中写道:"单独考虑时有益于我们每个人的东西,或许无益于全体。"[1]假如个体自主(individual autonomy)和平等(equality)被习惯性视为美德伦理的高级价值,从中必然推出个体性、理性、自由、权利以及个人选择等观念,那么它们在儒家角色伦理学中的等价物应当是贺随德所称的"关系性的平等"(relational equity)与"习得性的多样性"(an achieved diversity)。参考佛教的价值与实践,贺随德得以构想出一种针对自由主义自主与平等之"超凌诸善"(hypergoods)[2]的

---

[1] Hershock, *Valuing Diversity*, p. 133.

[2] "超凌诸善"是查尔斯·泰勒在《自我的根源:现代认同的形成》(*Sources of the Self*: *The Making of the Modern Identity*)(第62—63页)一书中提出的新概念: "我们中的大多数人不单生活在许许多多的善之中,我们还发现自己必须对其进行排名,而在某些情况下,这样的排名使得其中某种善相对于其他善而言,具有了至高重要性……让我将此种更高层级的善称为'超凌诸善',它不仅无与伦比地比其他善更为重要,而且也为衡量、判断、确定其他善提供了视角。"

替代方案。他将"关系性的平等"定义为动态地共享康乐的高度实现,那么"习得性的多样性"就是为了令任何情境下的创造性可能得以充分地增值而保存和协调差异。

贺随德的论证如下。自主与平等都建立在一种外在关系学说的基础之上,而此种外在关系学说使我们与他人的关系从属于个体的自我。外在关系学说视我们个人的整一性优先于我们与他人的相互依赖,视我们彼此之间明显的相同(即我们的"平等")优先于我们众多的差异。因此,附着于个体之上的自主与平等观念,给我们一种个人差异仅仅是"变种"的感觉,即此种差异其实并不会造成太大区别。亦即,我们之间当然存在着需要我们尽力承认并容忍的差异,但此种差异在很大程度上因为我们作为个体要被当成平等者来对待这一预设而被削弱。作为主张个体自主的人,其所进入之关系是外在的、偶然的,而非内在的、构成性的。

相比较的平等(comparative equality)与个人自主确保了差异只能是基本上相似之人(变种)中间的变化。然而,追求关系性的平等以及习得的多样性则允许属性与倾向的持续多样化,这种多样化让我们的差异变成彼此充实和丰富(多样性)的资源。平等者之变种与通过充分激活并欣赏彼此重大差异而实现的多样性,这二者形成了对照。换言之,我们不仅需要承认彼此不同(变种),而且必须能够积极地不同于彼此,如此一来,才能允许我们之间的差异真正带来改变(多样性)。

我们可能会注意到平等(equity)[1]与多样性之间的平衡有两

---

[1]　译者注:即关系性的平等(relational equity),是作者用以取代平等(equality)观念的重要概念。后文中出现的"平等"一词,如未特别注明,即指关系性的平等(relational equity),简称为平等(equity)。

个重要推论。首先,平等与多样性不能由(并不存在的)个体主体来设计,而是必须作为关系性构成的家庭与社群成员之间相互协作的活动的一种功能而涌现。其次,平等与多样性的价值超出了我们人类范畴,从而保障了伦理、经济、生态考量的相互蕴含与不可分割性。

若要进一步聚焦贺随德在"平等与多样性"和"个体自主与平等(equality)"之间所做的区分,或许同他一道,对诺贝尔奖得主阿马蒂亚·森做欣赏性的批评,不失为一种方法。自 20 世纪 80 年代中期开始,阿马蒂亚·森阐发了其所命名的针对福利经济学的"能力路径"(capabilities approach)。森的著作《正义的理念》(*The Idea of Justice*)通过对他老师罗尔斯的"超越"理论的持续性批评,以及通过一系列方式试图恢复理论与实践之间的连续性,他也像上文库普曼一样,竭尽所能地希望令一切"破镜重圆"。例如,当涉及"选择"这一议题时,为了服务于他对自由的执着热忱,森辩护了以能力为基础的思辨,此种思路允许特定之人在其选择中体现个体差异。森并不是单纯地记录将我们的判断进行碎片化切分的那些标记性抉择或所谓的"高潮",而是进一步主张要将选择进程纳入一切全面的后果考量之中,作为其不可分割的一部分。[1]

森提出了一种新方法来评估人之发展、判断社会生活质量,以及尤为重要的是,来评估正义与非正义。在他提出的"能力路径"中,他将我们的注意力引向那些被他称为"能力"的实质性的人之自由上。他将这些自由视为一种替代品,来代替常见功利主义的对幸福或快乐的关注,来代替着眼于收入、财富、精神满足的以资

---

〔1〕 Amartya Sen, *The Idea of Justice*, Cambridge MA: Harvard University Press, 2009.

源为基础的路径,以及代替自由主义对过程公正的关注等。森辩护了一种更加宽泛的自由观念,他主张充分认识自由的不同组成部分的异质性,此种异质性包括了我们的个人差异、我们追求目标时的特殊境遇以及做选择时的必要进程。

森基于关注实质性的人之自由的能力路径,通过考虑特定之人于特定情形之下的实际所能作为,尝试超越基于某种一般性个体的抽象观念所做出的衡量计较。借由清晰地理解四个关键术语之间的有机关系,此种能力路径或许可以被较好地描述。这四个术语即功能(functionings)、能力(capacities)、主体性(agency)、个人自由(individual freedom),它们被森用来说明此种评估人之有利条件的衡量工具。

被森称为"功能"者界定着人之生命经历,森视其为能力路径的核心考虑,人之生命经历即"存在与行为"或者说"情形与活动"的特定结合。例如,"是/存在"(being)快乐的、健康的与"进行"(doing)维持一份体面工作所必要的任务都是特定的功能。自由是一个关键的考虑因素,因为显而易见,当我们拥有越多自由,就越有机会去追求并获得心之所求。举例来说,斋戒、节食、厌食、饥馑看似表现为雷同的功能,实则全然不同,它们在有无自由选择上被区分开来。其中,前两者是我们出于不同目的,自由地实现视为有价值的事;而在后二者中,鲜有或者没有选择自由。

那么一个人整体的有利条件是如何被衡量的呢?"能力"指的是综合起来为某人获得所在意之物提供才能与机会的那些相关的个人特质以及外在条件。它们回答的是何者可能的问题。缺失相关才能,便没有真实机会;而没有机会,有才能也白费。然而,某人之所能为者,并非单纯在于估量某人实际所完成者。因为这还需要仔细考虑人们所能自由地实现什么,亦即,估算他们在获取其所看重之物时可兹利用的选项。如前文区分的斋戒与饥馑的例子,一个人的能力(其获取所需事物的自由与机会)是衡量个人有利条件的核心考虑因素。

就某人是什么或者拥有什么而言,关键在于某人的境遇如何形成。那么,某人的"主体性"就被界定为,个人化地抉择其最为看重的功能组合作为其追求目标。此种选择自由并非永远也非必然地有利于某人的最优化幸福。重要的是,虽然主体性主要根据个体自由来评估,但于森而言,它也有着一种社会层面的含义。成功的主体性要在社会中实现,它要求不受限制或胁迫地自由参与社群的经济、社会、政治生活。主体性的一个含义正是,充分参与社会政治生活之自由会拓展主体性的影响与范围,而人之主体性的影响与范围反过来又是衡量其自由程度的标准。

通过理解差异以及参与社群生活形式的重要性,森将主体性观念引向了恰当的方向。然而,在森的能力路径的核心处,很明显依然是和罗尔斯一样的对个人自主的坚定认同,亦即,对个体自由的追求。他赞同人作为个体拥有不受胁迫或干涉地选择目标的自由。他为我们提供了一个微妙且牢靠的自由理念,这一自由理念包含了他所认为的能力的补充特质:依赖的缺失以及外在干预的缺失。一个人对社会的要求正是此种机会与选择的自由。用森自己的话来说:

　　能力之重要性,反映了机会与选择而非对某种特定生活方式不分喜好或选择的赞颂,这才是问题的核心之所在。[1]

能力路径从理论家与政策制定者处收获了广泛关注,这或许正标识了对那种不着边际的抽象探讨的普遍不满,此种抽象探讨迄今为止伴随着对作为福利衡量尺度的"正义"的理论化工作。森提出的能力路径理所当然地被誉为福利经济理论的一次重要进步。很显然,于森而言,创造该理论时最为重要的考虑因素是个体差异、有关幸福的多种可替代性理念、追求幸福时的非物质性因素、机会的差异,以及最为重要的——真实的自由。

森诉诸印度传统所特有的语言来挑战抽象的、原则式的正义路径,此即所谓"niti",因为将正义作为一种抽象原则来机械运用并未充分体现真实人生具体特殊的生活情境,此即所谓的"nyaya"。通过保持抽象的一般性与具体生活细节之间的连续性,森希望避免将机构制度从真实生活的叙事中分离和拔高,为了达到这个目的,他试图构想一种以在真实人生中实现的公平为凭证的正义"理念"。

借由其能力路径,森也承认,需要将人作为拥有不同价值与志向的具体个体来对待。如此一来,他便朝向以更加具体的、包容性的方式理解正义迈进了实质性的一步。森将个体及其环境具体化,将自由与公共理性的观念多元化,他甚至引入了"比较的问题"来照顾文化差异。至此尚好。然而,即便贺随德同我一样对森的方向颇为欣赏,但是我们都认为,森的路径还不够彻底。

森的能力路径当然是将人之主体性这一观念语境化和具体化

---

[1] Sen, *The Idea of Justice*, p. 238.

的努力,它将个人活动置于国家及日常人生经验的诸活动之中。然而,在克服怀特海所谓的"抽象之害"[1]上,森到底又成功了几分呢?虽然森拒绝了他称为的"先验体制论"(transcendental institutionalism),并且为一种对社会福利与正义更加全面的、多元的、实用的理解做了辩护,但是他依然同他所驳斥的理论家们一样,坚持相同的基础预设。最为根本的是,他希望诉诸定义自由主义的自主个体概念的那套词汇,来界定他的正义"理念"。森同其他那些理论家一样,认为主体,作为正义所关涉者,可以用"自主""自由""选择""理性""平等""客观性"(或者说"不偏不倚")等有关割裂的个体性的熟悉语言加以区分描述。

　　贺随德将森的能力路径视为如下情况的一个具体案例,即对个体自主与平等观念的坚持,将真正限制由公平性与多样性所激发的相互欣赏的机会。贺随德指出:

　　　　呼吁我们注意到"全球公共领域"(Global Commons)与"全球公共产品"(Global Public Goods)就资源而非自由展开的探讨中,存在着有害的偏见,即便在这一点上森完全是正确的,然而抵制将自由理解成一种获得性的事态或者(如森所为)将其视为一套在追求个体自我利益时获得性的践行真实选择的能力,这却也是至关重要的。如果……动态的公平(dynamic equity)是稀释自我与他人、个体与集体的两极化利益区分的一种功能发用,那么自由在何种程度上可以被肯定……便是其在何种程度上蕴含了明示的、有益的、可被赏识的臻

---

[1]　Whitehead, *Modes of Thought*, p. 58.

熟，而非那种二元的、自我与他人具象化的选择操作。[1]

贺随德认为，森在很大程度上依然保留了那种默认的关于割裂的自主个体的自由主义观念，且将其视为正义之主体。森依据"选择""自由""理性"等概念来界定此种自主个体，而未曾充分地考量个人处境化的差异在真实人生中所具有的不可化约的关联性的本质。被视为独立行动者的个体，在其决策时拥有践行自主的理由，但这却依然是对彻底内嵌于有机互恃的情境中的关系性构成之人的抽象剥离。虽然森以其不能充分有效地在真实世界伸张正义为由而拒绝了关于正义的抽象原则，他还是依赖着一种抽象的、自由主义的人之理念。然而，该人之理念在我看来，不仅在观念上是贫瘠的，在经验上也是错误的。我认为，虽然我们可以赞许森在尊重具体语境之重要性上的尝试，但是他也很好地证实了我们的判断，即个人主义意识形态是如此根深蒂固地安顿于我们的思想之中，以至于那些致力于以更加包容的方式来思考人类道德的当代知识分子，也很难针对此种默认的个人主义给出替代方案，最终反而是颇为讽刺地巩固了他们所批判的那种自由主义价值。

让我们回顾就自主个体观念为何得以持续胜过社会性与关系性的人之理念这一可行的替代方案的有关论述。早在古希腊时期的政治理论家就已经承认，我们都是会受到交往的他人强烈影响的社会性动物，我们也为自身所生活的不同文化深深地塑造。诚如亚里士多德指出，脱离社会生活者，若非野兽，便是神祇，绝非人类。[2]然而，个体所具有的此种社会文化层面却极少被认为是在

---

[1]　Hershock, *Valuing Diversity*, p. 239.

[2]　Aristotle, *The Complete Works of Aristotle*, 1253a.

道德、政治、生理以及形而上的层面界定着人性。原因在于,在我们的个人叙事中,社会性界定的自我无法被视为具有令人向往的不可抗拒的价值,因为我们对生命展开的具体环境里的偶然性几乎毫无掌控,这些偶然性包括了我们的时空、位置、种族、家族、性别,等等。相应地,在此种个体主义观念下,必然决定着人类首要价值,故而必然得到所有尊重(即主宰着尊严、完整性、终极价值)的,正是个体有目的性地行动与自我决定的能力,也即是个体的自主。当然,若要自主,这些个体之人必不能为本能或激情主导,而是能在其所有选择与决策中保持自由与理性。

我想论证的是,当森保留了割裂的自主个体的抽象观念,以之为正义的主体,而非从事实上进入家庭与社群的角色关系之中的普通百姓的共同生活来展开并回归其讨论,他便在很大程度上削弱了自己为实现一种更加全面包容的正义模式的良苦用心。简言之,作为自主主体的人,像原则一样作为独立先在的标准,仅仅是从生活出来的诸关系中提取出的次级抽象之物。

仅举两例来说明默认的个体主义如何挫败了森在重构正义理念时所谋求的人与环境之间的连续性。在森对理性选择理论(该理论认为,人会理性地抉择,当且仅当其明智地追求自我利益)的探讨中,他试图证明:

> 所谓的理性选择理论将"理性"单纯地界定为对个人利益理智地索求,这严重低估了人类理性……然而,即便选择理性能够轻易地允许非自利的动机,但是理性自身对此并不强求。虽然某人会被自己对他人的关心所触动,这并非怪事或者不理性的,但是我们很难辩护说,仅在理性的基础上就存在着此

种关心的必然性或义务……理性作为选择行为的特征,既不阻挠热诚的利他主义者,也不排除理性的个人利益追求者。[1]

于森而言,自我舍弃与自我牺牲的利他主义者与自利的自我主义者设定的"自我"能够在"理性地"行动的同时,又无需顾及其行为对他人或与他人关系造成的后果。非自利的动机对于理性行动并非必要。此处问题在于,这种抽象概念具体化后的"自我"到底意味着什么呢?诚如贺随德在定义内在关系学说时指出的,如果我们作为人,事实上是由我们的诸关系构成的,那么这些关系本身就是首要的,而我们作为个体之人或割裂"自我",则是这些关系的次级抽象。如此一来,我们需要通过人与人之间相互依赖的关系来理解他们,而非将其孤立地视为个体。自我包容而非拒斥自身与他人的关系。鉴于此种关系性的彼此依赖,我们往来互动的行为要么有益于构成关系的双方,要么无人受益。

当然,讽刺的是,如果我们事实上是关系性构成之人,而非割裂的自我,那么忽略与他人关系的自利的自我主义者并非真正地在利己,牺牲自我以成全他人的利他主义者也并非对其慷慨对待的对象真正地有所助益。[2]进一步来看,由于森将"理性"界定为基于可持续性的动机的选择,故而我们必须要问:如果自我主义者与利他主义者各自来看并未利己或利他,那么他们的行为还能在

---

[1] Sen, *The Idea of Justice*, pp. 194 – 195.

[2] 森并非忽略了这一问题,他指出:"在众多考量之中,保罗必须注意到,对自爱的切实追求可能会对其自身与他人的关系产生不利影响,而这即便从利己角度考虑,也可能会是一种损失。" *The Idea of Justice*, p. 195.

森的标准下被视为是理性的吗?[1]诚然,森自己也似乎怀疑自己是否有能力坚持该判断背后的理由,顺便提一句,他曾质疑过"无论是直接还是间接形式的利益求索,是否能为社会中合理行为提供唯一的坚实基础"。正如他犀利地指出:"一个相关问题在于,互利互惠是否应当是所有政治的合理性的基础。"[2]尽管森自己拒绝回答这些问题,但我认为,因为我们是关系性的自我,那么互利互惠必须是个人、社会、政治等所有人类经验维度中合理行为的基础。

　　我认为森对基础个人主义的赞同导致他误入歧途,这里提供第二个例子。当森想借助"能力"与"义务"来解释佛陀如何理解母亲对孩子的帮助时,问题出现了。森写道:

　　　　在这一思路下,母亲帮助孩子的理由并非出于合作回报,而仅仅是在于她意识到,她能够非对称性地为孩子做些什么,此种付出能使孩子的人生发生巨大改变,而她做的这些又是孩子自身不能完成的。母亲不必追求互利——无论是现实的还是设想中的,她也不必追求"似是而非"的合同来理解她对孩子的义务。这正是乔达摩表达的观点。[3]

放弃用契约论的思想来看待传统家庭关系,认为其对于阐释母子这样的家庭关系来说过于粗陋,且缺乏相关性,在这方面森无疑是正确的。但是,真的有母亲像森所指出的那样,是根据"能力"与

〔1〕　Sen, *The Idea of Justice*, pp. 180 – 181.

〔2〕　Ibid. , p. 205.

〔3〕　Ibid. , pp. 205 – 206.

"义务"来抚养子女的吗？当森在母子关系中暗度陈仓地植入了一种自由主义的割裂个体之人的理念以及一种外在关系学说之时，实际上就将母亲与孩子划分成了恩人与受惠者，这样一来，我认为他对佛陀言词的阐释就变得荒谬了。

如果森有意援引《经集》(Sutta-Nipata)中隐含的佛家对人的关系性理解——森所举的例子正出自此部佛经，那么他应该会发现，人是根据"anattā"，即一种承认没有永恒自主主体的"无我"的学说来界定的。进一步来看，关系性的人被置于一种"pratītyasamutpāda"或者说因缘共生的宇宙论中，人在其中是由karuṇā 和 mettā 驱动。karuṇā 和 mettā 指对消除灾厄痛苦、实现幸福安康的欲求。在此种佛家世界里，母亲帮助孩子的"理性"（说"动机"或许更好）在于母爱，母爱不仅对充实母子彼此的人生而言，而且对丰富所有人的人生而言，都有所助益。森引用的《经集》将母子关系视为一种爱的天然所在，无需理性的或者理论的辩护，这种爱授予我们一种可以向世界推广的直观理想：

> 正如一位母亲会冒生命危险来保护唯一的孩子，尽管如此，愿其修得无界之心对待万物众生，愿其有关无界之爱的思想充盈世界：上下四方，无碍，无怨，无憎。[1]

假如这位母亲被追问帮助孩子的理由时，她很有可能会说"因为她是我的女儿"，而佛经的意思是，此种爱应该推及一切。诚然，此处需要考虑的一个重要问题在于森仅借助"理由"来说明或者辩护母

---

[1] *Sutta-Nipata*, trans. H. Saddhatissa, London：Curzon Press, 1985, p. 16.

亲行为存在的不充分性。一位母亲可能会思考如何能够最有利于孩子,但是她的母爱则会促使她在任何情况下无需理由地如此行事。

我在前文中援引的伯纳德·威廉斯的思想也有助于为同一论点做辩护。在坚持角色与关系应当被充分考量之时,他也恰当地关注到,道德问题应该用厚实到足以适用于世界真实特征的概念来表达,从而使道德问题能够被客观地解决。的确,当为关涉到亲属的行为做理性辩护时,威廉斯举出这样一个例子,即一个处于千钧一发的救援时刻的男人,被迫得在妻子与陌生人这两个同时溺水的人中做出选择。威廉斯指出:

> 某些人(比如说他的妻子)可能会期望说,摊开来讲,驱动他的念头会是,因为这是妻子,而不是因为这是妻子并且在此种情境下选择拯救自己的妻子是被允许的。[1]

威廉斯认为,任何坚持以某种非个人的、公平的标准(某种"理由")来为丈夫拯救妻子做辩护的道德体系,都犯了让丈夫有了"非分"之想(one thought too many)的错误。换言之,在真实世界中,驱动并辩护着丈夫行为的,是对他自己与这位特别的女士所拥有的亲密的、有意义的、复杂的关系的诉求——简单地说,他爱她。这与思索并提出某种一般性的理性化道德义务原则这样的次级需求毫无关系。

于儒家角色伦理而言,面向彼此而呈现不同的动态平等始于

---

[1] Williams, *Moral Luck*, p. 18.

这样的事实,即母亲与女儿、丈夫与妻子、老师与学生要么同时生成涌现,要么就不会出现。此种生命角色的相互依存排除了关于个体自主的熟悉假设,并让个人的选择遵从致力于做最好的母亲、丈夫、教师等等生命角色时所具有的自觉的决心以及持之以恒的志向(即"诚")。关系性的平等伴随着角色间的彼此赏识与付出一同涌现。名师出高徒,高徒也成就名师;学生越杰出,老师也越杰出,反之亦然。良善之人或可生出顽劣子嗣,但是一位真正的好母亲之所以名副其实必不在教出了坏女儿。从焦点—场域的人之理念出发,亦即,当整个家庭蕴含于其每个成员中,那么从根本上看,我们作为家庭成员正是在彼此关联之中对于对方意味着什么。牢固的家庭之所以兴旺繁盛,在于某位成员是技艺精湛的小提琴家,而另一位成员是强有力的政治家,然后还有一位是备受尊敬的学者,等等,每一位成员都因为其亲密关系的品质以及在相互欣赏带来的价值增长中变得更加充实丰富。通常所构想的所谓的平等往往会降格我们的差异,如果不是蔑视它的话;富有创造力的多样性只能在如此情境下才能获得,即差异对所有相关方都有影响,且差异越大,多样性的强度与品质就越高。

2. 以焦点—场域式的主体观念重新构想自主与抉择

我们在前文温习了阿马蒂亚·森就提出一个更加包容的正义理念的尝试,以及他对其老师罗尔斯对正义观念所做的抽象化、去语境化以及碎片化处理的有意拒绝。即便如此,森依然默认了一种自由主义的人之理念,并且在未充分认可真实人生中个人的、情境化的差异所具有的不可化约的关系性本质的前提下,就根据选择、自由,以及理性来界定自主个体。在从事比较哲学研究、穿梭于不同的传统之时(就像森所尝试的那样),我们通常面临此种选择,即要么放弃熟知的哲学词汇,要么复议并拓展这些术语,令其适应另一种非西方的叙事。比如就中国的情况来说,既然中国传统不必提供古希腊意义上的"形而上学"或"存在论",也没有亚伯拉罕意义上的"宗教",那么一个可能选项则是将西方术语尽数抛弃,就单纯使用中文,以中文词汇来表达其自有的世界观就好。但或者还有一种可能,即我们可以改进并翻新这些西方语汇,使其容纳那些赋予中国以卓异性的特别预设,这些预设同时也能够给予哲学学科一种更为包容的术语理解。

因此,虽然儒家角色伦理学是关于道德生活的别具一格的愿景,拥有其特别的技术术语,但是要在我们的哲学环境中更好地理解这一传统,以及更有效地同当代西方哲学家们交流儒家传统,我们或许要追问:当代伦理学讨论中的常见术语比如"自主"和"选择",要被如何重新构想,才能在阐释儒家角色伦理学中发挥价值呢?

个人主义意义上的"自主"即希腊语的"autós"(自我)加上"nomos"(法律),从字面上讲意味着某人为自己颁布律法,或者说某人自己立法。如前所述,儒家角色伦理学要求将"自主个人"及其"选择"等术语另作理解,"人"并不该被单纯地看作独立的理性行为者,"选择"也并非意味着此种单独行为者在构成其日常生活的诸事件中自由地进行取舍。在儒家案例中,进行选择的自主行为者指的是关系性构成的、彻底嵌入语境的人。在很大程度上,这样的人是通过在其所致力的特定叙事中生活出来的角色品质来表达偏好的。故而我们用"关系性自主"这一术语所指称的，并不是对其具体的、独立的行为拥有控制的个体，而是指那种自我意识到的，而又不可化约的社会性的主体。这样的主体们在持续相处中，通过彼此照顾而能够不诉诸胁迫的阴影来行动。我们用"厚重选择"这一术语所指称的，并非分离的个体的碎片化的重大决策，割裂分离的个体在行使选择自由时是不受他人影响和兴趣牵制的。同时，我们用这一术语指那种不可化约的社会性的主体。这样的主体，有着批判性的自我意识，显示出对其角色关系中的某种行为模式的长久可持续性的投入。

通常来看，自由主义理论中的"自主"指的是自治意义上的独立自主，这始于一个被视为割裂分离的、专属的自我。可以论证的是，此种个人的分离性理念仅仅是一种功能上的抽象，其所宣扬的那种严格的自主纯粹是错误的，但却又是十分强大的虚构。诚然，如果联合生活是事实，那么我们表面上的分离性既非初始条件，亦非对他人的排斥。相反，我们变得与众不同甚至优秀卓越，正是我们与他人产生的诸关联的品质的直接成果。儒家提供给我们一种可替代性的、关于独一无二的相互依赖的人的动名词式的人之观念。对于这样的人来说，关系性、具体性、社会性都是其个体化的源泉及表现。对于他们来说，此种个性化——他们的独一无二以及决心，非但不排斥与他人的关系，相反还是借助其在构成自身的关系模式中所实现的臻熟来衡量的。自我意识到的、关系性的自主描述的是当人们在角色与关系中实现臻至时的那些有目的的、非强迫的活动。具有批判性自觉的、不可化约的社会性的主体的厚重选择，则描述的是此种主体在其生活出来的诸角色中所具有的精诚与投入。

　　因为关系性构成的人与他人相互依赖而没有特定的界限,在任何具体情境下的自治要求个人认同一方面是焦点化的,另一方面又在一定程度上是分散的。这样的个人认同是交互性的,必须将所有相关方的利害关切视为其所实现的自主的品质不可分割的一部分。此种相互依赖的诸自我的关系性自主,是当人们的个体差异被协调起来,用以在共同的智性实践中优化出一种有意义的多样性之时,人们对彼此意味着什么的功能发用。此种定义下的关系性自主,远非关于某种看似独立的选择的表达,而是一种将我们合情合理的目的与我们对他人利益的自愿尊重相结合的功能,故而缓释了我们恒常共有的活动中的胁迫要素。那些被视为典范的人,在如下意义上比其他人更加自主:作为榜样,他们影响着别人,他们凝聚了群众,他们的价值通过社群中形成的敬重模式而影响着整个社群行为。比如说,某位"甘地""马丁·路德·金"或者"曼德拉"的典范性叙事就具有此种关系性的自主,通过其作为榜样的功能发用,这些人有效地鼓舞着一代又一代的大众,催生了定义我们时代价值的持续性巨变。通过对其所弘扬者的敬重,通过对其价值观念的效法,我们都被卷入他们各自所体现的整体认同(corporate identities)之中。

　　这里要说明的是,构成性关系学说并非要剥夺如此描述之人的主体性或偏好,而是要求我们以一种与联合生活的经验事实相符合的方式来重新构想"自主"与"选择"这样的常用术语。鉴于我们往往被基础个人主义默认的、常识性的认同所吸引,谈及关系性构成的人之理念往往被误解成主张一种极为稀薄的个人身份认同感。然而,如前文所论,我们可以很肯定地说,关系性的人之理念非但不会损害被尊崇为个人自主之表达的那种独一无二的个人身份认同,反而会在事实上成全并丰富它。在希腊理念论者关于人之"存在"的范式中,个人认同是这样一种模式,即外在关联的割裂个体各自被赋予某种自同的同一特征(self-same identical characteristics)。在此种范式中,人被构想为本质上相同,仅仅是偶然地具有差异。在这一模式中,个人认同仅仅只能含有相对节略的独一无二之感。相比之下,因为预设我们每个人自始至终都是一个不可模仿、无法替代的关系系统,构成性关系学说提供一种彻底内嵌的人之模型,恰恰增强了每个人成其自身的具体性与独特性。

再者,角色伦理通过将人置于生活事件之内,在人的主体性方面提供了经验上更具说服力的观念,让个人身份认同是自觉的、焦点化的、富有目的的、果决的,同时又在很大程度上弥散于我们的关系之中。虽然我们焦点式的身份认同的独特性为此种聚焦进程所保证,但这样的独特性与我们对于他人意味着什么是连续的,并且依赖于后者。就我作为这位母亲的儿子这一具体角色而言,我连续的身份认同以及举止行为必然是被我对自己亲爱的老母亲的敬重之情所塑造的。个人的身份认同自然是具体且独一的,但同时它也是多义的,交织其内的是包含而非拒斥周遭他人的复合关系。我们的角色身份认同是被如此阐释的,即一方面固然持续,另一方面却也在不断改变;一方面固然自觉有意,另一方面却也包容通融;一方面固然被投射性地驱动,另一方面却也谦恭且为他人着想。

如果要从儒家文本中寻找印证此种关系性而非个体性的自主以及厚重而非碎片化的选择,我们可以援引黄百锐曾引用过的《论语》中的一段话,他以此为例,阐述其所理解的"关系性自主自我"的微妙观念:

子欲居九夷。或曰:"陋,如之何!"子曰:"君子居之,何陋之有?"(《论语·子罕》)

The Master wanted to go and live amongst the nine clans of the Eastern Yi barbarians. Someone said to him, "What would you do about their baseness?" The Master replied, "Were exemplary persons to live among them, what baseness could there be?"

黄百锐解释说,夫子作为君子,比大多数人更加"自主",他是其自身行为的唯一主宰者,能够在不被那些他所支配主导的人影响的情况下,实现一种理想性的总体特征(global trait)——"义"。此种被证明的"义"令夫子得以超越那些由特定之人在特定情境中激发的语境具体的品质。用黄百锐自己的话来说:"看来君子的部分成就在于这样的能力,即能够维持德性的卓越,且对其所往之处、所居之地的他人施加影响。"[1]

《论语》中另一段可以支持黄百锐说法的文本证据立刻映入我的脑海:

季康子问政于孔子曰:"如杀无道,以就有道,何如?"孔子对曰:"子为政,焉用杀? 子欲善,而民善矣。君子之德风,小人之德草。草上之风,必偃。"(《论语·颜渊》)

Ji Kangzi asked Confucius about governing effectively, saying, "What if I were to kill those who have abandoned the proper way in order to attract those who are in fact following it?"

---

〔1〕 Wong, "Relational and Autonomous Selves," p. 425.

"If you govern effectively," Confucius replied, "what need is there for any killing? If you strive to be truly good in what you do, the people will also be good. The virtuosity of exemplary persons is the wind, while that of petty persons is the grass. As the wind blows, the grass is sure to bend."

从这一段中我们可以提取出与黄百锐的阐释有关的类比：因为孔子是通晓何为义的君子，而九夷之民则是尚未通晓何为义的粗鄙小人，那么九夷之民自然会折服于体现在孔子恰如其分的影响力中的义。

　　此段对话中孔子的观点到底是什么呢？首先，季康子作为鲁国上卿、三桓之首，在孔子眼中却是鲁国的篡权者，从此段以及其他段落中也可得知，孔子视权臣季康子为不善为政者。季康子设想通过杀害某些子民来充当治理百姓的一种手段，这当然会遭到孔子的斥责。于孔子而言，为政之道取决于为政者自身在多大程度上能够成为体现其向百姓所宣导灌输的那些价值的榜样。那么这些价值的来源又是什么呢？如前文指出，引文中的"善"指的并非是从某种与生俱来"内在"于人的、优先且更高级的"善"德处衍生出来的品质上更卓越的性格特征，它也不是影响和随附于由人所"做"的行为的某种关于"善"的一般性原则。也就是说，道德发展（moral growth）意义上的"善"始于连续性叙事中的那些对话式的关联性活动，只有这样，它才能被用作是对某人或某个行动的一般性描述。"善"是一种通过与他人"关联"以及有效地沟通，从而发展我们的关系并且令其"充满意义"的交际性活动。善及与人为善，需要恭顺与敬重。

所有行为不可化约的关系性本质,以及"善"作为关系中实现的一种品质而非君子先天固有的特质,在另一相关段落中清晰地揭示了出来。此处,夷夏之别与仁行义举的君子所必要的行为品质并无干系。无论是齐家、治国,或者是对待所谓的夷狄,仁行都需要恭顺、敬重、忠厚:

> 樊迟问仁。子曰:"居处恭,执事敬,与人忠。虽之夷狄,不可弃也。"(《论语·子路》)
>
> Fan Chi inquired about the conduct of the consummate person (*ren*), and the Master replied, "At home be deferential, in handling public affairs be respectful, and do your utmost (*zhong*) in your relationships with others. Even if you were to go and live among the Yi or Di barbarians, you could not do without such conduct."

前文引用的《论语》中以风和草譬喻的一段,在《孟子》中也被复述。滕文公为世子时,滕定公薨逝,世子遣人问于孟子,孟子建议世子依循孔子教诲,在其国中建立新的"三年之丧"标准。同样的,此处要传递的信息自然也是统治者必须导民以德,以身作则。然而,此段文本的重要之处在于,模范人物的影响力来源于其带着替他人着想的态度来与他人交往时所收获的恭顺与敬重,而这种为他人着想的态度本身就是为"善"行"义"的源泉。

孟子对世子的规诫始于世子的自我意识,他认识到了自己"他日未尝学问……今也父兄百官不我足也"[1]。作为即位的新君，由于过去的荒唐疏失，他在施政中恐难获得百官的爱戴支持。听从了孟子关于注重自身品质的建议，世子得以精进德行并以身作则。如此一来，他便赢得了朝臣的尊敬，故而能够使他们的行为发生改变。然而，改变是并行的：世子因为群臣百姓的期待而增进自身，群臣百姓受他如今的模范行为的影响而改变。[2]

　　我认为，《论语》中"子欲居九夷"的段落可以用上述出自《孟子》的篇章印证。于孔子而言，在"行最恰当之事"这一意义上的"义"，固然是在上述或其他情境中作为终极决定因素所要援引的标准。然而，在孔子看来，"义"同样也并非因为客观性与普世性而能够被通用于所有案例的那种疏离的先行原则。相反，孔子似乎指出，通过移居九夷，有志成为君子的人与蛮夷的土著在相互包容照顾的过程中，在追求相互关系中最优化的得体适宜的过程中，于彼此而言都会变得愈发富有"义"。在共享的叙事中，孔子同夷人各自的身份认同都将发生重大的改变。考虑到人的关系性构成，使黄百锐所言的"理想性的总体特征"的功用得以实现的，正是一个典范者的行为中蕴含的众人的利害攸关。其行为中的"义"会顾全所有相关者的利益——孔子同夷人都一并考虑。正是此种在多样性中实现的共享的和谐（即"一多不分"）将构成孔子关系性的自

---

[1] 《孟子·滕文公上》第二节。

[2] 谓然友曰："吾他日未尝学问，好驰马试剑。今也父兄百官不我足也，恐其不能尽于大事，子为我问孟子。"然友复之邹问孟子。孟子曰："然。不可以他求者也。孔子曰：'君薨，听于冢宰。歠粥，面深墨。即位而哭，百官有司，莫敢不哀，先之也。'上有好者，下必有甚焉者矣。'君子之德，风也；小人之德，草也。草尚之风必偃。'是在世子。"然友反命。世子曰："然。是诚在我。"五月居庐，未有命戒。百官族人可谓曰知。及至葬，四方来观之，颜色之戚，哭泣之哀，吊者大悦。（《孟子·滕文公上》第二节）

主。这些夷人受到孔子的启发并向他学习，将其作为榜样来效仿，自然会革新其行为举止，从而得以提升并摆脱此前的习惯性粗鄙。与此同时，孔子在其自身的导向中，也蕴含了东夷人如今臻熟却依然独一无二的行事。重要的是，此段落想要实现的远非向东夷人单向地施加标准，孔子和东夷务须保持一种合作的关系，相互照顾、共享发展。

从孔子的视角来看，他对"义"的理解在向另一种文化资源祖露并同时向其学习的时候，会变得更加的宽容大度。诚然，孔子的教诲在多大程度上被这一生活与思维完全不一样的民众所接受并采纳，他自身的地位与影响就会在多大程度上得以增进提升。榜样自是会激励效仿者，但是缺乏了效仿，榜样便不能成为榜样。那种对角色榜样的恭顺，实则也对榜样本身产生着重大的影响与改变。

我们不妨参详儒家文化向"东夷"，或者说向日本、朝鲜乃至越南传播的历史，这不失为一种理解此段文本的具体方法。儒家文化的价值及制度并非通过武力攻占而强加于其他东亚国家。这些东亚民族数百年来自愿地以不同方式在不同程度上吸收儒家文化，而在这一进程中，不仅仅是这三个传统，汉文化圈中的所有传统都得以发展变化。因为这种全息性的焦点—场域式进程，即每个文化地域都蕴含于其余的文化地域之中，(南北)朝鲜、日本与越南独特的文化以及中国儒家文化本身，都变得与众不同且更加丰富。在这一模式下，自主并非一个拥有"义"的模范，通过单边地不受其他文化影响地对他人强制施加秩序，从而掌控并影响他人。相反，关系性自主需要非胁迫性的决心与回应性的恭顺二者相结合。对于关系中的所有相关方来说，这是一种以其独特方式对这个一多不分的、发展演化中的传统做出贡献的机会。而如此一来，在这个多边进程中所有相关方也都得以改变。

在我们亲身经历的历史时刻，中国、日本、（南北）朝鲜、越南这四个独特的儒家传统似乎正处于上升阶段。鉴于其所信奉的儒家价值，这些国家愈发成为日新月异的世界文化秩序的重要资源。然而遗憾的是，在近几十年中，这些东亚儒家文化自身并未能践行其包容、互敬、多元共享等价值，故而变得分裂对立。它们在彼此关系中被削弱几分，其影响一种新世界文化秩序的可能就被减弱几分。

这里我们或可简要提及一个有益的题外话。有这样一种可能性，如果上述诸儒家文化在其内部实现了关系性自主，那么它们或许将对西"夷"产生同样的变革性影响。当前，革新西"夷"的障碍主要来自这些西方文化自身对现代性与西方化根深蒂固的未经反思的忽视。鉴于普世主义是诸西方传统进化中产生的一种显著且顽固的种族中心主义（ethnocentrism），这些西方传统发展出一种执拗的自我满足的思想，而这种自我理解排除了新兴儒家文化对其产生任何真正意义上的重大影响的可能——这是一种被克利福德·格尔茨（Clifford Geertz）公允地称为"令世界安稳地走向衰落"（saving the world for condescension）的态度。在我们亲历的这个历史时刻，伴随着东亚迅速崛起引发的世界政治与经济秩序中的巨变，我们只能祈愿，这四个儒家文化之间的关系会变得更加和睦。这样一来，或许西"夷"精英主义的排他性自我理解，无论它以何种伪装出现，都会在这一新兴世界力量的压力下得到抑制。

在变化的世界文化秩序中预见西方文化与儒家文化各自扮演的角色时，教与学之间密不可分的关系为我们反思关系性自主观念提供了另一种路径。在现代语言中通常被翻译成"studying"或者"learning"的"学"字，实际上本义为"教与学"，它传达了这两种活动所体现的不可分割性。"学"指的是可以追溯到渺远的历史之初的古老而延续的国立学园，或者说"太学"。甲骨文中写作🐾[1]，最初意为与上述教学机构有关的"教学场地"。清代学者段玉裁同其他《说文解字》的注家一样，在解释"学"字时认为，教与学作为制度化的教育本身，最初是以同一字来表达的，这个字后来才在字形上区分为二，成了表示教学的"斅"和表示学习的"學"。

当我们从能力、机会、努力这些范畴来反思儒家教育时，教与学则是重叠交错、相辅相成的。的确，如果我们将二者视为分裂的，那么便会错失本可获得的优势，并且避免不了本可避免的损失。《论语》中记载着孔子的主张"性相近也习相远也"[2]，这里他强调的正是教育所能带来的变革的可能性。正如唐君毅指出：

> 此即孔子不重人性之为固定之性之旨，而隐含一相近之人性，为能自生长而变化，而具无定限之可能之旨者也。[3]

"性相近"一句，孔子指的是，在致力于修身事业（"好学"）的能力上，人们不相伯仲。的确，在可以被教育的意义上，人类是相似的。事实上，我们每个人通过个人实践及习惯养成所发展出来的广泛差异，正是我们共有的接受教育的无限潜能之复杂性的功用。在此意义上，具有创造性的习惯（"习"），非但不是与某种看似共有的

---

〔1〕 Kwan，"Multi-function Chinese Character Database：" 京津 4836.
〔2〕 《论语·阳货》第二节。
〔3〕 唐君毅：《唐君毅全集》第 13 卷，第 32 页。

固定本性相对立的偏离倾向,实则是此种共享却又总是具体化地实现创造性变革的能力的表达与实现。

正因为"学"同时含有"教与学"的意思,谦逊的孔子虽然在描述自己的天赋能力时倾向于自我贬低[1],却毫无掩饰地宣扬自己对教学的热爱以及对学习的渴望。对"学"的偏好在孔子"好学"的自我描述中被记录下来,而"好学"正是对教育的珍视。[2]同时,从孔子对学生极高的期望,以及对不思进取的学生所做的苛刻评价中可见,他明显将动机与勤勉视为最为首要的评价标准。[3]无论学生的社会地位或家庭条件如何,孔子都坚定不移地致力于为有能力的学生提供最好的教育机会。[4]孔子这样描述他最喜爱的弟子颜回:

> 贤哉回也!一箪食,一瓢饮,在陋巷。人不堪其忧,回也不改其乐。贤哉回也。(《论语·雍也》)
>
> A person of real character is this Yan Hui! He has a bowl of rice to eat, a gourd of water to drink, and a dirty little hovel in which to live. Other people would not be able to endure his many hardships, yet for Hui they have no effect on the enjoyment he gets out of life. A person of real character is this Yan Hui.

相应地,颜回则对孔子本人以及对孔子循循善诱的教育方式致以

---

[1] 《论语·公冶长》第九节,《论语·述而》第一节、第二十节。

[2] 《论语·公冶长》第二十八节,《论语·述而》第三节、第三十四节、第二节。

[3] 《论语·述而》第八节,《论语·泰伯》第十二节、第十七节,《论语·宪问》第二十四节。

[4] 《论语·述而》第七节。

最深的敬意：

> 颜渊喟然叹曰："仰之弥高，钻之弥坚；瞻之在前，忽焉在后。夫子循循然善诱人，博我以文，约我以礼。欲罢不能，既竭吾才，如有所立卓尔。虽欲从之，末由也已。"（《论语·子罕》）

> Yan Hui, with a deep sigh, said, "The more I look up at it, the higher it soars; the more I penetrate into, the harder it becomes. I am looking at it in front of me, and suddenly it is behind me. The Master is good at drawing me forward a step at a time; he broadens me with culture and disciplines my behavior through the observance of ritual propriety. Even if I wanted to quit, I could not. And when I have exhausted my abilities, it is though something rises up right in front of me, and even though I want to follow it, there is no road to take. "

孔子不仅欣慰能有颜回这样的弟子，而且在众多弟子之中，孔子唯一用过"好学"（亦即，专心致志的投身教育）这一他用以自述的词来描述过颜回。[1]孔子认可颜回的能力不仅仅超过了其他孔门弟子，甚至也超过了他自己。[2]最终，在这一师生关系中，谁才是老师，谁才是学生，谁向谁学习，竟然不那么分明了。

正是孔子与颜回之间彼此成就的关系，展示了关于真实的自

---

[1] 《论语·雍也》第三节，《论语·子罕》第二十节，《论语·先进》第七节。
[2] 《论语·为政》第九节，《论语·雍也》第十一节，《论语·子罕》第二十一节。

主应当如何的图景。真实的自主并非老师凌驾于学生之上来训导他们何为道德是非，而是一种非强制的发展。教授作为讲堂里最先进的学习者，在与学生的互动合作中，也得以在师生关系中经历非强制的发展。作为教育者，我们大多数人在与优秀的学生相处时，都会有上述的学习经历。从我们在课堂上与学生们共享富有目标的成长出发，我们得以洞见此种"关系性的自主"正是激发我们成为关系构成的人（如"师—生"）的动力。

再者，还有另一种思路将"学"字解作情境化的"教与学"，这样的"学"将会挑战割裂的自主个体观念，以及由之而来的对立二分的、居高临下的好为人师的文化姿态。这一论证源自于对沉淀在古汉语本身中的某些宇宙论预设的赞赏。也就是在富有活力的关系无法与个人的独一无二相分离的过程宇宙论中，以进行时态式的语言为人生经验给出说明，反映出对关系的首要性的认可高于主体。此种语言倾向于描述关系性构成的场景比如"教学"，而非特定主体或教或学的行为。焦点—场域式的主体是不可化约的交互式的，而非单边的。[1] 比如说，"信"既表示"信誉"也表示"信任"——它指示着以施惠者与受惠者之间的协作关系为特点的一种信托的、非强制的情况。"受"字最初表示"付出同接受的情境"（"相付也"），只是在后来才在字形上（而非音韵上）纳入主体，从而区分为"付出"（授）与"接受"（受）。"明"表示"明亮"，也在交互关联的意义上既是事物之明亮，也是得以充分体察事物之明亮的人所拥有的洞见。古汉语中充满了这样的例子。在每一种这样的例子中，关联行为总在不同程度上是双边的，而汉语中这种情境

---

[1]　参见 Ames, *Confucian Role Ethics*, chap. 2。

化用语表明,我们必须接受关系性自主所具有的更加包容的含义。

　　从"关系性自主"回到对自主主体所做"抉择"的进一步反思,可以看到,选择之举通常被理解为审慎的实践理性过程的发用,这牵涉多个步骤。特定的某人必须考虑在其能力范围内能实现渴求结果的每种行为,决定每种行为在何种程度上有助于适当目的或目标的达成。在此番谨细思量之后,此人必须审慎地选择最符合目的的行动,并自愿地将之贯彻。如此表述的个体自主即为具体之人做出具体的自我选择。

　　在前文中我们梳理了乔尔·库普曼的思想。通过在很大程度上重申导向性格发展的道德行为的过程性特质,即永远具体化的语境、个人与情境的具体性,以及道德行为所实现的发展,库普曼意图以一种更具生命活力的、更加整体主义的方式来理解道德行为。库普曼已经建构了他的"性格伦理学"学说,并在儒家对修身的强调中发现了与他对性格发展的长期关注非常相似之处。为了以性格伦理学取代美德伦理学,库普曼尽其所能地将伦理哲学中的七零八落重新整合起来。亦即,他挑战我们通常与康德、边沁、穆勒等哲学家联系起来的伦理学,库普曼称之为"重大时刻"(big moment)[1]伦理学。再者,他质疑美德伦理学中常见的"快照"(snapshot)式的伦理决策观。于库普曼而言,此种熟悉却明显支离破碎的理解伦理学的路径——用杜威的话说即是"伦理学原子论"(ethical atomism)——已经向库普曼所理解的使我们能够在日常生活的常规活动中展现道德能力的性格品质发展相对严丝合缝的进程中引入了大量裂隙。库普曼拒绝根据"决策树"(decision trees)

---

〔1〕　"重大时刻"是库普曼的术语。参见 Kupperman, "Confucius and the Nature of Religious Ethics," *Philosophy East and West* 21 (1971)。

和孤立的选择来思考。库普曼所建构的性格伦理学做出了一个极为重要的贡献,即他就选择究竟是如何得出的,给出了更加有机的、整合的理解,而这与我们的实际经验更加契合。[1] 在库普曼看来,在众多伦理学理论中出现的分割与事后区隔,虽然在讨论相关问题时的确也能发挥作用,但似乎同时又将原本的关切打碎并去语境化了。

库普曼关于性格发展的强理念比孤立的美德特征更加个人化、也更加复杂,它提供了一种积极的、连续的、具体化的人之理解,此种理解让人生在时间中安定统一。与他通过过程性地理解性格成长而恢复的连续性及语境相一致,库普曼也挑战关于选择的原子论式观点。这种原子论式观点"以一种轻忽志向的连续性所具有的道德重要性的方式",将选择活动还原成序列性的、割裂的、任意的、往往是非个人化的抉择。于库普曼而言:

> 在我们的生活中,许许多多最为关键的"选择"其实是由不定量的选择组成的集群,所有或者大多数这些选择都指向同一个方向,且许多都是非反思性或者不明确的。任何人生中的选择模式都必须考虑到上述情况。[2]

库普曼认为选择本身内在于厚重的倾向过程,在此过程中,志向与责任所提供的持续动能支持所谓的"选择"发生,从而让明确的道德判断成为连续不断的行为习惯。

我们熟悉的自由派术语诸如"自主"与"选择",以及"主体"与

---

[1] Kupperman. *Character*, pp. 108 - 109.

[2] Ibid. , pp. 70, 74.

"身份认同"等,当然可以为角色伦理学所采纳。但是从根本上讲,这些术语必须被正名——它们是前景式的、抽象化的,它们关注社会伦理活动中具体却又彼此渗透的诸阶段的示例,而社会伦理生活从整体人生叙事中显现,与之维持着有机关联且受其影响。关系性自主是不可化约的社会性活动的一种属性,而这种不可化约的社会性活动通过摒除了胁迫的共同愿景,把我们紧紧地团结和统一在家庭、课堂及社群之中。我们的"厚重选择"反映出我们致力于做好母亲、教师、邻居等角色的连贯而稳定的志向。

3. 作为人之"成为"及其世界 之"度"的圣人式自主

在前文尝试思考另一种关联性的自主概念之时,我们有机会审视孔子的自我形象描绘所体现出的具体行为模式。进而,我们反思了孔子避免以自我为中心而提出的四毋。在前文所引的佛家经典中,我们还援引了"anattā"概念,即一种主张不存在恒常自主主体的"无我"学说。无我学说是"pratītyasamutpāda"或者说缘起宇宙论不可分割的一部分。在缘起宇宙论中,人由"karuṇā"(悲)与"mettā"(慈)之心所驱动,慈悲之心即令无量众生离苦得乐的广大利他之心。儒家传统所铭记的孔子用以主张个体自主的四毋禁令,以及佛教从万物众生相互依赖中洞见的价值,与自由主义的个体自主的相关理解形成鲜明对比。儒释启发我们反向而行,将我们引向了"自主的"圣人为万物立法的可能性。儒释的宇宙论从万物相生相依出发,贡献了一种并非割裂个体自我立法意义上的自主理念,而是一种由榜样楷模实现的关联性自主。这些楷模通过无强迫的恭顺模式,代表演化中的宇宙秩序进行立法。以孔子为例,他不仅戒除自我中心主义,还引介了一种以家庭为中心的宗教性的观念,这一观念致力于最优化地协调社会、政治乃至宇宙关系。这是另一种关于宗教性的理念,它展现为一个繁荣的世界。于孔子而言,圣人性蕴含着那种关于人之成为与其所在世界的最为深刻的"度"(coalescence),故而令圣人成为人之臻熟的至高点,赞天地之化育,成万物而不遗。

我们已经看到,一种始于根深蒂固的基础个人主义的传统,带给我们以不受外部控制或影响的自由为特征的自主理念。此种自由观念生出的个人主权,允许我们运用独立意志来追求我们自由决定的选择。然而,在儒家宇宙论的阐释语境中,自主远非排斥他人,而是一种不可化约的社会性的成就。在这样的社会性成就中,家庭与社会关系为更加广泛的人群立法。此种关系性自主即是对界定我们角色与关系中的最优化之度的修养培育,家庭与社群成员将各自不同的资源协调起来实现共同志向。不过这里我们不得不谨慎,不应将此种关系性自主简单地理解成将独立主体的意志协调一致,而是应该将其视为在具有共同目的的已有角色与关系的复杂性中对"度"的深化。具有共同目的的关系性自主防止了由通货紧缩式的胁迫所引发的能量与创造性可能的减弱。但是更进一步,作为孜孜不倦修身的协作成果,并且得以在张力与分歧中实现的一种复合的和谐,此种关系性自主正是在这些关系中可能实现的最优化意义的表达。简单地说,关系性自主就是在最有意义的关系上取得的个人成就,这些有意义的关系从健康的家庭关系出发,共生性地推广至社群、政体以及宇宙整体。诚然,如此理解的自主远非个体意志的运用,而是社会政治之花的绽放,它因为我们共享的对楷模行为的恭顺模式而得以可能。如此，关系性自主导向一种儒家式的宗教性，即一种卓然以人及家庭为中心的宗教性，它提供了不同于对上帝服从的另一种解放性可能。

或许，我们可以从这一事实出发，即在一些最为可靠的英语词典里，"宗教"的定义常基于某种有关超越性神祇的概念。比如说，《牛津英语词典》将宗教定义为"对一种超越人的控制力量，尤其是对一个人格神或者诸神的信仰及膜拜"。如此理解的宗教促使了西方传教士在中国经典中搜索，以期找到可兹利用的类比等价物，好将其自身的亚伯拉罕式上帝观念植入中文。在"宗教必始于上帝"这样的未经反思的假设下，许多有意界定儒家宗教性的学者——如果不是绝大多数的话——都延续了同一路径，他们诉诸某种商周时代本来比较晦涩的"上帝"与"天"的观念的变形，开启了自己对中国宗教性的试探。这些诠释者通过向前文讨论过的一种根本上"无—神论的"（a-theistic）宇宙论中植入"上帝"观念，实则回避了如何理解儒家宗教性这一问题。

我的这种"无—神论"辩护并不孤单。前文中我曾评论过葛兰言的主张，即"中国智慧无需上帝观念"[1]，这是为中西方许多最优秀的汉学家所赞同的儒家特征之一[2]。虽然此种对非有神论的（non-theistic）"中国智慧"的描述或许对某些神职人员来说，标准降低了，并将这一传统排斥于任何同宗教及宗教性的联系之外，但是我坚信，儒家对"宗教性"有其自身特有的以家庭为中心的理解，而此种宗教理解需要用极为不同的一组术语来揭示。在前文中我已经指出，解释此种儒家宗教性所需的关键术语是"礼"这个

---

[1]　Granet, *La pensée Chinoise*, p. 478.

[2]　关于这一辩护，参见 Ames, *Confucian Role Ethics*, Chap. 5。

社会宗教性的观念。"礼"即"在角色与关系中的适宜得体之实现"。我将论述,含义模糊多变的术语"天"指示着一种与超越且独立的"神性"(Godhead)迥异的东西,它在以家庭为中心的儒家关于宗教性的构思与表达方式中占据重要地位。

虽然"礼"明显拥有一种形式上、仪典上的意味,但其在定义家庭及社群生活时最为突出的含义,则在于那些引发宗教体验的个人化的、非正式的、具体的对话性活动,而这些活动对于宗教体验来说却是必要的。如前文讨论的,"礼"(禮)作为与"体"(體)同源的字,具有深刻的身体性维度,而身体就像巩固我们多种生活形式中的参与者之间的纽带所必要的对话演说一样,常常也是一种有效的语言。"礼"也有情感层面,正是感情充盈并巩固着我们关系性的活动,给予社群组织以韧性,才可以抵御联合生活中不能避免的张力与罅隙。"礼"是人在其生活的角色与关系中进行个人表达的进程。在参与这一让自身成长为无可替代的独特之人的深刻的审美感性的修身活动之中,每个人都是独一无二的、不能取代的,而在行礼如仪中提升教养必须依据参与者的独特性来理解。"礼"就是我曾描述过的优雅倾向、态度、姿势以及个人风格的修养与呈现,而从根本上讲,它是一种持续的身份认同。

正是以"礼"作为在角色与关系中实现之得体的背景,"天"的祖先的/精神性的/文化的/自然的观念才对我们理解儒家以家庭为中心的宗教性有所助益。与周朝的宗教性联系起来的"天"字在甲骨文中写作夫或呆,学者们将该象形字解读为描绘了在人类头顶之上延伸的东西,这当然指示了天空,但或许更为重要的是,它还指向了令人感到卑微的深不可测的苍穹所显示出的壮丽。在还没有被光污染剥夺此种最日常的生活经验的人类世界中,正是这令人敬畏的穹隆激发了从宗教到科学、从诗歌到几何的一切探索。金文中的"天"被更加风格化地写成🄫,这就很接近现在的字形了。[1]《说文解字》赞成从天与人类世界的关系出发来定义天的思路,认为"天"即"颠也",而颠是"顶"的意思,再结合字形构成解释为"从一大",意味着"至高无上"。

如上文所示,"天"的字形除了展示了与人类头顶之物的关联,其所提供的语义信息实则非常有限。用哲学家张东荪的话来说:

> 中国人对于天的要求只希望能通其意以定趋吉避凶的行为,至于天的本体是一个什么东西绝非所问。这就是因为中国人没有把本体的范畴用在天上,即不把天当做一个万物的本体。[2]

在中国经典中,像"天"这样的哲学术语当然是极其晦涩的,它被以"玄""远"等词来描述。对于如何理解中国宗教性相关的词汇,中国传统自身始终没有追求过任何真正的准确性,这也导致了许多西方阐释者对其含义的持续误读。诚然,当代学者广泛地以一种西方式宗教理念来理解"宗教",这种宗教理念要么将儒家置于1893年"世界宗教大会"(World Parliament of Religions)划分的层级之中,要么就完全忽略了儒家提供的替代性方案。比如说,如果我们参考中文搜索引擎百度关于"宗教"的词条,可以找到如下

---

[1] Kwan, "Multi-function Chinese Character Database;" 甲骨文合集 CHANT 0198A, 0201B, and 西周中期 CHANT 10175.

[2] 张东荪:《知识与文化:张东荪文化论著辑要》,张耀南编,中国广播电视出版社,1995,第373—374页。

的解释：

> 宗教只是一种对社群所认知的主宰的崇拜和文化风俗的教化。宗教是一种社会历史现象，多数宗教是对超自然力量、宇宙创造者和控制者的相信或尊敬，它给人以灵魂并延续至死后的信仰体系。[1]

此种定义提供了一个很好的案例，它展示出中国是如何继续在西方的概念框架下被理论化的，因为这一定义全然关乎亚伯拉罕宗教，未曾对中国自身的儒家宗教性乃至更加制度化的道教与佛教有过些许的考量。

在西方翻译者尝试理解中国古典哲学文献的过程中，许多缄默不宣的西方预设不经意间进入了对这些文本的解读中，同时也浸染了用以构思文本理解的词汇，对于此种操作的供认不讳已经是老生常谈了。该现象在用来阐释中国宗教性的语言上极为明显，尤其体现在"天"习惯性地被翻译为"heaven"（天堂）后，它与西方"上帝"概念之间的差异在很大程度上就被消解了。

然而，"天"非但不要求施莱尔马赫（Schleiermacher）在《基督教信仰》（*The Christian Faith*）中声称的"绝对依赖"（absolute dependence）[2]——一种对自足圆满的神祇的自我贬低式的崇敬，而是邀请人一起参与合作，贡献人生体验中的神性层面。的确，"天人合一"这个描述儒家宗教性的耳熟能详的成语，讲的正是宇宙秩

---

〔1〕 引自百度。

〔2〕 Friedrich D. E. Schleiermacher, *The Christian Faith*, eds. H. R. Mackintosh and J. S. Stewart, London: T & T Clark, 1999, p. 132.

序与人类秩序的不可分离性。它表达了人类思考与生活的史诗同其剧情得以展开的文化及自然语境间的连续性。"合一"关系指的是经验中两种不可分割的"立体的"特征所形成的"阴阳"对照的、相辅相成的一阶关系,关系中的二者只能依据彼此才能获得理解。正如"上下""天地"这种成对的二分,"天人"这一表述指示一种即一即二的关系:同一现象的两种互补层面,除非彼此参照,否则此现象就不能被公允地理解。

值得强调的是,在谈及人与其语境不可分割的"合一"关系时,我们务必要拒绝将"合一"这一表达阐释为两个原本分离的东西被"组合起来",而是应当从其具有差异性的相辅相成来理解,需要关切的是在天人一阶关系性中培养与实现的"度"。在此种二分但又明确的构成性的关系中,天与人应该被理解为相互施为、彼此容受、相辅相成的。故而"天人"这样的关联性表述,不单单只是描述性的,作为对一种愈发有意义的关系的追求,它同时也是规范性的。

提及人与道互补相成的关系时,孔子在《论语》中有"人能弘道"一说,而庄子则言"道行之而成"。[1]类似地,天人关系也是富有创造性和生成能力的,而挑战之处在于这"两个"层面的世界如何协同一致地工作,从而在其特有时空中建立起连接,拓展并延伸宇宙秩序。处于此种关系之中的人很明显受益于天所指代的祖先的/精神性的/文化的/自然的资源。毫无疑问,天提供了人类繁荣所需要的多种多样的环境,以及一个供我们尊崇效法的宇宙精神对象。我们必须承认,正如许多中国关联性复合词中,在先者常常

---

[1]《论语·卫灵公》第二十九节,《庄子·齐物论》。

在等级上更高——即是说，天在其意义与地位上要高于人。即便如此，因为天人关系是不可化约地并行的，我们不得不追问：借助个人修身的此种天人关系意味着什么呢？更具体一点，"天"在这一关系中从人这里获得了什么？

在回答上述问题时，我们可以援引当代哲学家汤一介的著述。关于"天人合一"，汤一介有着敏锐的反思："孔子说：只有人才可以使'天道'发扬光大。"[1]他进一步谈道："'人'离不开'天'，离开天则'人'无法生存；'天'离不开'人'，离开'人'则'天'的活泼泼的气象无法彰显。"[2]

鉴于汤一介指出的儒家世界观中关于构成性的、内在的、有机的关系的相关学说，我们应当承认，正如人在很大程度上由"天"塑造一样，反过来"天"也在某种程度上被人以某种方式塑造着。那么，"天"自身如何，并且在多大程度上，因为人对宇宙秩序的参与而变得不同了呢？汤一介认为"天"与"人"拥有相同的"心"，而这一关系中关于"真"的观念意味着"在成真"（truing）——不断深化的一致性，而自强不息的个人修身对天人关系中的这种一致性就能够产生影响。然而，此种共有之"心"在天的层面的实现，是如何因为人类在宇宙秩序中的角色而被改变和深化的呢？在经典文本中，人对天的变革又是如何表述的？

上述问题于我而言尤为重要，因为正是在这一层面上，中国的天之理念及其所催生的宗教性，就与亚伯拉罕宗教中上帝与人的非对称性，形成了强烈对比。一个亚伯拉罕宗教永恒完美的上帝之自存或自足可被如此解读，即终极地看，人类道德完全出自上

---

〔1〕 汤一介：《汤一介哲学（精华编）》，北京联合出版公司，2016，第420页。

〔2〕 同上书，第424页。

帝,人类本身并不带来任何改变。在此种理解中,上帝即一切;人类什么都不是。比如,前文引用的神学家施莱尔马赫赞美此种宗教性为"绝对依赖"。用他的话讲:

> 相应地,绝对依赖的感受不应被解释为一种对世界存在的意识,而仅仅是一种对作为绝对完整者的上帝之存在的意识。[1]

故而,我们人类的角色不过只是服从和膜拜。不同于在对"绝对依赖"的主张中寻得安顿和慰藉的施莱尔马赫,我认为此种学说即便不是令人反感的,至少在道德上也是贬损的。我是如此来理解欧洲文艺复兴的富有解放意义的人文主义(humanism)的:它是对一种压迫的宗教性的直接挑战,里面有着像伏尔泰这样主张另一种极端的声音,即认为人类世界的内在价值在于其自身而无需援引一种超越的独立他者。[2]总之,正是此种协作的、相辅相成的天人关系,为我们提供了与上述亚伯拉罕传统的显著对照。事实上,在天人关系中修养"度"的需求,可以关系到我们如何思考天人合一以及人对天的变革这些问题。

《五行篇》作为一部当代才被发掘的古代文本,或许可以帮助

---

〔1〕 Schleiermacher, *The Christian Faith*, p. 132.

〔2〕 比如说,亲善中国的伏尔泰(Voltaire)在其著作中对儒家大加赞赏,认为儒家学说是一种理性的自然神论。他曾就基督教会这一话题与普鲁士国王进行谈话(他也在其他地方对犹太教和伊斯兰教表达了类似观点),他指出:"……我们的宗教无疑是有史以来传播于世间的最为荒谬、愚蠢和血腥的宗教。陛下您根除这一臭名昭著的迷信便将为人类做出永恒贡献……从良善百姓、思考者以及愿意思考者当中将其根除。""A letter to Frederick II, King of Prussia, dated 5 January 1767," in *Oeuvres complètes de Voltaire*, vol. 7, 1869, p. 184.

我们思考人如何可能以一种深刻的方式影响着天。这一文本的两个不同版本分别于 1973 年和 1993 年在马王堆和郭店这两处不同时期的考古地点出土。[1]这一重要文本与《中庸》一脉相承。正如前文指出,《中庸》认为人通过修身而拥有"与天地参"的共同创造者的能力及责任。

《五行篇》开篇阐释了人的行为如何通过习惯变成一种具有个人特点的、体现个人身份认同的德性臻熟模式,以及持续修身如何先在人际关系中产生成效("善"),尔后在改变世界的德性臻熟("德")中推以至极:

> 仁形于内谓之德之行,不形于内谓之行。义形于内谓之德之行,不形于内谓之行。礼形于内谓之德之行,不形于内谓之行。智形于内谓之德之行,不形于内谓之行。圣形于内谓之德之行,不形于内谓之行。[2]

> Consummatory conduct in roles and relations (*ren*) taking shape within is called moral virtuosity (*de*); where it does not take shape within, it is called merely doing what is deemed consummate. Appropriate acting (*yi*) taking shape within is called moral virtuosity (*de*); where it does not take shape within, it is called merely doing what is deemed appropriate. An achieved ritual propriety in roles and relations (*li*) taking shape within is

---

[1] 属于思孟学派的这一文本的两个版本在考古中被发现,首先是可以追溯到公元前 168 年的马王堆帛书(1973),其次是可以追溯到约公元前 300 年的郭店楚简(1993)。在如此远的物理和时间距离的条件下发现相同文本的修订版本,这也证明了该文本在其自身时代所具有的重要性。

[2] 《五行篇》第一节。

called moral virtuosity (*de*) ; where it does not take shape within, it is called merely doing what is deemed proper. Wisdom (*zhi*) taking shape within is called moral virtuosity (*de*) ; where it does not take shape within, it is called merely doing what is deemed wise. Sagacity (*sheng*) taking shape within is called moral virtuosity (*de*) ; where it does not take shape within, it is called merely doing what is deemed sagacious.

《五行篇》的这一段落做出了同前文引用的《孟子》一样的区分,即区分(1)为了他人赞许而做某事,与(2)出于修身所成之德而一如既往地、本能地行事,修身所成之德即一种通过习惯化而成就的"我是谁"的自觉的德性臻熟。有的人只能遵循传统价值,以社群认为的恰当方式行事;而有的人通过兢兢业业的自我修养,得以在其角色与关系中建立起臻至的行为习惯,并根据此种德性臻熟而行动。[1]

那么此种修身以成之德是如何"形于内"而成为习惯性行为的呢? 为解释这一段,我们不妨援引"慎其独"这个熟悉的儒家表达,来澄清习惯性行为是怎样"于内"建立并且巩固的。前文分析《中庸》第一章时曾遇到"慎其独"这个表述,我将其阐释为君子巩固其德性习惯并使其成为一种果决的行为倾向的过程。马王堆帛书《五行篇》中随附的"说部"对"慎其独"做出了阐释。该说清楚地将"心"视为当五种模式作为德行之本而被确定之时所产生的那种个人身份认同。该说写道:

---

[1]　应当注意的是,教育本身在一定程度上是对他人行为的一种塑造,故而在此种区别中引入了某种复杂性。

慎其独也者，言舍夫五而慎其心之谓也。独然后一，一也者，夫五为□（疑当补为‘一’）心也，然后得之。

The expression 'shenqidu' means accommodating these five modes of virtuosic conduct within and focusing them carefully in one's heartminding. Having consolidated these five modes of conduct, they become one. And this 'one' then refers to the five modes of virtuosic conduct that, having been consolidated as the [one] heartminding, is then taken as one's personal identity.

《大学》文本中的"慎其独"与《五行篇》中的"慎其独"有着非常相似的含义。它被界定为"诚其意"，亦即内化并巩固一种习惯性的行为倾向，使其一以贯之的表达为某人的德性臻熟。

在做出"行"与"德之行"这个重要区分之后，《五行篇》的开篇章节接着以区分作为人道的"善"与作为天道的"德"来结束：

德之行五，和谓之德，四行和谓之善。善人道也，德天道也。

When harmony (he) is achieved among these five modes of virtuosic conduct, it is called moral virtuosity (de), while achieving harmony only among the first four of them is called efficacy (shan). Efficacy is human way-making (rendao), while moral virtuosity is the way-making of tian (tiandao).

然而，这一将"德"赋予"天"的人道与天道的区分让人疑惑，因为文本中迄今为止都是用"德"这一术语来描述人类行为的属性，即那种通过行为的习惯化而被内化的属性。那么综合来看，在这一章中，"德"便是同时被描述为天道与人道了。

若要理解"天道"与"人道"的区分，我们首先需要搁置我们未经反思的、默认的亚伯拉罕神学的预设，并且抵制我们将其视为两种互斥领域的倾向。正如汤一介反复强调的，在弘道上天人协作是一种生成的、愈发具有启发性的在世方式，它总是包含着人和宇宙两个层面。诚如这里的文本宣称，前四种德行模式的和谐统合会产生"善"，而当第五种德行模式"圣"加入此种和谐时，便产生了与"天"关联的"德"。

那么，在这一文本中，"德"远非是专属于"天道"的，它也代表且体现了天与圣人这样的人道之巅的协作。如果圣人是人之可能性的至高体现，那么显现世间的"德"，便是当圣人与语境化的天在协作中不断深化关系之时，圣人与天的所作所为的臻至表达。我们不仅应该将此种圣人之圣视为人可以成"天"者，更应该允许"天"本身能够被此种人之圣性推广及深化。德行不仅凸显了天人关系的首要性超越了次级的天人之别，更强调了人在其作为圣人的角色中可以继续并推广天之所为。

关于天人在弘道互动中通过圣人行迹而彰显的这一洞见，反思孟子所讲的"心"之"四端"便可得到进一步巩固。于孟子而言，"心"之"四端"界定了将人置于家庭与社群之中的与生俱来的诸条件，可资修身成德。《五行篇》中所列举的前四种德行模式——仁、义、礼、智，同于孟子的"心"之"四端"。《孟子》云："尽其心者，知其性也。知其性，则知天矣。"[1] 显然，"德"并不是通过遵守外在

---

[1]《孟子·尽心上》第一节。

的、既定的原则或者复制所谓的内在的、天赋人性而形成的某种特有的行为模式，"德"是人与其所在世界协作的成果。再者，此"四端"不仅能产生修身成效（"善"），还为孟子的另一主张奠定了基础，即鉴于这些初始条件，所有人都可以致力于圣行。

然而，需要澄清一点。《孟子》并非主张每个人都拥有某种可以实现的与生俱来的潜能，以使人人成圣，而是主张当人之初始倾向与人所在的世界协同作用，便可创造出圣人行迹。说人人具有某种成为圣人的天赋潜能和说每个行圣人之事者便是圣人，这两种说法有重大区别。成为圣人的潜能仅仅是在构成人生实质性内容的交往事件中，才能相应地显现出来。孟子明确地说明了这一点：

> 曹交问曰："人皆可以为尧舜，有诸？"曰："……尧舜之道，孝弟而已矣。子服尧之服，诵尧之言，行尧之行，是尧而已矣。"（《孟子·告子下》）
>
> Cao Jiao inquired："Is it the case that we can all become Yao's and Shun's？"
>
> Mencius replied：". . . The way-making of Yao and Shun was nothing but family reverence and fraternal deference. If you wear Yao's clothes, speak his words, and do what he does, then you are a Yao."

孟子言下之意在于，是圣人行迹令某人成为圣人。诚然，正是如圣人般的行事体现出天人关系中终极的"度"。此外还有一个要点，正是此种圣人之圣，成了人之自主的终极表达，它是人之臻熟的一种品质,使模范者在维持宇宙繁荣中的全面参与得以可能。

圣人之圣乃是一阶天人关系的终极之"度",相关文本证据十分丰富。正如我们在儒家经典中常常发现,"天"这一模糊的观念,取法了特定的人之形象,因为经典文本通过比喻性地以宏大的、与天相关的术语描述圣人,借此将永远独一无二的圣人们与天联系起来。比如,在郭店本的《五行篇》中,与天相关的常用词就被用来使被视为文化英杰的文王之卓越与天之道相关联:

圣知,礼乐之所由生,五[行之所和]也。和则乐,乐则有德,有德则邦家兴。文[王之示也如此。文王在上,于昭]于天。此之谓也。[1]

Sagacity and wisdom are whence propriety and music arise, [and are what bring harmony to the five modes of virtuosic conduct]. When the five modes of virtuosic conduct are in harmony there is happiness; where there is happiness, there is moral virtuosity; where there is moral virtuosity, the nation will flourish. Such was the insight of King Wen. This is what the passage from the *Book of Songs* means in saying "[King Wen presiding above; he shines] in the heavens (*tian*)."

再者,《中庸》中十分明确地表达,能行圣人之行者便能对"天"发挥变革性的影响:

---

[1]　《五行篇》第十五节,亦参考《诗经·大雅·文王之什》;对比 Bernhard Karlgren, *The Book of Odes: Text, Transcription, and Translation*, Stockholm: Bulletin of the Museum for Far Eastern Antiquities, 1950, pp. 185 – 186。

唯天下至诚,为能经纶天下之大经,立天下之大本,知天地之化育。夫焉有所倚? 肫肫其仁! 渊渊其渊! 浩浩其天! 苟不固聪明圣知达天德者,其孰能知之? (《中庸》第三十二章)

Only those in the world of utmost resolution are able to separate out and braid together the many threads on the great loom of the world. Only they set the great root of the world and realize the transforming and nourishing processes of heaven and earth.

How could there be anything on which they depend?

So earnest, they are consummate (*ren*);

So profound, they are a bottomless abyss (*yuan*);

So pervasive, they are *tian* (*tian*).

And only those whose own capacities of discernment and sagely wisdom extend to the powers of tian could possibly understand them.

类似的与天相关的溢美之言在《论语》中被专门用来描述孔子:

子贡曰:"……他人之贤者,丘陵也,犹可逾也;仲尼,日月也,无得而逾焉。人虽欲自绝,其何伤于日月乎? 多见其不知量也!"[1]

的确,在《论语》的同一章中,还有好几段将孔子与"天"直接关联:

---

[1] 《论语·子张》第二十四节。亦可参《论语·子张》第二十一节、第二十五节。

> 子贡曰："……夫子之不可及也,犹天之不可阶而升也……如之何其可及也。"(《论语·子张》)
>
> Zigong said, "... The superior character of other people is like a mound or a hill that can still be scaled, but Confucius is the sun and moon that no one can climb beyond. Were persons to cut themselves off from such illumination, what damage would this do to the sun and moon? It would only demonstrate that such persons do not know their own limits."

除此之外,《中庸》中的孔子更是具有了全然的宇宙维度,被拿来与四季的轮转以及自然秩序的演化本身相提并论:

> 仲尼……上律天时,下袭水土。辟如天地之无不持载,无不覆帱,辟如四时之错行,如日月之代明。(《中庸》第三十章)
>
> Confucius modeled himself above on the rhythm of the turning seasons (*tian*), and below he was attuned to the patterns of water and earth. He is comparable to the heavens and the earth (*tian-di*), sheltering and supporting everything that is. He is comparable to the progress of the four seasons, and the alternating brightness of the sun and the moon.

汤一介从《周易》的宇宙论出发,认为正是在此意义上,人类文化创造中的人之"成为"是无法与自然崇高者的繁荣兴盛相分离的。换言之,人正是在宇宙中参与协同创造的、变革性的道德力量。受到汤一介关于天人关系的讨论启发,我认为,在这些儒家经典文本中,人之圣性不仅仅具备在人类经验中引发跨时代变革的能力,而且对天的属性也拥有变革性影响,能够在更广泛的意义上弘扬宇宙的伦理意义。换言之,早期文献中"天"这一相对含糊的观念是透过圣人具体且特别的生命而被聚焦与澄清的。如果说通过对"人能弘道"的坚持,孔子将人之"成为"的价值升华了,那么此种对人性的认可与赞美在朱熹"圣人能继天立极"〔1〕的宣言中被更进一步推广深化。在儒家的世界中,关系性自主的终极表达即是一种对致力于实现人之德的热忱,人之德使我们以圣人的方式充分地合作参与进引领宇宙化育的进程中。更确切地说,以儒家方式把个体自主与选择这两种观念重构为关系性自主与厚重选择,二者相合就为我们提供了一种将人生经验最优化的整体主义战略。

　　此外,这些经典文本的诗意性诚然颇具感召力,在描述人类至高代表创造宇宙层面的变革时,简直如歌如诉。现在,我们需要转向一个关乎实践的历史问题:圣人们是如何激发其个人在构成自身与世界的关系中实现"度"的志向的呢? 与此同时,他们又是如何将此等志向制度化,并令其具备可实践性的呢? 从我们作为当代人("人之成为"意义上的"人")的视角出发,我们还需要进一步追问:在我们自己的时空背景中,评价与优化人之经验所必需的实践性的社会政治机制又是什么呢?

---

〔1〕　参见朱熹《四书章句集注》中的《中庸章句序》。译者注:对应文本为"上古圣神继天立极"。

第六章　整体主义、民主、人之经验的最优化

1. 语境主义:誓绝"抽象之害"

儒家角色伦理学不只是又一种伦理学理论;它是对道德生活的整体想象,它从实践的首要性出发,将理论化视为实践活动的一种非分析层面的内在特征。儒家角色伦理学根植于一种全息性的、焦点—场域式的人之理解,它承认我们所在的诸多语境中直接经验的连续性,继而诉诸情景化的常识,此种常识产生于我们致力于借助想象来充分利用经验之时。对于哲人来说,所谓的理论工具便出现在让人类实践更加智能高效的需求之中,而此种需求又内在于实践语境本身。儒家角色伦理学思考道德生活的方式力求充分考量伴随着具体活动的那种不确定性和开放式的传递性。因此,作为抽象理论化路径的可替代方案,它必然要牺牲掉一定程度的明晰性与严密性。然而,明晰性与严密性在抽象理论化中的实现,往往以简化原本复杂的事物为代价。

本章首先探讨儒家如何将此种志向制度化，从而最大化实现人之经验所涉及的实践议题，尔后反思我们如何才能激活这些制度，令其在当代具体社会政治生活中依然具备可实践性。本书时常援引的怀特海曾说，"思其普遍，活在细节"（we think in generalities, but we live in detail）。我们过度依仗抽象理论显而易见的明晰性，忽视更加踟蹰模糊的实践世界，这一积重难返的失衡现象令怀特海忧心忡忡。回溯哲学史，怀特海指责伊壁鸠鲁（Epicurus）、柏拉图和亚里士多德"没有意识到抽象之害"，而这种"抽象之害"让知识故步自封。在怀特海看来，与这些伟人相关联的"思想史"（the history of thought）是：

> 生机盎然的揭示与暮气沉沉的固守二者不幸的混合。洞见之感（the sense of penetration）在已完成的知识的确定性中失落了。此种教条主义乃是学习的天敌。

于怀特海而言，我们需要重视经验的过程性、开放性本质，充分考量那种与我们生活的事件性本质密不可分的过渡与连接：

> 在事事物物全面而又具体的联系中，被连接的事物的诸特质形成了其关联性所具备的特质……一切友谊的示例都展现出两位友人具体的特质。就这一充分界定的友谊来说，另外的两个人就是不契合的。[1]

---

[1]　Whitehead, *Modes of Thought*, p. 58.

我们需要注意到,怀特海在说明潜在的"洞见之感"(也被他称为"创造优势")时采用的"友谊"之例,就被关于知识的确定性假设禁锢和戕害了。在怀特海看来,友谊是人生经验的丰富,当独一无二的两人得以追求并巩固一种持续的、富有创造性的关系模式时,友谊便出现了。用怀特海自己的话讲,就这一特定关系来说,除了这两位知己外的任何其他人都是"不契合的"。于怀特海而言,友谊进程本身的连续性特质,包括独一无二、无可取代的知己二人及其关联性,正是这段友谊中具体的、不可替代的事实。诉诸固定特征来评估其友谊品质——比如说诉诸朋友间对彼此的义务,甚至诉诸作为所谓"个体"的这二人本身,都必须被理解为对复合且生动的现实所做的次级抽象。

诚然,如前文所述,对于怀特海来说,存在着割裂个体这样的假设,正是他所谓的简单定位谬误的主要和突出的例子。怀特海否定了作为经验之抽象的"对象"世界,并且认为经验与自然本身的基本现实最好被理解成无可消解地扩展着的动态事件。

陈素芬(Sor-hoon Tan)论证了人之行为永远不可化约地是社会性的、有机的,她援引了杜威的"追溯谬误"(retrospective fallacy)——这一概念与怀特海的"简单定位谬误"和"具体性错置谬误"相呼应,对那种将人从其叙事连接中抽象出来而对个人身份认同进行孤立地复制构成了挑战。陈素芬指出:

> 那些依然沉溺于"身份认同"的人往往抱怨杜威的观点不过是"没有自我的行动中的自我"(self-in-action without a self)。他们忽视了杜威对传统自我理念的拒斥。于杜威而言,在经验之外,人之行为和经历之外,是不可能有自我的。

"自我"与行动之间的区分是"事实之后的"。在经验中,统一先于区分;除此之外来构想,则犯了"追溯谬误"——将事后反思所带来的区分误认为是全然存在于原初经验的……自我是伴随着复杂的、有组织的互动而出现的一种最终功能,它是有机的、社会性的。[1]

为了进一步地深化此种对具体语境与常识的认同,我呼吁摒弃"尤西弗罗问题"(Euthyphro problem)。这一难题坚持裁定原则必须先于且脱离于判定对象,认为某些事物必然是内在的善的,即认为其本身是善的,而非在永远关联性的叙事基础上得出其为善的结论。众所周知,苏格拉底曾问过尤西弗罗,某物是圣洁的(holy)是因为它为诸神所喜,还是因为它是圣洁的故而诸神才喜好?苏格拉底本人认可后一种情况。延续同一对话,为了支撑其观点,苏格拉底通过一个较为费解的语法论证,进一步断言,任何视为圣洁而被喜好的东西本身必须是在逻辑上和时间上先于其被喜好的。亦即,事物本身必须具有某种本质特征,从而引发其被喜好这一状态、事件或属性。简言之,在其被喜好之前得先有个"其"。

当然,此种论证得以成功,依赖一种根植于实体存在论的逻辑,这一逻辑要求在本质与其属性、某物与其语境化关系之间做出明确区分。我们不妨回想一下亚里士多德存在论的,故而也是孤立的"什么?"问题,这种追问探讨市场中的人"有"什么,与接下来的那些从属问题形成对照。从属问题在于辨识出,什么是一旦被实质性地理解了,就可以被归给主体的,故而是"在"主体之中者。

---

[1] Sor-hoon Tan, *Confucian Democracy: A Deweyan Reconstruction*, Albany: State University of New York Press, 2003, p. 27.

然而,此种论证在事件存在论(event ontology)下就支吾不住了,在事件存在论看来,本质与属性的二元区分并无效力,所谓"本质的"只是从叙事中演化发展的关系模式中得出一种概括。某事是圣洁的,并非内在于事物自身的一种性质,而是一个事件对于在其持续语境之中的那些人来说有何意义的一种发用。

比方说,威尔士的一座老教堂,在其修建之初被视为十分圣洁的,而随着会众的流失消散,它可能会变为人家的住宅。如此一来,将此教堂描述为"圣洁的"而非在某些特定条件下"正在圣洁的"(holy-ing),若非出于语法上的凝练,便不过只是一种权宜之计罢了。某物是"圣洁的",这是情境性的,故而也是一种功能发用,即能随着时间推移而被确立为是"圣洁的",能持续被对其产生兴趣的诸神或别的什么人所喜好的。进一步说,从这种替代性的事件逻辑出发,与苏格拉底思想不同,"正在圣洁的"或者持续地"变得"圣洁的某物的具体内容是与时俱进地变化发展着的,而不是某种界定它的一成不变的本质属性。换言之,某物如何,有何作为,于其他事物意味若何,这些都不过是其连续的叙事的各个层面。事物如其所是,缘于其与经验整体相关的位置与功能。

在我们这个时代,或许"善"(good)是比"圣洁"更广为人知地被视为具有不依赖于语境的内在价值。汉语千状万态的丰富性过去是、现在依然是新语境的一种发用,这些语境随着时间的推移而得以被描述为某种新的特定的"善"。复合词的创生及衍生规定着种种关联地产生的"诸善"(goods),这正是汉语作为一种自然语言如何强化其描述能力的秘法。汉语中常用常新的创生组合,正是前文提到过的彻底语境主义地理解事物的那种宇宙论预设("一多不分")的历久弥坚的力证。

关于汉语本身是如何尊重语境的,此为一例:"美"字通常被翻译为英文的"beauty",但事实上更适合被翻译成"beautiful",其中的语义差异在于英语中有一种文化上特殊的倾向,即将"beauty"理解为事物具有的某种既有的本质属性,与之对照的,"beautiful"则是对具体事物或事件在其特定语境中的描述。正如《庄子》指出,不同语境产生不同的"beautifuls":

　　猨,猵狙以为雌,麋与鹿交,鳅与鱼游。毛嫱、丽姬,人之所美也,鱼见之深入,鸟见之高飞,麋鹿见之决骤。四者孰知天下之正色哉?(《庄子·齐物论》)

甲骨文中"美"字写为𦰩[1],描绘了戴着羽毛类头饰或兽角饰品的人。的确,正因为"美"这个词可以被关联到千差万别的事物与情境,故而可以被解析为表示从英俊的、美味的、华丽的、繁茂的、精致的、甜蜜的,到称赞、周道、仁慈、善行等等不胜枚举的事物。

2. 杜威与即时经验主义(Immediate Empiricism)预设

从杜威哲学的语境主义和整体论来看,他也会坚持,"圣洁的""善的"或者"美的"毫无例外都是语境的功能发用。杜威带着一种别样的幽默断言道,或许我们思维中最为司空见惯的错误正是一

---

[1]　Kwan, "Multi-function Chinese Character Database:" 甲骨文合集 CHANT 0210.

种无限制的普遍主义,它:

> 存在于这样的假设之中,即认为凡是在某些条件下被认定为真的,便可以马上普遍地主张了,无须附加限定或条件。焦渴难耐之人在一瓢饮中获得了满足,那么极乐就意味着被水淹死。[1]

杜威会说,假如我们想要理解"善"或其他事物的含义,我们必须追问"它是如何被体验的"。只有当尊重经验成为调查追问的起点与终点,我们才能公允地看待"善"全然的复杂性及其一贯的临时性特质。

　　杜威职业生涯早期写作的一篇开创性文章为实用主义哲学的发展设定了一条清晰的轨道。深受其思想导师威廉·詹姆士的启发,在《心理学中的反射弧概念》(The Reflex Arch Concept in Psychology)这篇文章中,杜威给出了一个清晰的案例来说明"旧心理学"是如何在始终连贯如一的经验中割裂、隔离、剖解出基本要素,从而犯了詹姆士所谓的"心理学谬误"(the psychological fallacy)。在 1896 年杜威发表该论文时,羽翼未丰的心理学学科关于反射弧的神经回路(the neural circuitry of the reflex arc)的研究依然为笛卡尔二元论所影响。如此一来,由于将"刺激""观念""反应"分离成链条中割裂的、独立的环节,视"刺激"为后两者的"原因"和"解释",反射弧继续被误解着。杜威如此描述这一问题:

> 我们不从感觉、观念、行动在感知—运动回路(the sensory-

---

[1] John Dewey, *The Middle Works of John Dewey*, vol. 14, p. 123.

motor circuit）中的位置与功能出发来解释它们，而是依然倾向
于从关于感觉、思想、行为之间严格区分的预先构想和形成的
观念出发，来阐释后者。感觉刺激是一回事，代表思想的中枢
活动是另一回事，而代表恰当行为的运动放电（motor dis-
charge）是第三件事。[1]

杜威给出了一个相当直接且在经验层面具有说服力的解决方案：

　　　　所要做的是，将感觉刺激、中枢连接、运动反应视为内在
于当前被称为反射弧的那种具体的单一整体中的劳动分工和
诸功能要素，而非自身就是分离的独立实体。[2]

杜威所辩护的是经验的整体性。其中，"刺激"的意义远非独立的、
在先的，对它的阐释由该经验的整体叙事所影响。杜威举例道，孩
子被烛光吸引，是因其触觉认知的联想与记忆在持续作用，同样
地，孩子对于蜡烛的反应是由在同一叙事中发展出来的习惯与价
值所决定的。简言之，刺激、观念、行动是连续叙事中非分析的层
面，它们彼此蕴含且互为原因与效果，具体情况如何，取决于采用
的视角。刺激远非割裂的、外在的、原因性的，而是人生情节中连
贯互渗的事件之回路中的一部分。我们不妨这样讲，通过前景化
故而得以聚焦经验中的任一层面，聚焦的同时又受所在整体叙事
场域的启发，这样的焦点—场域式语言似乎是捕捉杜威关于反射

---

〔1〕　John Dewey, *The Early Works of John Dewey*, *1882-1898*, ed. Jo Ann Boyd-
　　　ston, Carbondale, Il.: Southern Illinois University Press, 1971, vol. 5, p. 97.

〔2〕　Ibid., p. 97.

弧之洞见的恰当词汇。

　　建立在上述"反射弧"论文的灵感之上,杜威进一步介绍了他所称的"即时经验主义"假设,以此进一步反思人之经验的本质。该假设含义如下:

　　　　即时经验主义假定事物(任何事物、所有事物,"事物"这一术语是日常地、非技术性地使用的)就是它们被经验到的那样……如果有任何经验的话,那么便是一个确定的经验;这一确定性就是唯一充分的支配原则,或者说"客观性"……如果你希望懂得主观的、客观的、生理的、精神的、宇宙的、心灵的、原因、物质、目的、活动、恶、存在、质量——简言之,任何哲学术语——意味着什么,就去观察和体验事物是如何被经验的吧。[1]

为了澄清儒家角色伦理,我想在杜威列举的包含了"主观的""客观的"和其他"哲学术语"的清单上,再加上原则、价值和美德。若要充分定义所有这些哲学术语,只能通过观察它们是如何"被生活出来的",以及我们是如何经验它们的。此外,杜威所说的经验之大全都是与其自身某一层面相关的,这正是前文回顾唐君毅"一多不分"宇宙观时尝试总结的关于经验本质的洞见。我们或可将唐君毅的生态性主张简洁地重构如下:任何事情发生仅仅因为其他事情发生;另一方面,任何其他事情发生仅仅因为某事发生。

　　其实,早在杜威形成他的即时经验主义假设这一观念之前,威廉·詹姆士已提出了一个类似的观点,或许还启发了杜威,詹姆士

---

[1]　Dewey, *The Middle Works of John Dewey*, vol. 3, pp. 158, 164, 165 – 166.

将这一观点称为"彻底的经验主义"（radical empiricism）：

> 所谓彻底的便意味着，这一种经验主义既不能在其结构
> 中承认任何没有被直接经验到的要素，也不能从中排除掉任
> 何被直接经验到的要素。于此种哲学而言，连接经验的诸关
> 系必须本身是被经验到的关系，并且，任何一种经验到的关系
> 必须被算作像系统中的其他任何事物一样是"真实的"。[1]

最近，另一位实用主义哲学路径的倡导者希拉里·普特南（Hilary
Putnam），不光否定了"从无何有处观看"（view-from-nowhere）的客
观性，还更进一步主张经验的主观维度始终是"世界真正如何"不
可分割的一部分，从而为即时经验主义假设注入更多明确性。普
特南认为：

> 我们所谓的"语言"或"心灵"的诸要素如此深刻地渗透进
> 我们所谓的"现实"之中，以至于那种将我们自己呈现为某种
> "不依赖于语言"的"制图者"的事业，从一开始就埋下了倾覆
> 的祸根。和相对主义（Relativism）一样，实在论（Realism）也是
> 一种从无何有处观看的徒劳尝试，只不过是以不同方式
> 罢了。[2]

---

[1] James, *Pragmatism and Other Writings*, p. 315. 杜威对这一观点的"提炼改
　　进"在于他坚持经验即其所是，无需承认所知者与所想者有任何不同。杜
　　威并未同詹姆士一样在原生经验与更次级的经验之间做任何质的或存在
　　论上的区别。

[2] Hilary Putnam, *Realism with a Human Face*, Cambridge MA：Harvard Univer-
　　sity Press, 1990, p. 28.

任何将世界同人的参与剪断,并且不接受人对世界的主观经验的那种所谓对真实世界的理解,在普特南看来都并非关乎世界**真正**如何:

> 在我看来,实用主义的心法——詹姆士和杜威的实用主义,如果不是皮尔士(Peirce)的实用主义的话——正在于主体视角的至上地位。如果我们发现,当我们从事实践活动——最广泛意义上的实践活动时,必须采纳某种视角、使用某种"概念系统",那么我们就不能同时主张那并非真正地"是事物本身"。[1]

为辩护经验之真实正是其"被经验"的那样,这些古典实用主义者和新实用主义者们挑战了作为经典知识论基础的那种知识与现实之间的等同,视其为一种根本且顽固的谬误,即杜威鄙视的"真实乃绝对者自我照亮之象"(reality as the self-luminous vision of the Absolute)。[2]简言之,经验即其所是,全都是真的——梦与错觉也好,最为持久有效的洞见也好。正因为经验是连续的,其所有一切与对其中任一事件的理解都是相关的。再者,焦点—场域的格式塔转换似乎是关联和分析特定事件与整个经验进程之间关系的恰当方式。

3. 儒家伦理学对角色的评估

我想证明的是,未能从恰当认识经验的整体性出发而导致的还原论,让伦理学家们得以凭借严密性和明晰性的名义来理性化

---

[1]　Hilary Putnam, *The Many Faces of Realism*, La Salle, Ill: Open Court, 1987, p. 83.

[2]　Dewey, *The Middle Works of John Dewey*, vol. 3, p. 164.

伦理行为,从而将复杂的道德考量简化。相反地,如果我们接受的是即时经验主义的预设,我们会问,此种整体主义对于作为一种道德生活愿景的儒家角色伦理学来说,意味着什么? 在评价角色及其表现时,又会起到什么样的作用?

对于我们的论点——儒家角色伦理学足够独特,能够免于被吞没进现成的西方伦理学理论中,安靖如(Steve Angle)提出了公允又不失批判性的评价。正如安靖如所揣测,我们之所以强调流行的西方伦理学说与儒家角色伦理学之间的差异,很大程度上是为了回应持续扭曲着中西伦理思想比较研究的那种严重的不对称性,至今不少学者依然在削足适履地剪裁自己对儒家伦理的阐释,从而使其更好地适合西方模板。我们坚信,鉴于其悠久的历史传统,儒家角色伦理学与西方伦理学说相对晚近的相遇不能被视为其决定性时刻。我们必须允许儒家传统及其文本能够以自有术语来讲述自身。简言之,我们的指导前提是,在解读儒家文本时,必须尊重其阐释语境。虽然安靖如确实引述了一些挑战这一前提的二手文献,但是他自己似乎最后选择了站在我们这一边。在总结他对《论语》伦理思想的探讨时,他使用了和我们类似的谨慎口吻。在他看来,当我们忽略"文本自身拥有其复杂的社会、观念及历史语境"之时,"对古代文本与现代理论进行有意义的比较研究的道路上就会荆棘丛生"。[1]

我们自然也是在提醒儒家经典的阅读者认识到有关阐释语境的一般性问题。然而,更具体地说,诚如前文提到的,儒家角色伦理学中"人"的观念毫无疑问地拒斥着我们持有的最为基本的、烂

----

[1] Steve Angle, "The *Analects* and Moral Theory," in *Dao Companion to the Analects*, ed. Amy Olberding, Dordrecht: Springer, 2014, p. 252.

熟于心的一些区分。因此,在安靖如指出的或可危及负责任的跨文化比较研究的丛丛荆棘中,一个显著的盲点在于未能揭示可替代性的、焦点—场域式的人之观念,以及其对内在自我与外在世界关系的全息性理解。

安靖如也认可,当罗思文和我坚持儒家角色伦理学是自成一格的道德生活愿景时,我们"并非宣称角色伦理学与西方伦理理论无从比较"〔1〕。一方面,我们确实试图表达清楚,那种我们认为导致了比较哲学当前不对称现象的不同文化的宇宙论预设的深刻之处,尤以支撑着儒家角色伦理学的迥异的人之理念为范例。然而,这一努力不应该被视为排除中西伦理学研究进行任何建设性的、相互启发的对话之可能。事实上,罗思文和我在已经发表的著述中,都十分明确地表达了对此种对话交流的渴求,而正是这样一种自觉的需要,启发了我早前的论述,以及当下的续论。〔2〕除了我们自己,我们的学生作为下一代的比较哲学从业者也通过文章著述,在儒家角色伦理学和女性主义关怀伦理学、杜威的社会伦理

---

〔1〕 Angle, "The *Analects* and Moral Theory," p. 245.

〔2〕 罗思文很早就预见到了这第二步,即达成角色伦理学与西方伦理学理论的对话,这也是他一以贯之的坚持:"我无意暗示从早期儒家作品中可以找到我所提众多问题的全部解答……某些西方哲学概念将会并且应该会持续存在,而另一些则不得不在很大程度上被拉伸、扭曲以及/或者被引申,从而得以准确地呈现非西方的概念或概念簇……" 参见 Rosemont, "Rights-bearing and Role-bearing Persons," in *Rules*, *Rituals*, *and Responsibility*: *Essays Dedicated to Herbert Fingarette*, ed. Mary Bockover, La Salle, IL: Open Court, 1991, pp. 92, 94。虽然我一直希望儒家角色伦理学词汇能够替自身发言,但我也很清楚进一步的挑战是什么:"为了充分表达作为一种令人信服的新伦理生活愿景的角色伦理学,下一阶段需要在儒家哲学与现存西方伦理学理论间建立起一种可持续的对话,而这种对话要能够创造性地利用有关改进和评判人类行为的各种迥异的思维方式。" 参见 Ames, *Confucian Role Ethics*, p. xvii。

学,以及其他许多主流伦理学理论之间,进行着富有成效的比较研究。

安靖如对我们在儒家角色伦理学上的立场所表达的最为实质性的哲学关切或许体现在他如下的追问中:

> 《论语》清楚地认识到了对特定之人的角色实现方式进行批判性评价的需要。但"儒家角色伦理学"对于此种评估提供了任何充分批判的保障吗? ……如果我们有能够评议好家长和坏家长的需要……那么接下来的问题是,我们如何判断或表达这种好坏呢?[1]

似乎对于安靖如来说,如果我们要判断一个人是否以一种规范性上可被证明为正当的方式来活出特定角色,那么评价标准必须先于且外在于该角色本身。"好"必须有某种更高层级的价值,而非仅仅指向"好家长"。人们不能仅仅是宣称"我是个好家长",而不做进一步的辩护。安靖如援引阮寿德(A. T. Nuyen)阐发的儒家角色伦理为例,认为其承认"角色所有者的好坏区分取决于给定个人在履行给定角色的相关义务时做得多好"[2]——这些义务作为评价标准被认为是独立于角色本身而存在的。安靖如认为,如果我们也意在类似主张,即从规范性层面致力于将一种对相互依赖性和关联性的一般设想当作先在的评价标准,那么我们最终

---

[1]　Angle, "The *Analects* and Moral Theory," pp. 246 – 247.

[2]　Ibid., p. 248n42. 诉诸定义角色的"义务"有这样的问题,即它聚焦在抽象个体及其抽象的义务之上,而不重视人在关系中的生活角色。首先,由于受托人角色必须同时从信任与信誉两方面来来定义,就需要指涉关系中权利与义务的一种适当平衡。其次,还有一些情况的特殊性也需要被考量。

得出的是与"美德伦理学"（virtue ethics）对照的"臻熟伦理学"（vir-
tuosity ethics），其中，诉诸此种标准所带来的亲密与互动的品质会
起到特定美德的作用。这一立场实则全然不依赖于角色，理论上
说可与美德伦理学达成富有成效的对话。

安靖如主张"美德"与"角色"分离，在此基础上将美德视为用
以评价和辩护角色的更高层级标准。与之不同，我们坚信，角色与
行为中展现的定义角色的臻熟（virtuosity）是无法被割裂的。再者，
关系及其属性是第一级的，而抽象出来的"对象"（无论是假定的个
体还是他们所示例的美德）是第二级的。所谓的美德、价值、原则
的内容是从构成生活角色的具体行为中抽象出来的，反过来，生活
角色又在某种程度上受此种弹性化的、永远暂时性的抽象引导。
重要的是，我们必须意识到这一事实，即随着角色的改变，道德范
畴的内容也随之改变。诚然，儒家角色伦理对伦理学讨论的一个
重要贡献在于，提醒我们注意到道德词汇永远具体的、过程性的、
暂时的、可修正的情况。

儒家角色伦理学以彻底的经验主义为基础，这样的经验主义
排除了单纯逻辑上和时间上在先的诸标准本身足以判定行为的可
能。作为一种经验主义，它坚持实践的首要地位，坚持在持续理论
化实践的进程中，所有规范拥有的具体的、变化发展的本质。有人
担心此种演化的伦理学不具备理论上的优雅，即不能够通过诉诸
固定的、完整的、含义明确的标准来得出最佳答案。比如说，人类
学家马雷特（R. R. Marett）如此评价哲学家库克·威尔逊（Cook
Wilson）："有关伦理的所有这些演化论的东西对他而言都是无意义
的，因为他认为伦理原则显然是'存在的'，尽管人类在踏上理性的

康庄大道之前或许会沉湎于各式各样的错误开端。"[1]然而,于儒家角色伦理而言,理论化经验并非先于或者独立于我们的实践,而是从实践中生成涌现,与之不可分割,随其变化发展,为其提供指引。儒家角色伦理学作为一种彻底的经验主义,认可并尊重新兴事物自发的生成涌现总是会存在于生活经验之中,而这样的生活经验将所有判断置于发展进程,排除了一切预设的终极目的。我们必须在对能够促进于独一无二的、永远变化发展的情境中实现角色最佳成长的最佳行动的寻找中,发现我们下判断的基础。我将进一步指出,儒家角色伦理学最为要紧的经验之处在于,它与我们在进行道德判断时实际的所作所为是一致的。诚如我在下文探讨"恕"这一关键概念时将论证,我们批判性的自我意识在我们生活的角色中发挥着作用。事实上,我们当中有谁只会简单地采用一成不变的僵化标准来决定什么才是回应实际道德问题的最佳方案呢?

我们主张,在儒家角色伦理学中,人的所有关系最终都是基于角色的,而促进关系发展、有助于人类繁荣的行为正是道德之实。正是角色本身非还原主义的茁壮成长及其伴生的所有复杂性,必然地产生了用于判定的诸种适当标准。家长在多大程度上被视为是"好"家长,远非指向某些影响其行为的个人特质,或者指向其行为与某些先在的外在规范的符合,而是只能通过其在永远独一无二的情境中与其永远独一无二的子女的变化发展的关系品质来衡量。亦即,家长必须首先是"善于什么"(good with, good for, good in, good to, good at),在逻辑上、时间上先于任何引申为"好"家长

---

[1]　R. R. Marett, *A Jerseyman at Oxford*, Oxford: Oxford University Press, 1941, p. 118.

具备的一般特征。

　　诚然,鉴于其中蕴含的焦点—场域的全息性,就角色所做的判断总是受到我们从如何实现角色的文化模式中概括出来的一般性所施加的影响。当我渴望成为两个儿子的好父亲,我作为父亲的角色可以也应当从我可资借鉴的榜样模范中获得启发与影响,如此一来,我自会变成一位更好的父亲。随着经历了实践中的成功失败,我或许学到了一些东西,并且形成了某些习惯性方式来应对通常所要面临的实际挑战。然而,所有这些可以从过去经验和良好榜样中得出的概括,即便不失为有价值的指导方针,其本身却依然不够充分。在最后的分析中,并非偶然地,我从过去的成就中、从效法的典范身上得出的类比,必须符合具体角色与特定情境。最后,我必须是在此具体情境中的两个迥异的儿子的独一无二的父亲,而我也必须时时刻刻念兹在兹地体会这其中的意味。

　　事实上,我们或许可以从古汉语表示"good"的一般性术语"好"上面获得一些启发,从而辩护在决定何为"good"时预设的关系优先顺序,认可其内容的任何具体呈现的不充分性,并接受在角色生活中对何为"good"的不断发展演进的重新定义。在甲骨文和金文中,"好"字最初受到母子之间的特别关系这样一种具体的"good"之启发,其字形𡥃[1]正是对母子关系的描绘。然而,随着时间的推移,该字的用法也有所变化,它被更广泛地引申为对不同情形下富有创造性的角色的描述。在其使用范围的拓展过程中,该字对母子关系最原初的、具体的指涉被稀释和丰富了。例如,在金文中,勇猛强健的男子被视为"好汉",美貌倾城的女子被视为

---

[1]　Kwan,"Multi-function Chinese Character Database:"甲骨文合集 CHANT 0460.

"好女"。道德词汇的内容(比如这里的"好")并非一个东西;它随着时间的推移不断变化发展,并从定义我们独特的人生叙事的众多演进的角色与关系中引申而来。充分利用一种特定的关系模式(比如这一情形中,作为这个孩子最棒的家长一角)的必要道德技艺和审美感性的敏锐本身就是规范性的。

正如我们反对从剥离了语境的人出发来建构道德反思的主体,我们也不能从抽象原则开始来思考道德行为所预设的决定因素。同样地,正如内嵌于其具体叙事的具体之人才是适当的评价主体,任何评价标准最终也都来自角色与关系中实现的人类繁荣之具体案例,并且这些标准的运用也最好带有此种自觉。我们以为,批判性的道德考量须始于且终于经验之整体性。任何被视为一般性概括的泛化判定标准只能是一般性概括,赋予其更高的或者专属的价值会带来真正的风险,损害恰当道德反思所需要的容受力。

当安靖如建议互倚与关联或可成为衡量行为的先在标准之时,我忧虑的是,他未能给予在我们看来是这些标准之基础的那些宇宙论预设以充分权重。这些预设的首要性会把任何具体行为置于整体主义的焦点—场域框架之内。我们当然会承认特定行为事件是焦点式的,必须依据角色与关系的相互依赖来获得理解,但我们也将进一步坚持,这些事件是詹姆士主义意义上"似是而非"(specious)的,即这些事件于其自身中不仅蕴含了相关之人的整个叙事,还蕴含了该行为发生的整体场域。上述主张意味着这些标准依然是内在而非外在的,因为它们蕴含于具体事件本身。特定叙事当然可以把一般性概括作为可资利用的经验法则,但是这些原则、美德、价值的最终来源本身还是那些复合的人生叙事,一般性概括也是从中而来。此外,任何显然的经验概括,作为可能被工具性地用作暂时的"外在"标准,都必须适应始终独一无二的情境中的具体条件。

那么,我们是如何具体地、批判性地评价生活角色？答曰,我们从体会展现角色的具体情境中何为恰当得体之处开始。我们可以、也的确规定了人类繁荣的一般特征,用以作为指导方针与建议。然而,弄清这样的指导从何而来是紧要的,因为最终是在特定角色中(比如说我与这个特定学生的复合关系)的成长本身才是最主要的。正是处于该角色之中的学生赋予了此种"繁荣"的具体内容以及任何情境下最佳的具体反应以必要的特殊性。但当某人将所谓的原则看成是超越了实用的一般性概括,并且被赞许为有原则之人时,这样的评价或许更适合被理解成批评而非褒奖。因为从抽象原则出发来裁剪具体情况,从而削足适履,其实是一种想象力的失灵,这不仅忽视了道德行为面对的真实挑战,事实上往往还会犯下真正的恶行。若要成为能够共情的道德行为主体,那么运用通过修养锻炼而得的道德想象力,绝非只是小事一桩。在我们让一般性概括适用于永远新颖的具体情境的过程中,道德想象力必不可少。

回到关于"good"作为一种可能的前定规范或标准的问题,我们并不能为"良师"总结一个公式,正如我们不能为艺术创作提供公式一样。我们都曾有过良师,也并不会认为某套定义师生关系的一般特征可以公允地对待该现象。事实上,在所有这些关系中,往往有着诸多不同之处。在师生关系中活出来的角色本身有着其自身的规范性力量,这种规范性力量抵制着我们的一般性还原。良师充当的是楷模,而非可被表达与遵守的抽象原则的来源。正如前文所述,良师通常令人联想到逸闻趣事,而非是一串泛化的性格特质。于我而言,声称"我是她的老师"这本身就是一种规范性的指令,会推己及人地设想经历过的具体案例来加以自勉。此外,相较于诉诸抽象的美德或恶习,援引角色楷模对于我决定将如何行事更有助益,而对于他人进行道德评价也更有效用。

或许,回应安靖如论独立标准必要性的另一可能路径在于,论证儒家经典给予"礼"这一厚实观念以首要性,并将其视作伦理判断的首要标准,而这一标准显然必须考虑到所有相关方的特定利益("义")。虽然儒家确实将法治与惩罚视为必要的社会制度,但与此同时儒家也将诉诸法律看成一种不幸的,尽管有时必要的干预,更是一种对社群失败的坦然供认。《论语》中有云:

> 道之以政,齐之以刑,民免而无耻;道之以德,齐之以礼,有耻且格。(《论语·为政》)
>
> If you lead the people with policy and effect social order with punishments, they will avoid wrongdoing, but will not develop an appropriate sense of shame. If you lead the people by modeling virtuosity in your conduct (*de*) and effect social order by encouraging propriety in roles and relations (*li*), the people will not only develop a sense of shame (*chi*), but will also order themselves.

正是在为政者的示范中、在家庭与社群角色的正常运作中、在行礼如仪的家庭与社群关系里发展出的恰当的廉耻心中所展示出的道德上的臻熟,成了批判性评估的基础。循礼而建的家庭谱系的动态机制,为一个繁荣的社群提供了具体的规范性关系模式,而施行法律政令等抽象规则或者与之相应的惩戒威慑,至多只是次级指令。

　　安靖如追问"儒家角色伦理学"是否为评估道德行为属性提供了充分批判性的保障,这自然是十分重要的。的确,这类反对意见或许是针对我们的角色伦理学概念的最为持续的质疑。比如说,贝淡宁(Daniel A. Bell)最先提出了对"我们是关系构成的"这一主张的关切。贝淡宁认为,关系有不同类别,某些关系或许的确是"构成性的"(比如直系亲属关系),而其他关系则最好被形容成"偶然的"(比如远亲、小卖店老板)。[1]我想贝淡宁的观点是,对于我们的身份认同来说,某些关系比起其他一些更为本质。如前文所述,虽然我们所有的角色对于我们成为何人而言都是构成性的(这包括我们几乎不能自我决定的重要的家庭关系,以及我们可以肆意选择的偶然关系),但我当然也会同意,其中的一些角色相对而言更加重要,故而也更能决定个人的身份认同。

　　不过,贝淡宁最主要的关切在于角色伦理与道德义务之间的关系。他区分了两种主张:"较强的主张坚持我们所具有的(构成性的)角色决定了我们的道德义务的内容(或者是其主要来源);而弱化的主张则认为我们(构成性的)角色限制着我们应当做什么。"贝淡宁准确地把我的立场同较强的主张联系起来,而他自己则拥护后一种弱化的主张。总的说来,贝淡宁的立场仍然是,如果"角色伦理学得以提供道德上有效的实践指导,那么它需要受到外在于角色的道德标准的制约"[2]。

　　杜楷庭也加入了安靖如和贝淡宁的阵营,针对角色伦理学提

〔1〕 Daniel A. Bell, " Roles, Community, and Morality: Comment on *Confucian Role Ethics*," in *Appreciating the Chinese Difference: Engaging Roger T. Ames on Methods, Issues, and Roles*, ed. Jim Behuniak, Albany: State University of New York Press, 2018, pp. 205 – 206.

〔2〕 Ibid. , p. 209.

出了类似的意见。杜楷庭担心角色伦理学会将我们引向一种文化相对论，因为如果拒斥基本的判定标准的话，那么当道德评价在特定社群进行或者从一个社群转移到另一个之时，批判性的反思和有理有据的判断就失去了基础。杜楷庭举出的例子是，一个传统的中国上层阶级的女性会被期望在贤妻良母的家庭角色中找到自我满足，但"如果她想在家庭之外的更广阔的社会中实现人生，那么她就会被公正地批评"。问题在于，"安乐哲并没有解释家庭角色是如何被定义的，也没有阐明是否有办法来批评在特定历史语境中处于主导地位的角色界定"[1]。

我想如此来回应杜楷庭：我坚持角色伦理能为我们提供一般性的判定标准，但不妨让我们从一个批判性问题开始，即我们如何在特定的历史背景下、在定义我们的特定角色中促进最佳的成长发展。关键点在于，任何一般标准都只会是起点，随即便不得不根据情况使之具体化。再者，角色伦理不仅关注个人成长，也关注在该语境中是否人人的利益都被充分考虑（即"义"）。亦即，在角色伦理中，道德的衡量尺度其实很简单，它取决于构成我们身份认同诸关系的有意义的成长的品质如何。事实上，被描述为"相对主义"的，恰恰是角色伦理的具体性、多元性、包容性，以及过而能改的可错性。

比如以前文提到的中国上层阶级的女性为例，的确可以论证说，将妇女禁锢在墨守成规的家庭生活中会阻碍她获得其自身社会性、政治性发展所必要的公共角色，可以公允地说，这不仅是对她自己的，更是对其家庭成员乃至于对社群整体的发展可能性的扼制。超越文化的界限，此种关切、评价也可以被同样地用在被维

---

[1]　Elstein, "Contemporary Confucianism," p. 244.

多利亚时代价值禁锢的女性身上。那么我们是如何做出这样的决定呢？作为判断标准，我们的"想法"是在角色与关系中实现优化发展，推论是必须妥当地考虑有关各方的利益。我们可进一步论证，种族主义、厌女主义、奴隶制度等造成的暴力行径，显然是对任何社群、对整个社会，乃至对施暴者本身的发展可能性的削弱。显然，在此种情况下，因为一部分人群的利益被损害，以服务于另一部分人错估的利益，故而一般性的判定标准可以且应当制定。

然而，于角色伦理而言，在援引此种根本上源自角色本身的一般性概括之外，有什么标准可以用来恰当地衡量此种关系的成长？回答这样的问题，美德伦理学家为了要确定其用于批判性反思与判断的基本标准，可能会援引天生的，故而可以被普遍化的美德；义务论者则会诉诸决定我们责任义务的那种先验的，故而可以被普遍化的自主的道德情感；效益主义者可能会主张，我们的道德理性中有着可以计算人之行为所产生的最佳效用的那种固有的，故而可以被普遍化的能力。

他们都提出了表面上客观的标准，因为这些标准都独立于具体的角色与关系。

角色伦理学作为一种整体主义的道德生活愿景，同美德伦理一样，当然在意同伴的认可或谴责，也关注如何扩大我们的积极影响；它也同义务论的伦理学一样，关注我们的动机和对他人的责任，并由此成就对义举的追求；它还同效益主义伦理学一样，关心行为后果，以及行为后果所能创造的对社会有益的产出。然而，角色伦理学主张，鉴于人类经验的复杂性，那些通过将主体与行动割裂、将个人与社群间离、将动机与行动及其后果分隔，从而分裂道德考量过程的路径，都是有必要避免的。其中，无论是一般标准还是理论本身,都不足以胜任。

角色伦理学与这些熟知的伦理学理论的不同之处在于,它坚持始于且终于我们生活角色所体现的日常实践活动中。我们首先必须认识到,我们所谓的判定标准的来源与实质——无论称其为原则、价值还是美德,或许都不是那么整洁的,而是从具体人生叙事中的诸生活角色本身的复杂性上抽象出来的完全经验性的一般概括。同样,运用这些规范必须考虑到其被使用的特定叙事。角色伦理学试图照顾到各种伦理学理论的特有诉求,并在实践的具体情况中,通过协调取得它们彼此之间的最佳平衡,从而调和这些伦理学理论之间的冲突。

角色伦理学是建立在一种整体主义的、生态性的敏锐的基础之上,它拒绝将笼统抽象(无论是所谓的泛型美德、内在道德情感还是道德理性能力)当作我们的一级现实或终极目的。为了照顾到全范围的各类人士之利益需求,我们需要秉持在角色与关系中实现最优化发展的宏愿,这样的优化发展必须永远在特殊具体的情境不断变化发展的形势中才得以确立,并且发挥认证和限定抽象的功能,从而示例性地完善社会政治制度,或者某套固定原则或价值。与此同时,我们必须寻找那些足够灵活的社会政治制度,为我们追求角色与关系中的智识增长与精纯,提供必要起点和弹性结构。

针对在决定最恰当行为时对抽象原则的依赖,角色伦理学能提出怎样的替代方案?我们的决策进程如何?我们究竟怎样历史性地从中国传统和维多利亚时代的家庭制度观念中的上层阶级女性角色过渡到我们当前提出的此种不断变化发展的角色重构?如果反思我们事实上是如何在道德困局中寻找出路的,那么我们会发现,儒家角色伦理学及其在角色中主张的批判性自觉的忠恕之道,似乎不仅符合我们应该如何行事的直觉,更为重要的是,它还与我们常常实际上如何行事如出一辙。

4. 作为行仁方法的"恕"

儒家角色伦理学致力于彻底的经验主义,体现在其将"恕"这一评估过程推崇为行"仁"之方。"恕"是一种批判性、实验性的方法,我们借此在角色与关系中预演不同的戏剧场景,以寻求最佳实现。目前的文献中有形形色色关于"恕"的阐释,学者们对其在道德抉择中的意义及其可能影响莫衷一是。这一复杂性反映在哲学文献中"恕"字五花八门的翻译上:作为"altruism"(利他主义)(陈荣捷),作为"reciprocity"(互惠互利)(杜维明、雷蒙·道森[Raymond Dawson]、倪培民),作为"consideration"(体贴周到)(亚瑟·威利),作为"mutuality in human relations"(人际关系中的相互性)(赫伯特·芬格莱特),作为"understanding"(理解)(威利),等等。我认为刘殿爵(D. C. Lau)对"恕"的含义与功用的理解最为合适,他将其解释为"将自己作为衡量他人意愿之尺度"的方法(method),用以决定如何臻至行事("仁")。[1]这里使用方法而非

---

[1]　Wing-tsit Chan, *A Source Book in Chinese Philosophy*, Princeton: Princeton University Press, 1963, p. 44; Tu Wei-ming, *Centrality and Commonality: An Essay on Confucian Religiousness*, Albany, NY: State University of New York Press, 1989, pp. 34 – 36; Raymond Dawson, *Confucius*, New York: Hill and Wang, 1981, p. 41; Arthur Waley, *The Analects of Confucius*, London: George Allen and Unwin, 1938, p. 105; Herbert Fingarette, *Confucius: The Secular as Sacred*, New York: Harper and Row, 1972, p. 55; Edward Slingerland (trans.), *Confucius: Analects with Selections from Traditional Commentaries*, Indianapolis: Hackett Publishing, 2003, p. 242; D. C. Lau, *Confucius: The Analects (Lunyu)*, Hong Kong: The Chinese University Press, 1992, pp. xv – xvi.

方法论(methodology)是有意而为之,因为"恕"并不割裂理论与实践、目的与手段。倪培民主张,必须将"恕"这种富有创造力的方法与任何规则的单纯运用区分开来:

> 方法区别于规则在于,方法是被提倡的,以使人更好地生活,然而规则是被强加于人,以限制其所为。[1]

"恕"是需要想象力参与的类比投射,从而服务于广博包容的道德宏量。简言之,"恕"是一种谦恭。此种理解有字源上的支撑,"恕"包含"如"旁和"心"旁,其中,"如"字表示"如同、像、仿佛、类似、比得上、假如、相当于"。甲骨文中,"如"字写作𡥘[2],被解释为描摹一人向另一人询问状。诚然,这一类比谦恭的观念还可以从同源的"汝"字看出,"汝"表示"你",亦即,在行事之时充分地将他者纳入考量。综上,"恕"在于激活得以构想出最佳可能性所必要的道德想象力,并且达成和实现那种充分考量他人与自我利害需求的道德判断。亦即,"恕"是体贴周到:一种在我们决定如何最佳行事之时,对他人体贴入微的、发自内心的恭敬与尊重。

毫无疑问,"设身处地考虑"这一"恕"法,在儒家道德词汇中具有核心重要性。当孔子表明"吾道"(他的道德愿景)是"一以贯之"之时,他的一位资深弟子曾子向其他学生解释道:"夫子之道,

---

[1] Ni Peimin, *Understanding the* Analects *of Confucius*: *A New Translation of* Lu-nyu *with Annotations*, Albany: State University of New York Press, 2017, p. 67.

[2] Kwan, "Multi-function Chinese Character Database;" 甲骨文合集 CHANT 0470.

忠恕而已矣。"〔1〕刘殿爵就此提出了一个有说服力的观点,即"忠"与"恕"能被中肯地描述为"一贯",是因为它们事实上是同一决策进程中不可分割的两方面。"恕"是对情境预演的过程进行想象性的反思,由此来确定如何最佳行事,而"忠"则是致力于全力以赴地让该决定实现最佳效果。〔2〕

在另一章节中,当回应子贡的追问"有一言而可以终身行之者乎?",孔子斩钉截铁地答道"其恕乎!",再次将"恕"作为决定行为的首要策略。〔3〕"恕"的过程始于道德上的困惑不解,它需要批判性的自我意识,以及那种通过预演各种可替换方案及其后果从而创造性地寻求最妥善回应所必需的想象能力,它以实现既已确定的最佳行动方案所必要的不懈努力告终。在经典文本以及《说文解字》中,"恕"常常被同"仁"关联起来,"仁"被视为此种考量方法的理想结果,亦即,"恕"是人们得以实现角色与关系中的臻至("仁")的方式。正如"恕"关乎着反思性地协调自我与他人的行为以实现最佳效果,"仁"也是此种类比思量与发展的成果。重要的是,"恕"作为思量方式而"仁"作为臻至行为,同时是手段与目的。人们审慎思虑是为了思虑审慎,人们致力于臻至行事是为了行事臻至。其实,在《论语》中就已经记载了这样的过程,只是用了另一种语言来表达"恕"的成仁方法:"能近取譬,可谓仁之方也已。"〔4〕

可以说,"恕"是关联或类比思维在道德层面的运用。"恕"在

〔1〕《论语·里仁》第十五节。

〔2〕参见 Lau, *Confucius*, p. 16。

〔3〕《论语·卫灵公》第二十四节,可与《论语·公冶长》第十二节及《论语·颜渊》第十二节对比。

〔4〕《论语·雍也》第三十节。

儒家伦理学中的中心地位尊重了在审慎思虑以改善道德判断的过程中、在关联自我行为与他人之时,批判性自我意识与想象能力无与伦比的重要性。道德想象力并非作为批判性自我意识的某种补充或补救而被援引的,它对于持续修养与改善那种让我们能够有效地理解并回应他人利害需求的共情能力而言,是必要的。就像在审美判断中一样,想象力是将具体细节在发生着的整体图景中关联起来的那种动力,借此以拓展道德考量的语境以及个人反应的品质。

从根本上看,"恕"是一种最初在家庭纽带中塑造而成的审美感性倾向(aesthetic disposition),而在家庭关系中,某"人"正是在努力优化其生活角色与关系的过程中涌现生成的。"恕"即是此孙儿对其祖母做出的反应,他将她同时视为恭敬遵从的对象,以及他在与他人相交时自身成长发展的资源。在适当的时候,"恕"被推而广之,成了一种塑造与深化家庭外关系时的反应的品质。因此,"设身处地考虑"(恕)成为对于积极审慎地生活来说的一种无所不在、必不可少的倾向。"恕"需要一种批判性的自我意识、一种可回顾类似情境的敏锐记忆力、一种能对可能发生的场景进行连续预演从而预测其后果的创造性想象力、一种对他人的同情理解、一种可辨识最佳路径的富有洞见的智力,以及一种能够最大化利用恰当关系的孜孜以求的诚意。

与更加抽象的、计算性的、分析的或理论化的策略本身就足以决定道德行为这一假设比较,"恕"的路径形成鲜明对照。被理解为"设身处地考虑","恕"是一种具体的、语境化的道德倾向的最为根本的姿态(the most fundamental gesture)。它要求我们承认"谦恭"在如下两重意义上的重要性,即充分考虑到他人的利益兴趣,以及推迟行动,直到我们能够在道德求索中通过审慎思虑而克服不确定性。当然,在"恕"中,认知与思虑肯定扮演着重要角色,但是我们无需将这一过程过度理性化。"恕"需要的是一种整体主义的反应。就"恕"而言,在一种情感认知论中弥补认知不足的共情式探究将扮演更为核心的角色,而这种情感认知论以充分的同情与关切来衡量具体情境。就像批判质疑可以成为智性习惯一样,面向他人的共情回应也会产生对怜悯关切的常规性倾向。事实上,"恕"之习性的演化在于从最初的一种更为思虑性的练习,发展为人际交往活动中的一种即兴的、非自觉的道德艺术。正如倪培民指出的,此种在个人倾向上的修养提升,不仅在道德上授权于人,更能通过拓展人的干预选项而赋予其更大自由:

> 一旦某人成为大师,他或者她便有能力运用审慎决定、有效反应,即便是在需要背离惯例的情况下(参见《论语·子罕》第三十节)。[1]

关于谦恭还有一点可以从《论语》中推导出来,其中作为"设身处地考虑"的"恕"被给予另一种描述。"恕"被否定性地定义为"己所不欲勿施于人"。

此"否定"版的道德金律之所以是否定的,在于其并非始于对某种用来保障"己欲立而立人"的客观普遍标准存在的假设。诚然,从假设此种标准存在出发,相信自身拥有专属通道,并在此基础上预设自身知道如何正确对待他人,这即便不是有失尊重,至少

---

[1]　Ni, *Understanding the* Analects *of Confucius*, p. 67.

也是一种居高临下。相反,通过预设否定版的道德金律,那么任务便是开放的、暂时性的,这使得思考如何与某人最理想地发展关系这件事,只有通过仔细斟酌此人在其特定情境的诸多可能性中的具体需求才能实现。

若使用批判性反思的、反身的情境预演过程作为决定最佳行动方案的基础,那么很明显的一种排除法原则正是己所不欲勿施于人。当我们反思如何最佳行事,己所不欲勿施于人会在最低程度上腐蚀我们的动机。的确,"设身处地考虑"的起点在于意识到还有其他可处之地,探究追问的良好开端则在于排除己所不欲的行径。然而,更为重要的是,在此相当明显的起点之外,我们还必须充分认识到世界充满偶然,需要我们体贴细致的、富有想象力的探索。

前文曾回顾了阿玛蒂亚·森从能力路径出发提出的发展理论,这一方法在一定程度上与"恕"相呼应。在阿玛蒂亚·森的方案中,能力路径通过考虑特定个体在特定条件下想做什么以及实际上能够做什么,超越了基于某种一般化个体的抽象观念所做出的计较考量。阿玛蒂亚·森不接受那种基于原则和规则的道德所提供的最小化标准(minimalist standards),他乐于尊重多元需求与价值所体现的具体的、过程性的、最优化的领域,这些多元需求与价值共同构成了关于美好生活的丰富多样的愿景。

回到传统中国或维多利亚社会中的上层阶级女性的例子,从我们自身的历史时刻出发,我们的确可以批判这些道德生活的愿景对妇女而言乃是局促且压迫的。然而,恐怕此时我们已经过于洋洋得意地沉溺于一个更加开明的选项了,我们或许没有意识到,百年之后,我们的后代在反思我们这个时代的性别关系结构之时,

也会质问道："他们在想些什么啊!?"尼采曾令人瞩目地谴责过"现
代人"的傲慢,他们出于自身利益,惯于将现存条件自然化,从而形
成一种无法容忍偏差或不同的羊群道德(herd morality)。于尼采而
言,正是这样的现代人极尽疯狂地鼓吹他所鄙视的那些非自然的
基督教价值,并且视这些价值为历史终点。[1]

　　诚然,我们越是坚持裁定的基本标准,我们就越不会意识到其
局限性及变革需要。我们可能投注在判断所依据的所谓在先的、
完整的原则上的比重,与我们对不止是多数人的暴政,还有我们价
值列表中不可避免的演化的必要关切的程度,这二者之间似乎存
在一个反比。在人们塑造着激烈变革的世界并为之所塑造时,我
们可以满怀期待地从欣赏其中产生的人与人之间的迥然差异开
始。此种演进中的差异要求任何我们加诸其上的分类范畴,无论
是生物的、社会的、伦理的还是政治的,都必须具有吸纳性,而非铁
板一块。如此,我们是否应该不加批判地接受这样的假设,即对人
类道德的某种最终的、完整的表述要么是一种受人欢迎的可能,要
么就是一种必要的可能? 从不断发展的儒家角色伦理学的视角出
发,一个基本的预设在于,今天看起来似乎令人向往的事物如果没
有变化发展,那么它明天便可能是暴虐压迫的。

5. 杜威与民主"理念"

　　这些对整体主义和语境主义(contextualism)所做的反思,对儒
家角色伦理学理论化人之理念这项工作而言,意味着对具体特定

---

[1]　Friedrich Nietzsche, *The Gay Science*, trans. Walter Kaufmann, New York: Random House, 1991.

之人的理解只能通过其在经验的整体进程中所处的位置及所发挥的作用。前文中我们已经看到，叙事性的、焦点—场域的人之理念源自联合生活这一事实，也就是说源自这样一种洞见，即我们作为人是不可化约的社会性的，而统合起来构成了定义我们人生角色与关系的那些互动交接，塑造着我们的同时又为我们所塑造。在这些角色中，规范性产生于成为一个好女儿、一个好邻居，正是在家庭与社群的语境中培养这些对话性的角色时所具有的一种习得性效能。

现在让我们回到杜威、怀特海以及唐君毅的著作中提出的多方论证，这些论证将证实人类经验的关联性本质的这一前提假设，并且将从多样视角出发来规定有助于个人修养的理想的社会政治条件。诚然，这三位当代哲学家为我们提供了一种宇宙论意义上的辩护方式，以证明此种关联事实如何能够被转化为繁荣昌盛的社群，而此种繁荣昌盛的社群正是我们互利互惠、彼此依存的最高表达。三位哲学家都以其自身特有的语言论述着同样的命题，即其所谓"民主"者，并非众多政治形式之一，实则是一种永远不会实现的（never-to-be realized）的联合生活理想。此处附带讨论将民主视为一种社会的、政治的、终极来看宗教的理想的宇宙论理解，对于思考儒家角色伦理学怎样理论化儒家的人之理念及其优化人之经验的目标，提供了又一视角。

美国哲学家杜威在他的时代发明了一种关于民主"理念"的宇宙论理解，他将其当作试金石来抵制他所认为的美国自由民主发展中的不幸态势，即美国民主偏离了其定义性前提的安全系泊（secure moorings）——这种偏离在杜威离世后的几十年来愈演愈烈。为此，杜威引入了民主"理念"（偶尔作"理想"）与作为政治形势的民主的重要区别。在其著作《公众及其问题》(*The Public and Its Problems*)中,杜威在非正式者、具体者和日常者之中,亦即,在具体社群具体人群的生活与关系里,整体地探寻民主的真正实质。他以如下的特定术语来界定"一般社会意义上的民主理念":

> 从个体的立场看,它在于当组织和指导某人所属群体的诸活动时,根据能力负责任地分担,以及在于根据需求参与建构群体所维系的价值。从群体的立场看,它要求在协调共同好处及利益的同时,解放群体成员的潜能。[1]

此处我们务须谨慎,因为杜威的语言如果被误解的话——它的确常常被误解,会导致对其背后深意的曲解。于杜威而言,此处指出的"个体"和"群体"既不独立,亦非可分实体。事实上,鉴于杜威致力于将经验的整体性作为所有反思的起点,故而共同生活优先于割裂个体,具体的情境优先于抽象的单一作用。如前所述,我们内嵌于其中的友谊是一级现实,而关系中的友人如果脱离了彼此关系而作为分离个体的话,便只是对具体友谊做出的二级抽象。友人真正的"个体性"——我们在前文已经谈到,杜威创造了这个术语用来区分割裂的独立"个体"与独一无二的、关系性构成之人——是由其关联性的习惯所构成的。换言之,个体与群体应该被全息性地理解成焦点与场域,而非是部分与整体,故而整体蕴含于每一具体之中,而每一具体从其自身视角讲述整体。人人皆是社会关系的特定具体的组合,而每一群体或社群又是独一无二的

---

[1] Dewey, *The Later Works of John Dewey*, vol. 2, p. 327.

特殊参与者所构成的生态。

然而，杜威在宣扬此种彻底地社会性建构的人上，会有多极端呢？正如我们已经在杜威提出的涌现的"个体性"这一观念中看到的，说人是不可化约的社会性的，并非要否认人的整一（integrity）、独特性和多样性；相反，恰恰是要肯定和支持这些条件，把它们当作决定人们成为具体之人的成就。人们并不是在独立的自我立法的个体这个意义上是"自主的"。相反，他们是为其自身不可被模仿的关系场域（作为某人的配偶、朋友、师长、同事等）所构成的独一无二之人，只要这些关系不因胁迫而受损，那么这样的人便拥有关系性的自主（relational autonomy）。

杜威的洞见简明扼要：关联乃事实。并非先有我们，尔后我们进入关系，而是我们始于彻底地为关系所构成并且置身其中这一事实。于杜威而言，民主"理念"在提供条件以充分利用人生机会这个意义上，便是社会的、政治的、宗教的理想。民主"理念"便是对这些问题的宇宙论回答：我们如何发展社群之人初始的构成性诸关系，从而使其最富有成效？在发展这些关系之时，我们如何最优化人生经验的可能性？民主理念因此既是审美感性的，也是规范性的。将沟通良好的社群之创造性可能最优化，故而从人生经验中获取最大价值与意义，这是审美感性的，而在向培养人际关系及优化其发展提供具体策略的层面，又是规范性的。于杜威而言，当我们每个人都无可替代地、相辅相成地塑造着我们同属的那个生成涌现的共同体，并且也为之所塑造时，那么每一个人在此"大社群"（Great Community）中的"施与受"——那些焦点式的、全息性的"个体们"最为优化的、臻熟的关系，就是真正民主的源泉与实质。

　　这对杜威来说是符合逻辑的。它始于对我们是由关系所构成的这一观察，接着得出，假如邻居做得更好，我们也会做得更好。积极地说，民主理念是从构成社群的诸关系中获取更多的一种策略；消极地说，它是一种主张，即承认在角色与关系中，任何强制与胁迫都是对社群创造性可能的损伤。需要澄清一点，杜威的民主"理念"并不是联合生活的诸多可能选项中的一种，也不单纯是多种政治系统之一。它是对于臻至关联性（consummate relatedness）完美理想的那种必要而又总是不那么成功的渴求。诚如杜威坚信，民主的"理念"完全就是"社群生活理念本身"〔1〕。

　　在杜威看来，民主"理念"始于对每个人与每个情境的独一无二之处的承认，它因此要求任何政治形式都应当允许必要的重塑与调整，而这些重塑与调整必须适应个人差异持续不断的生成涌现。此种民主理解认可理式（form）与生命活力之流（vital fluidity of life）间存在着日神与酒神的角力。毕竟政治形式本质上是保守的，其"改革/重新—形成"（re-form）往往必须伺候那种生机盎然、自由解放的民主"理念"充当的药引，待其于昌明社群的层层架构中流转传播之际，再用以纠正所有根深蒂固的形式结构。

　　广为人知的民主的制度化"形式"——宪法、总统办公室、选举站、选票箱等，远非政治繁荣清明的保障。假如它不能通过时常诉诸民主"理念"来改革重塑的话，便可能反过来变成镇压、暴力和胁迫之源。前车之鉴有前苏联宪法、美国南部的吉姆·克劳法等民主的形式迭代，这些与生机盎然的民主"理念"鲜有关联。形式化的制度虽然的确很有必要，但往往是依靠传统支撑的、动态的治理

---

〔1〕　Dewey, *The Later Works of John Dewey*, vol. 2, p. 328.

形式蜕化后的历史遗留之物，不仅不能在其时代语境中体现民主"理念"，更因为其惰性，随着时间推移成为阻扰（若非威胁）生动灵活的民主"理念"本身的巨大隐患。

比如说，在两百多年前革命中的美国，宪法保障个体作为"井然有序的国民自卫队"成员而享受持有武器的权利，这可能是非常合理的——如果英国统治者卷土重来，壁炉上方的步枪便是保卫国家独立自主的必备之物。然而，在今天看来，这种被形式化地固定下来却不合时宜的权利未经改革，不再"井然有序"，已然成为了在当代完全不同的生存语境中频发的无谓的攻击与侵害的罪恶之源。第二修正案远非服务于民主"理念"，而是被制度化地用来成全了根深蒂固的、令人恐怖不安的反社会暴力文化。这一旧日的民主权利促使美国泥潭深陷，成了迄今为止发达国家中最为暴力的社会，它很大程度上还纵容和滋长了残害社群迈向繁荣之能力的那种麻木不仁的心态。人们常说，医治民主弊病的良方便是更多的民主。杜威应该也会同意这一点，但他会坚持以如下理解来完善这一论断，即"更多的民主"只能通过不断地返回到民主"理念"本身，挑战并重构已经形成僵化政治形式的民主社会，才能真正得以实现。

6. 怀特海与民主的宇宙论基础

如需进一步证明杜威所认定的民主"理念"与其宇宙论辩护之间的密切关系，那么可以说，怀特海以其自身特有的理论语言以及与杜威如出一辙的精神，将民主的宇宙论"理想"描述为一种审美和道德成就，此种成就令我们能够最优化人类处境的创造性可能。

怀特海谈道：

> 民主的基础是价值经验这一共有事实，它构成了现实每次脉动的本质。任何东西对其自身、他者和整体都有某些价值。这是现实之意义的特征。基于此种特征而构成了现实，道德理念应运而生……存在，就其本质而言，是价值强度的持守。同时，任何单元都不能将其自身与他者和整体分离。然而每一单元又凭自身存在。它坚持自己的价值强度，这牵涉到与宇宙共享价值强度。任何以某种形式存在的事物都有两面，即其个体自身以及其在宇宙中的意义。并且，这两者中的任一者都是另一者的构成要素。[1]

如果我们将这一哲学化的抽象描述翻译成具体的日常语言，那么怀特海是在宣称独一无二的人当然拥有自我的完整性，正是此完整性具有道德意义与审美价值，它非但不排除人之诸关系，反而凭借这些由关系所构成的人对于彼此、对于社群整体的意义而获得价值。

　　在《过程与实在》（*Process and Reality*）一书中，怀特海坦言他的"有机体哲学（Philosophy of organism）似乎更加接近某些……中国思想"[2]。的确如此，怀特海用其特有的术语为我们提供了另一套语汇，这与我用来表述充当儒家之人成长发展的阐释语境的那种宇宙论的语言可谓同声相应。怀特海所说的万事万物的"两面"（two sides）——"个体自身"与"其在宇宙中的意义"，正是我所谈

---

〔1〕　Whitehead, *Modes of Thought*, p. 111.
〔2〕　Whitehead, *Process and Reality*, p. 7.

及的焦点—场域式的、全息性的事物本质,这当然也包括人的本质。任何具体事物都具有两"面"(two "aspects"),这意味着整体蕴含于每一具体,亦即作为场域的"道"蕴含于每一具体焦点的"德"。用以描述此种宇宙的语言是"立体的"而非分析的,它指向同一现象的不同视角,而非其中的可分要素。比如说,人与社群非但不是彼此对立的,而且是以两种方式来怀想同一事件,将其视为关系的组合配置,要么凸显成焦点之人,要么凸显成社群场域,彼此都具有其自身视角。像杜威一样,怀特海将民主阐释为一种宗教式的理想,每个人拥有其自身独一无二的完整性,但与此同时,又以同样的"价值强度"来供给宇宙,充当共有的多元意义的源泉。此种个人参与感、价值感以及随之而来的归属感正是作为"religare"〔1〕及其所蕴含的"紧密结合"意义上的宗教感,诚如怀特海所言:

> 这一学说是对宗教主要是一种社会事实这个理论的直接否定……宗教是个人在其独处中所做之事……如果你从未孤独过,那么你便从来不会信教。集体狂热、奋兴、制度、教会、仪式、圣经、行为准则等都是宗教的外部标志,是它转瞬即逝的形式而已……相应地,从宗教中应该产生的是个体的人格价值。〔2〕

怀特海所说的"孤独"往往被人误解。他认为真正的宗教性在于我们每个人最大限度地发挥自我实现的能力,在这一点上他呼应了

---

〔1〕　译者注:religion(宗教)来源于拉丁语 religare 一词。

〔2〕　A. N. Whitehead, *Religion in the Making*, New York: Fordham University Press, 1996, pp. 16 - 17.

杜威对民主"理念"及其政治形式所做的区分,以及对自致的、独一无二的"个体性"与隔绝孤立的个体的区分。

7. 唐君毅的儒家"理念":最优化的人类经验

像上面提到的杜威、怀特海一样,唐君毅也为一种我们或可称为儒家"理念"的思想提供了宇宙论理解,这种儒家"理念"与前文讨论过的民主"理念"有着深刻的共鸣。唐君毅对该"理念"的阐发有助于我们识别儒家的核心价值观,这些核心价值为个人实现提供了最佳条件。唐君毅也将此种"特殊"与"整体"间的全息性的、彼此依赖的创建性关系视为广义上的中国文化的突出特点与卓越贡献,而这种关系或许最好被描述为"焦点"和"场域"的关系,或者说生态式的情境化的"事件"与其"环境"的关系。唐君毅在此种关系中发现了:

> 将部分与全体交融互摄之精神;自认识上言之,即不自全体中划出部分之精神(此自中国人之宇宙观中最可见之);自情意上言之,即努力以部分实现全体之精神(此自中国人之人生态度中可见之)。[1]

尽管唐君毅的观察比较抽象,但是通过将此种奠定中国宇宙论基

---

[1] 唐君毅:《唐君毅全集》第11卷,第8页。此种焦点—场域式而非部分—整体式的语言是中国宇宙论中普遍存在的一种对于关联性的表达。下列表述包含着对此种关联性最为抽象的、古老的呈现:在"道德""变通""体用"宇宙论中的"一多不分"。

础的特殊与整体之间的交融互摄，与个人修身在宇宙繁荣中所具有的关键作用关联起来，我们便可将唐君毅的抽象观察具象化。唐君毅此处所论，不外乎对《大学》中概述的焦点——场域之全息的总结陈述，以及对前文详细讨论过的《中庸》之核心主题的重申，即永远独一无二的人们作为繁荣宇宙的共同缔造者所具有的能力与肩负的责任。在修身成德之人与兴盛宇宙的共生关系中，儒家文化的"精神"成了我们在家庭里、在社会政治机构中可感可知的关于包容、协商与最有效合作的价值。个人价值的培养是人类文明的源泉；反过来，人类文化作为一种复合的宇宙资源，又为个人修身提供了最为适宜的环境。通过我们对周遭他人的恭敬模式，我们叙事性互动的创造性可能以及有利于我们"自身再建构"的资源，都被成比例地增强和拓展了。

以其特有的对儒家利弊的批判性评价，唐君毅反复强调，任何儒家与封建制度、君主制度、宗法制度等失败的政治形式的关联都是偶然且短暂的，并非本质性的。于唐君毅而言，儒家"理念"并不能从某种封闭的意识形态中，从某套陈腐的帝国制度中，或者从某些特权化的宗教启示中获得复原。唐君毅将"部分"与"整体"之间全息性的、交融互摄的、富有创造力的动力机制视为广义上儒家文化的显著特征与卓绝贡献，在其对中国文化根本的事件性的动力机制的描述中，极为倚重《易经》的宇宙论思想和人类共同经验的可能性。我想指出的是，在唐君毅看来，如果尊重儒家思想的前提条件，那么正是此种宇宙论意义上的儒家"理念"，而非任何肤浅的关于平等主义的自由主义主张，直接关系到其自身民主化进程的必由之路。

要完全复现唐君毅所认同的儒家理想之实现，我们就必须使儒家的社会政治哲学与唐君毅理解的中国传统文化所植根的宇宙论假设相一致。当此种特殊与全体的全息性交融互摄被转译到更为具体的人类社群的社会政治舞台之上，便成为兼收并蓄、协商一致、和衷共济的价值，使得人们可以最优化其共有的美好愿景——这也是一种社会政治抱负，令我们立刻联想到前文提到的杜威和怀特海关于真正民主界定的相关创见。

8. 儒家"理念"及其调节"形式"之追寻

有了唐君毅的儒家"理念"及其"焦点—场域的"或者"叙事性的"人之"成为"理念，我们进而可以追问：引导行为并且预见人类和谐可能之实现的那种儒家的调节（regulative）"理念"（查尔斯·泰勒所谓的"超凌诸善"）是什么？鉴于无边无界富有活力的关系之首要性，始终独一无二的人们涌现生成的身份认同正是他们对给予其语境的所有其他事物的全部的、无界的补充将会意味着什么的一种发用。诚如上文指出，"一"与"多"不过表述同一经验的两种"立体的"方式，亦即，"一"乃无涯之道，作为我们经验内容大全的持续不断却又未经概括的整体，而"多"则指构成了经验的独特的万事万物。

正是在此意义上，中国早期宇宙论作为富有活力的关系的首要性之必然推论以及儒家传统不断发展演进的阐释语境，实则是一种审美主义。在此审美主义中，每一个人都是特定焦点，其中又蕴含着无限广博的经验场域。用怀特海的术语来说，此种儒家宇宙论是审美秩序，而非还原主义的理性秩序，因其是整体主义的、无边无界的、兼收并蓄的、决然的混沌的。[1]这便是说,在没有任何单一特权秩序主宰的宇宙模式化秩序之中,所有事物无一例外地在致力于最大化地实现其自身时,不仅拥有了独一无二的角色,还通过充分地参与这一身份认同的形成进程,成为社会、自然及宇宙秩序的对位式和谐的联合生产者。

上文中,唐君毅为我们提供了一种有关儒家"理念"或者说"理想"的宇宙论理解,这或许能够帮助我们预测一种独特的"儒家"民主化模式的持续进程所呈现的轨迹。在人类世界中,此种宇宙论体现在我们的角色与关系中实现的恰当得体(即"礼")为经验带来全然的明晰性,故而令之审美化的那种方式之中。鉴于关系性的、焦点—场域式的人之本质,正是社群中人人致力于在他们的角色与关系中实现最佳得体适宜这一儒家方案,与杜威和怀特海关于真正民主的根本性前提直接产生共鸣。如前文所述,对于杜威和怀特海而言,民主无外乎是一种社会的、政治的,以及终极上讲宇宙的关联模式,此种关联模式让每个独一无二之人获得最大化的人生经验,同时又令社群和宇宙充分利用到"多"的最佳贡献。

杜威的民主"理念"是其对繁荣社群生活的愿景,而此种繁荣社群生活得以可能,在于最优化构成社群生活的独一无二地区分着的个人之个体性。诚如杜威,唐君毅的儒家也旨在实现"家庭与社群中的个人"(individuals-in-family-and-community)在最高程度上整合的文化、道德和精神发展。令如此独特的儒家"价值"具备理想性的,正是这些价值中的每一种,比如"孝""悌""礼""仁"、由"德"以"道",等等,它们都在此种审美主义中发挥功效,从而在不

---

〔1〕　关于审美秩序与逻辑或理性秩序的区分,参见 Whitehead, *Modes of Thought*, pp. 58 – 63。

断发展演进的文化中优化可资利用的创造性可能。

儒家理想明显区别于杜威和怀特海之处在于,其将核心角色赋予家庭制度,视家庭制度为追求人类繁荣愿望的切入点。尤其对于杜威而言,这一点绝非小事。杜威忽视家庭这最为"熟悉"者(家庭与熟悉这两个词都源自同样的拉丁词根 familia),似乎会削弱其自身关于哲学必须是直接的经验性的坚持。再者,杜威"哲学中的重构"(reconstruction in philosophy)也规劝哲学家们放弃职业领域特有的技术问题,转向解决当下的紧迫议题,即那些对于大多数人来说必然始于家庭生活的问题。

于唐君毅而言,中国文化始于并且总是回归人们的日常生活以及那种赋予家庭生活以节律的发乎自然的恭敬模式。家庭生活中随处可见的发乎自然的恭敬是发展道德技艺的切入点。[1]由恰当得体的家庭关系所产生的价值与意义,不只是社会政治秩序的首要基础;充分地参与"礼"还具备宇宙论的、宗教性的意涵。恰当维系和滋养的家庭纽带是理解我们道德责任的出发点,而此道德责任在于培育远远超出我们本身的不断向外延伸的关系网络。[2]家庭制度对于我们每个人而言便是宇宙秩序的中心。正如在《大学》中看到的,所有共生关系以同心圆的方式从家庭与社群中的自我修身向外辐射扩展,最后作为一种宇宙涌流反身性地回过头来滋养这一源泉。在《中庸》中,我们清晰地读到,家庭情感是我们以仪式化的角色与制度所培养的文明礼仪的来源:

　　　　仁者人也,亲亲为大;义者宜也,尊贤为大。亲亲之杀,尊

---

〔1〕　唐君毅:《唐君毅全集》第 4 卷,第 219—302 页。
〔2〕　同上书,第 210—215 页。

贤之等,礼所生也。[1]

　　Aspiring to act consummately in your roles and relations (*ren*) is becoming a person (*ren*); and loving your family is what is of greatest consequence. Optimal appropriateness (*yi*) means doing what is most fitting (*yi*), wherein esteeming those of superior character is most important. The degree of devotion due different kin and the degree of esteem accorded those who are different in the quality of their conduct is what gives rise to the observance of ritual propriety (*li*).

　　与之对照,在广泛的西方哲学与文化中,"家庭"作为一种制度并没有对社会政治秩序产生重大启发。我们很难找到任何以家庭为中心并且在某种意义上可与儒家哲学中"孝"的重要地位相媲美的哲学观念。回顾西方叙事中主流哲学家的贡献,我们会发现,鲜有人将家庭视为组织人类经验的有效模式。柏拉图在《理想国》中废除了护卫者之家,亚里士多德将私人"家庭"(oikos)贬低为"贫瘠"之源,这些都尤具代表性。即使是愿意让民主"遵从中华民族历史精神"[2]的杜威,在思考家庭制度上,也忠于了自身传统中的主流,不仅忽视了它是一种组织模式,甚至还进一步质疑其价值。一方面,杜威似乎敏锐地意识到家庭有机的、不可化约的关系性的本质,以及家庭成员的意义来自彼此间的关联:

---

[1] 《中庸》第二十章。需注意此处"仁"与"义"定义的谐音双关特质,即通过语义与发音的关联来下定义。

[2] Dewey, *The Middle Works of John Dewey*, vol. 11, p. 197.

> 家庭……并不是一个人加上另一个人再加另一个人。它
> 是一种持久的联合形式,其中成员从一开始就彼此关联,每一
> 成员通过考虑整个群体及其自身在群体中的位置来确立行动
> 方向,而非就利己还是利他做协调。[1]

即便如此,也许是受到了当时五四运动革新者的鼓励,杜威断言,
中国以家庭为核心制度来组织人生经验的历史资产在未来将不得
不被抛弃掉,从而为现代化与民主化奠定前提:

> 这样一种观念,即仅仅通过引进西方经济,中国便可"获
> 救",同时可保留旧式伦理、旧式观念、旧式儒家思想(或者说
> 把真正的儒家僵化后的产物),以及旧式家庭系统,这真是感
> 性理想主义最大的乌托邦。经济与金融改革,除非伴随着新
> 的文化理想、伦理和家庭生活的发展(这些构成了当下所谓的
> 学生运动的真实意涵),否则便仅仅只是转移了痛点。它消除
> 了某些罪恶,却又会滋生其他罪恶。[2]

在柏拉图以来的西方叙事中,那些将共同的道德推理和绝对
命令视为道德秩序的最终来源的哲学家一直坚信,客观性是一种
普遍存在的价值。在这种传统中,对从家庭感情中涌现生成的总
是偏私的关系,持续性地缺乏兴趣,这可能源于那种倾注在作为道
德行为之必要条件的客观性和公正性上的几乎不加批判的重要
性。西方最优秀的思想家在将家庭视为社会政治秩序上保持缄

---

[1] Dewey, *The Later Works of John Dewey*, vol. 7, p. 299.

[2] Dewey, *The Middle Works of John Dewey*, vol. 13, p. 103;同时可参 p. 230。

默,与儒家的世界观形成了鲜明对比。在儒家的世界观中,家庭就
是主导性比喻,一切关系最终都被视为是家庭的。可以公允地说,
儒家传统的特征在于,人类道德是对直接的家庭情感的表达以及
将相同的情感向更广阔的世界外推。

　　然而,并非所有当代儒家学者(他们或许在很大程度上都受到
了自由主义价值的影响)都会同意这一传统信念。在对儒家伦理
学中家庭模式及家庭角色的核心地位持保留意见的当代学者中,
黄玉顺不是非典型的。黄玉顺认为:

　　　　近年来,有不少儒者特别强调家庭,甚至认为家庭伦理才
　　是儒学特色、中国文化特征。其实未必如此。[1]

在黄玉顺看来,家庭与定义家庭的角色在历史上从未停止过演化,
我们必须从别处发掘儒家伦理的基础价值:

　　　　家庭本身就是一个历史地变动的概念:我们曾经有上古
　　王权时代的宗族家庭;曾经有中古皇权时代的家族家庭;还有
　　现代的核心家庭,以及诸如合法的单亲家庭,乃至合法的同性
　　恋家庭等复杂的家庭形式。这些不同时代的家庭形式具有不
　　同的家庭伦理,不同的"礼"的制度、不同的"位"的安排、不同
　　的"角色"定位。就此而论,"角色"问题并非儒学的根本所在;
　　角色是由"礼""位"规定的,而"礼""位"又是由"仁""义"导

---

[1]　黄玉顺:《"角色"意识:〈易传〉之"定位"观念与正义问题——角色伦理学
　　　与生活儒学比较》,《齐鲁学刊》2014 年第 2 期,第 8 页。

出的。这是我们今天所应具有的一种"角色"意识。[1]

与黄玉顺的观点不同,我认为儒家根本的智慧正在于其所诉求的家庭模式。如果说至上的和谐与最佳的共生的确是人类经验之目标,那么家庭就是唯一能让人们最为倾向于将自己毫无保留地奉献于其中的人类制度了。尽管从其宇宙论理解出发,杜威和怀特海将"民主"视为一种社会政治及宗教的理想,也同样要求最大化人类资源,但是儒家更会宣称,如果"民主"要按照杜威和怀特海的想法来实现的话,那么家庭制度就必须成为其必要基础。在儒家看来,使天下一家就是弘扬此种模式,它能够令我们作为人之"成为"的叙事充分展开这一目标最佳地达成。鉴于儒家思想有着作为道德律令的"孝"之观念,或许可以说,被黄玉顺当作是比家庭更基础的"仁"与"义"的价值,事实上其本身也是根源于家庭这样一种基础的人类制度。《论语》开篇有言:

> 有子曰:其为人也孝弟,而好犯上者,鲜矣;不好犯上,而好作乱者,未之有也。君子务本,本立而道生。孝弟也者,其为仁之本与。(《论语·学而》)

> It is a rare thing for someone who has a sense of family reverence and fraternal deference (*xiaoti*) to have a taste for defying authority. And it is unheard of for those who have no taste for defying authority to be keen on initiating rebellion. Exemplary persons concentrate their efforts on the root, for the root having been

---

[1] 黄玉顺:《"角色"意识:〈易传〉之"定位"观念与正义问题——角色伦理学与生活儒学比较》,《齐鲁学刊》2014年第2期,第8页。

properly set, the way will grow therefrom. As for family reverence and fraternal deference, they are I suspect, the root of consummate conduct (*ren*).

毫无疑问,正如黄玉顺指出,家庭制度在历史上历经变革。当前,来自自由主义价值的挑战诚然已经改变了关于家族生活的旧式思维方式。尽管我们必须承认,在其现代的外观下,家庭与家庭情感在一定程度上已经被重新配置用以支撑替代性的关系,但是年年春节大迁徙这一中国特有的现象以及返乡团圆所饱含的深刻宗教性特质,都暗示着家庭情感的文化脉搏依然生机勃发。

当然,我们也必须认可黄玉顺和早期五四革新者的观点,即儒家诉诸家庭并将其视为人类经验的组织隐喻,并非全然是良善无虞的。虽然可以公允地讲,此种诉求是中国传统在反思何为真正的民主基础上最为深刻的洞见。在我们的时代,对家庭有关的亲密关系的操弄也是中国腐败问题的源泉,而腐败问题依然是中国走向具有自身特色的民主化模式的主要障碍。

我们看到,杜威通过诉诸民主"理念",想要处理的关键问题在于如何才能克服政治"形式"根深蒂固的惰性,如若政治"形式"拒绝革新,那它便会扼杀真正民主的社群之生命力。如果当前的中国要实现的目标是儒家式民主,那么儒家"理念"所面临的问题与西方所遭遇的困境恰恰相反。换言之,因其看重非正式的、亲近的家庭关系,儒家传统在产生维系自身"民主"形式所必要的那种正式的、更为"客观的"制度规则方面依旧迟钝。尽管儒家传统也产生过此类监管结构,但这些正式制度却常常因为对个人关系而非公民关系的过度关注而未能从侵蚀破坏中幸免。诚然,当中国自身的儒家民主"形式"正在持续地生成显现，我们也见证着这样的事实，即儒家民主形式弊病的对症良方在于，建立摒除腐败的正式的公民民主制度，以及透明及有效地诉诸法治以扼制家庭感情的滥用。

最适合迅速崛起的中国的治理方式要能体现其自身古老传统所富有的经久而独特的价值。它必须承认人类经验整体主义、生态性的特质，承认万事万物在其存在语境中的阴阳互倚，承认自然、社会、政治与宇宙秩序没有固定预期或确定终点，而是具有永远变动不居、生成涌现的特质。该治理方式还务须高度重视融合与包容，致力于在实现和谐、共享多元时，最大化地体现差异性。这些价值从根本上看都是整体主义的，在结构设计、精细改良所需的形式严谨和对于任何人类繁荣都必不可少的对非正式的特殊性的持续尊重之间，中国需要实现并维持一种恰当的平衡。

第七章　从人之"成为"到一种
过程宇宙论

1. 阐释的前提预设

在我早前的专著《儒家角色伦理学》(*Confucian Role Ethics*)中，我主张必须允许儒家传统拥有自己的声音，并以其自有语言讲述自身，故而该书的副标题为"一套特色伦理学词汇"。尊重儒家伦理发展演进的语言及历史情况是我的目标，我力求让对语境的尊重成为最佳阐释基础。我的策略在于，首先尝试发掘中国早期宇宙论思想中特有的假设，然后试图在此种持续变化而又绵延不断的世界观中构想儒家的道德愿景。然而，此种始于宇宙论预设、再于其中定位人类经验的路径，实际上或许颠倒了人类宇宙论发展与表达的惯常方式。换言之，人类并非首先领悟到宇宙秩序的基本原则，尔后依据这些规律来约束经验。相反，任何传统特有的宇宙论假设，似乎是从我们最为根本的生活情况，比如生与死、爱与恨、罪与罚、工具制作与运用、音乐与艺术等出发，向世界投射的。

在中国,关联思维模式至少可以追溯到商代,此种思维模式具有其特有的两极关系(dyadic association)、新颖的隐喻、暗示性的意象以及引人遐想的图像学,它们一起构建组织着当时的日常生活事务。《周易》记录了人类营建、农牧、交通、书写等技术是如何从圣贤同环境最基本的打交道过程中所获得的灵感中演化而来,这些实践为"象"所捕捉,并被系统性地整理成了"卦"。随着时间的推移,既普遍又特殊的人类价值同自然环境的节律关联起来,构成了预设的宇宙组织结构。

具有讽刺精神的色诺芬尼(Xenophanes)不满拟人化的奥林匹斯诸神,他曾广为人知地宣称,埃塞俄比亚人以为神有着塌鼻子和黑皮肤,而色雷斯人则坚信其神长着蓝眼睛和红头发。色诺芬尼将此种思想推论到牛、马、狮子,追问它们会倾向于如何来构想自己的神灵,最后得出我们是以自身形象建构了神灵,而非反过来。[1]这里的要点在于,世界观及其相关常识是通过对启发特定人群日常经验具体价值隐喻与赋予此种经验语境的世界进行协调,从而在时间进程中缓慢形成的。

在这最后一章,鉴于已经澄清了作为儒家事业起点的焦点——场域式的、叙事性的"人之成为"(human becomings)理念,那么我将转向对过程宇宙论进行更为充分的阐述这一任务。过程宇宙论在与人及人之经验的假设的关系中发展变化,充当理解经典文本及其注疏的阐释语境。幸运的是,此前已有一批文化哲学家在尽其最大努力成全这一传统的不同之处时,认识到了挖掘这些不同寻常的假设的必要性。那么,我的工作将是复述前辈所言,但希望以

---

〔1〕　Xenophanes Fragments B15 and B16.

一种更为清晰的方式,通过将儒家焦点—场域式的人之理念作为良好的开端,亦即,当作我们宇宙思辨的源泉。请不要忘了色诺芬尼和他的主张,即我们惯于以个人经验来类推我们信奉之神,而我们此处必须回应的问题是:儒家焦点—场域之人的"宇宙"是什么样子的?我们要用怎样的语言来表达它?

近几十年来,不乏重要的学术研究参与推演从约公元前 771 年西周灭亡到公元前 3 世纪系统性宇宙论出现这期间各种关联宇宙论方案的流变。王爱和(Wang Aihe)的《中国古代宇宙观与政治文化》(*Cosmology and Political Culture in Early China*)中有一份调查,考察了中西方学术史中记录了此段发展的比较重大的贡献。她特别强调了当今政治秩序的变化与不断演变的宇宙观之间的共生关系、人类世界与可感知的宇宙规律之间的关系。关于此种生成涌现的宇宙论,席文指出:"人类惊人的创造力似乎是基于对很小一部分思想的排列组合与重新阐释。"[1]我认为,最早由葛兰言描述的作为"中国思想"(a pensée chinoise)或"中国思维"的关联思维,似乎就属于这少数但多产的部分,它在塑造中国文化传统的轮廓外观方面有着悠久的历史,在某种程度上与实在论形而上学在塑造西方哲学叙事的范畴和语法方面的决定性力量可以相提并论。王爱和援引了当代杰出学者如李零、叶山(Robin Yates)、陆威仪(Mark Lewis),他们指出,这些关联宇宙论,远非只是属于少数宫廷专家边缘而小众的志趣,而是事实上构成了供"学者与普通人言说与思考"[2]的共享象征话语。当然,近期战国时期的考古发现佐

---

[1] Nathan Sivin, Forward to Manfred Porkert, *The Theoretical Foundations of Chinese Medicine*. Cambridge, MA: MIT Press, 1974, p. xi.

[2] Wang Aihe, *Cosmology and Political Culture in Early China*, p. 76.

证了这一判断,证明了在指导人们日常生活的占卜实践中,关联宇宙论假设普遍存在。

那么,在古代中国世界观中,那种始于对人类经验的自我理解的持久而又不断演化的"常识"(深刻的文化基底、非比寻常的预设)究竟是什么呢?吉德炜(David Keightley)花了毕生时间研究商代的占卜实践,他主张,"许多被认定的中国特色之起源均可从青铜时代占卜者的精神与世界观中发现"[1]。吉德炜相信:

> 现代历史学家有可能从商朝的考古、艺术和书面记录中推断出一些理论策略和假设,公元前两千年晚期青铜时代的精英们依靠这些理论策略和假设来组织其存在。[2]

从他对甲骨文(现存最早的汉字书写形式)的研究中,吉德炜得出如此结论,即在我们今天所理解的中国古典哲学的形成时期,商代早期文化的某些假设继续演化并被进一步地阐发:

> 甲骨文让我们得以一瞥公元前 10、11 世纪的形而上理念,它表明,我们主要与东周的道家、儒家联系起来的那种哲学张

---

[1] Keightley, "Shang Divination and Metaphysics," *Philosophy East and West* 38 (1988): 389. 吉德炜在此处展示的立场也为其他几位杰出的商代研究学者所持有,比如张光直和葛兰言,参见 Kwang-chih Chang, "Some Dualistic Phenomena in Shang Society," *Journal of Asian Studies* 24, no. 1 (Nov. 1964); Marcel Granet, "Right and Left in China," in *Right and Left: Essays on Dual Symbolic Classification*, ed. Rodney Needham, Chicago: University of Chicago Press, 1977。在吉德炜被收录选集的部分论文中,他有进一步深化这些论证,参见 David N. Keightley, *These Bones Shall Rise Again*, ed. Henry Rosemont, Jr., Albany: State University of New York Press, 2014。

[2] Keightley, "Shang Divination and Metaphysics," p. 367.

力,其实在中国思想史早已出现,要早五百多年,且以不同形
式出现过。[1]

吉德炜认为,语言本身的语法结构可以被作为一种重要资源,而从
此种资源当中,可以挖掘出文化假设的厚重脉络:

> 无须援引萨丕尔—沃尔夫(Sapir-Whorf)语言相对性假
> 设,我们也可以想见,商代铭文的语法能够在很大程度上揭示
> 商代关于现实的诸理念,尤其是关于自然力量的观念。[2]

那么,吉德炜认为他在对商朝文化的考古中发掘并复现的那
些潜在假设,具体是什么呢? 吉德炜描绘了一种古希腊世界观,在
这种世界观中,人类道德上的失败与那种永恒而理想的现实形成
了鲜明的对照,后者为其形而上学的超验主义(metaphysical tran-
scendentalism)所保障:

> 粗略地说,我们在古典希腊发现了一种关于确定性、理想
> 形式和正确答案的柏拉图式形而上学,与之相伴的是伦理学
> 领域里的一种复杂的、悲剧性的、无从调和的紧张关系。形而
> 上学的基础是坚实的,那么道德问题是极为真实的,且一如现
> 实本身那样令人费解。[3]

---

[1] Keightley, "Shang Divination and Metaphysics," p. 388.
[2] Ibid. , p. 389 n1.
[3] Ibid. , p. 376.

如果诚如占据主导地位的古典希腊形而上学观点所认为的,统一与永恒乃是根本性的,那么我们所经验到的勉力维持,且被连续的变化洪流所污染的那个令人沮丧的现象世界,就不可能是终极真实的。在这种以柏拉图为代表的古希腊世界观中,"现实"必然指表象世界的基础,而不断生化的现象作为"单纯表象",充其量是误导性的、迷惑性的。[1]正是此种古希腊预设——我们可以创造出世界的一个对象并借此将自身从世界去语境化地抽离出来,让我们可以作为超然物外的旁观者享有一种所谓的"从无何有处观看"。的确,就是这种"来自无何有处的观看"充当了客观真理及确定性之可能的担保。随后,吉德炜将广为人知的古典希腊思想中普遍存在的理想与现实的二元对立,与他在商朝考古材料中发现已经存在于商代的生态性过程宇宙论进行了对比。吉德炜宣称,那种区分真实与表象、"两个世界"的情况在中国古代思想中无迹可寻,中国古代思想中也不存在任何由此而来的二元论范畴和思维方式。[2]

―――――――――――

[1] 有不少优秀的研究试图从公认的理念论者柏拉图这种被系统的形而上学所支配的阐释中,挽救出艺术家柏拉图来。在其著作 *Eros and Irony*：*A Prelude to Philosophical Anarchism*,Albany：State University of New York Press,1983 中,我的合作者郝大维试图证明,有这样一个充满爱欲的、讽刺的柏拉图,他的哲学最好被理解成一个连续的反思进程,而非某种终极解答。然而,虽然我们认同郝大为论证的这一更为有趣的柏拉图更忠于那些界定着他的文献,但是我们依然不得不承认,正是公认的理念论者柏拉图,经由教父哲学和 20 世纪科学主义的过滤,对西方文化叙事的演进产生着如此根本和持久的影响。

[2] 对这一问题的具体讨论,参见郝大维与安乐哲所著 *Thinking from the Han* 中的 "Cultural Requisites for a Theory of Truth" 一章。作为一位很不情愿使用"非此即彼"的比较法的、极为谨慎的中国古典世界的阐释者,席文却非常明确表达了这一"根本性的主张,即我们通常称为表象与真实的对照,在中国没有等价物"。参见 *Medicine*，*Philosophy and Religion in Ancient China*：*Researches and Reflections*,Aldershot,HANTS：Variorum,1995,p. 3。

正如吉德炜的上述观点表明,中国早期思想家并不热衷于为现象世界寻求某种永恒不变的存在论意义上的基础。相反,他们希望弄清,如何协调和关联永恒变化着的世界中发生的事件,从而最充分地实现人之经验:

> 于早期中国人而言……如果现实是永恒变动着的,那么人便不可能预设一种悲剧性的高贵地位并长久地维持其立足点。东周儒者们的道德英雄主义并不是以世界或人类本性中的任何悲剧性缺陷来表述的。我相信,缺乏这样的表达或许与一种对儒家伦理学的形而上基础显著的漠然有关。[1]

吉德炜认为,在缺少古希腊理念论基本预设的早期中国,人们是这样过日子的,即人之成败在于最充分地利用周遭变化发展的现象世界。吉德炜将今天被经典解释者描述为中国特有的、通过阴阳两极"立体的"范畴进行的那种关联思维模式归于中国早期占卜材料,这种借助阴阳范畴的关联思维与古希腊理性主义及其决绝的二元论词汇形成鲜明对照。根据吉德炜的解读,甲骨文占卜认同:

> 一种神学和形而上学,它设想一种模式交替的世界,时而悲观,时而乐观,但一种模式的萌芽总内在于另一种模式之中。商代形而上学,至少像武丁铭文的互补形式所揭示的那样,是一种阴阳的形而上学。[2]

---

[1] Keightley, "Shang Divination and Metaphysics," p. 376.

[2] Ibid., p. 377.

此种"关联的"阴阳思维,据称至少可追溯到商代,它作为一种反思模式,通过增长和积累创建性的对照关联、持久的意象以及富有启发的隐喻,在复杂性与解释力方面都有所进步,这一切都在日常经验中得到了评估、测量和检验。此种关联的气化宇宙论,作为一种在后来战国时期的哲学思辨与文化实践中时刻存在的背景,与古代日益复杂的生活形式共同演进。

在他们合作的有关希腊与中国的哲学和科学的比较研究中,杰弗里·劳埃德(Geoffrey Lloyd)和席文两位学者讨论了希腊与中国追问模式的差异,对比了希腊人对固定的知识对象的求索与中国人对关联的追寻,而这一对照可从经验内容中建设性地引申出来。早期希腊人有一种倾向,即在他们追求绝对真理时使用一种排他的辩证法,而中国古典文献则揭示了一种对关系性构成的、包容的和谐与共识的持续追寻:

> 主导的(虽然并非唯一的)希腊方式在于对基础的寻求,对证明的需要,以及对无可反驳性的渴求。其巨大优势在于那种有关明晰性和推论严密性的理想。其相应的弱点便是对分歧的热衷,以及对每一种预想都进行质疑的习惯,而对分歧的热衷有时甚至压制了共识的萌生。主要的(但不是唯一的)中国路径在于探索和寻求呼应、共鸣与相互关联。此种路径热衷于将广泛分散的诸多探究领域统一起来形成综合。与希腊方式相反,它启发了那种对用激进替代方案来对抗已被接受之立场的不情不愿。[1]

---

[1] Geoffrey Lloyd and Nathan Sivin, *The Way and the Word: Science and Medicine in Early China and Greece*, New Haven: Yale University Press, 2002, p. 250.

杰弗里·劳埃德和席文强调,在此种中国古典世界观中,对关系性与综合增长的预设具有首要和主导地位,从而促成一种特别的探究模式的支配地位。此种对通过创造性关联来实现成长的主张,强化了前文讨论过的费孝通的论点,即,对人之经验中等级化的亲缘关系的强调也产生了一种特别的道德,一种有关道德能力的以家庭为中心的关系性理念,也就是我们所言的"儒家角色伦理学"。

由这些杰出学者贡献的关于早期宇宙论差异的洞见,催生了我对厚实概括(thick generalizations)的论证。换言之,在其自身的宇宙论框架内探索早期儒家文本的中心问题与论述,让我们得以恰当地进入它们的哲学意涵,而不能将哲学文献与此种发展演变却又持续不断的世界观相结合,导致中国哲学研究的早期发展被默然地置于一种非中国哲学自身的思维方式之中。正因如此,我想反驳一些当代汉学家对厚实文化概括的抵制。我想指出的是,我们复杂且永远变化发展着的文化环境,其自身就是根植于一种深刻的、相对稳定的、心照不宣的预设之"壤"中,这些预设经过几代人的沉淀,最终形成一个活传统的语言、习俗以及生活形式。我认为,把不承认此种文化差异的根本特征当作是一种抵御"本质主义"或"相对主义"之恶的狂想式保障,并非无辜的。诚然,就像那个每到周一就犯下他前一日所斥责之罪恶的牧师,此种对文化概括的敌意导致了未经反思地将自身偶然的文化预设自然化,并将其暗度陈仓地埋藏进我们对其他传统的阐释之中。

的确,或许可以论证,"本质主义"魔怔本身就是一种特定文化的忧患。本质主义起于广为人知的古希腊关于作为"存在之科学"的存在论的有关预设,起于将严格的同一性(或者说"本质")运用为此种存在论所遵循的那种个体化原则。我认同如下基本观点,即文化是一个不断发展的进程,它必然同时牵涉创新和因循,危机与延续,理想与现实、变革与抵制。退一万步说,如果我们寄望于对其他文化的比较研究带给我们相互借鉴的机会,那么我们就必须努力发挥想象力,用其他文化自有的方式来看待它们。

怀特海曾有过一个著名论断:"对欧洲哲学传统最可靠的概述即,它是由一系列对柏拉图的注脚组成。"[1]这一判断支持了厚实概括。虽然这一说法也充分地示例了杜威对怀特海不耐其烦的批评,即怀特海"对那些他曾获得过重要启发的青史留名的哲学家们过度虔诚"[2],但是怀特海的基本观点——柏拉图思想是构成性的、经久不衰的,在理解当代西方文化的发展轨迹上依然具有现实意义——实则颇为有的放矢。我们当然可以论证说,西方哲学叙事中的后达尔文主义式的内部批判,在一个半世纪以来一直是一场针对诸柏拉图式预设的持久革命,但我们也必须承认,此种寓于传统之中的转向,仍然与柏拉图辩证地结合在一起,成了对其基本原则的反证。在当下的紧要关头,在一百五十年来哲学家们竭尽全力去根除现在视为全然谬误的思维方式之后,柏拉图的理念论作为我们的文化常识其实依然在很大程度上完好无损。

2. 一种厚实概括:区分"事件"(event) 与"事物"(object)

那种广为人知的从本体论层面区分真实与表象的二元对立及

---

[1]　Whitehead, *Process and Reality*, p. 39.

[2]　Paul Schlipp (ed.), *The Philosophy of Alfred North Whitehead*, New York: Tudor, 1941, pp. 659 – 660.

其多种变形,将客观者与主观者区隔,而古典中国对此采取了一种无关紧要的态度,这对用来理解人之经验的手段以及塑造儒家文化感受力的方法产生了广泛影响。"真实"观念,作为何为"客观的"(objective),即真知的"对象"(object),是现实与表象区别以及由此产生的二元论世界观的直接暗指。李约瑟将中国早期宇宙论与西方叙事中有关宇宙秩序的某种外部(故而客观的)来源的那种熟悉的假设区别开来,他写道:

> 中国理念不牵涉上帝或律法……因此,机械的、量化的、强迫的、外烁的,这些统统都缺失。"秩序"观念排除了"律法"观念。[1]

因此,这两种经典宇宙论最为根本的差异在于,古希腊传统以"实体"作为存在论基础,而在中国经典叙事中以流变的"进程"为指归,这二者分别将我们定义为割裂的人之"存在"与事件性的人之"成为"。具有主导地位的古代西方世界观主张一种形式上不变的现实优于生化流变的表象,其必然结果是催生了一种倾向,即认为断裂的与定量的要优于连续的与定性的。[2]"事物"或者人的同一性倾向于是原子式的,即一种量化分离特质的发用,通过本质与偶然属性来解析同一性。整体由分离却又黏合的部分构成。家庭

---

〔1〕 Needham, *Science and Civilisation in China*, vol. II, p. 290.

〔2〕 Jean-Paul Reding, "Words for Atoms, Atoms for Words——Comparative Considerations on the Origins of Atomism in Ancient Greece and the Absence of Atomism in Ancient China," in *Comparative Essays in Early Greek and Chinese Rational Thinking*, Aldershot, HANTS: Ashgate。亦参 Sivin, *Medicine, Philosophy and Religion in Ancient China*, pp. 2 – 3。

与社群是个体之人的集合,而这些个体之人都保有其自身的完整性。此种分离与数量的优先出自静止与永恒的优先,以及对实体性高于过程性的坚持。由某种同一特征所界定的社群中的每位成员,其成员身份都有着某种前社会的、前文化的、经久不衰的保障。再者,此种分离与数量的优先性反过来又使人们倾向于关切被正式定义的概念之明晰性,以及永恒不变真相之必然性——这二者又都契合于一种在数量上分离的可观测世界。[1]

唐君毅在描述中国宇宙论时所称的"世界本身"(world as such)是一种独一无二的、无限的"在世界着"(world-ing),我们作为观察者永远在其中生活。如果没有一种对世界客观真相断言的立场,那么人就永远是反身性地蕴含于其理解并组织世界经验的方式之中,并且无不带有利害关切的观察者的价值必然牵涉到任何观察之中。如此一来,论说世界就总是关系到一种被筛选的利害,它反映了某人自身的人格与视角。如果缺乏对经验进行客观陈述的基础,那便意味着所谓的客观定义及单纯描述就颇为可疑,这令事实与价值变得相互依赖、相辅相成。因此,任何宣称严格地区分科学与文化,将科学从文化中升华出来的说法(比如化学从炼金术中、天文学从占星术中、地质学从堪舆中、心理学从相面术中进化发展出来)都是乏善可陈的。诚然,描述与规定之间的距离根本上取决于所行之事中的自我意识程度,愈发意识到自己是谁、会为经验注入些什么,就愈发可能减少自己的"足印"。对于主观观

---

[1] 在 *Principles of Psychology* 一书中,威廉·詹姆士的靶子是数量上的分离所被赋予的优先性,他为意识之流中"连接与转变"的同等真实性做了辩护。参见 William James, *The Essential Writings*, ed. Bruce W. Wilshire, Albany: State University of New York Press, 1984, pp. 47–81。

点的不可避免性,威廉·詹姆士提供了一些洞见。詹姆士提出了
如下的整体主义"事实"定义,用以作为反思起点:

> 一种意识的场域,加上其被感觉或思考的对象,加上对该
> 对象的一种态度,加上具有此种态度之人的自我感知……就
> 是一个完整的事实,即便它是个不太重要的事实;这便是任何
> 真相都必须属于的类别……[1]

由于此种"客观性"观念的缺失,早期儒家宇宙论中就只存在
变迁的情境所形成的涌流。没有了"客观性",所谓的"对象"便融
释在涌流之中——溶解于其周遭的万千变化之中。的确,它们并
不是"对象"本身,而是事件,与其他所有事件连贯相通。被感知为
从出生、成熟到最终衰落一直持续拥有着一种同一性的持存之"事
物",实际上是处于永恒变迁的洪流之中有着相对且短暂稳定性的
诸关系之视界(horizons of relationships)。任何如此构想之"事物"
的同一性,即便是持续的,也不过好比是一种由其动态关系之领域
构成的存在,以及这种关系领域的功能。依据其在广阔无垠的活
力关系模式中的定位与角色,它便如其自身所是。过程语言是一

---

[1] *Varieties of Religious Experience*: *A Study in Human Nature*, New York: Penguin, 1981, p. 499. 詹姆士未解决的一个不连贯之处在于,他一方面希望
坚持此种对经验的理解;另一方面他作为一名科学家,又试图主张纯粹描
述以及描述中立性的可能及可取。或许消解这一难题的方式在于区分现
象性描述与阐释性描述。那么,提供一种对某事物的好说法意味着什么
呢? 于詹姆士而言,天才在于爱默生所说的"看穿"(seeing-into)事物,将其
全部吸纳接收——作为一名优秀的观想者(visualizer)。再者,或许对詹姆
士来说这只是心理活动的问题——在描述中尝试做到中立会带来不同结
果,因为这样做令我们从事物中能够获得更多。

种没有对象或所谓真相的充满事件的叙事,以过程语言进行"听说",就是体验事物之流,并接受其启发。

于人类而言,真实者的观念作为客观者,通过许诺一种单一真理而赋予了分析和辩证的参与模式以特权,此种单一真理允许分立团体进行"抗议"(protest),即首先划分界线、区分人我以实现"反对",进而代表真理坚持己见。然而,对于人类来说,还有替代此种排他性逻辑的另一种叙事模式,它在"我声言(protest)我的无辜"这样的日常表述中得以体现。此处的"protest"并非抗议和反对什么,而是"代表……证明",故而是庄严地表明某人对某种情势的拥护支持。此处的指导性预设在于一种意识,即意识到我们的互动交往总是关系性的、反身性的,而这将以某种方式把我们牵涉进我们可能选择的誓证之中。

3. 一种厚实概括:区分"阶段"(phases)
与"要素"(elements)

通过实体存在论与过程宇宙论的对照,人之存在与人之成为的区别可进一步被凸显、澄清。元素论是古希腊典范的实体存在论中的突出主题,强调分离性与数量性。席文认为,此种元素论"宣称事物由微小的终极部分组成,而这些终极部分往往看上去不像大到令人可见的部分"[1]。"五行"最早被翻译成了"the five elements"(五元素),这无疑将中国宇宙论与多种多样的古希腊元素理论关联起来。然而,不少杰出的学者,比方说席文本人,以及葛

---

[1] Sivin, *Medicine, Philosophy and Religion in Ancient China*, pp. 2 - 3.

瑞汉、约翰·梅杰(John Major)等,在他们各自的阐释研究中,都试图纠正此种对"五行"宇宙论的误解。梅杰认为:

> "五元素"的问题在于,中国五行观念……并没有拉丁词 elementum 或者该术语的希腊前身所具有的"基本成分"或"不可还原本质"的含义……与之对照,"五阶段"(Five Phases)这一翻译显然体现了变化意涵,这与该中国观念所指涉的周期性转化是一致的。[1]

王爱和对汉学界关于如何恰当翻译"五行"一词的有关争论做出令人信服的总结:

> 习惯上是翻译成了"五元素",这个术语对于中国思想与其他文明思想的比较研究来说最为方便。然而,"元素"并不能充分体现中文的"五行","五行"从字面上讲是五种"进行""行为""行动"。"元素"也不能传达"五行"作为一种有关互动与变化的宇宙论所具有的基本特性。许多学者提出了替代性方案,比如说五力、五动因、五活动、五变化阶段等。其中,

---

[1] John Major, "A Note on the Translation of Two Technical Terms in Chinese Science: *wu-hsing* and *hsiu*," *Early China* 2 (1976): 1–2. 然而,我想和梅杰最初的主张保持距离,他说"中国五行概念是一种功能发用(function)而非构成性质料"。梅杰在后来与孔理霭(Richard Kunst)的对话中澄清了他所谓的"功能发用"就是"关系范畴"(categories of relations)。参见他的论文 "Reply to Richard Kunst's Comments on *hsiu* and *wu hsing*," *Early China* 3 (1977): 69–70。按我的理解,"五行"与"气""道""阴阳"一样,抵制任何严苛的"功能与结构"区分,而且关系本身就是构成性的。

"五阶段"方案获得了专家的广泛接受。[1]

以"五行"为"五阶段"的新近阐释为研究"气"这一重要且常见的观念带来了有效方法。"气"的观念早在公元前 4 世纪晚期和公元前 3 世纪早期的宇宙论者的著述中就变得十分明晰。

古希腊元素理论是对现实与表象进行区分的常见版本,而区分现实与表象的做法在中国宇宙论阐释中显然是缺失的。换言之,在那种"中国感"中,存在背后没有假设的存在,生化变迁的世界背后也没有永恒不改的形式层面,没有繁多背后的唯一,也没有原子层次——在其中不变的"真实"原子通过重组自身来构建现象世界。最初被与古希腊元素理论混淆的中国方案是那种对活力无限、自发生成的气化进程的阶段式理解,即在"气"与"五行"中显现的阴阳变化。"气"既是所经验者,亦是经验所由者,它既持续存在,却又在形式层面永远变化不定。五行虽然是古希腊元素的"功能性"等价物,但五行并不指终极"部分",而是指生化世界各种阶段的发用与重构,此种转化在有关"阴阳""金木水火土"的比喻性语言中体现出来。由阴阳力量象征的两极对峙产生了一种动态的张力,它驱动着生生不息的变化进程。这些创造性进程被解析为不同但连贯的过渡性的五种阶段,从而为同时具有连续与流动、持存与变迁,相似与差异提供了说明。正如春去秋来、寒来暑往,水生木、木生火、火生土……正是将"阶段"概念加诸过程涌流,才允许过程被标记成具体的、完成的"事件"。虽然夏是春与秋的过渡,但我们也可以视其为一年中特别的时段。虽然人是祖先与后嗣的

---

[1]　Wang Aihe, *Cosmology and Political Culture in Early China*, p. 3.

过渡,但他们依然可以是独一无二的具体之人。如此的独特"事件",作为内嵌于叙事之中的叙事,在概念上充当了实体存在论所设定的在数量上分离割裂的"物"的某种功能和结构等价物。

在王爱和研究演化宇宙论与政治变革关系的著作中,她提醒我们,要注意到此种五行"推演"的方式应该被放在整体主义的过程宇宙论中理解。此种宇宙论始于实践的首要性,它将建立理论视为实践活动本身的内在特征,是为了让实践在实践本身的语境中更有创建性、更加睿智。理论化努力是引导永远在演化发展的情境朝向最佳优势发展的一种努力:

> "五行"不只是一套概念、一个哲学流派、一种思维模式或者一份普遍认同的象征呈现;它其实是一种于历史中革旧鼎新的文化现象,一种对政治辩论与权力斗争的叙述,而最为重要的,它是在冲突动荡、风谲云诡的世界中的行为艺术。[1]

该中国宇宙论的决定性特征——理论与实践的不可分割,功能与结构的不可分割,反映出一种关于何为物、关于物如何从人之经验中生成显现的极为迥异的思维方式。

4. 一种中国宇宙论及"其自身的因果与逻辑"

葛兰言在研究中国早期经典时发现了他所认为的与众不同的思维方式,此即后来一些汉学家与比较哲学家所称的"关联"(cor-

---

[1] Wang Aihe, *Cosmology and Political Culture in Early China*, p. 3.

relative)思维,或谓"类比"(analogical)思维、"联系"(associative)思维或者"协作"(coordinative)思维。李约瑟受到他遵从的所谓的葛兰言的"天才"影响,将经验的有机统一与生态性本质以及与之伴生的关于"人之成为"的关联思考方式,视为古代中国过程宇宙论中的一种持续且具有决定性的预设。[1]此处我引用李约瑟的观点(他很大程度上借重葛兰言),为我们得以持续反思"关联思维"观念可能意味着什么,提供了切入点:

> 一些现代的学人比如说卫德明(H. Wilhelm)、艾伯华(Eberhard)、夏白龙(Joblonski)以及尤为重要的葛兰言,将这种思维方式命名为"协作思维"或"联系思维"。此种"直觉—联系系统"拥有其自身的因果与逻辑。这并非迷信或者朴素迷信,而是一种具有自身特色的思想形式。卫德明将其与欧洲科学的"从属性"思维特征进行了对比,欧洲"从属性"思维强调外在因果。在协调思维中,理念并非彼此包含的,而是以一种模式并列;事物之间的相互影响并非通过机械的因果律,而是一种"感应"(inductance)。[2]

---

[1]　虽然李约瑟将葛兰言的著作 *La pensée chinoise* 视为"天才之作",但他也批评葛兰言与其他一些重要的中国宇宙论阐释者如福尔克(Alfred Forke)和顾立雅(H. G. Creel)等,都犯了"预设汉代宇宙论与现象论是古老的这种严重错误"。与之不同,科学家李约瑟选择将此种关联世界观的出现归于邹衍和阴阳家——这是一群很特别的思想家,他们有一个明显的优势,即"有一颗在自然科学方面受过训练的头脑"。参见 Joseph Needham, *Science and Civilisation in China*, vol. II, pp. 216–217。在这一问题上,正如前文所述,我支持吉德炜的立场。在吉德炜丰富的论著中,他都尝试将作为特别思维模式的关联思维追溯到商代知识阶层。

[2]　Joseph Needham, *Science and Civilisation in China*, vol. II, p. 280.

李约瑟将这种关联思维描述为具有"其自身的因果与逻辑",并且是一种"具有自身特色的思想形式"。[1] 在此基础上,李约瑟使我们像爱丽丝那样来到镜子的另一边,在那里,他与我们分享了他遭遇到的不太稳定的世界,这个世界让我们把理性结构的稳定性抛诸脑后:

> 中国思想中的关键词是"秩序"(order),最为重要的是模式(pattern)(也就是"有机体"[organism],如果我可以先秘传其旨),象征性的关联与联系构成了一个巨大模式的组成部分。事物以特定方式行事并非必然出于前在行为或其他事物的刺激,而是由于其在永恒运动的循环宇宙中所处位置,而此种位置让事物被赋予了令其行为不可避免的内在本性。如果它们没有以那些特定的方式行事,那么它们便失去了在整体中的关系位置(此种关系位置令其如其所是),并且转化成另外的某种事物。因此,事物是与整个世界有机体(world-organism)有着存在依赖关系(existential dependence)的部分。事物

---

[1] 在我的一篇有关中国哲学"方法论"的章节中,我尝试柔化葛兰言与李约瑟关于此种关联思维模式独特性的主张。这样做是为了对这一设定的他者世界去神秘化。其实,由美国实用主义公认的创始人皮尔士(C. S. Peirce)发展出的"诱导推理"(abductive reasoning)的观念,可被视为一种更为人所知的关联思维形式,与中国关联思维模式可以相互参详。的确,当皮尔士的实用主义同道威廉·詹姆士将实用主义方法描述为纯粹追问"这带来什么区别?",他是在要求,"做哲学"要有一种富有想象力和实验性的思维方式,旨在通过形成那种智慧生活的能力来强化人之经验——这一要求在中国的经典中有直接的共鸣。参见"Philosophizing with Canonical Chinese Texts: Seeking an Interpretive Context," in *Research Handbook on Methodology in Chinese Philosophy*, ed. Sor-hoon Tan, London: Bloomsbury Press, 2016。

之间的相互作用与其说是机械刺激或因果关系,不如说是一种神秘的共鸣。[1]

李约瑟再次援引葛兰言的观点来生动地描述那种陌生宇宙观,以作为我们理解儒家人之观念所需的阐释语境,并且提醒我们该宇宙论是什么,或许更重要的,它不是什么:

社会与世界秩序不是建立在权威理想之上,而是建立在一种关于轮换责任(rotational responsibility)的理念上。道是对于此种秩序的总括名称,这秩序是富有效能的整体大全,是反应性的神经媒介(a reactive neural medium);道并不是造物主,因为世界中无物是被造的,世界本身也并非被创造的。智慧的总和在于,让对关系清单直觉的、类比的呼应在数量上有所增长。中国式理想(Chinese ideals)无关乎上帝或律令。并不是说,被创造出来的普遍有机体的每一部分,通过一种内在于其自身的、出自其本性的冲动,心甘情愿地在整体的循环往复中发挥自身功能。此种普遍有机体借助一种关于相互理解的普遍理想,反映在人类社会中,是相互依赖和团结一致的一种灵活体制,这些永远不能建立在无条件的法令之上,换言之,不能建立在法律之上。[2]

为了解释"道",李约瑟说,"普遍的非被创造的有机体"往往被形容为万物之"源",它"并非造物主,因为世界中无物是被造的,世

〔1〕　Needham, *Science and Civilisation in China*, vol. II, pp. 280-281.
〔2〕　Ibid. , p. 290.

界本身也并非被创造的"。他在这里的意思是,此种宇宙论带来了另一种对创造性的理解,即创造性作为一种生成化育以及一种"在语境中"(in situ)的连续,会不断增长意义,这将挑战任何以"从无生有"(ex nihilo)的模式对造物主与被造物做出的区分。世界内含之物并不是在无中生有的意义上被创造出来的,也不是在回归于无的意义上遭到了毁灭。道与万物并非指代全然不同的现实,而只是观察相同的永恒转化的现象世界以及我们寓于其中的连续经验的两种立体的方式。

葛兰言诉诸此种"方面"(aspect)的语言来表述这样一种方式,其中所谓的"事物"实际上是富有生产性的诸关系的动态系统,这些关系构成了连续展开的事件:

> 中国人注意到"方面"的交替,而不是现象的相继。如果两个方面似乎是有关的,那么这并非借助因果关系,而是被像事物的正反面一样"配对",用《周易》中的比喻说,就是声音与回响,或者影与光。[1]

葛兰言在此处反思着界定所有事件的方面交替中的共鸣"配对",它们由如下熟悉的两极词汇(dyadic vocabulary)表示,比如阴阳、道德、有无、变通、天地、天人、体用、礼乐、心神、精神、身心、仁义等等。拿"有无"来说,该术语是关于"方面"非分析的、说明性的词汇。当我们要对构成连续的人类之经验的任何事物与事件的不断涌现生成进行公允描述之时,就不得不用到这些两极词汇。此

---

[1] 转引自 Needham, *Science and Civilisation in China*, vol. II, pp. 290-291。

种无从回避的转化进程需要一种生成性的、说明性的语言（比如说
"体"与"用"），以便在世界变迁之中表述结构与表现的相互关系。

　　要理解李约瑟所谓的"轮换责任"（其中一切事物具有"内在于
其自身的、出自其本性的冲动"），那么我们不得不回顾前文提到的
内在关系学说，以及它所揭示的那种具有可替代性的整体主义"因
果律"。在此种古典宇宙论中，生机盎然、变动不居的"气"是根据
（用我们今天的语言来说）"生命能量场域"来概念化的。在这种
"生命能量场域"中，"事物"乃是时强时弱地持续着的场域焦点或
扰动。当其显现时，这些交错缠绕的"事件"会在适当时候转化为
其他事物。生命场域并不只是作为万事万物的条件之一而无所不
在，它也与李约瑟将此场域视为"反应性的神经媒介"的描述相一
致。它也是"神经的"、存在的媒介，通过它，所有处于特定情境之
中的事物在它们所拥有的关系中生成涌现，从而构成了它们正在
变成的事物。没有不构形之生气，也没有无气之形。诚然，如前所
述，"形"与"气"是同一生化现实的两种非分析的层面，其中"转移
性"和"形式"是理解变化之"体用"进程的两种内蕴方式。如此一
来，"气"以及多种我们用来表述"成形"的方式只是阐释性的，而非
一种存在论语汇。二者同时具备，我们才能就所经验者如何，给出
一种充分的说明。

　　葛兰言与李约瑟归给中国世界观的焦点—场域宇宙论，以及
讲述它所需的立体式语言，揭示了李约瑟所说的"普遍的非被创造
的有机体"及"其自身的因果与逻辑"。就因果来说，鉴于为焦点—
场域式全息奠定基础的那种关系所具有的富有活力的、内在的、构
成性的特质，因果并非指涉某种主体，这种主体外在于，且时间上
先于发生着的事物所具有的可被感知的组合结构，而是指诸关系

本身所具有的那种富有创造性的、相互依赖的因果性。

当我们追问:鸡与蛋,孰先孰后?我们应该承认他们必须同时演化,否则就根本没有演化。从经典西方形而上学角度看,我们或许可以说,此种中国宇宙论不止一次使用过"奥卡姆剃刀"(Ockham's razor),确切地说使用了两次。中国宇宙论始于在"自然"中发生者,而非诉诸超越无待的第一推动者来作为世界之因及其设计师。在"人"的层面,中国宇宙论始于一种在人之叙事中作为道德习惯展开与组合着的现象学,而非诉诸一种无待且反复的本质(或者说灵魂)来充当做人行事之源泉。

如果诚如贺随德所观察的,我们视"关系性为第一级的(或者说终极的)现实,并且所有个体行为者是从中(按照习惯)抽象或引申出来的",那么我们必须将一种在被形容成"自然"的宇宙中的因果,理解成具体焦点及其无垠场域的背景或前景,其中任何事物是一切事物的原因,而一切事物又是任何事物的原因。"自然"因果意味着,"自己"("自")在"自然而然"(self-so-ing)的进程中当然是独一无二地如其所是,但是与此同时,它也囊括了任何特定事物或事件的所有延伸关系,因为此关系总和共同作用,赋予那种令该事物持之以恒地如此的独特自然倾向("然")以生命。简言之,一切事物产生任何事物,故而任何特定事物既是其他一切事物的原因,亦是其他一切事物的后果。

5. 势:对"物"之逻辑及"外在因果"的审美化替代方案

还有一个复杂术语或许有助于思考上述被李约瑟形容为具有

"其自身因果和逻辑"的宇宙论,它主张"人之成为"与"人之存在"在思考方式上有重大不同。"势"是表达复合的、整体的、动态的变化进程("体用")的一般性术语,这种进程发生在任何特定"事物"或情境的演化与完善之中。在"势"的词源中蕴含了培育改良事物的审美感性,即"蓺"——其同源的另一个词是"藝"(艺)。这些关联表明情境并非偶然发生;它们作为变化发展的诸关系的一种生长模式,从自身的复杂性中涌现生成。这些变化关系是充满活力的,它们展示出增量设计的可能,以及习得性审美感性实现臻至的可能。与此同时,情境(situations)的定义就在于"被置于"(situated),故而具有了一种形态学或者"习惯化"的层面,即伴随着其坚定的特殊性和连续且发展的构造而实现的一种本地化"发生"(taking place)。

当我们梳理"势"字可能的英文翻译那事实上难以尽列的清单之时,或许一开始会茫然失措。然而与此同时,我们可以寻找一种对这些翻译进行分类的逻辑,即从译法清单中选择四个主题,将其余归入其内:

关系(Relationality)：手段、差别、优势、掌控(leverage, differential, advantage, purchase)

活力(Vitality)：潜能、动力、时机、趋势、倾向(potential, momentum, timing, tendency, propensity)

臻熟(Virtuosity)：影响、权力、力量、风格、尊严、地位(influence, power, force, style, dignity, status)

体现(Embodiment)：地势、构造、情境、状况、安排、形状、表象(terrain, configuration, situation, circumstances, disposition，shape，appearance）

　　在不同的语境中翻译"势"所采用的表达方式是如此丰富多样，揭示出该词含义甚广。通过反思与想象，我们可以从对这些看似迥异的意义的调查中，恢复另一种或许不甚熟悉的逻辑与因果意识。我们或许会观察到，"势"是整体主义的，同时指示着"事物""行动""属性""模态"。因此，在不同的语境中，它被翻译成了名词、动词、形容词或副词。要从这一看似选言式的联系模式中提炼出连贯性，我们或许可以从关系系统入手。关系系统构成了具体情境，并表达那种从中涌现生成的生动而流变的模式或结构。此种动态结构——从其一级的关系性与生命力到其体现出的习得性臻熟——可以用来回应我们一些基本的宇宙论问题。

　　首先，对"势"的反思提供了另一种可替代性的语汇，可用来思考连续的经验场域的动态机制及其内容的多样性。"势"提供了一种关于我们如何个体化事物并于其上建立视域的集中的、"从场域到焦点"的原则理念。换言之，始于经验的整体性，我们通过从一种和其他视角聚焦及有意义地明晰其视域，把对原本处于连续不断的涌流中的事件性"事物"做了切割、概念化和前景化，从而使其确定。富有活力的关系的首要性意味着情境将永远优先于主体，并且任何假定的主体都不会独立行事。

　　一个明显的"事物"，首先是一个处于不断变化的诸构成性关系所形成的扩张语境中的特定焦点、系统或组合。尤为重要的是，它可以被培养塑造，从而在与构成它的"其他"事物的相互依存关系中实现持久的焦点与明晰性。"势"的动态机制阐释了对于既独一无二又与其他事物连贯难分的某物，作用与运动、被作用与被推动意味着什么,在这里,某物塑造且被塑造是同一个连贯进程。

　　"势"故而同时是一与多——作为独一无二的焦点寓于其各自的场域内。对于在一种更加流动意义上的多元之中的连续性,以及一种内在自发的"自然"因果(其中一切事物引发任何事物,而任何事物又是一切事物的原因),这样的"势"为理解二者的逻辑提供了某种洞见。诚然,连续性与多样性的不可分割确保了每一情境的独一无二,而这至少也意味着,不可能有单一的主导秩序,只会有许多相互依存、相互渗透的秩序之所在(sites of order)。

　　当"势"这一术语及其具有可替代性的逻辑与因果被特别用来反思人类境况时,它解释了独一无二的、潜在心胸宽广的"人"所具有的那种生成涌现的个体性,这样的"人"处于其扩展的家庭社群的发展着的环境之中,处于其自然文化环境变化着的条件之中。"势"暗示了构成人之身份认同的持久习惯与特定习俗,是如何在向永远独一无二之人明确且重大的活动注入动能的进程中被塑造而出的。如此之人是不可化约地相交互作用着的,作为特别聚焦的角色与关系之场域,摄取并体现其周遭。如此之人养成的特殊性非但不排斥其自身诸关系,而且是在诸关系中实现的那种品质的直接产物。我们能够在富有成效的关系中茁壮成长,在此意义上我们就能够作为独特的、有时甚至是出类拔萃的人涌现出来,从而让我们所从属的关系纽结(the nexus of relations)也变得卓越非凡。内在与外在的全息可逆性意味着,向内寻求一种独一无二的、有生命体验的身份认同之时,我们事实上是在探索使我们成为自身的那种外部关系网络。当我们向外投射从而最为充分地注意到了赋予我们语境的那张无垠的关系之网,那么此时我们便发现了最为内在的自我。

　　因为整个世界蕴含于我们每个人,我们应当以对待世界的同等尊重来看待自己,这才是恰当的。或者简而言之,爱自己即爱世界。只有那些充分意识到世界与事物之间、事物与事物彼此之间的此种相互渗透关系的人,才能够将自己扩展至经验的方方面面,从而成为一种对经验做出自身独有贡献并于经验之中施加影响的先决条件。

6.《易经》:一份宇宙论语汇

上文中我指出,我们的宇宙论通常是出自我们对自己及自身生活方式的预设,从而向宇宙发出的投射。那么,在古典儒家传统中我们应当援引什么样的经典资源,才能把宇宙、人、人之经验广泛地贯通起来,以便做出厚实概括来提供使这一传统得以讲述自身的阐释语境呢?儒道两家的众多经典在建构中国思想史时极为重要,它们也可被征引为文本证据来陈述中国早期宇宙论思想。然而,谈到在历代中国士人心中激起持久兴趣以及对儒家自我理解具有深刻影响这一方面,或许没有任何一种文献能与《易经》相媲美。《易经》在任何意义上都曾经是,并且依然是儒家群经之首。的确,经由汗牛充栋的历代注疏,《易经》这部开放式的作品为演进中的儒家宇宙论建立了专门术语。

《易经》是一部复合的文本,它包含占卜用的"经"以及由晚出的七篇文辞构成的"传",被用来"厘清"人之经验。其中,"传"提出一套语汇,讲述着关于事物在人类世界与其宇宙语境之间的关系中所具有的运行方式的复杂意象。[1]"传"是集成的,往往并不

---

[1] 因为其中三传被分成了上下两部分,所以统合起来常被称为"十翼"。传统上被当成寻求创造性关联之工具的经文本身,要比传早许多,它有时被独立地称为《周易》。

完整,而且肯定比"经"晚出,其中部分内容甚至迟至汉代早期。即便如此,其中一些内容作为中国早期宇宙论的总结陈述仍然举足轻重,对中国人的世界观有着深远影响。其中被称为"大传"的《系辞》或许是思考中国早期宇宙论预设的现存最为重要的资源。1973 年在长沙马王堆考古遗址发现了该文本公元前 168 年的帛书本,故而现在我们至少可以确定其编纂的最晚时间。

　　吉德炜认为,在"大传"中明确表达的生生不息的化育进程中的"变化"节律,是对已为商代形而上学所承认的一种变化模式的晚近阐发。要更清晰地认识对变化观念的这一改良,我们需要首先认识到,把《易经》翻译成"诸变化之书"(Book of Changes)的传统译法是有歧义的,因为它似乎暗示这一早期过程宇宙论文本中包含了多种不同形式的"变化"。的确,文本中有相当丰富的术语可以并且往往被翻译成了"变化":化,变,迁,更,替,移,改,换,革,益,等等。早期注疏将"易"的变化模式谐音双关地解析为"益",这种变化与文本所宣称且自我标榜的主张相一致,即为充分实现人之经验提供圣贤规诫。当代学者郭沫若认为,"易"字当被释读为"赐"字的古体简写版,表达礼物、交易、交换之意。鉴于交互性的"交易式的"变化模式是推崇富有活力的关系性为首要的宇宙论中价值与意义增长的终极来源,那么郭沫若的主张是有说服力的。[1]

　　在这影响深远的文本中,宇宙与人世变化的观念是通过有关相反而共生的两极的那种立体的过程性语言来形容的,比如说"变通""阴阳""乾坤""天地",这些术语中相反共生的二者彼此互补,

---

〔1〕　参见"易"的词条,Kwan,"Multi-function Chinese Character Database"。

一起说明着那种在无垠整体中永不停歇的持续变化进程。[1]正是于此涌流之中,往来交接的人生展开了,这也挑战着人们去思索宇宙之运行,去关联自身经验中的事件,从而达成最佳效果。

在"大传"的语汇中,保留着早期中国思想家们的精神语境。那是关于过程与变化的现象世界,被阐发为"道"(即"连绵无垠的经验场域之展开")或"万物"(即"万千过程或事件",或可简言之为"发生着的一切")。早期经籍中有一个常用的"天门"比喻,用来形容永远独一无二的现象世界的兴衰起落:

> 是故,阖户谓之坤;辟户谓之乾;一阖一辟谓之变;往来不穷谓之通;见乃谓之象;形乃谓之器;制而用之,谓之法;利用出入,民咸用之,谓之神。(《周易·系辞上》)

Thus the closing of the swinging gates is called receptivity (*kun*); the opening of the gates is called penetration (*qian*). The ongoing alternation of openings and closings is called flux (*bian*), and the inexhaustibility of the comings and goings is called continuity (*tong*). When something is manifest, it is called an image (*xiang*), and taking on physical form it is called a phenomenon (*qi*). To get a grasp of these things and apply them is called emulation (*fa*). Putting them to good use so that all of the people can take advantage of them is called insight into the mysteries of the world (*shen*).

---

[1]　Keightley, "Shang Divination and Metaphysics," pp. 374 – 375.

此处形象化地表述为辟户阖户的变化进程——这抵制着我们关于主宰主体的默认预设,提供了构想变化的洞见以及思考它的语汇。和"大传"中的许多段落一样,此处文本始于对自然过程的形式与功能的观察,然后结以规劝,指出与瞬息万变的世界进行有效合作如何能够启发人之体验:

> 是故,形而上者谓之道,形而下者谓之器。化而裁之谓之变,推而行之谓之通,举而错之天下之民,谓之事业。(《周易·系辞上》)
>
> Thus, that which goes beyond form is called *dao*; those things that have form are called phenomena. The transforming and tailoring that goes on among things is called their flux, while their advance and application is called their continuity. To take up this understanding and bring it into the lives of the common people is called the grand undertaking.

协调变化世界与人之经验这二者之间的关系以实现最佳效果是《易经》的主轴。该文本从根本上看是规范性的。它声称要解决的,或许是生命中最为紧要的问题,即人类怎样参与自然进程才能够最大化世界的诸可能性,在这样的世界里,自然事件与人类事件是世界不可分割且相互成就的两方面。

当我们并非从假定的形而上学基础上(即前文提到的吉德炜描述的"一种关于确定性、理想形式和正确答案的柏拉图式形而上学")获取意义,那么关于如何实现最有意义人生的指导原则,则必定是在最堪称圣贤的先辈们持续的历史叙事中形成与传递的,这些先贤们以其最大努力,致力于在变化的宇宙进程中协调人之经验。儒家道德本身是一种从协作共生的互动中生成涌现的宇宙现象,而这些协作共生的互动则发生在自然天工与精诚人力之间。《易经》将生命本身(一种生生之力)描述为人之经验最具一般性的特征:

> 天地之大德曰生,圣人之大宝曰位。何以守位曰仁,何以聚人曰财。理财正辞,禁民为非曰义。(《周易·系辞下》)
>
> The greatest capacity (*dade*) of the world around us is its life-force. The greatest treasure of the sages is said to be the attainment of standing (*wei*). The means of maintaining standing is aspiring to become consummate in one's conduct (*ren*). The means of attracting and mobilizing others is the use of the available resources. Regulating these resources effectively, insuring that language is used properly, and preventing the people from doing what is undesirable is called optimal appropriateness (*yi*).

作为受启发的生活意义上的人类精神性,缘起于对变化之机的洞见,并且"致力于"由此种洞见所促成的一种得体的行为品质。我们务须认取那些最初的自然条件,其虽然尚属端倪,但已然预示了萌芽的诸可能性,接下来我们应当致力于最大化利用与现象世界如影随形的那种富有创造力的不确定性。当模范者"富有强度的"行为充当人们的榜样且为人敬重时,就会变为"富有广度的"行为:

知几其神乎！君子上交不谄,下交不渎,其知几乎? 几者动之微,吉之先见者也。君子见几而作,不俟终日……君子知微知彰,知柔知刚,万夫之望。(《周易·系辞下》)

Understanding the incipient (*ji*) gives insight into the mysteries of the world (*shen*). That exemplary persons (*junzi*) are not obsequious in dealing with superiors or self-serving in dealing with subordinates is because they understand the incipient. The incipient is a hint of movement from which one can see in advance impending fortune. Exemplary persons having seen the incipient are aroused to action without waiting to see what transpires... Exemplary persons in their understanding of both the inchoate and the obvious, of both the soft and the hard, make such paragons a beacon for the myriad people.

事实上,从永远得体且富有创造力的行为中生成涌现的那种精神性,才是人类可以追求的至高成就:

穷神知化,德之盛也。(《周易·系辞下》)

It is because making the most of the mysteries of the world (*shen*) in our understanding of the processes of transformation is the fullness of human virtuosity (*de*) that no one has yet to figure out how to go beyond this.

"大传"对其受启发之源泉的自我讲述,说明了人对语境的回应,如何过去是、现在依然是对宇宙赋灵。上古圣人伏羲与神农在人类经验中确立了一种节奏,令其得以与被视为周遭世界持存特质的"变通"之韵律产生共鸣。受其对宇宙运作之洞见所产生效能的启发,这些早期的先觉者们为了福泽后世,便以一种六线形的图像语言来呈现其对世间生活的理解与阐释。尤为重要的是,这些古远的圣贤们,并非追求对自然客观的拷问,而是参与了一种人类构想、改善以及适应的工程("文化"),这一工程于其自身融合了周遭世界:

易穷则变,变则通,通则久。(《周易·系辞下》)

According to the *Book of Changes*, with everything running its course, there is flux (*bian*), where there is such flux, there is continuity (*tong*), and where there is such continuity, it is enduring.

在他们致力于"语境化的艺术"(*ars contextualis*)的过程中,伏羲与神农力求有效地协调自然进程中的人之经验,从而最优化宇宙的诸种创造性可能。人之经验与其生成所在的自然世界之间有着一种可觉察的连续性,比如在人为雕刻的岩画与石头自然的纹理之间,在人类思想变化的模式与天地运行的规律之间。古代圣王在教化与自然之间培养出厚实的连贯性,并将此种连续性通过《易经》中富有启发的图像体现出来,更在"天人合一""天人相应""天人感应"这样的表述中得以确立。值得注意的是,这样的表述并非呈现两种本来分离的元素获得的某种协调一致,而是体现人之经验诸层面所具有的互渗共生。

诚然,此种在自然与教化之间预设的连续性也反映在以下事实上,即相同的词汇被同时用以表述人类与自然生态中的创造性进步。比如"道""气""文""理""阴阳"以及"变通"之间永恒的交接,都被用来指称人类世界与自然世界。在我们与周遭世界所具有的此种共同创造关系中,并没有原初或原创的"逻各斯"。语言及其意义与世界同时生成涌现,这一世界不断被查尔斯·泰勒称为"语言动物"者言说成存在,而一个重要的条件在于,这些先哲能够"阅读"自然世界,并且从以六线形符号构成的图像中辨识出一种共享的、发展演化着的宇宙语言。在此宇宙语境之中,创造意义的协作进程首先在远古先民们的想象中被激活,然后被符号化地运用来摹状与表达先民对世界的经验。一旦瓜熟蒂落,此种讲述过程便配置和表达着我们的现实、我们的文化想象。

在这样良好的开端之上,伏羲与神农之后的圣王——黄帝、尧、舜,继续发展人类技术,改进交通方式,创立社会制度与习俗,发明文字——这据说受到了个别卦象的启发,每一种卦象为对应的某种自然进程提供了其动态机制的图示。文本记载了此种持续的共生协作:

圣人有以见天下之动,而观其会通,以行其典礼。(《周易·系辞上》)

The sages had the capacity to see the way the world operates, and perceiving the way things come together and commune, they put into practice their statutes and codes of propriety.

正是"大传"中记录的,同时又为其所启发着的此种组织与礼仪化人之经验的渐进且延续的进程,将世间生活赋灵,并且持续生成其奥义与精神性：

> 神农氏没,黄帝、尧、舜氏作,通其变,使民不倦,神而化之,使民宜之。(《周易·系辞下》)
>
> When Shen Nong had passed, the Yellow Emperor, Yao, and Shun continued his innovations. They fathomed the flux and flow of the world around them and saved the people from exhaustion. Through spiritual insight (*shen*) they transformed the human experience, and enabled the people to find what was most fitting in their lives.

人与自然世界之间能够达成的富有创造性的共生关系是对实际的人之生活的实践性启发,令人之经验脱离基础动物性而升华为文明。人类文化已经将甲骨上刻凿的标记转化成了令人惊艳的书法和陶艺设计。茹毛饮血也进化为精致的宴饮、雅致的茶舍及其相关仪式。粗糙的天然矿石被冶炼熔铸成神圣的青铜礼器,从植物提取的物质与材料变作了精美的绘画与建筑。生活里杂多的音响被纯化和改良为庄重的雅乐,动物偶合的热情化作了家庭的温馨,单纯的结交变成了真正友谊与繁荣社群的制度。

除了使人过上审美与德性的生活,对《易经》揭示的变化与生成进程的理解还将人引向对宇宙奥秘的思考：

> 子曰："知变化之道者,其知神之所为乎。"(《周易·系辞上》)
>
> The Master asked rhetorically, "Does not the person who understands the course of flux and transformation in fact have insight

into the mysterious workings of the world?"

在这一传统中,宗教性所具有的特质及功能的重要意义在于,人之经验中使人入迷的、神圣的维度,以及其许多玄妙之处("神")并不属于另一个世界。不仅如此,此种精神性更是人在此世界之效能与教养以及从中散发的无限影响的不竭成果:

> 夫《易》,圣人之所以极深而研几也。唯深也,故能通天下之志。唯几也,故能成天下之务。唯神也,故不疾而速,不行而至。(《周易·系辞上》)
>
> The *Book of Changes* is the sage's means of probing what is profound to its very limits, and examining thoroughly what is still incipient (ji). It is only through this profundity that the sages can discern the purposes of the world; it is only through the incipient that they can consummate the business of the world; it is only through insight into the mysteries of the world that they can be quick without haste and can arrive without even going.

随着时间推移,对人之经验如此崇高的寄望产生了我在前文提到的"无—神论的"(a-theistic)的宗教性——一种不诉诸独立超越的神祇来充当秩序之源的宗教性。正是此种以人和家庭为中心的宗教性将受过教化的人之经验升华到宇宙高度,使人成为《中庸》所描述的"与天地参"的共同创造者。人,无需援引宗教超越主义和超自然主义等在人之经验中划定边界的局限性假设,便已成为其自身广袤无垠的世界中深邃意义的来源,而其所处之世界也是唯一之世界。《易经》所描述的宇宙创造性是人与其周遭环境之间最为充分的勠力合作,它标榜了一种将有神论宗教性威严逆转,以表达白诗朗(John Berthrong)所说的"神圣实在的世界依赖性特质"的自然宇宙论。[1]

7. 唐君毅与《易经》宇宙论

唐君毅借助《易经》阐发了几种有机关联且彼此促成的假设,这些假设可以揭示关于人之经验的基本设想,以及更为具体地,可以揭示人之成为在此过程宇宙论中将如何被概念化。《易经》明确主张,它用以描述"全息"宇宙的方式,反过来也可以用来刻画当中的任何事物,无限整体在每一图像上都能被发现:

> 《易》之为书也,广大悉备,有天道焉,有人道焉,有地道焉。(《周易·系辞下》)
>
> As a document, the *Book of Changes* is vast and far-ranging, and has everything complete within it. It contains the way of the heavens, the way of human beings, and the way of the earth.

比方说,我们或可反思《易经》最后的既济与未济两卦。这两卦联合起来展示出已然渡河后又还未跨越的意象,是一种到达只为再出发的模式。虽然倒数第二卦已完成循环并且抵达终点,但是最后一卦却意指永不停歇且深不可测的回旋式的宇宙进程,规避了

---

[1] John Berthrong, *Concerning Creativity: A Comparison of Chu Hsi, Whitehead, and Neville*, Albany: State University of New York Press, 1998, p. 1.

那种影响着古希腊思想的关于"开端与结局"的强烈目的论论调。

　　此种对宇宙的刻画,与儒家传统中关系性构成之人及人之经验的诸可能性如何被概念化是贯通一致的。在前文中,我复述了葛瑞汉对"性"这一概念与时俱进的理解,也与此种开放式的、生成涌现的宇宙秩序理念相一致。葛瑞汉驳斥"性"指涉某种前定的内在人性——即一种昭示了"超越结局"的"超越起源",他最终倒向对"性"的叙事性理解,认为"性"是一种始终独一无二的、关系性构成的"人之成为"在其永远生化不息的世界中,追求最优化共生的能力。此种关于宇宙秩序的涌现理念是与生死观念一致的,因为这些事件发生在绵延不断的家庭谱系和文化代际传播的语境之中,且于其中被理解和阐释。此外,有这样一种文化理解,它并不要求对自然的自发生长进行那种受到目的论启发的制约与守护,相反地,它是对自然禀赋的一种对位法式的回应,它允许人于其上进行阐释发明,并借由此种合作过上一种决然审美感性的(如果不是极为精神性的)生活。

　　在反思《易经》宇宙论思想时,唐君毅首先在无须超越经验的基础上肯定我们经验的真实与充分。甚至通过他的"无定体观"假设,唐君毅断然否定了任何与存在论实体或基底的关联。用唐君毅自己的话说:

　　　　中国人心目中之宇宙恒只为一种流行,一种动态;一切宇宙中之事物均只为一种过程,此过程以外别无固定之体以为其支持者(substratum)。[1]

----

[1]　唐君毅:《唐君毅全集》第11卷,第9页。

因此，就人之理念而言，这意味着那种关于自我、灵魂、心灵、本质等观念的基础的、上位的理解在此毫不相干。唐君毅以"无定体观"承认，当"气"在运行不息中激活世界之时，它同时具有流动与凝固的特质。[1]缺失任何本质化的基底（"一物成其为同类之一者"），意味着经验并非由可被剖解为不可再分的自然类型的"物"构成的，而是由"气"之诸焦点独特的扰动和彼此之间的交互作用所形成的一种涌流——"万物"与"万有"。鉴于关系的内在与构成性特质，人事实上应该被理解成独一无二的、彼此塑造的诸事件所形成的叙事之流。而且，构成作为"事件"的每个人（即在此漫延的经验场域之中的这个具体焦点）的那种永远变化着的关系之网本身就是对整体的一种新颖而独特的阐释。所有人作为一种关系系统的独一无二性，使得任何严格且固定的身份认同观念不攻自破，从中引申的"非矛盾律"（law of non-contradiction）也一并失灵。在此种宇宙论中，无须援引某种共同特征来让"差异的"两人在本质上相同。

唐君毅提出的另一个命题我们在上文中已经提及过，是"无定体观"的推论，即"一多不分观"（说得更详细些，即"独特与多义、连续与多样、整一与融合的不可分割"）。[2]在《易经》的宇宙论中，任何事物的同一性只能根据其具体语境获得理解。唐君毅的这一主张意在表明，如果我们从生活经历的整体出发开始反思宇宙秩序的涌现生成，那么我们可以同时从经验的动态连续统一性与其多样复合性来把握它，经验既是永不停息的过程之流，同时也是独特而完整的诸事件。"一多不分"的假设是自然世界所有现象

---

〔1〕　唐君毅：《唐君毅全集》第 11 卷，第 9—11 页。
〔2〕　同上书，第 16—17 页。

都特有的那种互蕴相生的偶对的又一范例——此处尤指个别与整体、自我与他者。换言之,我们经验场域中的任何特定现象都可以以不同方式聚焦:一方面,它是一种独一无二的、持续连贯的个体;但另一方面,因为它是由其全部关系构成的,令整个宇宙及宇宙中发生的一切都蕴含于其自身。这反映在对人的理解上就意味着,每个人都是区别于他人的,独一无二地如其自身所是者。然而,推而广之,若要充分地说明任何人的构成性的社会、自然与文化关系的话,我们就不得不穷尽宇宙整体。

过程世界观坚持彻底的语境性,主张内嵌的特定个体与其语境既连贯又区分。在《易经》中,一与多的交互关系反映在了四季意象之上,四季当然有所区分,但它们彼此之间相互贯通、相互蕴含:

> 广大配天地,变通配四时。(《周易·系辞上》)
>
> In their magnitude and scale, the processes of nature are a counterpart to the heavens and the earth; in their flux (*bian*) and in their continuity (*tong*), they are a counterpart to the four seasons.

对于理解早期哲学文献中常见的关于万物"一体"或物我"合一"的主张(这往往被标榜为一种个人成就,甚至是宗教性成就),"一多不分"的观念也不可或缺。

历来被视为群经之首的《易经》也揭示了中国宇宙论赋予过程与变化以首要地位,这与巴门尼德(Parmenides)所论述的"真理之路"(The way of Truth)的核心要义"仅存在者存在"(only Being is)

所体现出的存在论直觉形成鲜明对比。唐君毅对经验涌流无始无终的主张体现在他的第三个假设中,即"生生不已观",这一观念呼应着《易经》中"生生之谓易"的观察。[1]回顾前文中提到的"易"字与其同源的"赐"字之间的关系,我们或许可以更加清楚此种"变化"的特质。宇宙意义在构成我们经验世界的诸多独特事件之间的往来互动中生成涌现。故而经验是连贯的、谱系性的,而在无需援引任何形而上或超自然资源的意义上,它也是自然的。

古典中国的现象世界是一场无止无休的洪流,仅仅从"体用"上显示其形式特征。在其中,永远为时间伴随的形式层面就是节奏韵律,当其修养得宜,便成为生命之乐。事实上,《易经》明确写道:"神无方而易无体。"[2]裴德生(Willard Peterson)在解释此段时指出:"'无方'就是不容许被化整为零,也不为任何概念界限充分限定。"[3]对于世界之"神"的洞见必须超越一切理性化,因为变化进程永远不会被任何形式结构所囊括或终止。所谓"事物"不过是一种过程性的,故而永远临时性的"事件"之涌流。[4]

当代哲学家庞朴在阐发"生"字时做了一个很有启发性的区分。庞朴对比了作为"派生"的生与作为"化生"的生,前者指一事物充当另一独立存在者产生之资源或起源,好比说母鸡下蛋或者橡树结实,后者指一事物连续不断地转化为别的事物,正如同夏尽

---

[1] 唐君毅:《唐君毅全集》第 11 卷,第 9—11 页。《周易·系辞上》。

[2] 《周易·系辞上》。

[3] Willard J. Peterson, "Making Connections: 'Commentary on the Attached Verbalizations' of the *Book of Change*," *Harvard Journal of Asiatic Studies* 42, no. 1 (1982): 103.

[4] 事实上,至少早在明代,中文里对"物"的表达就出现了"东西"一词,它本指城中集市的位置,反映出伴随着中国人现象感知的那种关联的、语境化的理解。

秋至、秋去冬来。然而,这两种"生"之意是深刻地不对称的。在"派生"模式下,鲜有鸡蛋最终得以孵化并长成另一只母鸡,而极少的橡子可以萌芽并长成另一棵橡树。在更占据主导地位的"化生"模式下,大多数鸡蛋事实上变成了煎蛋饼,而大多数的橡子则变成了松鼠。而且,即便在少数情况下,一只鸡的蛋最终得以成长为另一只鸡,但那所谓的"独立存在者"也由于一种血缘谱系的连续性,与其祖宗后代贯通起来。[1]

无论是派生还是化生意义上的"生",都与中国宇宙论有关。重要的是,正如我们在"鸡与蛋"的例子中看到的,"派生"所促成的分离割裂、独立无待是凭借了"化生"过程性、语境性的预设才具备资格的。"化生"的过程连续性被"派生"的完成特质标点句读而成为独一无二的"事件"。唯一性与连续性互不妥协,但两者实则蕴含于彼此。内在关系性观念允许具体事物一方面独一无二,另一方面又彼此贯通连续,它罢黜了"部分—整体"的分析方式,要求向"焦点—场域"思维做格式塔转换。在此种"焦点—场域"思维中,"部分"与"整体"是对同一现象所做的非分析的前景化与背景化视角。

庞朴"派生"与"化生"的区分也警示我们进一步改善在行健不息的宇宙进程中对前缘与后续关系的理解。以人类经验为例,虽然我们或许倾向于视先人与后嗣的谱系关系为一种先与后之间有着独立性的序列,早期中国宇宙论在反思中则明确将谱系关系视为一种"派生"与"化生"的融合,此先人向此后嗣让位,但与此同时又借由家族谱系寓于该后嗣来继续生活。孩子当然会是"独立于"

---

[1]　庞朴:《一种有机的宇宙生成图式——介绍楚简〈太一生水〉》,载陈鼓应主编《道家文化研究》第 17 辑,生活·读书·新知三联书店,1999,第 303 页。

父母的,但父母除开生理层面之外还会在许多方面都继续活在孩子身上,活在孩子的孩子身上。

在儒家传统中,由于强调历史、祖先崇敬、代际传承和文化认同的延续,传统上一直有一种强大的谱系延续感,后嗣往往被视为特定个人在连绵不绝的谱系中的前景化。"姓"是第一份也是持续的身份认同的来源,而随着"字""号""二叔""三妯"这样的特定家庭称谓以及"老师""主任"这类的职业头衔的增长与累积,人的"名"在一生中被不断充实,到了最后的盖棺论定,还会有往往是称颂之词的"谥"。这些不同名称对应着生活在复杂叙事之中的不同角色,而它们之中的每一个都反映着此人对家庭与社群意义的独特贡献。

实际上,罗列名字最能揭示个人叙事。比如说,我们今天称为"孙中山"(Sun Yat-sen)的这个人,族谱上名为"孙德明",通过与其同辈兄弟亲族共用"德"字而被置于孙氏族群之内。他出生在广东翠亨村,十三岁抵达夏威夷,以其乳名"孙帝象"为亲友邻里所知,这个名字据说是为了纪念和称颂翠亨村的神灵"北帝"。"帝象"这个乳名(广东话发音为"Tai Tseong")在他就读的普纳荷学校(Punahou School)的名册中被找到,只是因为英语缺乏广东话的"tseong"音而被写成了"Tai Chu",很有可能老师和同学就唤他作"Tai Chu"。后来,十七岁的他在香港受洗成为基督徒,便取了"孙日新"一名,其含义暗指《易经》思想。同年,一位导师给他取了"孙逸仙"之名,"逸仙"在广东话的发音正是"Yat-sen",从那以后,这便成为他在英语世界的正式名称。然而,在一份中文的官方档案中,他亲笔手书了大名"孙文"二字。相应地,从"文以载道"的典故出发,他拟定"载之"为字,成了"孙载之"。除了广东省的中山市之外，中国的许多主要城市都以"中山公园"或者"中山路"来纪念他，广东省还有著名的"中山大学"。然而，"中山"这个名字又是从何而来的呢？"孙中山"，或者更为常见的"孙中山先生"，源自他曾经的日文化名"中山樵"（Nakayama Shō）。孙中山用此日本化名来躲避清廷的特务间谍，这些人因他筹划革命而在日本及世界其他各地无情地追杀他，可是孙中山等革命者最终还是推翻了清朝。在他逝世之后，孙中山被尊崇为"国父"，这个称谓将他这位富有世界主义精神的人物恰当地置于中国人民延续的谱系之中。

孙中山多样的名字讲述了他丰富一生。从哲学层面讲，作为"感知"（sense）的"意义"（meaning），或者说要"理解某物"（'making sense' of something），要求我们承认语言的叙事功能，其中，社会与政治语境总是与所讲内容的意义不可分割。此种关联语用学（correlative pragmatics）的运用将人与其生活事件连结，使其故事意义丰满，这并非只是回溯式的，而是在重要意义上前瞻的、富有规划的，经常被用来预测新情况以及扩展我们错综复杂的、连续不断的、发展演化的叙事。

从这段由"生生不已"宇宙论假设出发的漫谈中，我们可以看到，此种对宇宙秩序的描述是如何反映出，有着家族谱系预设以及对文化代际传承坚持的儒家价值观所具有的明确的家庭根源。唐君毅对《易经》自然宇宙论的第四个总结，正是"生生不已"及其引申出的叙事性人之理解的必然推论，即"非定命观"。[1] 由此可见，唐君毅主张儒家宇宙论与其对人生经验的阐发并非宿命论。就唐君毅对《易经》的解读而言，"生生不已"的巨大生机摒除了与强目

---

[1] 唐君毅：《唐君毅全集》第 11 卷，第 17—19 页。

的论结合的那种决定论：在唐君毅看来，在预先决定的有着固定结局的宇宙中，并没有真正的时间、历史或者变化。人之经验实则是一种生成涌现的偶然性叙事的无穷展开，依据自身内在创造性进程所具有的节奏，并没有任何确定或终极的模式，或者任何外在的指引。尤为重要的是，在此转化进程中，人的一生被视为与变化量子(the quantum of change)密不可分，此种变化量子伴随着永远独一无二之人的非决定的、涌现生成的叙事。的确，真正的变化——在构成了作为诸事件的人的那些独一无二的诸多关系中，新异者自发地涌现生成——只是真正的时间的另一种说法。人之经验中的时间不过是人们在其合作交往中改变和被改变的能力，故而它描述着人们在其特定的家庭与社群生态中转变和更新的倾向。在此开放宇宙中，时间以及我们关系的生命力都不会被否定。

　　唐君毅第五个假设用肯定的形式重申了他对中国自然宇宙论的"非定命"概括，这一假设便是"合有无动静观"。[1]《易经》宇宙论并非由某种必然的、决定论的目的论驱动，它预设了在偶然的、由协商达成的最佳共生中的人类合作之可能（"和"）。这不过是说，人类繁荣是我们最充分利用人之经验的诸创造性可能所达成的结果。如影随形的不确定性渗透了一种永远暂时性的宇宙秩序，这意味着界定我们人生事件的所谓的形式与功能是相辅相成的。所有形式(form)总在经历调试以维持功能的稳固平衡，它易受进程本身的影响，并最终被进程本身超越。与此同时，一切功能发用都是被塑造的、改良的，借由发展演化的形式构造而变得更具效能，并且始终在被革新以满足不断变化的需求。没有什么，故而也

---

〔1〕　唐君毅:《唐君毅全集》第 11 卷,第 11—16 页。

没有任何人不向"变通"（trans-*form*-ation）进程让步。

　　鉴于世界无始无终，每时每刻的人类目标就在于实现那种富有成效的关联，最优化永远独一无二的处境中的诸创造性可能。实现最优化的创造性和谐并非由某种预先决定的机械过程、神圣设计或理性蓝图所驱动。虽然任何特定个人叙事中包含的表达与稳固规则会预示事件走向，但故事中的不确定层面也击溃了任何关于形式必然性或绝对可预测性的观念。模式与不确定性的融合阻止了对人之经验做任何普遍主张的可能，令任何泛化概括都危如累卵。我们所能仰仗的只有相对的稳定性，对秩序的永远量身定做的种种表达所形成的汇流提供了这种相对稳定性，还需要在每一层级都警惕地关注那些很有可能扩大为更大规模变化的变数。故而如此构想的秩序是涌现生成的、独一无二的，它终极的源泉则是本地的。

　　那种无所不在的标记着任何涌现生成秩序所具有的偶然本质的特征正是其不确定性，这对人或其他事物都一样。换言之，有一种不确定层面（"几"）是由每个限定秩序的参与者的独特性所决定的，这令任何秩序模式变得新颖、情境具体、无可逆转、具反身性，并且在某种程度上不可预测。以人为例，所有人或许足够相似到可被加诸某种概述，然而每个人同时又独一无二。正是由于每个人的独特性，才消解了对人类行为进行对数式理解的可能，从而使人性定义成为开放的、持续争论的命题。

　　连续性与多样性交接引出的是此种过程宇宙秩序循环递归的特质，而这一宇宙特质由唐君毅的第六假设"无往不复观"描述。人之经验中的这一特征体现了所有行为都具有反身性，因其回过头来重塑自身源头。由于在任何形式的秩序中，所有参与者都是彼此关联的,特定个体不能脱离其语境——焦点不能从其场域中分离。再者,从人的视角来审视此种宇宙秩序特征,任何个人对秩序的解读都是递归的,是一种对自身的回归。个人行为始于一种有教养的、批判性的、目的性的自我意识,再以其所成就塑造着世界,然后回过头来将此种个人自我意识进一步凸显与明晰。确如字面意义所示,逝者返还(what goes around comes around)。[1]污染世界就是污染自身;为世界赋灵便是为自我生活赋灵;为社群的最佳价值而服务便是为个人的最佳利益而服务。伟大之人创造伟大世界。正是此种递归为进程加上节点,从而使得生活于其间的具体人生"事件"得以区分和完成。

眼前这盆盛放的兰花是一场独特的生命,当其枯萎,又产生了滋养它潜藏在种子里的新生命所必要的养分。此种生机便是我们周遭世界随处可见的韵律与规则,它表达出自我转化的固有能力。人之经验在四季流转中也拥有自身的花季,从生命之春的昂扬,到生命之冬的幽藏,六十年一甲子过后,便开启下一个轮回。重要的是,"轮回"进程虽然历经相似阶段,却绝非复制,所谓日日惟新。它以一种永无穷尽的螺旋形式展开,一方面是经久延续的生命模式,另一方面则日新月异,而其中的每一瞬间都有自身独一无二的特质。人之经验借由对话式的诸活动向永远独一无二之人敞开,这些活动将人们特定的意义世界变成现实,让他们在同舟共济中塑造共享的人生叙事。

从此种关于个别人生故事之臻至的观念出发,一个必然推论在于,一种动态的辐射中心优先于任何假定边界。秩序始于此处、

---

〔1〕　译者注:作为习语,"what goes around comes around"是善有善报恶有恶报的意思,但此处作者采用该表述的字面含义来阐发"无往不复"的宇宙论假设。

之于彼处,最后返还回归。或许,唐君毅所提出的这些假设可以被总结为一个主张,即在儒家自然宇宙论中,一切事物都同时是本地化且全局化的。因此,我们可以用处于同时产生向心与离心作用的中心的那种动态机制来描述人、家庭、社群、世界,它们辐射展开,在一定程度上既主观又客观、既本地化又全局化。然而,这些中心向外辐射,借助对最能推而广之者的遵从与效仿,只为汲取一种强化自身焦点的能量。

唐君毅从《易经》中引申的最后一个宇宙论命题是"性即天道观",这一命题再次表达了我们生于具体而特定的语境并由此向外扩张的观点。[1]这一主张实则只是以一种更为繁复的方式承认了"天人合一"观念所指出的个人与宇宙之间的全息互渗关系,即一种永远中心化的、谱系性的、历史主义的、无涯无际的通贯。

从这七条命题可见,唐君毅从《易经》引申的,并且视为儒家"理想"之基的宇宙论,是决然地谱系性的、改良性的、具体主义的、涌现生成的。唐君毅的儒家是实用的自然主义,旨在当"家庭与社群中的人"协调人之经验与宇宙语境之时,实现其最高程度整合的文化、道德与精神发展。唐君毅将和谐理解为一种由此及彼的最佳共生,故而儒家圣贤不过也是普通人,只是他们通过立志以及孜孜不倦地修身培养周遭诸关系,从而能够以非凡的方式完成最为平凡的事情。那些在人生中取得了实实在在意义的人,就是我们的圣贤。鉴于人之经验整体所提供的条件,我们所有人都有机会过上如此有意义的生活。

---

[1]　唐君毅:《唐君毅全集》第 11 卷,第 22 页。

后记　缘何为革新世界文化秩序建立儒家人论？

儒家与更广义的东亚诸哲学——包括佛教与道家,共享着《易经》中明确揭示的宇宙论预设,并且始于我们同詹姆斯·卡斯"无限游戏"联系起来的那种发展与强化富有活力的关系的首要性。我们已经看到,恰当理解的儒家文化崇尚谦恭与相互仰赖的关联价值观,它将人视为构成性地内嵌于独一无二的互动关系模式中,且为之所滋养。问题在于,一种将伦理行为置于家庭、社群和自然关系那厚实且富有质感的模式之中的当代儒家伦理学,是否可以成为挑战并改变世界地缘政治与文化秩序的力量?

信而有征的是,在亚洲至少有一小群活跃人士,会对上述问题持肯定回答。他们认为,儒家文化能为构建新世界文化秩序的当代伟业做出重大的贡献。在中国国内,过去几十年来我们目睹了"国学院"在大多数中国一流高等学府中如火如荼地生长;在国际上,世界许多顶尖高校都参与了中国政府资助的超过 500 个"孔子学院"项目,意在促成中西教育实体之间的伙伴关系。毫无疑问,通过中国内部显著的学术与政治实力的合作，儒家哲学及其价值在海内外被积极地发扬推广。

另一个或可改变世界文化格局的因素是中国于 2013 年出台的"一带一路"倡议，它很快便成为中国全球影响力的概览。这一宏图诞生的时刻，正值窘困的欧美国家任由民粹主义与民族主义运动催生的政府背弃自由贸易协定。同时，这些国家的政府就应对诸如防止核扩散、大规模移民、环境恶化、气候变化等全球公共议题当做何种努力，争执不休或者食言而肥。的确，在西方国家中，人们似乎越来越急于回到单一行动者为了获胜而进行的"有限游戏"之中。中国所倡议的"一带一路"计划将是检验中国资源是否可被用来重构世界经济、政治、文化秩序的即时试剂。如若中国能够践行本书中研讨的儒家价值，那么它与国际社会协力便可开启一种融合的、双赢的无限游戏模式，与此同时，中国也将会成为新的全球秩序中举足轻重的影响因素，而世界也将为之焕然一新。然而，如果中国未能兑现基于自身文化遗产的"双赢"与"人类命运共同体"论述，那么势如破竹的"一带一路"虽然终将改变胜利者，但也会继续强化那些破坏世界秩序的根深蒂固的地缘政治与经济上的不平等。

通过经典传承于世的儒家学说，对于一个变化着的世界文化秩序来说，是如何相关的呢？对于那些相信儒家哲学之价值与制度对新世界文化秩序大有裨益的人来说，一些重要且反思性的问题无可回避，我们需要考虑的是，在回顾儒家漫长历史时，如何审视其作为一种泛亚洲文化现象的功与过。同时，我们也必须前瞻地追问，儒家价值的全球化是否会对当代世界格局产生恰当影响。如果是，那么把儒家文化一概抹灭的那种现代性与西方化这二者之间主流而贫瘠的对应关系,我们又当如何来挑战质疑?或许最为紧要的是,如何将一种全球性的儒学改造成批判性的、发展进步的新兴力量,从而令之为解决紧迫的时代问题做出特别的贡献?

具体来说,儒家传统对当今变化着的世界文化秩序能够有何种贡献呢?因为拥有自身延续的活传统,当代中国与其古老文化根基之间的连续性,比起希腊与古希腊、意大利与古罗马,以及埃及与古埃及之间的那种薄弱连接,要厚实显著得多。中国提供了一种包容汇通的文化变革模式,数世纪以来各种文明在此场域中的激烈角逐,已然重新点燃了熔冶之炉。西学浪潮在中国历史上自古便涌动不息——最早是佛教传入,之后从耶稣会、新教、马克思主义到当代现象学和实用主义思潮的传播。这些思想都被消化吸收,进而成就了不断发展演化的儒家传统本身。儒家传统之所以经久不衰,正是因为它源自于一种对实际人生经验相对直接的写照。儒家思想并不依赖于形而上学预设或超自然玄思,它聚焦这样的可能性,即通过赋予日常生活以魅力,来增强我们当下可以获取的个人价值,在此意义上它是一种实用主义的自然主义。作为一种文化的儒家,不过是启发人之经验中的平凡之物化为非凡之物的尝试罢了。在此种活文明的代际传播进程中,文化谱系蕴含于且依赖着其参与者的创造性耕耘。推以至极,整个宇宙意义也蕴含于且依赖着人在家庭与社群中的创造性耕耘。个人价值是文化之源,而反过来,文化又是一种为每个人自我修养与成长提供语境的综合资源。

就其宗教感而言,儒家提供了"以家庭为中心的"而非"以上帝为中心的"宗教性。不同于彼此竞争的诸亚伯拉罕宗教传统,儒家宗教性并不导向单一的、排他的、绝对的神。此种人本的宗教性未曾打着"唯一真理"的旗号发动过护教战争,未曾让不同信仰者彼此屠戮。儒家既是"无—神论的",又是深刻地宗教性的。[1]它并不诉诸一位独立无待的、回溯式的实存的神圣主体来充当表象之后的真实以及宇宙中一切意义的源泉。的确,它乃是没有上帝的宗教传统,它所体现的宗教感,肯定了一种从受启发的人之经验本身涌现生成的精神性。于儒家而言,世界是自发生成的、自然而然的进程,于其自身持续的叙事之中包含着转变的能量。儒家的世界是无外的世界。人类情感本身就是宗教意义的驱动力,而此种宗教意义既可以被回溯地又可以被前瞻地视为在家庭、社群以及自然世界诸多富有启发的活动中实现的一种展开的、包容的精神性。人类既受到升华并提炼我们所居世界中的人之经验的那种神圣性(numinosity)的启发鼓舞,又为之做出贡献。这里没有教堂(有的只是延伸的家庭),没有祭坛(有的或许只是餐桌),没有牧师神仆(有的只是过去与现在都被尊崇为社群核心的榜样模范)。儒家所崇尚之道在于人的发展进程是由整体之意义塑造,反过来又参与并贡献整体之意义——这是一种"在地创造"(creatio in situ),与坚信造物主上帝即一切、而其所造之物轻如鸿毛并且秉承"从无中创造"(creatio ex nihilo)的诸神学传统形成了鲜明对照。

在没有末世论的情况下,早期儒家思想家似乎更关心如何充分利用现象世界的进程与变化,这样的现象世界被视为"道"(展开中的经验场域)、"万物"(所有事件与进程),或者合而观之"一切

---

[1] 参见 Roger T. Ames, "*Li* 禮 and the A-theistic Religiousness of Classical Confucianism" in *Confucian Spirituality*, vol. 1, eds. Tu Wei-ming and Mary Evelyn Tucker, New York: Crossroads Press, 2003。关于此种具有可替代性的宗教性之深刻性与合法性的更为详实的讨论,参见 Henry Rosemont, Jr., *Rationality and Religious Experience*, La Salle, IL: Open Court, 2002。

正在发生者"。早期儒家思想家不大愿意追问是什么令事物真实，或者事物为何存在，他们更乐于探究在其周遭变化无方的现象世界中，如何协调处理诸多错综复杂的关系，从而实现最佳成效与价值。充当这些鸿儒巨擘最根本指导价值的，并非任何关于起源和伟大设计的神学预设或目的论预设，而是对于在习得性的个人、社会与宇宙和谐中实现的那种最高品质的追求。

儒家对我们理解社会秩序也有所贡献。儒家社群根基于对"角色与关系中习得性的适宜得体"（这是我们对"礼"这一核心哲学术语深思熟虑后的翻译方案）的渴求。从形式层面来看，"礼"是那些能够赋予意义的角色、关系、制度，它们促成了深刻厚实的沟通交流，增进了家庭与社群的情感。一切形式上的行为举止都构成了"礼"的一面——这包含餐桌礼仪、迎来送往、毕业典礼、婚礼、葬礼、恭敬行为、祖先祭祀，等等。在形式意义上，"礼"构成社会的句法，在人之经验的符号学中，为每个成员在家庭、社群和国家中提供了一个确定的位置和身份。然而，过程宇宙论中的"礼"是节奏韵律而非形式理念。"礼"的存在维度使其鲜活生动，并永远是临时暂定、涌现生成的。当"礼"世代相传，它的模式可以公允地借助文化解释学来描述，它充当了一个活文明的意义宝库，让人们得以从中获取适合其自身变化不息的境遇的持久价值。虽说我们总是在当下行"礼"，但是"礼"之效用，恰恰源自其连接着过去，故而也面向着未来。

在对话交流的家庭与社群中，社会秩序从有效沟通所实现的关系性臻熟中涌现生成，而"礼"在最广泛的意义上就是公共"语言"。"礼"当然是语言性的，但它却不仅仅是彼此交谈。"礼"也是身体与姿势的语言，音乐与事物的语言，礼节与仪式的语言，制度与功能的语言,以及角色与关系的语言。于孔子而言,作为一种社会成就的"人之成为"是一种适应上的成功,要通过对"礼"所维持的社会智能的有效运用而实现。社会并非由个体属性衍生而来,个体也不是诸社会力量的产物。此种个体性所促成的联合生活与个人合作并不是要将割裂之人通过关系结合,而是让本已构成性地关联着的一切更富有成效。儒家提供了一种家庭与社群的理念,它建立在对角色与关系中实现的持续得体性的追求之上,而此种得体性让角色与关系得以凝聚。作为最为根本且持久者,"礼"滋养着社会政治秩序的内在动力机制,这让对律令的援引施行虽有时不得不为之,却成了次佳选项以及对社群失灵的供认不讳。

再看儒家学说作为一种教育哲学对人类文化的贡献,我们必须首先承认个人修身无疑是儒家哲学之根源,而个人成长本身就是教育的实质。但我们也必须注意到,如果没有妥当扎根,又缺乏沃土,那么根很快便会枯死。继续上述有关园艺的隐喻,儒家教育必须被视为一种进程,它"彻底地"内嵌于构成我们(作为生长在家庭与社群沃土之中的人)的角色与关系之中,并于其间发展演化。教育与儒家伦理之间的紧密联系在于这一事实,即两者都建立在我们的角色与关系的持续发展之上。如此理解的教育,并非实现某种欲求目的的工具,其本身就是具有目的的进程。我们接受教育,从而成长发展,只是为了过有智慧的生活,而我们在关系的发展中修身成德,也只是为了作为一个有德之人来待人接物。

经典儒家思想以"孝"作为支配性的道德律令。很显然,任何对于这一传统的教育哲学的理解必须始于令我们成为家庭与社群之人的富有活力的角色与关系的首要性。换言之,在此阐释语境中，人际交往中的联合生活被当作无需争辩的经验事实。每个人都生活在，且每件事都发生在鲜活的自然、社会与文化的背景之下。我们的生命并不单纯存在于自身的皮肤以下，而是活在世界之中。无人亦无物可以独自行事。关联是一种事实，我们在家庭与社群中不同的角色，不过是关于特定联合生活模式的规定：母亲与孙儿孙女，老师与学生，乃至远方表哥和小卖部老板。许多角色并非偶然且任意的，而是可以追溯至远古迷蒙的历史及人类最初涌现生成的形式，它们对家庭与社群生活经验来说是基础性的。母亲与族群长者的角色对于人类谱系来说是不可或缺的。虽然我们必须承认联合生活是纯然的事实，但是启发和鼓舞着家庭与社群角色之臻熟以及更广义上的文化叙事的那种臻至行为，却是规范性的。我们所谓的"儒家角色伦理学"不过是那种注意到每个人在其生活角色中的自我成长的规定性关联。儒家角色伦理学在于人如何能够通过努力与想象来理解关联事实。[1]

　　以儒家角色伦理学为其道德生活的愿景，儒家提供了替代自由个人主义意识形态所标志的赢家与输家分裂紧缩模式的另一种双赢或者双输的选项。的确，当我们转向儒家角色伦理学，可以看到，臻至行事的具体指导方针并非诉求于自足而抽象的原则、价值或美德，而是主要着眼于在我们具体的，并且从存在上看更为直接和熟悉的社会角色的轮廓内，来为实践建立理论。与抽象原则不同，在我们生活的角色与关系中有一种我们可以发自内心地感受到的、鲜活的恰如其分之感，这正是成为此子对于其母会意味着什么的那种心心念念者。在此基础上，角色伦理学提供了一种直觉

---

〔1〕　参见 Ames, *Confucian Role Ethics*。

洞见，可以十分具体地引导我们下一步如何行事。当角色伦理学为如何在关系中最佳行事提供洞见之时，也给出了一种关于得体行为的解释，但这种解释不会掩盖人类实践活动不可避免的复杂性从而服务于头脑简单的是非意识。"因为他是我兄弟"是对我之行为既简明又深邃的辩护，同时在某种程度上又比其他理由更具说服力。

言而总之，我相信，当我们的时代任由脱缰的自由主义援引不受约束的自主个体之自由以充当社会与政治正义的基础和终极来源，从而申索对道德的掌控之时，此番对于儒家人之观念的探索正会逢其适。自由论者认为他们可以拒绝任何阻碍自由的正义理念，并将之视为根本不道德的。换言之，基础个体主义这一曾经良性且富有成效的虚构，如今变成了知识分子们恶性的默认意识形态，这些后马克思主义时代的知识分子已经放弃了任何在他们看来是没有个性的集体主义态度。

上文提到的从教育到伦理的儒家文化各领域最为重要的公约数正是关系性构成的人之理念。在本书中我也曾立论，或许儒家哲学对当代最为重要的贡献恰恰在于其自身精致复杂的、在伦理上令人信服的关系性构成的人之理念，而这一理念可被用来批判和挑战根深蒂固的基础个人主义意识形态。特别是在当前的关键时刻，当我们完全可以预见到，在演进的世界文化格局中正在发生着一场量子级变革，此种"人之成为"的替代性人之理念在我看来就清楚表明，只有赋予儒家一席之地，我们才能够与时俱进、畅行无碍。

我并非在书中辩护我所宣扬的儒家价值能够解决世上一切难题，也不是论证难以遏制的西化力量是有害无益的，从而得以某种方式加以阻止。其实,我呼吁关注儒家传统的原因在于,适逢人类境况遭遇史上最为戏剧化变革的前夕,为所有可资利用的文化资源提供机会将对我们最为有利。在许多方面,本书主张的立场在于补偏救弊,试图纠正这样一种无知,即未经反思地忽略一个对于世界四分之一人口的身份认同不可或缺的古老传统。无论是作为一种充实和改良世界文化的资源,还是充当对现存价值观的切实批判,儒家文化传统都弥足珍贵。认识与理解它对于我们所有人来说都大有裨益。

译后记

2018 年在法国南部一座古老庄园的梧桐树下，初夏的夜风捎来河水的气息，耳边有吉他如怨如慕的吟唱，就着一杯红酒，安乐哲老师询问彼时博士后快出站的我，是否愿意翻译他即将刊印的著作，我当真是毫不犹豫地答应了。记得那天下午的会议上，在安老师报告的讨论环节中，我的博导梅勒先生，作为当代新道家重要的捍卫者，针对"角色伦理学"提出了批评，而常常被他在学理上归为儒家追随者的我，则尝试从安老师的立场为之辩护。或许就是那时，安老师认定我可以完成这项委托，而这份翻译工作于我，也像是对人生因缘的一次致敬。

我未曾负笈求学于安老师门下，然而，自从 2012 年夏天在南法的初次相遇，那位认真聆听一位博士生报告并提问的和蔼长者，便成为我求学生涯中最为重要的老师之一。安老师从儒家思想资源出发，以比较哲学视野对"人"进行的一系列深刻反思，直接启发着我自己的学习与思考。我们在和一群共同朋友组成的共同体中生活与工作，时常在线上或线下不期而遇。在我于国内外求职之际，我知道安老师的那份推荐信总是稳妥的——他常常是我完成网申之后,第一位成功发送信函的推荐者。2016 年博士毕业期间遇到一些起起伏伏,不过投给《东西哲学》的文章正巧在这一时间通过了评审。安老师应该还不知道,那一封由他发出的标准的编辑来信,对于其时彷徨沮丧的我而言,曾是多么大的鼓舞,有诗一首:

记近日诸事并咏春日

鸟唤初英弱柳长,年光忽复易流光。

新丰半盏诗方好,春信满江晴未央。

海上云涛多起落,人间消息数阴阳。

幽人不必东风醉,还待延龄篱外香。

——2016 年 4 月 8 日作(后订正)

2018 年年底我回国入职武汉大学哲学院,在新岗位上带着好奇与期待充实地工作着,而梧桐树下的承诺也并未忘却,翻译工程缓缓展开。2019 年在英国哲学史学会年会我策划的中国哲学讨论小组中,安老师是受邀的演讲者之一。那天的活动结束后,安老师开心地拉着几位同事在伦敦走街串巷,奔赴一间南亚餐厅。伦敦是他多年前生活与求学过的地方,安老师要"尽地主之谊"来招待我们。我还记得,在伦敦国王学院前的十字路口边,刚成为硕导的我向他请教如何做一位好导师,他想了想,说:"要多聆听……"

2020 年在我的家人到武汉团圆的第二天,武汉封城了。此后便是 76 天的"坐困愁城"。窗外珞珈山不经意间已花开花落,明镜般的东湖水也照见过多少次云卷云舒,在小小单人寓所里的三个人常常难以入眠,一声咳嗽都让大家胆战心惊,更不消说几百米的就医路线往往可以走上一天。那段经历我曾写在通信与日记里。好在这段时间线上交流依然畅通,我可以继续部分工作,其间我还收获了安老师及其他师友们的问候与鼓励。

2022 年 4 月总算提交了译稿,距离安老师当初的委托已时隔近四年。这期间安老师从来没有催促过工作进度,却还时常叮嘱他的助手,要体谅"青椒"的不易,给予我充分的尊重,且要在提交终稿前支付完酬金。安老师从来都是慷慨的,无论是传授学问,分享心得,还是其他方面的赞助。我在燕园喝到过的最难忘的咖啡,正是"罗杰(Roger)咖啡"。那时我刚经历过武大固编副教授的转聘,又从武大调入母校北京大学,安老师在他未名湖畔的寓所接待了我。我就着咖啡唠叨自己回国三年来的际遇与憧憬,安老师则不吝惜地分享他自己的人生经历。就这一杯咖啡的时间里,安老师的电话数次响起,但他总会耐心地听我讲完,再起身接听。

翻译这本 400 多页著作的过程不能说是全然欢喜的,虽然饱含着求知与思考的愉悦,却也不时面临挣扎——比如如何选择最有效的表述,让中文里的"安乐哲"像英文里的"Roger T. Ames"一样文思并茂地诉说,不至于在转译中被搅碎了原本的精致、幽默与高级;又如,如何准确地传达出安老师那种独特的受语言学习启发的哲思方式——包括他对术语的创造性使用,或者借助语词的多义来揭示哲学洞见的巧思,等等。作为本职工作是哲学系教员的非职业翻译者,还有一种特别的痛苦来源,就是不能同安老师进行实时的思想碰撞,不能告诉他我被书中的妙想与雄辩征服时的赞叹,也不能向他请益我对某处论争持有的疑惑。当然,我非常庆幸自己常常能以"Ask Roger"(问问罗杰)的邮件直接与安老师就翻译细节交换意见,并能获得他及时且充分的回应。如果说这本译著比起其他同类作品有何"独特之处"的话,那恐怕是其翻译历时或许超过了作者本人撰写原著的时间吧!

　　在本文最后，我想感谢北京大学出版社同事们对我的帮助——王立刚老师对翻译工作的指导，尤其是李澍编辑对初稿极为细致尽责的校读，这些都极大提高了文本的可读性。如果译文仍存在问题，我在此深表歉意，也欢迎读者们来信批评指正。我曾想写一个更为技术性的译者导言，但终因担忧狗尾续貂而作罢。安老师曾说夫人邦妮看过样章，也觉得喜欢。其实，正是这样的信任与期待，让我许多时候更加举棋不定。好在徐行者亦终至。我不知道，是否所有等待都会收获惊喜，但我真诚地盼望，那些期待这部译著的人们会感到欣慰。最后的最后，关于这部值得尊敬的作者所创作的值得尊敬的作品，我还想说——正如我曾在给安老师的信中写道："我并没有马虎对待您的托付。在翻译这本书的时候，我个人也越来越多地信服于您的一些想法。感谢您富有启发的思考与颇具说服力的论述，它们通过您的写作以及您作为老师与朋友的存在而被实实在在地传达。"

　　愿在"比较哲学"的路上，安于哲思、乐于弘道者，常在。

欧阳霄

2023 年 4 月 10 日，万柳，堪放小筑

参考文献

Ames, Roger T 安乐哲 (2018). "Reconstructing A. C. Graham's Reading of *Mencius* on *xing* 性: A Coda to 'The Background of the Mencian Theory of Human Nature' (1967)." In *Having a Word with Angus Graham: At Twenty-five Years into His Immortality*, Edited by Carine Defoort and Roger T. Ames, Albany: State University of New York Press.

——(2016). "Philosophizing with Canonical Chinese Texts: Seeking an Interpretive Context." In *Research Handbook on Methodology in Chinese Philosophy*, Edited by Sor-hoon Tan, London: Bloomsbury Press.

——(2015). "Classical Daoism in an Age of Globalization: From Abduction to *Ars Contextualis* in Early Daoist Cosmology," *Taiwan Journal of East Asian Studies* 12, no. 2 (Dec.).

——(2013). "儒家的角色伦理学与杜威的实用主义:对个人主义意识形态的挑战" (Confucian Role Ethics and Deweyan Pragmatism: A Challenge to the Ideology of Individualism),《东岳论丛》

（*Dongyue Tribune*）总第 233 期（2013 年第 11 期），Reprinted in《伦理学》（*Ethics*），no. 1（2014）.

——（2011）. *Confucian Role Ethics：A Vocabulary*，Hong Kong：The Chinese University Press ∕ Honolulu：University of Hawai'i Press.

——（2003）. "*Li* 禮 and the A-theistic Religiousness of Classical Confucianism. " *Confucian Spirituality*，vol. 1，edited by Tu Wei-ming and Mary Evelyn Tucker，New York：Crossroads Press.

——（1993）. "The Meaning of Body in Classical Chinese Philosophy," in *Self as Body in Asian Theory and Practice*，Edited by R. T. Ames，W. Dissanayake，and T. Kasulis，Albany：State University of New York Press.

Ames，Roger T. and David L. Hall （2003）. *Making This Life Significant：A Translation and Philosophical Interpretation of the* Daodejing，New York：Ballantine.

——（2001）. *Focusing the Familiar：A Translation and Philosophical Interpretation of the* Zhongyong，Honolulu：University of Hawai'i Press.

Ames，Roger T. and Henry Rosemont，Jr. （2014）. "From Kupperman's Character Ethics to Confucian Role Ethics：Putting Humpty Together Again" in *Moral Cultivation and Confucian Character：Engaging Joel J. Kupperman*，Edited by Li Chenyang and Ni Peimin，Albany：State University of New York Press.

——（1998）. *The Analects of Confucius：A Philosophical Translation*，New York：Ballantine.

Angle，Steve （2014）. "The *Analects* and Moral Theory," *Dao*

Companion to the Analects, Edited by Amy Olberding, Dordrecht: Springer.

Anscombe, G. E. M. (1958). "Modern Moral Philosophy," *Philosophy* 33.

Aristotle (1984). *The Complete Works of Aristotle, The Revised Oxford Translation*, Edited by Jonathan Barnes, Princeton: Princeton University Press.

Austin, J. L. (1962). *Sense and Sensibilia*, Edited by G. J. Warnock, Oxford: Clarendon Press.

Bagley, Robert (1999). "Shang Archaeology," in *Cambridge History of Ancient China: From the Origin of Civilization to 221 B. C.*, Edited by Michael Loewe and Edward L. Shaughnessy, Cambridge: Cambridge University Press.

Barrett, T. (2005). "Chinese Religion in English Guise: The History of an Illusion," *Modern Asian Studies* 39. 3.

Bell, Daniel A. (2018). "Roles, Community, and Morality: Comment on *Confucian Role Ethics*," in *Appreciating the Chinese Difference: Engaging Roger T. Ames on Methods, Issues, and Roles*, Edited by Jim Behuniak, Albany: State University of New York Press.

Berthrong, John (1998). *Concerning Creativity: A Comparison of Chu Hsi, Whitehead, and Neville*, Albany: State University of New York Press.

Bloom, Paul (2014). *Just Babies: The Origins of Good and Evil*, New York: Random House.

Boodberg, Peter A. (1953). "The Semasiology of Some Primary

Confucian Concepts," *Philosophy East and West 2*, no. 4.

Campbell, James (1995). *Understanding John Dewey*, La Salle, Il: Open Court.

Carse, James (1987). *Finite and Infinite Games*, New York: Ballantine.

Chan, Alan K. L. (2001). "A Matter of Taste: *Qi* (Vital Energy) in the Tending of the Heart (*Xin*) in *Mencius* 2A2" in *Mencius*: *Contexts and Interpretations*, Edited by Alan K. L. Chan, Honolulu: University of Hawai'i Press.

Chan, Wing-tsit (1963). *A Source Book in Chinese Philosophy*, Princeton: Princeton University Press.

——(1955). "The Evolution of the Concept *Jen*," *Philosophy East and West* 4, no. 1 (Jan.).

Chang, Kwang-chih (1964). "Some Dualistic Phenomena in Shang Society," *Journal of Asian Studies* 24, no. 1 (Nov.).

Clippinger, John Henry (2007). *A Crowd of One*: *The Future of Individual Identity*, New York: Public Affairs.

Cohen, Paul A. (1984). *Discovering History in China*: *American Historical Writing on the Recent Chinese Past*, New York: Columbia University Press.

Drabinski, John E. (2016). "Diversity, 'Neutrality,' Philosophy," May 11, http://jdrabinski.com/2016/05/11/diversity-neutrality-philosophy/

Dalmiya, Vrinda (1998). "Linguistic Erasures," *Peace Review* 10, no. 4.

Davis, Sir James F. (1836). *The Chinese: A General Description of the Empire of China and its Inhabitants*, London: Charles Knight & Co.

Dawson, Raymond (1981). *Confucius*, New York: Hill and Wang.

Dewey, John (1871-2007). *The Correspondence of John Dewey, 1871-2007 (I-IV)*, Electronic Edition, vol. 1, 1871-1918.

——(1985). *The Later Works of John Dewey, 1925-1953*, Edited by Jo Ann Boydston, Carbondale/Edwardsville: Southern Illinois University Press.

——(1977). *The Middle Works of John Dewey, 1899-1924*, Edited by Jo Ann Boydston, Carbondale: Southern Illinois University Press.

—— (1971). *The Early Works of John Dewey, 1882-1898*, Edited by Jo Ann Boydston, Carbondale, Il. : Southern Illinois University Press.

Elstein, David (2015). "Contemporary Confucianism," in *The Routledge Companion to Virtue Ethics*, Edited by Lorraine Besser-Jones and Michael Slote, New York: Routledge.

Emerson, Ralph Waldo (1862). "American Civilization," *Atlantic Monthly* 9.

Emmet, Dorothy (1967). *Rules, Roles and Relations*, London: Macmillan.

Farquhar, Judith (1994). *Knowing Practice: The Clinical Encounter of Chinese Medicine*, Boulder: Westview Press.

Fei, Xiaotong (1992). *From the Soil: The Foundations of Chinese Society* (A translation of *Xiangtu Zhongguo* 乡土中国), Trans. by Gary G. Hamilton and Wang Zheng, Berkeley: University of California Press.

Fingarette, Herbert (1983). "The Music of Humanity in the Conversations of Confucius," *Journal of Chinese Philosophy* 10.

——(1972). *Confucius: The Secular as Sacred*, New York: Harper and Row.

Franklin, Ursula (1983). "On Bronze and Other Metals in Early China," in *The Origins of Chinese Civilization*, Edited by David N. Keightley, Berkeley: University of California Press.

Fraser, Chris (2002). "Mohism," in *The Stanford Encyclopedia of Philosophy* (Fall 2012 Edition), Edited by Edward N. Zalta, Oct 21, http://plato. stanford. edu/archives/fall2012/entries/mohism/.

Garfield, Jay, and Bryan Van Norden (2016). *New York Times*, May 11, http://www. nytimes. com/2016/05/11/opinion/if-philosophy-wont-diversify-lets-call-it-what-it-really-is. html.

Gimello, Robert M. (1972). "The Civil Status of *li* in Classical Confucianism," *Philosophy East and West*, no. 22.

Giradot, Norman J. (2002). *The Victorian Translation of China: James Legge's Oriental Pilgrimage*, Berkeley: University of California Press.

Graham, A. C. (1990). *Studies in Chinese Philosophy and Philosophical Literature*, Albany: State University of New York Press. First published by the Institute of East Asian Philosophies, National University of Singapore, 1986.

——(1991). "Replies," in *Chinese Texts and Philosophical Contexts*: *Essays Dedicated to Angus C. Graham*, Edited by Henry Rosemont Jr. , La Salle, IL: Open Court.

——(1989). *Disputers of the Tao*, La Salle, IL: Open Court.

——(1978). *Later Mohist Logic*, *Ethics and Science*, Hong Kong: The Chinese University Press.

——(1967). "The Background of the Mencian Theory of Human Nature," *Tsing Hua Journal of Chinese Studies* 6. 1-2.

Granet, Marcel (1977). "Right and Left in China," In *Right and Left*: *Essays on Dual Symbolic Classification*, Edited by Rodney Needham, Chicago: University of Chicago Press.

——(1934). *La pensée chinoise*, Paris: Editions Albin Michel.

Guo Qiyong 郭齐勇 and Li Lanlan 李兰兰 (2015). "安乐哲《儒学角色伦理学》学说的析评"(An Appreciative Critique of Roger T. Ames's Notion of Confucian Role Ethics),《哲学研究》(*Research in Philosophy*), no. 1.

Hall, David L. (1983). *Eros and Irony*: *A P6relude to Philosophical Anarchism*, Albany: State University of New York Press.

Hall, David L. and Roger T. Ames (1998). *Thinking from the Han*: *Self, Truth, and Transcendence in Chinese and Western Culture*, Albany: State University of New York.

Hansen, Chad (1992). *A Daoist Theory of Chinese Thought*, Hong Kong: Oxford University Press.

Hartshorne, Charles (1950). *A History of Philosophical Systems*,

New York：Philosophical Library.

Hershock，Peter D.（2012）. *Valuing Diversity：Buddhist Reflec-*
tion on Realizing a More Equitable Global Future，Albany：State Uni-
versity of New York Press.

——（2006）. *Buddhism in the Public Sphere：Reorienting Global*
Interdependence，New York：Routledge.

Hou Hanshu《后汉书》（*History of the Later Han Dynasty*）
（1965），Beijing：Zhonghua shuju.

Hoyt，Sarah F.（1912）. "The Etymology of Religion," *Journal*
of the American Oriental Society 32，no. 2.

Hsiao，Kung-chuan（1979）. *A History of Chinese Political*
Thought，Vol. 1，Trans. by F. W. Mote，Princeton：Princeton Uni-
versity Press.

Huang，Yushun 黄玉顺（2014）. "'角色'意识:《易传》之'定
位'观念与正义问题——角色伦理学与生活儒学比较"（Role Con-
sciousness：The Concept of "Positioning" in the *Commentaries to the*
Book of Changes and the Problem of Justice：A Comparison between
Role Ethics and Life Confucianism），《齐鲁学刊》（Journal of Qi and
Lu），no. 2.

Ing，Michael David Kaulana（2012）. *The Dysfunction of Ritual in*
Early Confucianism，Oxford：Oxford University Press.

James，William（2000）. *Pragmatism and Other Writings*，New
York：Penguin.

——（1984）. *William James：The Essential Writings*，Edited by
Bruce W. Wilshire，Albany：State University of New York Press.

——(1982). *Varieties of Religious Experience: A Study in Human Nature*, New York: Penguin.

Johnson, Mark (1987). *The Body in the Mind: The Bodily Basis of Meaning, Imagination, and Reason*, Chicago: University of Chicago Press.

Karlgren, Bernhard (trans.) (1950). *The Book of Odes*, Stockholm: Bulletin of the Museum for Far Eastern Antiquities.

Keightley, David N. (2014). *These Bones Shall Rise Again*, Edited by Henry Rosemont, Jr., Albany: State University of New York Press.

——(1999). "The Shang: China's First Historical Dynasty," in *Cambridge History of Ancient China: From the Origin of Civilization to 221 B. C.*, Edited by Michael Loewe and Edward L. Shaughnessy, Cambridge: Cambridge University Press.

——(1998). "Shamanism, Death, and the Ancestors: Religious Mediation in Neolithic and Shang China, ca. 5000-1000 B. C. E," *Asiatische Studien* 52.

—— (1990). "Early Civilization in China: Reflections on How it Became Chinese," in *Heritage of China: Contemporary Perspectives on Chinese Civilization*, Edited by Paul S. Ropp, Berkeley: University of California Press.

——(1988), "Shang Divination and Metaphysics," *Philosophy East and West* 38.

Kim, Myeong-seok (2014). "Is There No Distinction between Reason and Emotion in *Mengzi*?" *Philosophy East and West* 64, no. 1.

Kupperman, Joel J. (2004). "Tradition and Community in the Formation of Character and Self." In *Confucian Ethics: A Comparative Study of Self, Autonomy, and Community*, Edited by Kwong-loi Shun and David B. Wong, Cambridge: Cambridge University Press.

——(1991). *Character*, New York and Oxford: Oxford University Press.

——(1971). "Confucius and the Nature of Religious Ethics," *Philosophy East and West* 21.

Kwan, Tze-wan, "Multi-function Chinese Character Database:" http://humanum. arts. cuhk. edu. hk/Lexis/lexi-mf/

Lai, Karyn (2014). "*Ren* 仁: An Exemplary Life." In *Dao Companion to the Analects*, Edited by Amy Olberding, Dordrecht: Springer.

Lau, D. C. (1992). *Confucius: The Analects (Lunyu)*, Hong Kong: The Chinese University of Hong Kong Press.

——(1984). *Mencius*, Hong Kong: The Chinese University Press.

Lakoff, George, and Mark Johnson (1980). *Metaphors We Live By*, Chicago: University of Chicago Press.

Legge, James (trans.) (1960). *The Chinese Classics*. 5 Volumes. Hong Kong: University of Hong Kong Press.

Lewis, Mark Edward (1999). *Writing and Authority in Early China*, Albany: State University of New York Press.

——(1990). *Sanctioned Violence in Early China*, Albany: State University of New York.

Liji 禮記（*Record of Rites*）（1992）. *A Concordance to the* Liji, Edited by Lau, D. C. and Chen Fong Ching, Hong Kong：Commercial Press.

Li, Ling 李零（1993）.《中国方术考》, Beijing：Zhonghua Shu-ju.

——（1991）."'式'与中国古代的宇宙模式", *Jiuzhou xuekan* 4. 1, 4. 2.

Li, Zehou（1994）. *The Path of Beauty：A Study of Chinese Aesthetics*, Oxford：Oxford University Press.

Liang, Tao 梁涛（2004）."朱熹对'慎独'的误读及其在经学诠释中的意义",《哲学研究》第 3 期.

Liu, Lydia H.（1995）. *Translingual Practice：Literature, National Culture, and Translated Modernity—China, 1900-1937*, Stanford：Stanford University Press.

Lloyd, Geoffrey, and Nathan Sivin（2002）. *The Way and the Word：Science and Medicine in Early China and Greece*, New Haven：Yale University Press.

Loewe, Michael（1982）. *Chinese Ideas of Life and Death：Faith, Myth, and Reason in the Han Period（202 BC-220 AD）*, London：Allen and Unwin.

Major, John（1993）. *Heaven and Earth in Early Han Thought*, Albany：State University of New York Press.

——（1977）. "Reply to Richard Kunst's Comments on *hsiu and wu hsing*," *Early China* 3.

——（1976）. "A Note on the Translation of Two Technical Terms

in Chinese Science: *wu-hsing* and *hsiu*," *Early China* 2.

Marett, R. R. (1941). *A Jerseyman at Oxford*, Oxford: Oxford University Press.

May, Larry (1992). *Sharing Responsibility*, Chicago: University of Chicago Press.

McLeod, Alex (2012). "*Ren* as a Communal Property in the *Analects*," *Philosophy East and West* 62, no. 4 (Oct.).

Mead, George Herbert (1982). *The Individual and the Social Self: Unpublished Work of George Herbert Mead*, Edited by David L. Miller, Chicago: The University of Chicago Press.

——(1934). *Mind, Self, and Society*, Edited by Charles W. Morris, Chicago: University of Chicago Press.

Martinez-Robles, David (2008). "The Western Representation of Modern China: Orientalism, Culturalism and Historiographical Criticism," in Carles PRADO-FONTS (coord.), "Orientalism" [online dossier], *Digithum*. no. 10, UOC, accessed August 22, 2017, http://www. uoc. edu/digithum/10/dt/eng/martinez. pdf ISSN 1575-2275.

Needham, Joseph (1956). *Science and Civilisation in China*, Vol. II, Cambridge: Cambridge University Press.

Neville, Robert Cummings (2008). *Ritual and Deference: Extending Chinese Philosophy in a Comparative Context*, Albany: State University of New York Press.

Ni, Peimin (2017). *Understanding the Analects of Confucius: A New Translation of* Lunyu *with Annotations*, Albany: State University of

New York Press.

Nietzsche, Friedrich (1991). *The Gay Science*, Trans. by Walter Kaufmann, New York: Random House.

——(1966). *Beyond Good and Evil*, Trans. by W. Kaufmann, New York: Vintage.

Nuyen, A. T. (2012). "Confucian Role Ethics," *Comparative and Continental Philosophy* 4. 1.

Nylan, Michael (2001). "Boundaries of the Body and Body Politic in Early Confucian Thought," in *Boundaries and Justice*, Edited by David Miller and Sohail Hashmi, Princeton: Princeton University Press. Reprinted in *Confucian Political Ethics*, Edited by Daniel A. Bell, Princeton: Princeton University Press, 2007.

Nylan, Michael, and Thomas Wilson (2010). *Lives of Confucius: Civilization's Greatest Sage Through the Ages*, New York: Doubleday.

Palsson, Gisli, Bronislaw Szerszynski, and Sverker Sorlin et al. (2013). "Reconceptualizing the ' Anthropos' in the Anthropocene: Integrating the social sciences and humanities in global environmental change research," *Environmental Science & Policy* 28 (Apr.).

Pulleyblank, Edwin (1995). *Outline of Classical Chinese Grammar*, Vancouver: University of British Columbia Press.

Peterson, Willard J. (1982). "Making Connections: ' Commentary on the Attached Verbalizations' of the *Book of Change*," *Harvard Journal of Asiatic Studies* 42, no. 1.

Putnam, Hilary (1990). *Realism with a Human Face*, Cambridge MA: Harvard University Press.

——（1987）. *The Many Faces of Realism*, La Salle, Ill: Open Court.

Reding, Jean-Paul （2004）. "Words for Atoms, Atoms for Words—Comparative Considerations on the Origins of Atomism in Ancient Greece and the Absence of Atomism in Ancient China," in *Comparative Essays in Early Greek and Chinese Rational Thinking*, Aldershot, HANTS: Ashgate.

Richards, I. A. （1932）. *Mencius on the Mind: Experiments in Multiple Definition*, London: Kegan Paul, Trench, Trubner & Co.; New York: Harcourt, Brace.

Rosemont, Henry Jr. （2002）. *Rationality and Religious Experience*, La Salle, IL: Open Court.

——（ed.）（1991a）. *Chinese Texts and Philosophical Contexts: Essays Dedicated to Angus C. Graham*, La Salle, IL: Open Court.

——（1991b）. "Rights-bearing and Role-bearing Persons," in *Rules, Rituals, and Responsibility: Essays Dedicated to Herbert Fingarette*, Edited by Mary Bockover, La Salle, IL: Open Court.

Rosemont, Henry Jr., and Roger T. Ames （2009）. *The Chinese Classic of Family Reverence: A Philosophical Translation of the* Xiaojing 孝经, Honolulu: University of Hawai'i Press.

Ryle, Gilbert （2009）. *The Concept of Mind*, New York: Routledge.

Sandel, Michael J. （1982）. *Liberalism and the Limits of Justice*, Cambridge: Cambridge University Press.

Sandel, Michael J. and Paul J. D'Ambrosio （eds.）（2018）. *En-

countering China：*Michael Sandel and Chinese Philosophy*，Cambridge：Harvard University Press.

Schleiermacher, Friedrich D. E. （1999）. *The Christian Faith*, Edited by H. R. Mackintosh and J. S. Stewart, London：T & T Clark.

Schlipp, Paul （ed.）（1941）. *The Philosophy of Alfred North Whitehead*, New York：Tudor.

Sen, Amartya （2009）. *The Idea of Justice*, Cambridge MA：Harvard University Press.

Shun, Kwong-loi （2009）. "Studying Confucian and Comparative Ethics：Methodological Reflections," *Journal of Chinese Philosophy* 36, no. 3 （Sep.）.

——（1997）. *Mencius and Early Chinese Thought*, Stanford：Stanford University Press.

Shusterman, Richard （2008）. *Body Consciousness*：*A Philosophy of Mindfulness and Somaesthetics*, Cambridge：Cambridge University Press.

Sim, May （2007）. *Remastering Morals with Aristotle and Confucius*, Cambridge：Cambridge University Press.

Sima Qian 司马迁 （1959）.《史记》（*Records of the Historian*）, Beijing：Zhonghua shuju

Sivin, Nathan （1995）. *Medicine, Philosophy and Religion in Ancient China*：*Researches and Reflections*, Aldershot, HANTS：Variorum.

——（1995）. "State, Cosmos, and Body in the Last Three Centuries B. C. ," *Harvard Journal of Asiatic Studies* 55. 1.

——(1974). "Forward to Manfred Porkert," in *The Theoretical Foundations of Chinese Medicine*, Cambridge, MA: MIT Press.

Slingerland, Edward (trans.) (2003). *Analects: With Selections from Traditional Commentaries*, Indianapolis: Hackett Publishing.

Smiley, Marion (1992). *Moral Responsibility and the Boundaries of Community*, Chicago: University of Chicago Press.

Sommer, Deborah (2008). "Boundaries of the *Ti* Body," in *Star Gazing, Fire Phasing, and Healing in China: Essays in Honor of Nathan Sivin*, Edited by Michael Nylan, Henry Rosemont, Jr. and Li Waiyee, Special issue of *Asia Major*, 3rd Series, vol. XXI, Part I.

Standaert, Nicolas (1999). "The Jesuits did NOT Manufacture 'Confucianism'," *East Asian Science, Technology and Medicine* 16.

Sutta-Nipata (1985). Trans. by H. Saddhatissa, London: Curzon Press.

Tan, Sor-hoon (2003). *Confucian Democracy: A Deweyan Reconstruction*, Albany: State University of New York Press.

Tang Junyi 唐君毅 (1991). *Complete Works of Tang Junyi* 唐君毅全集, Taipei: Xuesheng shuju.

——(1988). "中国哲学中自然宇宙观之特质"(The distinctive features of natural cosmology in Chinese philosophy),《中西哲学思想之比较论文集》(Collected Essays on the Comparison between Chinese and Western Philosophical Thought), Taipei: Xuesheng shuju.

Tang Yijie 汤一介 (2016).《汤一介哲学精华编》(*The Essential Philosophy of Tang Yijie*), Beijing: Beijing United Publishers.

Taylor, Charles (2016). *The Language Animal: The Full Shape of the Human Linguistic Capacity*, Cambridge MA: Harvard University Press.

——(1989). *Sources of the Self: The Making of the Modern Identity*, Cambridge MA: Harvard University Press.

Tiles, Mary (1992). "Images of Reason in Western Culture," in *Alternative Rationalities*, Edited by Eliot Deutsch, Honolulu: Society for Asian and Comparative Philosophy.

——(n. d.) "Idols of the Market Place: Knowledge and Language," unpublished manuscript.

Tu, Wei-ming (1989). *Centrality and Commonality: An Essay on Confucian Religiousness*, Albany, NY: State University of New York Press.

Wang, Aihe (2000). *Cosmology and Political Culture in Early China*, Cambridge: Cambridge University Press.

Watson, Burton(trans.) (1968). *The Complete Works of Chuang Tzu*, New York: Columbia University Press.

Waley, Arthur (1939). *Three Ways of Thought in Ancient China*, Stanford: Stanford University Press.

Weissman, David (2000). *A Social Ontology*, New Haven: Yale University Press.

Wheatley, Paul (1971). *The Pivot of the Four Quarters: A Preliminary Enquiry into the Origins and Character of the Ancient Chinese City*, Chicago: Chicago University Press.

Whitehead, A. N. (1996). *Religion in the Making*, New York:

Fordham University Press.

——(1979). *Process and Reality: An Essay in Cosmology*, Edited by Donald Sherbourne, corrected 2nd edition, New York: Free Press.

——(1954). *Dialogues of Alfred North Whitehead* as recorded by Lucien Price, Boston: Little, Brown, and Company.

——(1938). *Modes of Thought*, New York: Free Press.

Williams, Bernard (1981). *Moral Luck: Philosophical Papers 1973-1980*, New York: Cambridge University Press.

Williams, Raymond (1976). *Keywords: A Vocabulary of Culture and Society*, New York: Oxford University Press.

Wittgenstein, Ludwig (1953). *Philosophical Investigations (PI)*, Edited by G. E. M. Anscombe and R. Rhees, Trans. by G. E. M. Anscombe, Oxford: Blackwell.

Wong, David B. (2014). "Cultivating the Self in Concert with Others," *Dao Companion to the Analects*, Edited by Amy Olberding, Dordrecht: Springer.

—— (2008). "If We Are Not by Ourselves, If We Are Not Strangers," *Polishing the Chinese Mirror: Essays in Honor of Henry Rosemont, Jr.* Edited by Marthe Chandler and Ronnie Littlejohn, New York: Global Scholarly Publications.

——(2004). "Relational and Autonomous Selves," *Journal of Chinese Philosophy* 34 (Dec.).

——(1991). "Is There a Distinction Between Reason and Emotion in Mencius?" *Philosophy East and West* 41, no. 1.

Wu, Xiao-ming（1998）. "Philosophy, *Philosophia*, and *Zhe-xue*," *Philosophy East and West* 48.

Yates, Robin D. S.（1994）. "Body, Space, Time and Bureaucracy: Boundary Creation and Control Mechanisms in Early China," In *Boundaries in China*, Edited by John Hay, London: Reaktion Books.

Yijing（*Chou-I*）（1935）. Beijing: Harvard-Yenching Institute Sinological Index Series Supplement 10.

Yearley, Lee（1990）. *Mencius and Aquinas: Theories of Virtue and Conceptions of Courage*, Albany: State University of New York Press.

Yu, Jiyuan（2007）. *The Ethics of Confucius and Aristotle: Mirrors of Virtue*, New York: Routledge.

Zhang, Dainian 张岱年（1982）.《中国哲学大纲》(*An Outline of Chinese Philosophy*), Beijing: Chinese Academy of Social Sciences Press.

Zhang, Dongsun 张东荪（1995）.《知识与文化:张东荪文化论辑要》(*Knowledge and Culture: The Essential Writings of Zhang Dong-sun on Culture*), Edited by Zhang Yaonan 张耀南, Beijing: Zhongguo Guangbo dianshi chubanshe.

Zhang, Yanhua（2007）. *Transforming Emotions with Chinese Medicine: An Ethnographic Account from Contemporary China*, Albany: State University of New York Press.

Zhang, Zailin 张再林（2008）.《作为身体哲学的中国古代哲学》(*Traditional Chinese Philosophy as the Philosophy of Body*), Beijing: China Social Science Press.

Zhao, Tingyang 赵汀阳 (2011).《天下体系:世界制度哲学导论》(*The Tianxia System: An Introduction to the Philosophy of World Institution*), Beijing: Peoples' University Press.

Zhou, Yiqun (2010). *Festival, Feasts, and Gender Relations in Ancient China and Greece*, New York: Cambridge University Press.

图书在版编目（CIP）数据

成人之道：儒家角色伦理学论"人"/（美）安乐哲著；欧阳霄译. —北京：北京大学出版社,2023.9
ISBN 978-7-301-34002-8

Ⅰ.①成…　Ⅱ.①安…②欧…　Ⅲ.①儒家—伦理学—研究
Ⅳ.①B82-092②B222.05

中国国家版本馆CIP数据核字（2023）第155009号

书　　　　名	成人之道：儒家角色伦理学论"人"
	CHENGREN ZHI DAO：RUJIA JUESE LUNLIXUE LUN "REN"
著作责任者	〔美〕安乐哲（Roger T. Ames）　著　欧阳霄　译
封面题字	倪培民
责任编辑	王立刚　李　澍
标准书号	ISBN 978-7-301-34002-8
出版发行	北京大学出版社
地　　　　址	北京市海淀区成府路205号　100871
网　　　　址	http://www.pup.cn　新浪微博：@北京大学出版社
电子信箱	zpup@pup.cn
电　　　　话	邮购部 010-62752015　发行部 010-62750672
	编辑部 010-62750673
印　刷　者	北京中科印刷有限公司
经　销　者	新华书店
	965毫米×1300毫米　16开本　32.25印张　282千字
	2023年9月第1版　2023年9月第1次印刷
定　　　　价	108.00元